·高 等 学 校 教 材·

BIOCHEMISTRY

生物化学

刘志国　主编

化学工业出版社

·北京·

《生物化学》共十五章，包括生物大分子的结构与功能、物质与能量的代谢、遗传信息的传递及表达。本书以生物化学和分子生物学的基本理论、基本知识和基本技术为重点，结合最新进展，力求充分反映当代生物化学领域的研究与发展状况，并针对生物类和相关学科的特点，增加了拓展内容。拓展内容包括：重要科学人物、重大科学事件、重要机理的解析、相关知识的应用、疑难习题的解答等。拓展内容可通过手机扫描二维码阅读。通过这种方式，努力打造满足"体系开放、获取灵活、形式新颖、个性学习"需求的新形态特色优质教材。

本教材适合作为各类理工科大学各专业的生物化学基础课教材，也可作为相关学科专业参考书。

图书在版编目（CIP）数据

生物化学/刘志国主编. —北京：化学工业出版社，2020.2

ISBN 978-7-122-35955-1

Ⅰ.①生… Ⅱ.①刘… Ⅲ.①生物化学-高等学校-教材 Ⅳ.①Q5

中国版本图书馆CIP数据核字（2020）第013065号

责任编辑：傅四周 　　　　　　　　　　文字编辑：陈小滔　李娇娇
责任校对：杜杏然 　　　　　　　　　　装帧设计：韩　飞

出版发行：化学工业出版社（北京市东城区青年湖南街13号　邮政编码100011）
印　　刷：三河市航远印刷有限公司
装　　订：三河市宇新装订厂
787mm×1092mm　1/16　印张21½　字数528千字　2020年5月北京第1版第1次印刷

购书咨询：010-64518888　　　售后服务：010-64518899
网　　址：http://www.cip.com.cn
凡购买本书，如有缺损质量问题，本社销售中心负责调换。

定　　价：69.00元

主　　编　　刘志国

参　　编　　（按编写章节排序）

　　　　　　　　刘志国　闫达中　刘　军　冯乐平　刘启亮

　　　　　　　　胡婷婷　曾万勇　王丽梅　李　环　吴文华

　　　　　　　　李　琦　张宏宇　王华林

生物化学是关于生命化学本质的科学。生物化学主要研究生物体的化学组成与化学变化及其调控规律，尤其重点关注生物大分子的结构与功能、物质和能量的代谢与调节、遗传信息的传递与表达，从而在分子水平上揭示生命现象的化学本质与活动规律。生物化学诞生至今，已经取得了很大的发展，特别是 DNA 双螺旋结构的提出标志着生物化学研究全面进入分子时代，并助推了分子生物学的诞生和发展。目前生物化学携手分子生物学一道，成为引领生命科学领域发展的重要基础性学科，其发展成果与技术应用广泛渗透到与生命科学相关的基础性与应用性的学科领域，在工业、农业、医药、卫生等领域得到广泛应用。

进入 21 世纪，生命科学技术与信息科学技术迅速发展，为生物化学研究与教学提供了新的机遇与挑战。随着高校教育教学的改革发展，课堂教学从方法到内容都发生了深刻的变化，出现了"微课""慕课""反转课堂""数字化学习"等一系列与网络信息技术相结合的新的教学形式与方法，并迅速发展，席卷全球。传统的教育观念、教学形式、教学方法、教学手段等都面临着极大的挑战。教材作为传统课堂教学的重要载体，也面临着同样的机遇和挑战，如教材容量有限，更新缓慢，内容枯燥，难以满足个性学习需求，而利用信息技术与教材相结合，打造"跨界版"教材，通过页面中插入二维码，借助网络平台的支持，可以灵活扩展教学内容，获取开放的网络资源，从而更好适应教学改革和发展的需要，满足个性化学习的需要。这种模式将成为应对新形势下课程教材建设的必然趋势，也将开启现代教材建设和信息化教学的新时代。本书编写过程中，将课本知识与拓展知识借助网络平台有机结合，努力打造满足"体系开放、获取灵活、形式新颖、个性学习"需求的特色优质教材。

全书共十五章，包括生物大分子的结构与功能、物质与能量的代谢、遗传信息的传递及表达。本书以生物化学和分子生物学的基本理论、基本知识和基本技术为重点，结合最新进展，力求充分反映当代生物化学领域的研究与发展状况，并针对生物类和相关学科的特点，增加了拓展内容。

拓展内容包括：重要科学人物、重大科学事件、重要机理的解析、相关知识的应用、疑难习题的解答等。拓展内容通过相应页面的二维码互联阅读。通过这种方式可实现教材内容精炼、学习方便灵活，适合个性化和移动学习的需要。

本教材适合作为各类理工科大学各专业的生物化学基础课教材，也可作为相关学科专业参考书。

本书的编写，受到各编写单位武汉轻工大学、湖北大学、南京工业大学、桂林医学院等学校有关教师和化学工业出版社的大力支持，在此表示衷心的感谢。各章节及拓展内容的具体分工为：刘志国（第一章、第九章、第十一章、第十五章），闫达中、刘军（第二章），冯乐平、刘启亮、胡婷婷（第三章、第十三章、第十四章），曾万勇（第四章），王丽梅（第五章），李环（第六章、第十二章），吴文华（第七章、第八章），李琦（第十章），另外张宏宇、王华林参与了部分拓展内容的编写工作。由于生物化学内容不断更新与发展，更由于我们水平和经验有限，本书难免存在缺点和错误，敬请广大师生和其他读者批评指正。

刘志国于武汉轻工大学

2019 年 **10** 月

→ 目 录

第五章　脂类与生物膜 ·· 94

第六章　酶 ··· 117

第七章　生物氧化 ································ 161

第十章　蛋白质酶促降解与氨基酸代谢　229

第十一章　核苷酸代谢　248

第十二章 物质代谢的相互联系及其调节 ············ 260

第十三章 DNA 的生物合成 ·············· 273

→ 第一章

绪　论

本章导读

　　本章主要介绍生物化学学科的概况，重点介绍了生物化学的发展历程、主要的研究内容以及生物化学与其他学科的关系，最后简要介绍了生物化学的原理与技术在工业、农业、医药等领域的应用。

　　生物化学（biochemistry）是研究生命活动的化学本质的学科，它主要研究生物体的分子结构与功能、物质代谢与调节，并探讨生命的本质及其活动规律。生物化学的研究主要采用化学的原理和方法，但也吸收、借鉴其他学科的理论与技术，并与包括生理学、细胞生物学、生物物理学、遗传学等在内的其他学科有着广泛的联系与交融。生物化学与分子生物学是两个密切相关的学科，分子生物学研究核酸、蛋白质等生物大分子的结构与功能，基因的结构、功能与表达调控，基因组、蛋白质组等的结构与功能。因此，从广义的角度来看，分子生物学是生物化学的重要组成部分，是生物化学的延伸与发展。近年来，生物化学与分子生物学呈现飞速发展之势，已经成为生命科学的重要基石和引领学科（拓展 1-1）。

拓展 1-1

第一节　生物化学发展简史

　　生物化学是一门既古老又年轻的学科，它有着悠久的发展历史，其研究起始于 18 世纪，但作为一门独立的学科是在 20 世纪初期。

　　18 世纪中叶至 20 世纪初是生物化学发展的初期，主要研究生物体的化学组成。其间重要贡献有：对脂类、糖类及氨基酸的性质进行了较为系统的研究；体外人工合成尿素；发现了核酸；明确了催化剂的概念；完成无细胞发酵作用，奠定了酶学的基础等（拓展1-2）。

进入20世纪，生物化学得到了蓬勃的发展。在营养学方面，发现了人类必需氨基酸、必需脂肪酸及多种维生素（拓展1-3）；在内分泌学方面，发现了多种激素，并将其分离、合成；在酶学方面，酶结晶获得成功；在物质代谢方面，利用化学分析及同位素示踪技术，基本确定了生物体内主要物质的代谢途径，包括糖酵解的酶促反应过程、脂肪酸β氧化、氧化磷酸化、尿素合成途径及三羧酸循环等。

20世纪50年代以来，生物化学全面进入生物分子研究时代，其主要标志是1953年J. D. 沃森和F. H. 克里克提出DNA双螺旋结构模型，并揭示了遗传信息传递的基本规律。这一阶段，生物大分子成为研究的焦点。例如：胰岛素的氨基酸全序列分析；核酸和蛋白质的三维空间结构研究；DNA的复制机制、RNA的转录过程以及各种RNA在蛋白质合成过程中的作用研究，提出了遗传信息传递的中心法则（拓展1-4），破译了RNA分子中的遗传密码等。这些成果深化了人们对核酸与蛋白质的关系及其在生命活动中作用的认识。70年代，重组DNA技术的建立不仅促进了对基因表达调控机制的研究，而且使人们主动改造生物体成为可能。由此，相继获得了多种基因工程的产品，大大推动了医药工业和农业的发展。转基因动植物和基因敲除的成功是重组DNA技术发展的结果。80年代，核酶的发现拓展了人们对生物催化剂本质的认识。聚合酶链式反应（PCR）技术的发明，使人们有可能在体外高效率扩增DNA。这些成果都是生物化学与分子生物学领域的重大事件。

1990年开始实施的人类基因组计划（拓展1-5）是生命科学领域有史以来最庞大的全球性研究计划，已基本确定了人类基因组的全部序列，以及人类约3万个基因的一级结构。在此基础上，后基因组计划将进一步深入研究各种基因的功能与调节，并相继出现了转录组学、蛋白质组学、代谢组学，以及进一步延伸细化的脂质组学、糖组学、营养组学、宏基因组学等研究成果，进一步加深了人们对生命本质的认识，也会极大地推动生命科学的发展。近20年来，几乎每年的诺贝尔医学或生理学奖以及一些诺贝尔化学奖都授予了从事生物化学和分子生物学的科学家。这个事实本身就足以说明生物化学和分子生物学在生命科学中的重要地位和作用。

我国对生物化学的发展做出了重大贡献。我国劳动人民早在公元前已能酿酒，在公元7世纪的《食疗本草》中就已记载了运用营养知识治疗疾病的原理。近代生物化学发展时期，我国生物化学家吴宪等在血液化学分析方面、血糖测定和蛋白质变性方面均做出了突出贡献。中华人民共和国成立后，我国生物化学迅速发展。1965年，我国首先采用人工方法合成了具有生物学活性的牛胰岛素，由于种种原因，这一重大发现与诺贝尔奖擦肩而过。1981年，又成功地合成了酵母丙氨酸tRNA。2002年4月，世界著名的《科学》（Science）杂志报道了我国科学家独立绘制的水稻基因组工作框架图，使人类第一次在基因组层面"认识"水稻，这一消息在国际科学界引起强烈反响。目前我国的生物化学与分子生物学研究正在加速发展，一大批突出研究成果和杰出科研人才相继涌现，尤其年轻科学家人才辈出，已经开始在世界生物学研究前沿领域占据重要地位，对促进我国生命科学研究正在发挥重要作用（拓展1-6）。

拓展1-2

拓展1-3

拓展1-4

拓展1-5

拓展1-6

第二节　生物化学研究的主要内容

一、生物大分子的结构与功能

生物化学重点研究生物大分子。所谓生物大分子，是由某些基本结构单位按一定顺序和方式连接所形成的多聚体，分子量一般大于 10 000。蛋白质、核酸和多糖等是大分子的典型代表。生物大分子不仅分子量大，而且结构、功能复杂多变，通过分子与分子之间的相互识别与作用传递信息。因此，信息传递功能成为生物大分子的重要特征之一，它们由此也被称为生物信息分子（拓展 1-7）。

拓展 1-7

生物大分子由于分子较大，结构功能复杂，因此常将其分成多个层次研究。其中一级结构是基本结构，它包括组成单位的种类、排列顺序和排列方式。空间结构及其与功能的关系则是结构与功能研究的重点。结构是功能的基础，而功能则是结构的体现。生物大分子的功能还体现在分子之间的相互识别和相互作用。例如蛋白质与蛋白质、蛋白质与核酸、核酸与核酸的相互作用在基因表达的调节中起着决定性作用。可见，分子结构、分子识别和分子之间的相互作用是分子结构、功能研究的重要方面。这一领域是当今生物化学研究的热点之一。

二、物质与能量的代谢及其调节

新陈代谢是生命的基本特征，它分为两个完全相反而又相互依存的代谢过程，即同化作用（合成代谢）和异化作用（分解代谢）。同化作用是指机体从外界获取物质和能量，将它们转化为机体自身的物质，并储存能量；异化作用则是指分解生命体内的物质，使能量释放出来，满足生命活动的需要。生物体通过与外环境进行物质与能量交换以维持其内环境的相对稳定。据估算，一个人（以 60 岁计算）在一生中与环境进行的物质交换，约相当于 60 000kg 水、10 000kg 糖类、600kg 蛋白质以及 1 000kg 脂类。目前对生物体内的主要物质代谢途径虽已基本清楚，但仍有众多的问题有待进一步探讨。此外，细胞信息传递与多种物质代谢及其相关的生长、增殖、分化等生命过程的关系与调控机制都是现代生物化学研究的重要课题。因此，生物体内的代谢需要进行精细的调节。任何调控异常将导致相应功能障碍或导致疾病的发生。

三、基因信息的传递及其调控

基因信息传递涉及遗传、变异、生长、分化等诸多生命过程，也与多种疾病的发病机制有关。因此，基因信息的研究在生命科学中的作用更显重要。早已确定，DNA 是遗传的主要物质基础，中心法则是遗传信息传递的基本规律。基因研究从早期的单个基因到后来的基因组研究，并发展到后基因组、蛋白质组研究。深入研究基因信息传递过程及基因表达调控规律，以及复杂生命现象之间的作用规律将有力地推动生命科学领域的研究与发展。

第三节 生物化学与其它学科的关系及应用

一、生物化学与其它学科的关系

生物化学与分子生物学是一个整体，但在不同场合，也常细分为一对姐妹学科，她们携手引领生命科学的发展。尽管很难明确地划分，但一般认为，分子生物学倾向于研究生物大分子（及其相关联的特定结构，如生物膜等）的结构、性质、功能及其相互关系，并以此来阐明生命过程的一些基本问题，如生物进化、遗传变异、细胞增殖分化、个体发育和衰老死亡等问题。生物化学则偏重于研究上述问题的化学基础和化学变化，由此可见两者实际密不可分。

遗传学是探究生物遗传和变异规律的学科。生物的遗传与变异规律决定生命活动的基本方式。遗传学与生物化学有着密切关系。遗传学中关于遗传物质（核酸）的复制、转录/表达、调控规律及其与生命活动关系等核心问题需要应用生物化学的原理与技术，从分子结构、化学反应过程及物质调控的角度开展深入研究，两者的结合，诞生了分子遗传学。

生物工程、生物技术等学科是在生物化学与分子生物学基础上发展起来的新兴技术学科，包括基因工程、酶工程、蛋白质工程、细胞工程、发酵工程和生化工程。利用基因工程技术可使人们按照自己的意愿设计新的物种、新的品系和新的性状，结合发酵和生化工程的原理和技术，生产出期望的生物产品。目前，许多基因工程产品已经问世，胰岛素、干扰素、生长素、肝炎疫苗等珍贵药物已能大量生产，转基因动植物的研究也取得了很大发展，这些成果充分展示了生物技术无可限量的应用前景，也反过来极大促进了生物化学与分子生物学的研究与发展。

生物化学与医学的发展密切相关，并相互促进。近年来，生物化学已渗透到医学科学的各个领域，使各基础医学的研究均深入到分子水平，并相继产生了分子免疫学、分子遗传学、分子药理学、分子病理学等新学科。同样，生物化学与临床医学的关系也很密切，其迅速发展，大大加深了人们对恶性肿瘤、心血管疾病等重大疾病本质的认识，出现了新的诊疗方法。随着疾病相关基因克隆、基因诊断、基因治疗等研究的深入，将会使新世纪的医学产生新的突破。

二、生物化学在工业、农业、医药领域的应用

生物化学作为生命科学领域的重要基础和引领学科，其基本原理与技术已经广泛应用于工业、农业、医药、卫生等各个行业领域，对促进国民经济的发展起到重要推动作用。传统的轻工食品、化工纺织、医药、能源等行业是生物化学应用最多的领域。

轻工食品领域中广泛应用的各种酶制剂，对改善工艺流程、提高生产效率、提升产品品质等都发挥了关键作用。如广泛应用的淀粉酶类生产麦芽糊精、淀粉糖浆、果葡糖浆、葡萄糖粉等，大大提高生产效率和产品质量；应用植物来源的木瓜蛋白酶、无花果蛋白酶、菠萝蛋白酶等，用于食品加工中肉的嫩化、啤酒的澄清等工艺过程，改善食品的品质和风味。在酒精、酒类、甘油、乳酸、氨基酸、核苷酸等的发酵生产中，利用淀粉酶和纤

维素酶处理发酵原料，将原料转化为微生物可利用的小分子物质，提高原料的利用率和发酵效率。

在化工纺织领域，化工原料与化工产品的生产中，大量使用工业用酶。利用酶的固定化技术，可以在多种氨基酸生产中，高效分离、改造特定的氨基酸，如酶法生产L-氨基酸（拆分法）。同样，采用酶法合成有机酸也是有机酸工业生产的主要工艺，已经用于工业生产苹果酸、酒石酸、乳酸和长链脂肪酸等。另外，在纺织工业中，利用淀粉酶处理纺织浆料，可增强纤维的强度和光滑性，便于纺织；在漂白、印染之前，利用 α-淀粉酶、蛋白酶等使浆料水解，就可使附着在其上的浆料褪尽（退浆）。采用胰蛋白酶、木瓜蛋白酶或微生物蛋白酶处理，可在比较温和的条件下催化丝胶蛋白水解，进行生丝脱胶。酶的广泛应用可显著改善化工纺织产品的工艺流程和产品品质（拓展1-8）。

在农业领域，农、林、牧、副、渔各业中涉及的主体都是不同形式的生物体，其生产、加工、流通、消费等各个环节都离不开生物化学原理与技术的应用，因此也产生了农业生物化学这一领域。生物化学技术的应用，可实现农业产品原料品种的改良、优良作物的培育、生产中动植物生长规律的调控、加工过程的技术应用、流通环节的保鲜控制，一直到消费者手中的产品质量保障等，涉及"生产、加工、流通、消费"全产业链的质量安全保障。因此，农业领域是生物化学原理与技术应用的重点和基础。

拓展 1-8

在医药领域，生物化学原理与技术更是有着广泛的应用。制药领域，不仅传统的抗生素的合成和品种开发、维生素的生产及健康应用、各种药物的工艺与产品研究等离不开生物化学原理与技术的应用，而且新的生物药物的研发、生产、应用等更是生物化学技术的直接成果（拓展1-9）。典型的如胰岛素（体内的一种蛋白质类激素，其研发及产品的不断升级换代）就是纯粹的生物技术药物，这类药物的生产采用了生物化学与分子生物学基本原理与技术，尤其是由其延伸的 DNA 重组技术和其他创新生物技术生产的治疗药物，包括：细胞因子、纤溶酶原激活剂、重组血浆因子、生长因子、融合蛋白、受体、疫苗和单

拓展 1-9

抗等，这些新型生物药物对传统药物难以治疗的众多"疑、难、险、重"疾病的预防治疗发挥了重要作用。医疗领域，人体的健康与疾病，无时无刻不与体内的生物化学反应及代谢调控息息相关，研究人体生命活动的化学本质和活动规律本身就是生物化学的主要使命和目标，包括正常的活动规律以及异常条件下（疾病时）的分子结构与功能的变化，代谢的改变及功能调节的异常，为预防和治疗疾病提供理论与技术基础。因此，医药行业是生物化学研究与应用的重点领域。

能源是国民经济的命脉，能源生产、加工、消费等各个环节都与生物化学有密切关系。煤炭、石油、天然气等传统化石能源本身是地球演变过程中物质循环的重要环节，是古代植物埋藏在地下经历了复杂的生物化学和物理化学变化逐渐形成，或是古代海洋或湖泊中的生物经过漫长的演化形成，属于生物沉积形成，不可再生。随着化石能源的不断消耗，利用微生物及发酵技术进行二次采油、三次采油，以及发酵生产燃料气体，生物化学与分子生物学技术、基因工程等现代生物技术也越来越多地应用于石油、天然气等的生产。此外，可再生能源的生产也得到快速发展，典型的如利用生物能源技术生产燃料乙醇，提高能源供应与消费水平，促进能源工业发展。

本章小结

　　生物化学是研究生命化学本质的学科，是生命科学领域重要的基础和前沿学科。生物化学的发展经历了大致 3 个阶段：从 18 世纪中叶开始的研究生物体的化学组成与简单结构的初级阶段；进入到 20 世纪后开始的物质代谢研究蓬勃发展的快速发展阶段；再到 20 世纪 50 年代以后，以生物大分子为主要研究对象的分子生物学研究时代。生物化学的主要研究内容包括：生物大分子的结构与功能，物质与能量的代谢与调节，基因信息的传递与调控。生物化学与分子生物学是紧密联系的姐妹学科，前者重点研究生命活动中的化学变化及作用规律，后者则着重关注生物大分子的结构与功能的相互关系与相互作用规律。它们在生命科学领域占有重要的地位，共同引领生命科学的发展，并与其他学科有着广泛的联系与交叉。当前，随着生物化学的不断发展，生物化学原理与技术已经在轻工食品、化工纺织、医药、能源等各个行业领域得到广泛应用。

思考题

拓展 1-10

1. 什么是生物化学？生物化学的主要研究内容是什么？
2. 什么是生物大分子？其主要的结构与功能特点是什么？
3. 简述生物化学与分子生物学的关系及其在生命科学中的地位。
   答案见拓展 1-10。

⊙ 第二章
蛋白质的结构与功能

本章导读

　　蛋白质是生物体内最为重要的生物大分子，其参与体内各种代谢活动。蛋白质不仅分子量大，而且结构复杂，功能多种多样。本章主要介绍蛋白质的分子组成、构成蛋白质的氨基酸种类、结构及理化性质。重点讲述蛋白质的结构层次与功能特点，包括蛋白质的一级结构和空间结构，同时也介绍蛋白质结构与功能之间的相互关系。本章最后介绍蛋白质的重要理化性质，为蛋白质的分离纯化及应用奠定基础。

　　蛋白质一词来源于希腊文 πρoτo，意为"首要地位"。它最早由 Berzelius 提出，1838 年正式引入教科书中。说它首要是因为蛋白质在生物体内的重要性，因为生命现象总是和特定的蛋白质相关，没有蛋白质就没有生命。蛋白质是生物体含量最丰富的生物大分子，约占人体固体成分的 45%，分布于几乎所有生物的细胞、组织中。

　　蛋白质是机体的功能分子。它参与机体的一切生理活动，在体内发挥着重要功能作用。如酶的催化功能，多肽类激素的调节功能，血中蛋白质的运输功能，肌动蛋白和肌球蛋白的收缩运动功能，抗体、补体的免疫防御功能，凝血因子的凝血功能，膜蛋白、受体的物质运输及信息传递功能，组蛋白、酸性蛋白等的基因表达调控功能，与思维、记忆、情感等相关的心理活动过程，无一不是通过蛋白质来实现的。所以蛋白质是生命的物质基础。

　　蛋白质结构复杂，结构的细微差异影响蛋白质的功能作用。蛋白质的基本组成单位是氨基酸。氨基酸的理化性质，如聚合能力、酸碱性质、手性、侧链结构的多样性，是决定蛋白质结构、功能等的基础。本章重点从氨基酸和蛋白质结构及组织层次入手，系统学习探讨它们的功能，了解蛋白质的结构如何决定其理化性质、生物学特性及其与生物学功能之间的关系。

第一节　蛋白质的分子组成

一、蛋白质的元素组成

组成蛋白质的元素除了碳、氢、氧以外，还有氮。同时，有些蛋白质还含有少量其他元素，包括硫、磷、铁、锰、锌、铜、碘等。

大多数蛋白质含氮量比较接近，平均为16%，这是蛋白质元素组成的一个特点。由于蛋白质是体内的主要含氮物，因此通过测定生物样品的含氮量就能大致推算出蛋白质的含量，其计算公式为：

100g样品中蛋白质含量（g）=1g样品中含氮量（g）×6.25×100

二、蛋白质的基本结构单位——氨基酸

氨基酸（amino acid，AA）是组成蛋白质的基本单位。自然界已发现300余种氨基酸，但组成蛋白质的氨基酸仅有22种（拓展2-1）。其中20种为标准氨基酸（standard amino acids），有相应的遗传密码。另外2种是近来发现的组成蛋白质的新的氨基酸，即硒代半胱氨酸和吡咯赖氨酸（拓展2-2），它们也是由遗传密码编码的2种氨基酸，出现在少数蛋白质中。构成蛋白质的氨基酸，结构上有一个共同特点，即在连接羧基的α-碳原子上还有一个氨基，故称α-氨基酸。

（一）氨基酸的结构

组成蛋白质的22种氨基酸，除甘氨酸外，其他氨基酸的α-碳原子（C_α）均属不对称碳原子，其与α-碳原子连接的基团各不相同，形成特定的构型，构型分为两种，即L型和D型。这种构型是以甘油醛的构型为基础确定的。凡与L-甘油醛构型相同的，均属于L-氨基酸；与D-甘油醛相同，则为D-氨基酸，如图2-1所示。

由图2-1可见，连接在—COO⁻上的碳即为α-碳原子（C_α），不同氨基酸的侧链不同，但均属L-α-氨基酸（甘氨酸除外）。侧链的不同对蛋白质空间结构和理化性质有重要影响。

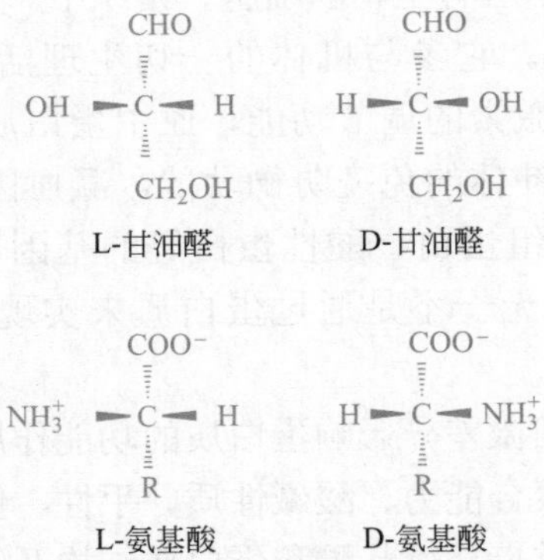

图 2-1　氨基酸的构型

R—氨基酸的侧链。结构式中中间的碳原子（C_α）均属不对称碳原子，位于页面所在的平面上，楔形虚线所连接的原子位于平面下方，楔形实线所连接的原子位于平面上方

（二）氨基酸的分类

根据氨基酸侧链 R 基团的结构和性质，可将组成蛋白质的 22 种氨基酸（拓展 2-3）分成四类。

拓展 2-3

1. 非极性氨基酸

这类氨基酸的特征是侧链 R 基团是碳烃链，在水中的溶解度小于极性氨基酸。

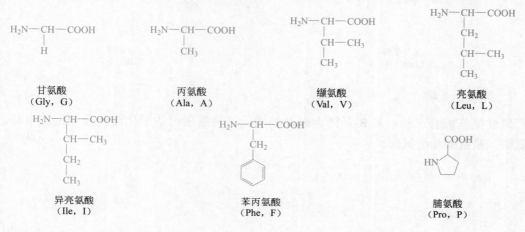

甘氨酸
（Gly，G）

丙氨酸
（Ala，A）

缬氨酸
（Val，V）

亮氨酸
（Leu，L）

异亮氨酸
（Ile，I）

苯丙氨酸
（Phe，F）

脯氨酸
（Pro，P）

2. 极性中性氨基酸

极性中性氨基酸的 R 基团有极性但不能解离，易溶于水。

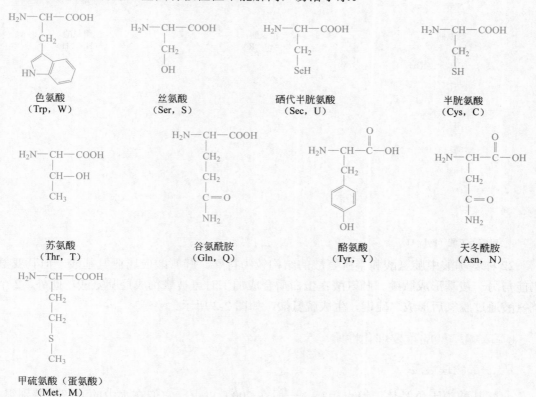

色氨酸
（Trp，W）

丝氨酸
（Ser，S）

硒代半胱氨酸
（Sec，U）

半胱氨酸
（Cys，C）

苏氨酸
（Thr，T）

谷氨酰胺
（Gln，Q）

酪氨酸
（Tyr，Y）

天冬酰胺
（Asn，N）

甲硫氨酸（蛋氨酸）
（Met，M）

3. 酸性氨基酸

酸性氨基酸有两种，其 R 基团含羧基，在 pH 为 7 时，羧基解离而使分子带负电荷。有谷氨酸和天冬氨酸。谷氨酸的单钠盐是味精的主要成分。

天冬氨酸
（Asp，D）

谷氨酸
（Glu，E）

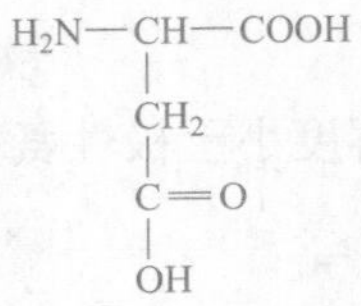

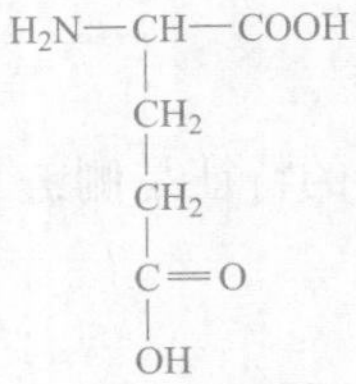

4. 碱性氨基酸

碱性氨基酸有三种，其 R 基团含碱性基团，这些基团可质子化而使分子带正电荷。有赖氨酸、精氨酸和组氨酸。

赖氨酸
（Lys，K）

精氨酸
（Arg，R）

组氨酸
（His，H）

吡咯赖氨酸（Pyl，O）

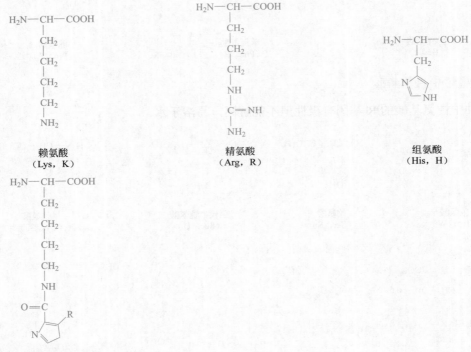

22 种氨基酸中脯氨酸和半胱氨酸的结构较为特殊。脯氨酸应属亚氨基酸，但其亚氨基仍能与另一羧基形成肽键。脯氨酸在蛋白质合成加工时可被修饰成羟脯氨酸。此外，2 个半胱氨酸通过脱氢后形成二硫键，生成胱氨酸，如图 2-2 所示。

（三）氨基酸的重要理化性质

1. 一般物理性质

α- 氨基酸为无色晶体，熔点极高，一般在 200℃以上。它们在水中的溶解度差别很大，

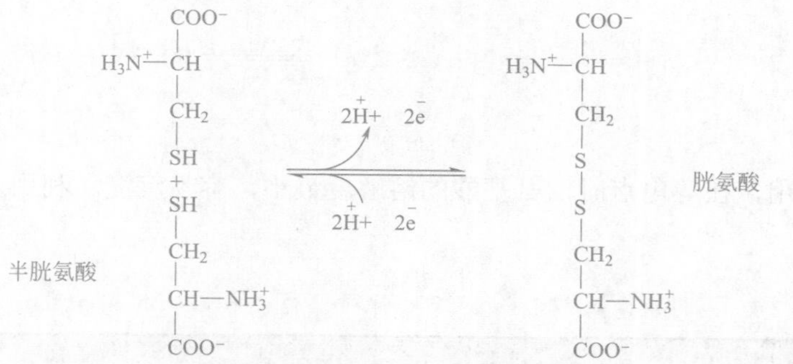

图 2-2 胱氨酸和二硫键

并能溶解于稀酸或稀碱中，但不溶于有机溶剂。通常用乙醇可以把氨基酸从其溶液中沉淀析出。氨基酸有些味苦、有些味甜、有些无味。

2. 光学性质

从 α- 氨基酸的结构通式可以看出，除甘氨酸外，其他 α- 氨基酸中的 α- 碳原子是不对称碳原子，因此有立体异构体。虽然从蛋白质中水解得到的 α- 氨基酸，都属于 L 型，但是在生物体内特别是细菌中 D- 氨基酸还是广泛地存在，如细菌的细胞壁和某些抗生素中都含有 D- 氨基酸。

不对称碳原子的存在，使得氨基酸具有旋光性。旋光性物质在化学反应过程中，只要其不对称原子经过对称状态的中间阶段，即可发生消旋现象并转变为 D 型和 L 型的等摩尔量混合物，称消旋物。蛋白质与碱共热进行水解时，或用一般的化学合成方法人工合成氨基酸时，得到的氨基酸都是无旋光性的 dl- 消旋物。

氨基酸的旋光方向和旋光度大小取决于它的侧链基团性质，并且与测定时的溶液 pH 有关，这是因为在不同的 pH 条件下氨基酸及其基团的解离状态不同。

22 种组成蛋白质的氨基酸在可见光区域都无光吸收，在近紫外（$200 \sim 400nm$）区，侧链基团含有芳香环共轭双键系统的色氨酸、酪氨酸和苯丙氨酸具有光吸收能力。其最大吸收分别在 279nm、275nm 和 257nm 波长处。蛋白质由于含有这些氨基酸，一般最大吸收在 280nm 波长处，因此可以利用分光光度法方便地测定蛋白质的含量。

3. 两性解离与等电点

过去认为，氨基酸在水溶液中是以中性分子的形式存在。后来许多实验事实否定了这种看法。大量实验证明，水溶液中氨基酸分子主要以两性离子或称兼性离子形式存在，不带电荷的中性分子为数极少。所谓两性离子是指在同一个氨基酸分子中带有能放出质子的 —NH_3^+ 正离子和能接受质子的 —COO^- 负离子，是两性电解质。

溶液中的氨基酸，其正负离子都能解离，但解离度与溶液的 pH 有关，向氨基酸溶液中加酸时，其 —COO^- 负离子接受质子，使氨基酸带正电荷，在电场中向阴极移动。加入碱时，其 —NH_3^+ 正离子解离放出质子（与 OH^- 结合成水），氨基酸自身成为负离子，在电场中向阳极移动。当调节氨基酸溶液的 pH，使氨基酸分子上的 —NH_3^+ 和 —COO^- 的解离度完全相等时，即氨基酸所带净电荷为零，在电场中既不向阴极也不向阳极移动，此时溶液的 pH 称为该氨基酸的等电点，以符号 pI 表示。上述过程如下式所示：

$$\underset{\substack{pH<pI \\ \text{带正电}}}{H_3N^+-\overset{R}{\underset{}{C}H-COOH}} \underset{H^+}{\overset{OH^-}{\rightleftharpoons}} \underset{\substack{pH=pI \\ \text{净电荷为零}}}{H_3N^+-\overset{R}{\underset{}{C}H-COO^-}} \underset{H^+}{\overset{OH^-}{\rightleftharpoons}} \underset{\substack{pH>pI \\ \text{带负电}}}{H_2N-\overset{R}{\underset{}{C}H-COO^-+H_2O}}$$

由于静电作用，在等电点时，氨基酸的溶解度最小，容易沉淀。利用这一性质可以分离制备某些氨基酸。

表 2-1 各种常见氨基酸在 25℃时（半胱氨酸除外）的 pK 和 pI 的近似值

氨基酸名称	pK_1（α-COOH）	pK_2（—NH$_3$）	pK_3（R）	pI
甘氨酸	2.34	9.60		5.97
丙氨酸	2.34	9.69		6.02
缬氨酸	2.32	9.62		5.97
亮氨酸	2.36	9.60		5.98
异亮氨酸	2.36	9.68		6.02
丝氨酸	2.21	9.15		5.68
苏氨酸	2.71	10.43		6.53
天冬氨酸	2.09	9.82	3.86（β-COO$^-$）	2.97
天冬酰胺	2.02	8.80		5.41
谷氨酸	2.19	9.67	4.25（γ-COO$^-$）	3.22
谷氨酰胺	2.17	9.13		5.65
精氨酸	2.17	9.04	12.48（胍基）	10.76
赖氨酸	2.18	8.95	10.53（ε-NH$_3^+$）	9.74
组氨酸	1.82	9.17	6.00（咪唑基）	7.59
半胱氨酸（30℃）	1.96	10.28	8.18（SH）	5.07
甲硫氨酸	2.28	9.21		5.74
苯丙氨酸	1.83	9.13		5.48
酪氨酸	2.20	9.11	10.07（OH）	5.66
色氨酸	2.38	9.39		5.89
脯氨酸	1.99	10.60		6.30
硒代半胱氨酸				4.69[①]
吡咯赖氨酸				8.31[①]

① 根据等电点计算软件计算，参见：http://isoelectric.org/。

氨基酸的等电点可用酸碱滴定方法测定，也可通过氨基酸的可离解基团的 pK 值计算（表 2-1）。现分别以丙氨酸、天冬氨酸和赖氨酸为例，介绍 pI 的计算。当丙氨酸全部质子化时，可以看做是一种二元酸。它分步解离如下：

$$\underset{Ala^+}{H_3N^+-\overset{CH_3}{\underset{}{C}H-COOH}} \overset{K_1}{\rightleftharpoons} \underset{Ala^\pm}{H_3N^+-\overset{CH_3}{\underset{}{C}H-COO^-+H^+}}$$

$$H_3\overset{+}{N}-\underset{\underset{Ala^\pm}{|}}{\overset{\overset{CH_3}{|}}{CH}}-COO^- \underset{}{\overset{K_2}{\rightleftharpoons}} H_2N-\underset{\underset{Ala^-}{|}}{\overset{\overset{CH_3}{|}}{CH}}-COO^- +H^+$$

根据质量作用定律得：

$$K_1=\frac{[Ala^\pm][H^+]}{[Ala^+]}, \quad [Ala^+]=\frac{[Ala^\pm][H^+]}{K_1}$$

$$K_2=\frac{[Ala^-][H^+]}{[Ala^\pm]}, \quad [Ala^-]=\frac{[Ala^\pm]K_2}{[H^+]}$$

K_1、K_2 为解离常数。因为等电点时净电荷为零，则 $[Ala^+]=[Ala^-]$。

$$所以，\quad \frac{[Ala^\pm][H^+]}{K_1}=\frac{[Ala^\pm]K_2}{[H^+]}，即 K_1\times K_2=[H^+]^2$$

方程两边取负对数，$-lg[H^+]^2=-lgK_1-lgK_2$

因为：$-lg[H^+]=pH$，$-lgK_1=pK_1$，$-lgK_2=pK_2$，所以：$2pH=pK_1+pK_2$，即 $pI=\dfrac{pK_1+pK_2}{2}$

从表 2-1 中查得丙氨酸的 pK_1 和 pK_2，即可计算出其 $pI=(2.34+9.69)/2\approx6.02$。由此可见，氨基酸的等电点 pI 相当于其两性离子状态两侧的基团 pK 之和的一半。

对于侧链有离解基团的氨基酸，其 pI 的计算，则分别以天冬氨酸和赖氨酸为例来说明。天冬氨酸的离解方程如下：

$$\begin{array}{ccccccc}
\overset{COOH}{|} & & \overset{COO^-}{|} & & \overset{COO^-}{|} & & \overset{COO^-}{|} \\
CH-NH_3^+ & \underset{H^+}{\overset{K_1}{\underset{OH^-}{\rightleftharpoons}}} & CH-NH_3^+ & \underset{H^+}{\overset{K_3}{\underset{OH^-}{\rightleftharpoons}}} & CH-NH_3^+ & \underset{H^+}{\overset{K_2}{\underset{OH^-}{\rightleftharpoons}}} & CH-NH_2 \\
\overset{|}{CH_2} & & \overset{|}{CH_2} & & \overset{|}{CH_2} & & \overset{|}{CH_2} \\
\overset{|}{COOH} & & \overset{|}{COOH} & & \overset{|}{COO^-} & & \overset{|}{COO^-} \\
Asp^+ & & Asp^\pm(两性离子) & & Asp^- & & Asp^{2-}
\end{array}$$

上述解离方程中，等电点两侧的 pK 分别为 pK_1 和 pK_3，因此，

$$pI=\frac{pK_1+pK_3}{2}=\frac{2.09+3.86}{2}\approx2.97$$

赖氨酸的解离方程为：

$$\begin{array}{ccccccc}
\overset{COOH}{|} & & \overset{COO^-}{|} & & \overset{COO^-}{|} & & \overset{COO^-}{|} \\
CH-NH_3^+ & \underset{H^+}{\overset{K_1}{\underset{OH^-}{\rightleftharpoons}}} & CH-NH_3^+ & \underset{H^+}{\overset{K_2}{\underset{OH^-}{\rightleftharpoons}}} & CH-NH_2 & \underset{H^+}{\overset{K_3}{\underset{OH^-}{\rightleftharpoons}}} & CH-NH_2 \\
\overset{|}{(CH_2)_4} & & \overset{|}{(CH_2)_4} & & \overset{|}{(CH_2)_4} & & \overset{|}{(CH_2)_4} \\
\overset{|}{NH_3^+} & & \overset{|}{NH_3^+} & & \overset{|}{NH_3^+} & & \overset{|}{NH^2} \\
Lys^{2+} & & Lys^+ & & Lys^\pm(两性离子) & & Lys^-
\end{array}$$

赖氨酸的等电点为：

$$pI=\frac{pK_2+pK_3}{2}=\frac{8.95+10.53}{2}=9.74$$

上述三个氨基酸作为代表，其他氨基酸 pI 的计算与上述一致。

4. 氨基酸的化学性质

氨基酸的化学反应是指它的 α- 氨基和 α- 羧基以及侧链上的官能团所参与的那些反应。下面着重讨论在蛋白质化学中具有重要意义的氨基酸的化学反应。

（1）与茚三酮的反应

在氨基酸的分析化学中，具有特殊意义的是氨基酸与茚三酮的反应。茚三酮在微酸性溶液中与氨基酸加热，发生下列氧化、脱氨、脱羧作用：

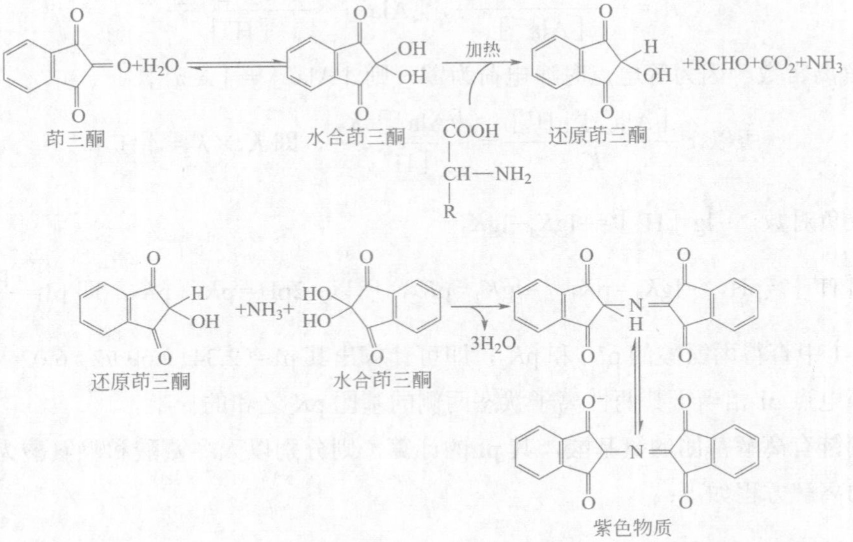

茚三酮　　水合茚三酮　　加热　　还原茚三酮 $+RCHO+CO_2+NH_3$

还原茚三酮 $+NH_3+$ 水合茚三酮 $\xrightarrow{3H_2O}$ 紫色物质

在第二步反应中，水合茚三酮与反应产物——氨和还原茚三酮发生作用而生成紫色化合物。两个亚氨基酸——脯氨酸、羟脯氨酸与茚三酮反应形成黄色化合物。利用这个颜色反应可以作为氨基酸的比色测定方法。在用纸层析或柱层析把各种氨基酸分开后，利用茚三酮显色可以定性或定量地测定各种氨基酸。

（2）与亚硝酸的反应

氨基酸与亚硝酸的作用和伯胺的反应相同。

$$R-CH-COOH+HNO_2 \longrightarrow R-CH-COOH+N_2+H_2O$$
$$\quad\ |_{NH_2} \qquad\qquad\qquad\qquad |_{OH}$$

氨基酸在室温下与亚硝酸作用，很快生成氮气。在标准条件下测定生成氮气的体积，即可计算氨基酸的量，这是文司莱克（Van Slyke）法测定氨基酸的基础。

（3）与 2，4- 二硝基氟苯（DNFB）的反应

氨基酸中的 α- 氨基与 2，4- 二硝基氟苯在弱碱性溶液中作用生成二硝基苯基氨基酸（简称为 DNP- 氨基酸）。这个反应首先被英国的 Sanger 用来鉴定多肽或蛋白质的末端氨基，曾经广泛地应用于测定多肽或蛋白质中氨基酸的排列顺序（拓展 2-4）。

拓展 2-4

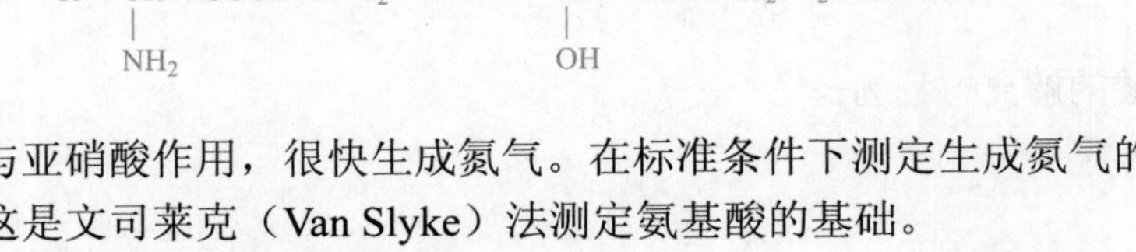

DNFB　　　　　　　DNP-氨基酸(黄色)

（4）与异硫氰酸苯酯（PITC）的反应

α- 氨基另一个重要的反应是与异硫氰酸苯酯在弱碱性条件下形成相应的苯氨基硫甲酰衍生物。后者在硝基甲烷中与酸作用发生环化，生成相应的苯乙内酰硫脲衍生物。这些衍生物是无色的，可用层析法加以分离鉴定。这个反应首先由 Edman 用来鉴定多肽或蛋白质的 N 末端氨基酸，在多肽或蛋白质中的氨基酸顺序分析方面占有重要地位。实际分析时常把肽链的羧基端与不溶性树脂偶联，利用 Edman 降解一次能连续测出 60 ～ 70 个氨基酸的序列。

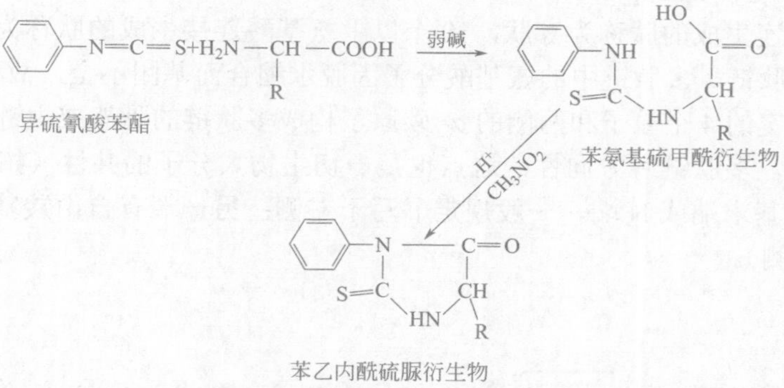

（5）与醛类化合物反应生成席夫碱

席夫碱是以氨基酸为底物的某些酶促反应中的中间物。

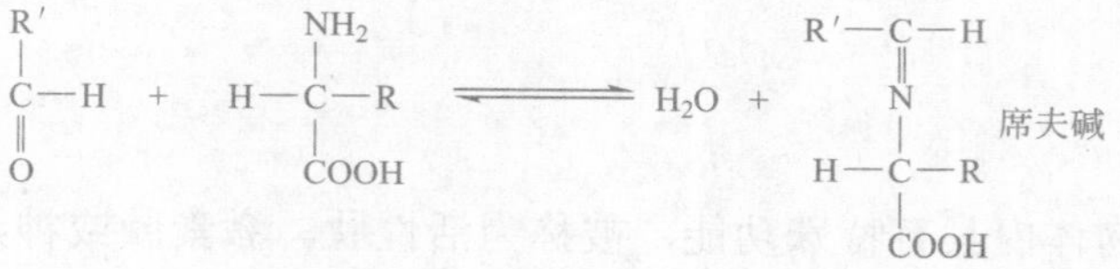

（6）与甲醛的反应

氨基酸的氨基可与甲醛反应生成羟甲基氨基酸和二羟甲基氨基酸，使氨基酸分子的—NH_3^+解离释放出 H^+，而使溶液的酸度增加，可用 NaOH 滴定。

由滴定所用的 NaOH 量就可计算出氨基酸中氨基的含量，即氨基酸的含量。这被称为甲醛滴定法。蛋白质水解时，放出游离氨基，蛋白质合成时游离氨基减少，故可用此法测定游离氨基量，常用于判断蛋白质水解或合成的程度。

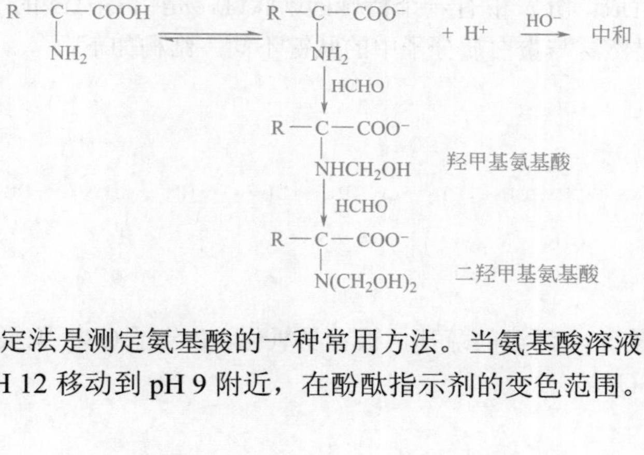

氨基酸的甲醛滴定法是测定氨基酸的一种常用方法。当氨基酸溶液中存在 1 mol/L 甲醛时，滴定的终点由 pH 12 移动到 pH 9 附近，在酚酞指示剂的变色范围。

三、肽

（一）肽的命名及结构

两分子氨基酸之间是通过肽键相连的。在蛋白质分子中，一分子氨基酸的 α-羧基与另一分子氨基酸的 α-氨基脱水生成的键称为肽键，如图 2-3 所示。肽键是蛋白质分子中基本的化学键。由两个氨基酸以肽键相连形成的肽称为二肽。二肽还可通过肽键与另一分子氨基酸相连生成三肽，并可继续反应，依次生成四肽、五肽以至多肽。习惯上，将 10 个以内氨基酸通过肽键相连生成的肽称为寡肽，10 个以上氨基酸连接生成的肽称为多肽。多肽呈链状结构，故称多肽链。多肽链中的氨基酸分子因脱水缩合而基团不全，故称为氨基酸残基。多肽链中组成肽键的 4 个原子和两侧的 α-碳原子构成多肽链的骨架或主链，余下的 R 基团部分，称为侧链。多肽链有方向性，这点也是一切生物大分子的共性（拓展 2-5），一端有自由氨基称为氨基末端或 N 端，一般规定书写于左侧；另一端有自由羧基称为羧基末端或 C 端（书写于右侧）。

拓展 2-5

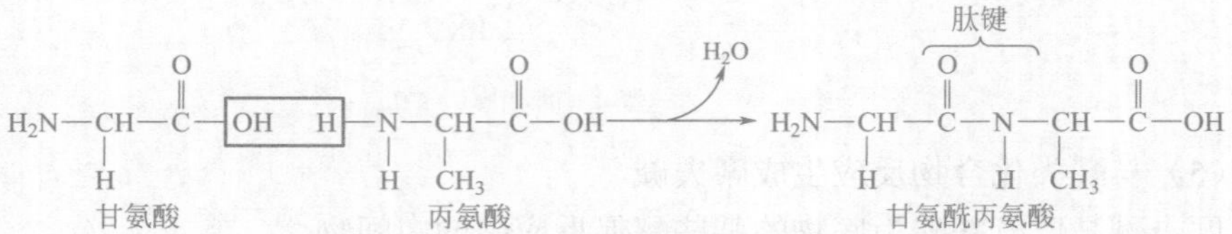

图 2-3　肽键和肽链

（二）活性肽

有一些肽在生物体内具有特殊功能，被称为活性肽。激素肽或神经肽都是常见的活性肽，它们广泛分布于整个生物界。作为主要的化学信使，它们在沟通细胞内部、细胞与细胞之间以及器官与器官之间的信息方面起着重要作用。近年来广泛开展了活性肽的研究。现在已经知道，生物的生长发育、细胞分化、大脑活动、肿瘤病变、免疫防御、生殖控制、抗衰防老、生物钟规律及分子进化等均涉及活性肽。活性肽的种类繁多，现选择介绍如下：

1. 谷胱甘肽

谷胱甘肽是存在于动植物和微生物细胞中的一个重要的三肽，简称 GSH，它由谷氨酸、半胱氨酸、甘氨酸组成。分子中有一个特殊的 γ 肽键，是由谷氨酸的 γ-羧基与半胱氨酸的 α-氨基缩合而成，显然这与蛋白质分子中的肽键不同。结构如下：

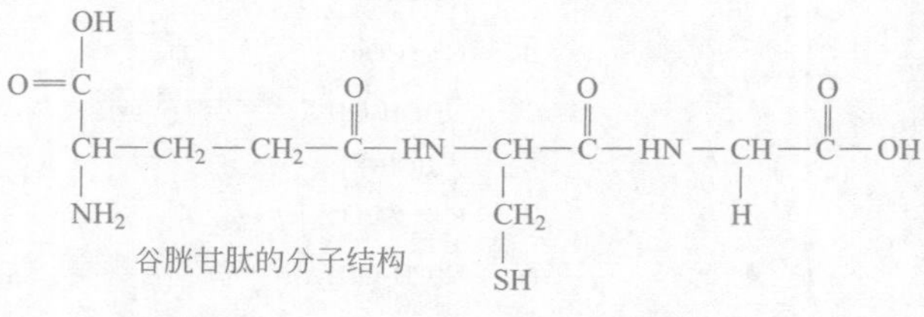

谷胱甘肽的分子结构

由于 GSH 中含有 1 个活泼的巯基，很容易氧化，2 分子 GSH 脱氢以二硫键相连成氧化型的谷胱甘肽（GSSG）。

$$2GSH \underset{+2H}{\overset{-2H}{\rightleftharpoons}} GSSG$$

谷胱甘肽是某些酶的辅酶，在体内氧化还原过程中起重要作用。

2. 催产素和升压素

两者都是在下丘脑的神经细胞中合成的多肽激素，合成后与神经垂体运载蛋白相结合，经轴突运输到神经垂体，再释放到血液中。它们都是九肽，在它们的分子中都有环状结构。催产素的化学结构简式如下：

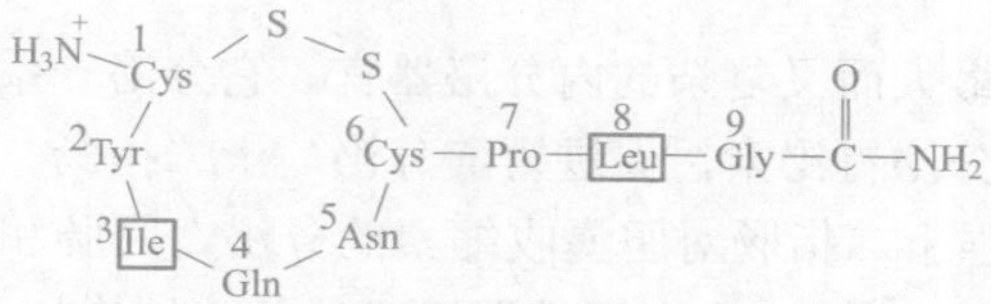

升压素的结构与催产素十分相近，仅第 3 位、第 8 位的两个氨基酸不同，它的化学结构简式如下：

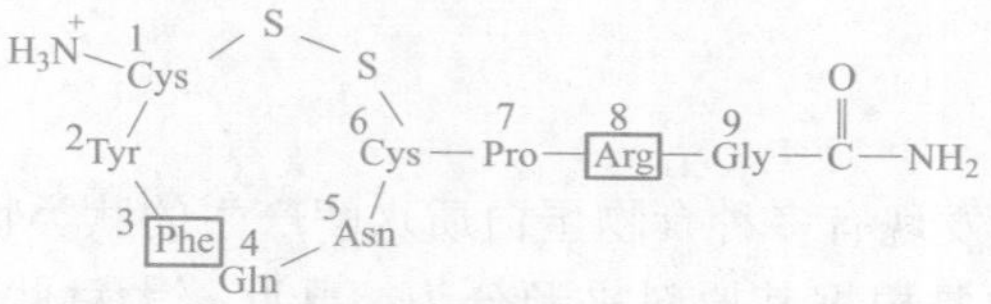

催产素和升压素虽然结构相似，但由于有两个氨基酸不同（注意方框中氨基酸），所以两者在生理功能上有所不同。前者使子宫和乳腺平滑肌收缩，具有催产及使乳腺排乳作用，而后者则是促进血管平滑肌收缩，从而升高血压，并有减少排尿的作用，所以也称抗利尿激素。

近年来有资料指出升压素还参与记忆过程，并且还根据实验提出升压素分子的环状部分参与学习记忆的巩固过程，分子的直线部分则参与记忆的恢复过程。催产素对行为的影响正好与升压素相反，是促进遗忘的。

3. 脑肽

脑肽的种类也是很多的，其中脑啡肽是近年来在高等动物脑中发现的比吗啡更有镇痛作用的活性肽。1975 年底有人阐明其结构，并从猪脑中分离出两种类型脑啡肽，一种的 C 端氨基酸残基为甲硫氨酸，称 Met- 脑啡肽，另一种的 C 端氨基酸残基为亮氨酸，称 Leu- 脑啡肽，它们都是 5 肽，其结构如下：

甲硫氨酸型（Met-脑啡肽）：H·Tyr·Gly·Gly·Phe·Met·OH

亮氨酸型（Leu-脑啡肽）：H·Tyr·Gly·Gly·Phe·Leu·OH

因为脑啡肽一类物质是高等动物脑组织中原来就有的，所以如果能合成出来，这必然是一类既有镇痛作用而又不会像吗啡那样使病人上瘾的药物。中国科学院上海生化所于 1982 年 5 月利用蛋白质工程技术成功地合成了亮氨酸 - 脑啡肽，不仅在应用方面而且在理论上都有重要意义，它为分子神经生物学的研究开阔了思路，从而可以在分子基础上阐明大脑的活动。

1975 年有人从猪脑中分离出一种三十一肽的具有较强的吗啡样活性与镇痛作用的 β- 内

啡肽。一级结构如下：

$$\underset{\text{H}_3\text{N}^+}{}\text{—Lys—Gly—Gly—Phe—Met—Thr—Ser—Glu—}\overset{10}{\text{Lys}}\text{—Ser—Gln—Thr—Pro—}\overset{15}{\text{Leu}}\text{—Val—Thr—Leu—Phe—}$$

$$\overset{20}{\text{Lys}}\text{—Asn—Ala—Ile—Val—}\overset{25}{\text{Lys}}\text{—Asn—Ala—His—}\overset{30}{\text{Lys}}\text{—Lys—Gly—Gln—COO}^-$$

$β$- 内啡肽降解产物：第 1～17 位的片段称为 $γ$- 内啡肽，无鸦片样活性也无镇痛作用，但显示出行为效应，具有抗精神分裂症的疗效。

4. 胆囊收缩素

消化管实际上是体内最大而又复杂的内分泌器官。它分泌一系列与消化机能相适应的活性肽，例如：肠上段黏膜分泌胃泌素，促进胃酸分泌。十二指肠、空肠分泌肠促胰泌素，可刺激胰脏分泌 HCO_3^-，增强十二指肠对胆囊收缩素的分泌。回肠和结肠分泌肠高血糖素，以滋养肠细胞。胆囊收缩素是一种由 33 个氨基酸组成的肽，结构如下：

$$\text{H}_3\text{N}^+\text{—Lys—Ala—Pro—Ser—Gly—Arg—Val—Ser—Met—Ile—Lys—Asn—Leu—Gln—Ser—Leu—Asp—Pro—}$$

$$\text{Ser—His—Arg—Ile—Ser—Asp—Arg—Asp—Tyr(SO}_3\text{H)—Met—Gly—Trp—Met—Asp—Phe—CONH}_2$$

5. 其他活性肽

在功能性食品研究中发现有多种食物蛋白质水解产生的肽类物质具有明显的生物活性，被称为功能性活性肽。通常根据其原料来源分为：乳肽、大豆肽、玉米肽、豌豆肽、卵白肽、畜产肽、水产肽和复合肽等，它们能够调节人体代谢，具有促进免疫、促进消化吸收、抗菌、抗病毒、降血压等作用，目前已成为功能性食品研究的热点之一。

第二节　蛋白质的分子结构

拓展 2-6

蛋白质分子是由 22 种氨基酸借肽键连接形成的生物大分子。每种蛋白质都有自己的氨基酸组成及排列顺序，同时具有特定的空间结构（拓展 2-6）。这些特性构成了蛋白质独特生理功能的结构基础。理论上分析，组成蛋白质大分子的氨基酸种类、数目、排列顺序及空间结构的不同所产生的各种蛋白质几乎是无穷无尽的，为生物体行使千差万别的功能提供了物质基础。蛋白质分子结构分成一级结构、二级结构、三级结构、四级结构四个层次，后三者统称为空间结构、高级结构或空间构象。蛋白质的空间结构涵盖了蛋白质分子中的每一原子在三维空间的相对位置，它们是蛋白质特有性质和功能的结构基础。

一、蛋白质的一级结构

蛋白质中氨基酸的排列顺序称为蛋白质的一级结构。肽键是一级结构的主要化学键。有些蛋白质还包含二硫键，即由两个半胱氨酸巯基脱氢氧化而成。图 2-4 为牛胰岛素的一级结构。牛胰岛素有 A 和 B 两条链，A 链有 21 个氨基酸残基，B 链有 30 个。如果把氨基酸序列标上数字，应以氨基末端（N 端）为 1 号，依次向羧基末端（C 端）排列。牛胰岛素分子中有 3 个二硫键，1 个位于 A 链内，由 A 链的第 6 位和第 11 位半胱氨酸的巯基脱氢而形成，另 2 个二硫键位于 A、B 两链间（拓展 2-7）。

拓展 2-7

体内种类繁多的蛋白质，其一级结构各不相同，一级结构是蛋白质空间结构和特异生物学功能的基础。但一级结构并不是决定蛋白质空间结构的唯一因素。

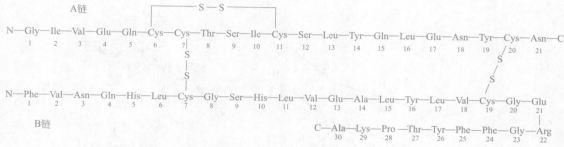

图 2-4 牛胰岛素的一级结构

二、蛋白质的二级结构

蛋白质的二级结构是指蛋白质分子中某一段肽链的局部空间结构，也就是该段肽链主链骨架原子的相对空间位置。不涉及氨基酸残基侧链的构象。

（一）肽单元

构成肽键的 4 个原子和与其相邻的两个 α- 碳原子构成一个肽单元。由于参与肽单元的 6 个原子——$C_{\alpha 1}$、C、O、N、H、$C_{\alpha 2}$ 位于同一平面，故又称为肽键平面，如图 2-5 所示。其中肽键（C—N）的键长为 0.132nm，介于 C—N 的单键长 0.149nm 和 C=N 的双键长 0.127nm 之间，所以有部分双键的性质，不能自由旋转。而 C_{α} 与羧基碳原子及 C_{α} 与氮原子之间的连接（C_{α}—C 和 C_{α}—N）都是单键，可以自由旋转。它们的旋转角度，就决定了相邻肽单元的相对空间位置，于是肽单元就成为肽链折叠的基本单位。

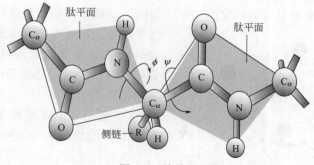

图 2-5 肽单元

（二）主链构象的分子模型

虽然主链上 C_{α}—C 和 C_{α}—N 可以旋转，但也不是完全自由的。因为它们的旋转受角度、侧链基团和肽链中氢及氧原子空间占位的影响，使多肽链的构象数目受到很大限制。蛋白质二级结构的空间模型主要有 α- 螺旋和 β- 折叠两种。此外还有 β 转角和无规卷曲。

1. α- 螺旋

α- 螺旋（alpha-helix）结构于 1951 年由 Pauling（拓展 2-8）和 Corey 提出，它由蛋白质分子中多个肽单元通过氨基酸 α- 碳原子的旋转，使多肽链的主链围绕中心轴呈有规律的螺旋上升，盘旋成稳定的螺旋构象（图 2-6）。α- 螺旋具有以下特征：

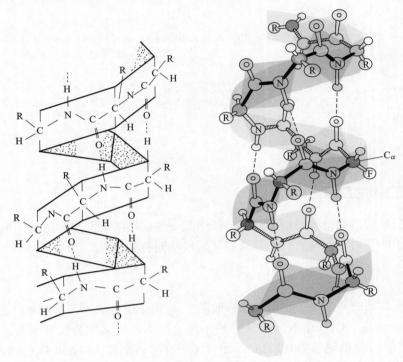

拓展 2-8

图 2-6 α- 螺旋

① 螺旋的走向 右手螺旋，每 3.6 个氨基酸残基使螺旋上升一圈，每个氨基酸残基向上平移 0.15nm，故螺距为 0.54nm。

② 稳定因素 氢键是螺旋稳定的主要次级键。α- 螺旋的每个肽键的氮原子上的 H 与第四个肽单元羧基上的 O 生成氢键。α- 螺旋构象允许所有肽键参与链内氢键形成，因此 α- 螺旋靠氢键维持是很稳定的。若氢键破坏，α- 螺旋构象即遭破坏。

③ 侧链 氨基酸残基的侧链分布在螺旋外侧，其形状、大小及电荷等均影响 α- 螺旋的形成和稳定性。

④ α- 螺旋是手性结构，具有旋光性。

2. β- 折叠

β- 折叠（beta-pleated sheet）又称 β- 片层结构（图 2-7），也是由 Pauling 等人提出，是一种相当舒展的结构，具有以下特点：

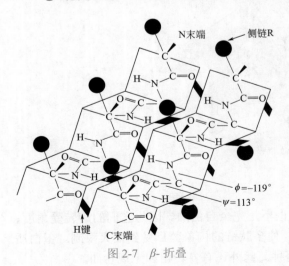

图 2-7 β- 折叠

① 肽链的伸展使肽单元之间以 α- 碳原子为旋转点，依次折叠成锯齿状。氨基酸残基侧链及基团交替地位于锯齿状结构的上下方。

② 肽链平行排列，相邻肽链之间的肽键相互交替形成许多氢键，是维持 β- 折叠结构的主要次级键。

③ 两条以上肽链或一条肽链内若干肽段的锯齿状结构可平行排列。平行走向有同向（顺式）和反向（反式）两种，肽链的 N 端在同侧为顺式，不在同侧为反式。

3. β- 凸起

β- 凸起（beta-bulge）大多数作为反平行 β 折叠片中的一种不规则情况而存在。β- 凸起可认为是 β 折叠股中额外插入的一个残基，它使得在两个正常氢键之间、在凸起折叠股上是两个残基，而另一侧的正常股上是一个残基，如图 2-8 所示。

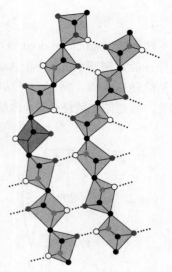

图 2-8　β- 凸起

4. β- 转角

β- 转角（beta-turn）是由伸展的肽链经 180°回折，形成的转角结构。它由 4 个连续的氨基酸残基构成，在第一个氨基酸残基的羧基氧与第 4 个氨基酸残基上亚氨基的氢之间形成氢键，以维持其构象，如图 2-9 所示。

5. 无规卷曲

无规卷曲（random coil）是指没有确定规律性的那部分肽链构象。

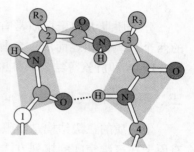

图 2-9　β- 转角

（三）超二级结构和结构域

近年来在研究蛋白质结构、功能时常引入超二级结构和结构域的概念，作为蛋白质二级与三级结构之间的一种过渡态结构层次。

1. 超二级结构和模体

超二级结构（super-secondary structure）的概念是由 M. Rossmann 于 1973 年提出的，它是指若干相邻的二级结构中的结构单元彼此相互作用，形成有规律的空间上能够辨认的二级结构组合体。超二级结构有 3 种基本形式：$\alpha\alpha$（螺旋束）、$\beta\alpha\beta$（如 Rossman 折叠）、$\beta\beta\beta$（β 曲折和希腊钥匙拓扑结构）。例如蛛丝蛋白含有很多的 β- 折叠和富含脯氨酸的 α- 螺旋（拓展 2-9）。图 2-10 表示几种超二级结构示意图。

拓展 2-9

模体（motif），也叫模序，可仅由几个氨基酸残基组成。具有特定功能的或作为一个独立结构域一部分的相邻的二级结构的聚合体，它一般被称为功能模体（functional motif）或结构模体（structural motif），相当于超二级结构。模体和结构域一起组成了蛋白质的三级结构，它不是介于二级结构和三级结构之间的独立分层结构。

2. 结构域

结构域（structural domain）的概念由 Wetlaufer 于 1973 年提出，是指蛋白质亚基结构中明显分开的紧密球状的结构区域，是球状蛋白质的独立折叠单位。结构域一般由 100～200 个氨基酸残基组成，常有一些结构特点，如富含某些特殊的氨基酸。结构域常与一些特定功能有关，如与催化活性有关（激酶结构域），或与结合功能有关（如膜结合域，DNA 结合域）等。

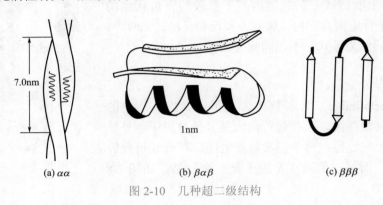

(a) $\alpha\alpha$ (b) $\beta\alpha\beta$ (c) $\beta\beta\beta$

图 2-10　几种超二级结构

分子质量大的蛋白质常有多个结构域，如纤维连接蛋白，它由两条多肽链通过近 C 端的两个二硫键相连而成，含有 6 个结构域，各个结构域分别执行一种功能，有与细胞、胶原、DNA 和肝素等结合的结构域。

三、蛋白质的三级结构

蛋白质的三级结构是指整条肽链中全部氨基酸残基的相对空间位置，也就是整条肽链所有原子在三维空间的排列方式。

在球状蛋白质中，亲水基团多位于分子的表面，而疏水基团多位于分子的内部，形成疏水的核心，如肌红蛋白的三级结构。肌红蛋白是哺乳动物肌肉中负责运输氧的蛋白质，是由 153 个氨基酸残基构成的单链蛋白质，含有 1 个血红蛋白辅基，能进行可逆的氧合和脱氧，图 2-11 显示肌红蛋白的三级结构。多肽链中约 75% 是 α- 螺旋，共分 A 至 H，8 个螺旋区，两个螺旋区之间有一段无规卷曲，脯氨酸位于转角处。由于侧链 R 基团的相互作用，多肽链缠绕，形成一个球状分子，球表面主要有亲水侧链，疏水侧链则位于分子内部。一个亚铁血红蛋白即位于疏水的空穴内，它可以保护铁不被氧化成高铁。血红素铁离子直接与一个 His 侧链的氮原子结合。此近侧 His（H8）占据 5 个配位位置。第 6 个配位位置是 O_2 的结合部位。在此附近的远侧 His（E7）可降低在氧结合部位上 CO 的结合，并抑制肌红蛋白氧化成高铁态。

蛋白质三级结构的形成和稳定主要靠次级键——疏水键、离子键（盐键）、氢键和范德华力等。疏水性氨基酸的侧链 R 为疏水基团，有避开水、相互聚集而藏于蛋白质分子内部的自然趋势，这种结合力叫疏水键。维持蛋白质分子构象的各种化学键如图 2-12 所示。

四、蛋白质的四级结构

许多蛋白质分子含有两条或多条多肽链。每一条多肽链都有其完整的三级结构，称为蛋白质的亚基，亚基与亚基之间呈特定的三维空间排布，并以非共价键相连接和相互作用所形成的空间结构，称为蛋白质的四级结构。

在四级结构中，各个亚基间的结合力主要是疏水键，氢键和离子键也参与维持四级结构。对具有四级结构的蛋白质来说，单独的亚基一般没有生物学功能，只有完整的四级结构寡聚体才有生物学功能。血红蛋白（Hb）是由2个α亚基和2个β亚基组成的四聚体，两种亚基的三级结构颇为相似，且每个亚基都结合有1个血红蛋白辅基，如图2-13、图2-14所示。它是一个取代的卟啉，在其中央有一个铁原子。亚铁（Fe^{2+}）态的血红蛋白能结合氧，但高铁（+3）态的不能结合氧。血红蛋白中的铁原子还能结合其他小分子如CO、NO等。4个亚基通过8个离子键相连，形成血红蛋白的四聚体，具有运输氧和CO_2的功能。但每个亚基单独存在时，虽可结合氧且与氧亲和力增强，但在体内组织中难于释放氧（拓展2-10）。

拓展 2-10

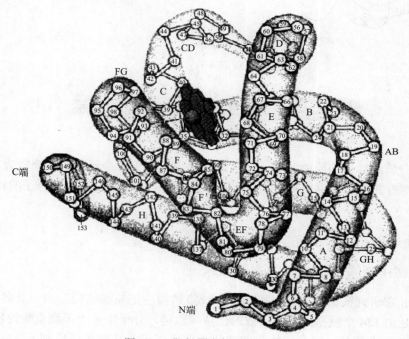

图 2-11　肌红蛋白的三级结构

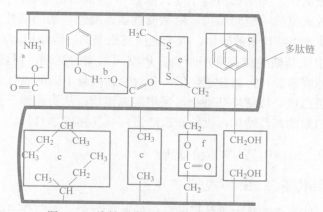

图 2-12　维持蛋白质分子构象的各种化学键

a—离子间的盐键；b—氢键；c—疏水键；d—范德华力；e—二硫键（共价键）；f—酯键（共价键）

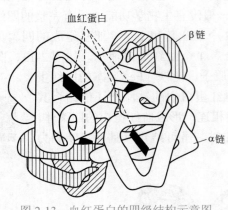

图 2-13　血红蛋白的四级结构示意图

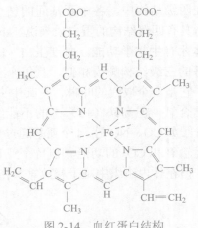

图 2-14　血红蛋白结构

第三节　蛋白质结构与功能的关系

研究蛋白质结构与功能的关系，是从分子水平上认识生命现象的一个极为重要的领域。各种蛋白质都有其特异的生物学功能，而所有这些功能又都是以蛋白质分子的特异结构为基础的。

一、蛋白质一级结构与功能的关系

（一）蛋白质的一级结构是空间构象的基础

Anfinsen 在研究核糖核酸酶时提出了"一级结构决定高级结构"这一著名论断。例如，核糖核酸酶是由 124 个氨基酸残基组成的一条多肽链，分子中 8 个半胱氨酸的巯基构成 4 对二硫键，进而形成具有一定空间构象的球状蛋白质。用变性剂和还原剂 β- 巯基乙醇处理该酶溶液，分别破坏二硫键和次级键，使其空间结构被破坏。但肽键不受影响，一级结构仍保持完整，酶变性失去活性。如用透析方法除去尿素和 β- 巯基乙醇后，核糖核酸酶又从无序的多肽链卷曲折叠成天然酶的空间结构，酶从变性状态复性，酶的活性又恢复至原来水平。这充分证明，只要其一级结构未被破坏，就可能恢复原来的三级结构，功能依然存在，所以多肽链中氨基酸的排列顺序是蛋白质空间结构的基础，但蛋白质空间结构形成还需其他因素参与，如分子伴侣，其对空间构象正确形成有重要作用。

在蛋白质一级结构基础上，采用同源建模，从头预测，折叠识别法 / 串线法预测蛋白质的高级结构，设计和改造蛋白质（拓展 2-11）。

（二）蛋白质的一级结构是其功能的基础

1. 蛋白质一级结构不同，生物学功能各异

例如，升压素与催产素都是由垂体后叶分泌的九肽激素，它们分子中仅两个氨基酸的差异，但二者的生理功能却有根本的区别。升压素能促进血管收缩，升高血压及促进肾小管对水分的重吸收，表现为抗利尿作用；而催产素则能刺激平滑肌引起子宫收缩，表现为催产功能。其结构见本章第一节。

2．一级结构关键部位影响其生物活性

促肾上腺皮质激素（ACTH），由 39 个氨基酸组成。不同种类的 ACTH，其 N 端 1～24 个氨基酸残基相同，若切去 25～39 片段，留下 1～24 肽仍具有全部活性。若在 N 端切去一个氨基酸都会使活性明显降低。这表明 1～24 肽是 ACTH 的关键部分。这说明一级结构中关键部位的改变，将导致其生物活性的改变。

胰岛素由含有 21 个氨基酸残基的 A 链和含有 30 个氨基酸残基的 B 链组成。不同哺乳类动物的胰岛素分子有 24 个氨基酸残基是恒定不变的，它们是胰岛素降低血糖、调节糖代谢功能所必需的结构。其他氨基酸残基的差异，不影响胰岛素的功能。这些恒定不变的氨基酸残基及其构成的结构，是胰岛素功能作用的"关键"。而那些可变的氨基酸残基的改变并不影响其生物活性。这说明一级结构中"关键"部分相同，其功能也相同。

（三）一级结构变化与分子病

基因突变可导致蛋白质一级结构的变化，使蛋白质的生物学功能发生改变，如镰刀型红细胞性贫血，就是由于患者血红蛋白（HbS）与正常血红蛋白（HbA）在 B 链第 6 位有一个氨基酸的差异造成的。HbA 的 B 链第 6 位为谷氨酸，HbS 的 B 链第 6 位是缬氨酸。HbS 的带氧能力降低，分子间容易黏合形成线状巨大分子而沉淀，容易产生溶血性贫血。

$$
\begin{array}{ccccccccc}
 & 1 & 2 & 3 & 4 & 5 & 6 & 7 & 8 \\
\text{HbA} & \text{H}_2\text{N—Val} & \text{His} & \text{Leu} & \text{Thr} & \text{Pro} & \textbf{Glu} & \text{Glu} & \text{Lys—} \\
\text{HbS} & \text{H}_2\text{N—Val} & \text{His} & \text{Leu} & \text{Thr} & \text{Pro} & \textbf{Val} & \text{Glu} & \text{Lys—}
\end{array}
$$

二、蛋白质空间结构与功能的关系

（一）酶原的激活

有些酶在细胞内合成与初分泌时没有催化活性，这种无催化活性的酶的前体称为酶原。使无活性的酶原转变为有活性的酶，称为酶原的激活。酶原的激活过程实质上是通过除去部分肽链片段，使酶蛋白空间结构发生变化，生成或暴露出催化作用必需的"活性中心"，这样酶才表现出生物活性。例如胃蛋白酶、胰蛋白酶、胰凝乳蛋白酶等蛋白水解酶类，都是以酶原形式存在。其中胰蛋白酶原经肠激酶作用，水解掉一分子的 6 肽，肽链中的丝氨酸与组氨酸互相靠近，空间结构发生改变，形成活性中心，变成有催化活性的胰蛋白酶。若胰蛋白酶在理化因素作用下，空间结构发生改变，活性中心破坏，酶活性也就丧失。

（二）蛋白质的别构效应

一些蛋白质由于受某些因素作用，其一级结构不变，而空间构象发生一定的变化，导致其生物学功能的改变，称为蛋白质的别构效应。别构效应是调节蛋白质生物学功能普遍而有效的方式。如酶的别构调节，血红蛋白别构效应等（拓展 2-12）。

血红蛋白是由 4 个亚基 $\alpha_2\beta_2$ 组成具有四级结构的蛋白质。每个亚基可结合 1 个血红素并携带 1 分子氧。血红蛋白上的 Fe^{2+} 能够与氧进行可逆结合。Hb 亚基的羧基末端之间有 8 对盐键，使四个亚基紧密结合形成亲水的球状蛋白。

拓展 2-12

　　血红蛋白与 O_2 结合的氧解离曲线呈 S 形特征，是与其空间构象变化有关。Hb 未结合氧时，结构较为紧密，称为紧张态（T 态），T 态 Hb 与 O_2 的亲和力小。随着 Hb 与 O_2 结合，4 个亚基之间的盐键断裂，其二级、三级和四级结构也发生变化，Hb 的结构显得较为松弛，称为松弛状态（R 态）。Hb 氧合和脱氧时，T 态和 R 态相互转换。当第 1 个 O_2 与血红蛋白 Fe^{2+} 结合后，引起相应肽段的微小移动，造成两个 α 亚基间盐键断裂，使亚基间结合松弛。这种构象的轻微变化可促进第 2 个亚基与 O_2 结合，最后使 4 个亚基全处于 R 态。这种带 O_2 的 Hb 亚基协助其他亚基结合 O_2 的现象，称为协同效应。O_2 与 Hb 结合后引起 Hb 的构象变化，称为血红蛋白的别构效应。小分子 O_2 称为别构剂或效应剂。Hb 则称为别构蛋白。别构效应不仅发生在 Hb 与 O_2 之间，一些酶与别构剂的结合，配体与受体结合也存在着别构效应，所以它具有普遍意义。

（三）蛋白质的正确折叠与蛋白伴侣

　　Anfinsen 的蛋白质一级结构决定高级结构的论断只说明问题的一个方面，即蛋白质空间结构是以多肽链中的氨基酸序列为基础。但是并未说明具有特定氨基酸序列的多肽链是怎样形成正确的空间结构，并使蛋白质具有生物活性的。

　　近年研究表明，蛋白质在核糖体上合成时，新生肽链在信号肽引导下穿过内质网膜进入内质网腔，形成正确再折叠。折叠过程需多种蛋白质参与，这些参与蛋白质折叠的辅助蛋白质称为蛋白伴侣或分子伴侣。根据分子伴侣的结构可将它们分为几个家族，如热激蛋白 70（hsp70）、热激蛋白 90（hsp90）等。它们都能与非天然构象的蛋白质相互作用，协助完成肽链折叠，成为天然构象的蛋白质（拓展 2-13）。

拓展 2-13

　　蛋白伴侣作用过程中需要 ATP 供能。折叠过程可以重复进行直到形成正确的空间结构为止。未正确折叠的多肽链因能与蛋白伴侣结合而保留在内质网，不会被转运到细胞其他部位，最终被蛋白酶水解。这是内质网中的肽链质量控制机制之一。

　　蛋白质折叠不是通过随机搜索找到自由能最低构象的。折叠动力学研究表明，多肽链折叠过程中存在熔球态的中间体，并有异构酶和伴侣蛋白质等参加。

　　毕赤酵母表达系统已经被成功地用来表达多种重组外源蛋白。二硫键异构酶（PDI）和内质网氧化还原酶（Ero1）是两种帮助蛋白质折叠的分子伴侣，广泛存在于真菌、植物、动物和人内质网中，能够帮助蛋白质分泌。PDI 是内质网中含量最丰富的蛋白质之一，可以催化 3 种反应：氧化（催化蛋白质形成新的二硫键）；还原（除去二硫键）；异构化（通过巯基 - 二硫键交换改变已存在的 Cys 配对）。在酵母内质网中大部分以氧化状态存在，提示 PDI 主要显示氧化活性，帮助蛋白质形成正确的折叠结构而分泌到胞外。Ero1 在内质网中氧化还原态的 PDI 成氧化态，间接帮助蛋白质分泌。缺失 Ero1 的细胞内质网不能氧化新合成的蛋白质，而缺少 PDI 的细胞不能存活。科研人员通过单表达 PDI，或共表达 PDI 及 Ero1，显著提高了毕赤酵母工程菌表达外源蛋白的水平。

第四节　蛋白质的理化性质

　　蛋白质是由氨基酸组成的高分子有机化合物，因此它具有氨基酸的一些性质，如两性电离及等电点、紫外吸收性质等。但是，蛋白质作为高分子化合物，它又表现出与小分子氨基酸有根本区别的大分子特性，如胶体性质、变性与复性、免疫学特性等。

一、蛋白质的两性电离与等电点

蛋白质是由氨基酸组成，其分子末端除有自由的 α-NH_2 和 α-COOH 外，许多氨基酸残基的侧链上尚有可解离的基因，如谷氨酸和天冬氨酸残基的非 α- 羧基，精氨酸残基的胍基，组氨酸残基的咪唑基，赖氨酸残基的 ε- 氨基等。这些基团在溶液一定 pH 条件下可以解离成带负电荷或正电荷的基团。如在酸性溶液中，蛋白质解离成阳离子，在碱性溶液中，蛋白质解离成阴离子。当蛋白质溶液在某 pH 时，蛋白质解离成正负离子的趋势相等，即成兼性离子，净电荷为零，此时溶液的 pH 称为蛋白质的等电点（pI）。

蛋白质溶液的 pH 大于等电点时，该蛋白质颗粒带负电荷，小于等电点时则带正电荷，如图 2-15 所示。

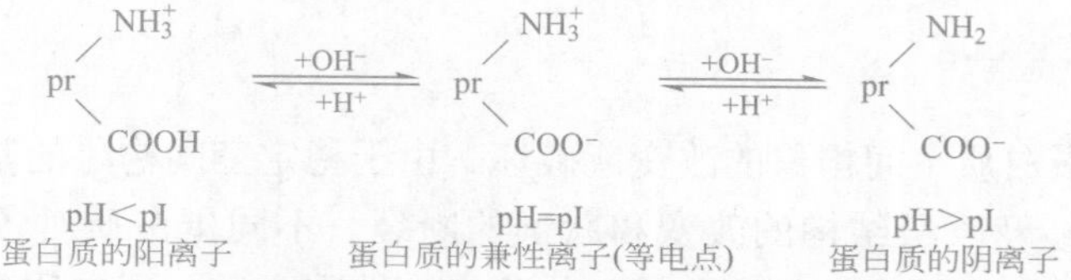

pH＜pI   pH＝pI   pH＞pI
蛋白质的阳离子   蛋白质的兼性离子(等电点)   蛋白质的阴离子

图 2-15 蛋白质两性解离示意图

各种蛋白质等电点不同，但大多数接近于 pH 5.0，所以在人体液 pH 7.4 的环境下，大多数蛋白质解离成阴离子。少数蛋白质含碱性氨基酸较多，其等电点偏于碱性，称为碱性蛋白质，如组蛋白、细胞色素 C 等。也有少数蛋白质含酸性氨基酸较多，其等电点偏于酸性，称为酸性蛋白质，如胃蛋白酶、蚕丝蛋白等。

二、蛋白质的胶体性质

（一）蛋白质的分子量

蛋白质是生物大分子，其分子大小为 1 ~ 100nm，分子量一般为 1 万至数百万。如细胞色素 C 约为 13 000，牛肝谷氨酸脱氢酶为 10^6，而烟草花叶病毒蛋白质的分子量更高达 $37×10^6$。通常将分子量低于 1 万者称为多肽，高于 1 万者称为蛋白质。胰岛素分子量为 5 734，但习惯上仍称其为蛋白质。

（二）蛋白质亲水胶体的稳定因素

蛋白质水溶液是一种比较稳定的亲水胶体。蛋白质形成亲水胶体有两个基本的稳定因素：

（1）蛋白质表面具有水化层

由于蛋白质颗粒表面有许多亲水基团，它们易与水起水合作用，使蛋白质颗粒表面形成较厚的水化层，从而阻断蛋白质颗粒相互聚集，防止蛋白质沉淀析出。

（2）蛋白质表面具有同性电荷

蛋白质溶液在非等电点状态时，蛋白质颗粒皆带有同性电荷，即在酸性溶液时带正电荷，在碱性溶液时带负电荷。同性电荷相斥，使胶粒稳定。在等电点时，蛋白质为兼性离子，带有相等的正负电荷，成为中性微粒，使蛋白质溶液稳定性降低，易于沉淀。

三、蛋白质的变性、复性及沉淀

（一）蛋白质变性

某些理化因素使蛋白质的空间构象发生改变或破坏，导致其理化性质改变，尤其是生物活性丧失，称为蛋白质变性。

1. 蛋白质变性的特征

蛋白质变性的主要特征是生物活性丧失。蛋白质生物活性是指蛋白质表现其生物学功能的能力，如酶的催化作用、蛋白质激素的调节作用、抗体与抗原的免疫防御能力、血红蛋白运输 O_2 和 CO_2 的能力等。蛋白质变性时，其生物学活性全部丧失。此外，蛋白质的理化性质也会发生改变，如溶解度降低易发生沉淀，黏度增加，易被蛋白酶水解等。

2. 蛋白质变性的本质

蛋白质变性是蛋白质空间构象的改变或破坏。由于稳定空间构象的基本因素是各种非共价键和二硫键，不涉及一级结构的改变和肽键的断裂。不同蛋白质对各种因素的敏感度不同，因此空间构象破坏的深度与广度各异，如除去变性因素后，蛋白质变性可恢复者称可逆变性，构象不恢复者称不可逆变性。

3. 蛋白质变性的意义

蛋白质的变性不仅对研究蛋白质的结构与功能有重要的理论意义，而且对医药生产和应用亦有重要的指导作用。如变性因素常被用来消毒及灭菌。在分离、制备有生物活性的酶和生物制药时，必须尽量避免高温、变性剂导致的蛋白质变性。

（二）蛋白质复性

若蛋白质变性程度较轻，去除变性因素后，有些蛋白质仍可恢复或部分恢复其原有的构象和功能，称为复性。在核糖核酸酶溶液中加入尿素和 β- 巯基乙醇，可破坏其分子中的4 对二硫键和氢键，使空间构象遭到破坏，丧失生物活性。变性后如经透析方法去除尿素和 β- 巯基乙醇，并设法使巯基氧化成二硫键，核糖核酸酶又恢复其原有的构象，生物学活性也几乎全部重现。但是许多蛋白质变性后，空间构象严重被破坏，不能复原，称为不可逆变性。

（三）蛋白质沉淀

蛋白质变性后，疏水侧链暴露在外，肽链相互缠绕继而聚集，因而从溶液中析出，这一现象被称为蛋白质沉淀。变性的蛋白质易于沉淀，有时蛋白质发生沉淀，但并不变性。

蛋白质经强酸、强碱作用发生变性后，仍能溶解于强酸或强碱溶液中，若将 pH 调至等电点，则变性蛋白质立即结成絮状的不溶解物，此絮状物仍可溶解于强酸和强碱中。如再加热则絮状物可变成比较坚固的凝块，此凝块不易再溶于强酸和强碱中，这种现象称为蛋白质的凝固作用。实际上凝固是蛋白质变性后进一步发展的不可逆的结果。

本章小结

α-氨基酸是蛋白质的构件分子，参与蛋白质组成的氨基酸有22种。

氨基酸是两性电解质。当调节溶液的pH，使氨基酸处于净电荷为零的兼性离子状态时，此溶液的pH称为该氨基酸的等电点，用pI表示。

除甘氨酸外其他α-氨基酸的α-碳是一个不对称碳原子（手性碳原子），因此α-氨基酸具有旋光性。比旋光度是用来衡量α-氨基酸旋光性的物理常数，可鉴别不同种类的氨基酸。组成蛋白质的氨基酸中的色氨酸、酪氨酸和苯丙氨酸在紫外区有光吸收，是紫外吸收法定量测定蛋白质的依据。所有的α-氨基酸都能与茚三酮发生颜色反应。氨基酸的α-NH$_2$与2，4-二硝基氟苯（DNFB）作用产生相应的DNP-氨基酸（Sanger反应）；α-NH$_2$与异硫氰酸苯酯（PITC）作用形成相应氨基酸的苯胺基硫甲酰衍生物（Edman反应），这两个反应是蛋白质中氨基酸序列测定的基础。

蛋白质结构一般被分为4个组织层次（折叠层次），即一级结构、二级结构、三级结构及四级结构。细分时可在二、三级之间增加超二级结构和结构域两个层次。超二级结构是指在一级序列上相邻的二级结构在三维折叠中彼此靠近并相互作用形成的组合体。结构域是在二级结构和超二级结构的基础上形成并相对独立的三级结构局部折叠区。结构域通常为功能域。

导致蛋白质中氨基酸改变的基因突变能产生所谓分子病，这是一种遗传病。了解最清楚的分子病是镰刀状细胞贫血病。这种病人的不正常的血红蛋白HbS与正常人比较，只是在两条b链第六位置上的Glu被置换为Val。这一改变在血红蛋白表面上产生一个疏水小区，因而导致血红蛋白聚集形成不溶性的纤维束，并引起红细胞镰刀状化和输氧能力降低。

在生物体内有些蛋白质常以前体形式合成，只有按一定方式裂解除去部分肽链之后才表现出生物活性，这一现象称酶原激活。胰蛋白酶、胰凝乳蛋白酶存在酶原激活现象。

蛋白质受到某些物理或化学因素作用时，引起生物活性丧失，溶解度降低以及其他的物理化学常数的改变，这种现象称为蛋白质变性。变性实质是非共价键破裂，天然构象解体，但肽键并未断裂。有些变性是可逆的。蛋白质变性和复性实验表明，一级结构决定它的三维结构。蛋白质的生物学功能是蛋白质天然构象所具有的性质。天然构象是在生理条件下热力学上最稳定的即自由能最低的三维结构。

思考题

1. 名词解释。

肽键　　蛋白质一级结构　　蛋白质的空间结构　　结构域　　等电点

蛋白质变性与复性　　协同效应　　别构效应　　蛋白伴侣

2. 蛋白质有哪些重要的生理作用？

3. 试述蛋白质空间结构的含义和层次。

4. 举例说明蛋白质一级结构与功能的关系。

5. 举例说明空间结构与功能的关系。

6. 维系蛋白质空间结构的键或作用力有哪些？

7. 蛋白质变性的实质是什么？

8. 蛋白伴侣在蛋白质空间结构形成中有何作用？

第三章

核酸的结构与功能

本章导读

　　核酸是生物体内以核苷酸为基本单位的生物大分子，是由许多核苷酸连接形成的长链多聚物。天然存在的核酸包括脱氧核糖核酸和核糖核酸两大类。本章首先介绍核酸的组成及各组分的化学结构及相关的功能特性等内容；重点讲述核酸的分子结构与功能，包括序列结构（一级结构）和空间结构（二级结构的双螺旋结构和三级结构的超螺旋结构）；同时介绍了核酸的重要理化性质及其衍生的相关技术和应用。

　　1868 年的一天，瑞士内科医生 F. Miescher（1844—1895）为了获得足够的白细胞进行研究，从病人包扎伤口的废弃绷带上洗脱脓细胞，并从细胞核中提取到一种富含磷元素的酸性化合物，将其称为核素（nuclein）。1872 年又从鲑鱼精子中分离出类似的物质，并指出它是由一种碱性化合物鱼精蛋白与一种酸性物质组成的，此酸性物质即是现在所知的核酸（nucleic acid）。

　　1889 年，R. Altman 从酵母和小牛的胸腺中提取了一种溶于碱性溶液不含蛋白质的纯净物，这才是真正的核酸。随后对核酸的研究开始全面展开，从此揭开了生物化学领域惊天动地的一页。

　　现在知道，核酸是生物体内以核苷酸（nucleotide）为基本单位的生物大分子，是由许多核苷酸连接形成的长链多聚物。天然存在的核酸包括脱氧核糖核酸（deoxyribonucleic acid，DNA）和核糖核酸（ribonucleic acid，RNA）两大类。DNA 存在于细胞核、叶绿体和线粒体内，DNA 储存生命的全部遗传信息，决定着细胞和个体的基因型；RNA 主要分布在细胞质，参与遗传信息的传递与表达。核酸经过一百多年的研究，在生命科学的基础与应用领域取得了巨大的成就，该领域诞生了许多诺贝尔奖获得者，并推动了众多分子学科的产生和发展（拓展 3-1）。以核酸研究为基础的学科，如分子生物学、分子遗传学、基因工程等已经成为现代生命科学技术

拓展 3-1

的重要基础学科和应用领域。

第一节　核酸的组成成分

核酸是以核苷酸为基本结构单元，按照一定的顺序，以 3′，5′- 磷酸二酯键连接，并通过折叠、卷曲形成具有特定生物学功能的线形或环形多聚核苷酸链。天然存在的核酸包括脱氧核糖核酸和核糖核酸两大类。DNA 主要存在于细胞核内，携带遗传信息，决定着细胞和个体的遗传型；RNA 主要分布在细胞质中，主要参与遗传信息的转录与表达。但是对于病毒来说，要么含有 DNA，要么含有 RNA，因此可将病毒分为 DNA 病毒和 RNA 病毒。

核酸在酸、碱、酶的作用下水解可得到核苷酸，核苷酸可被进一步水解产生核苷和磷酸，核苷再进一步水解产生戊糖和含氮碱基。碱基分为嘌呤碱和嘧啶碱两大类。核酸的组成见图 3-1。

核酸(DNA和RNA)

核苷酸

磷酸　　　　　　　核苷

戊糖　　　　　　碱基
(核糖或脱氧核糖)
　　　　嘌呤　　嘧啶

图 3-1　核酸的组成

一、核糖及脱氧核糖

核酸中含有两种戊糖：D- 核糖和 D-2- 脱氧核糖（图 3-2）。DNA 中的戊糖是 β-D-2- 脱氧核糖（即在 2 号位碳上只连一个 H），RNA 中的戊糖是 β-D- 核糖（即在 2 号位碳上连接的是一个羟基）。D- 核糖的 2 号位碳上所连的羟基脱去氧就是 D-2- 脱氧核糖。通常将戊糖的 C 原子编号都加上 "′"，如 C1′表示糖的 1 号位碳原子。戊糖 C1′所连的羟基与碱基形成糖苷键，糖苷键都是 β 构型。脱氧核糖使得 DNA 在化学性质上比 RNA 更加稳定，在碱性条件下不易水解，从而被自然选择作为生物遗传信息的载体。

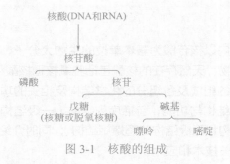

β-D-核糖　　　　　　　　β-D-2-脱氧核糖

图 3-2　核糖与脱氧核糖

D- 核糖与浓 HCl 和地衣酚（3，5- 二羟基甲苯）混合后，加热后呈绿色（核糖与浓 HCl 作用产生糠醛，糠醛与地衣酚反应呈鲜绿色。此反应需用三氯化铁作催化剂）。D-2- 脱氧核糖在酸性溶液中与二苯胺共热，生成蓝色化合物（D-2- 脱氧核糖与酸作用产生 w- 羟基 r- 酮戊醛，后者与二苯胺作用呈蓝色）。以上两种反应为定糖法测定 RNA 和 DNA 的基础。

二、碱基

（一）5 种主要的碱基

构成核苷酸的碱基均为含氮杂环化合物，核酸中含有 5 种主要的碱基：两种主要的嘌呤碱——腺嘌呤（A）和鸟嘌呤（G）以及 3 种主要的嘧啶碱——胞嘧啶（C）、尿嘧啶（U）和胸腺嘧啶（T）。DNA 和 RNA 都含有腺嘌呤、鸟嘌呤和胞嘧啶，但不同的是 RNA 含有尿嘧啶，而 DNA 含有胸腺嘧啶。有时尿嘧啶也存在于 DNA 中，而胸腺嘧啶也存在于 RNA 中，但很少见，它们的化学结构参见图 3-3。

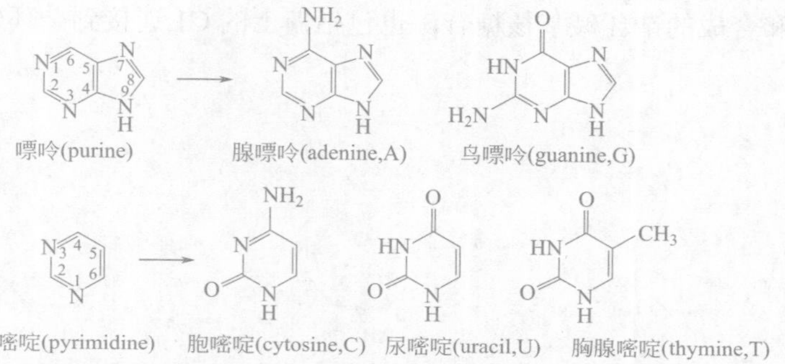

图 3-3 核酸中主要含氮碱基

两类碱基在杂环中均有交替出现的共轭双键，使嘌呤碱和嘧啶碱对波长 260nm 左右的紫外线都有较强的吸收。利用这种紫外吸收特性测定 260nm 的吸光度值（A_{260nm}），已被广泛运用于核酸、核苷酸及核苷的定性和定量分析。

自然界中存在的嘌呤碱基衍生物还有次黄嘌呤、黄嘌呤、尿酸、茶碱、可可碱、咖啡因等。次黄嘌呤、黄嘌呤、尿酸是核苷酸代谢产物，茶碱、可可碱、咖啡因分别存在于茶叶、可可、咖啡中，它们都是黄嘌呤的甲基化衍生物，都有增强心脏活动的功能。

（二）稀有碱基

除上述 5 种主要碱基以外，核酸分子中还发现数十种修饰碱基，又称稀有碱基，如图 3-4。稀有碱基是指上述五种碱基环上的某一位置被一些化学基团修饰（如甲基化、甲硫基化等）后的衍生物。一般这些碱基在核酸中的含量稀少，在各种类型核酸中的分布也不均一。DNA 中的修饰碱基主要见于噬菌体 DNA 中，如 5- 甲基胞嘧啶（m^5C）、5- 羟甲基胞嘧啶（hm^5C）等；RNA 中的 tRNA 含有较多稀有碱基，可高达 10%，如 N^6- 甲基腺嘌呤、N^2- 甲基鸟嘌呤等。目前已知稀有碱基和核苷达近百种。在某些病毒中，一些碱基可能被羟基化或糖基化。这些 DNA 中修饰了的碱基在不同情况下可能用于调节或保护遗传信息。核酸中

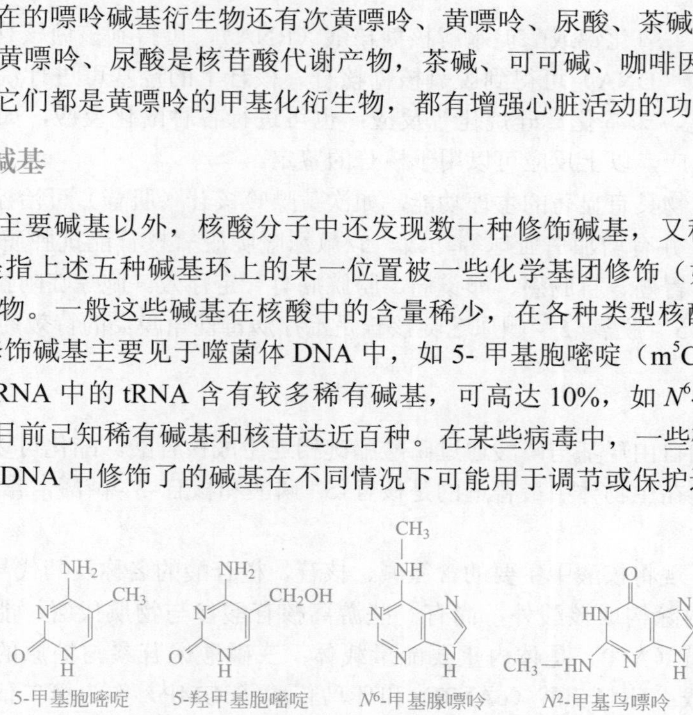

5-甲基胞嘧啶 5-羟甲基胞嘧啶 N^6-甲基腺嘌呤 N^2-甲基鸟嘌呤

图 3-4 常见稀有碱基

的碱基甲基化的过程发生在核酸大分子的生物合成后，对核酸的生物学功能具有极其重要的意义。

三、核苷

核苷是核糖或脱氧核糖与碱基缩合后形成的糖苷。糖的第 1 位碳原子与嘧啶碱的第 1 位氮原子或与嘌呤碱的第 9 位氮原子以糖苷键相连，包括核糖核苷和脱氧核糖核苷两类（图 3-5）。构成 RNA 的核苷是核糖核苷，主要有腺苷、鸟苷、胞苷和尿苷。构成 DNA 的核苷是脱氧核糖核苷，主要有脱氧腺苷、脱氧鸟苷、脱氧胞苷和脱氧胸腺苷。核苷中糖与碱基间的连接键称为 N−C 糖苷键，且都属于 β- 糖苷键。原指来自核酸的嘌呤和嘧啶糖苷，现已扩展至其他天然和合成的杂环碱基核糖苷，也包括糖上的 C1 连接到杂环碱的氧原子或碳原子上的化合物。

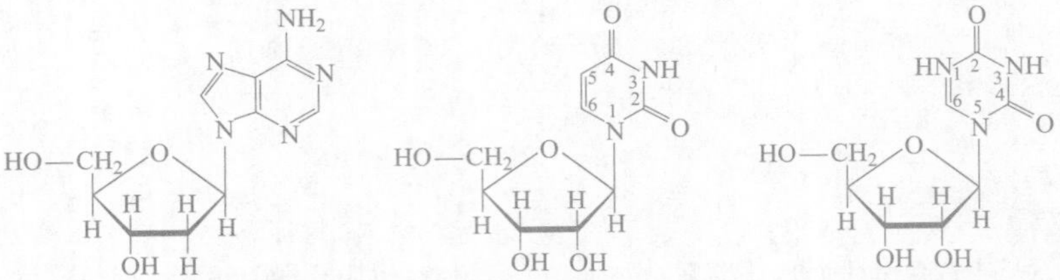

腺嘌呤脱氧核苷　　　　尿嘧啶核苷　　　　假尿嘧啶核苷

图 3-5　核糖核苷和脱氧核糖核苷

除了 4 种主要的脱氧核糖核苷和 4 种核糖核苷之外，核酸中还含有少数稀有碱基形成的核苷。假尿嘧啶核苷（ψ）中的核糖连接在尿嘧啶的第 5 位碳原子上，而不是通常的第 1 位氮原子上（图 3-5）。

用吡啶水溶液、氧化铝或酶促水解核糖核酸（RNA），可得到核糖核苷；用氧化铝或酶水解脱氧核糖核酸（DNA）可得到脱氧核糖核苷。核苷上的羟基可进行烷基化反应，如二苯甲基化、甲基化、苄基化、硅烷化等反应；也可进行各种酰化反应，如乙酰化、苯甲酰化、异丁酰化等反应，以上反应可以用于核苷的鉴定。

核苷及其衍生物具有显著的生理功能，如次黄嘌呤核苷（肌苷）可治疗急性和慢性肝炎及风湿性心脏病，并有增加白血球等功效。5- 氟尿嘧啶脱氧核苷能抗肿瘤，毒性比 5- 氟尿嘧啶低，对肝癌、胃癌、直肠癌、卵巢癌、膀胱癌有一定疗效。胞嘧啶阿拉伯糖苷对缓解白血病有显著效果。5′- 脱氧 -5′- 碘尿嘧啶核苷是治疗病毒性角膜炎的特效药。

四、核苷酸

核苷中戊糖的自由羟基与磷酸通过磷酸酯键相连生成核苷酸。酯化可以发生在核苷的任意游离羟基上，但在生物体中最普遍的是核苷 -5′- 磷酸和核苷 -3′- 磷酸，常见核苷酸如图 3-6 所示。

为学习方便，现将核酸中主要的含氮碱、核苷、核苷酸的名称及其代号列于表 3-1。

核苷酸在体内除构成核酸外，尚有一些游离核苷酸参与物质代谢、能量代谢与代谢调节，如三磷酸腺苷（ATP）是体内重要能量载体；三磷酸尿苷参与糖原的合成；三磷酸胞苷参与磷脂的合成；环腺苷酸（cAMP）和环鸟苷酸（cGMP）作为第二信使，在信号传递过程中起重要作用；核苷酸还参与某些生物活性物质的组成，如尼克酰胺腺嘌呤二核苷酸

（NAD⁺），尼克酰胺腺嘌呤二核苷酸磷酸（NADP⁺）和黄素腺嘌呤二核苷酸（FAD）。

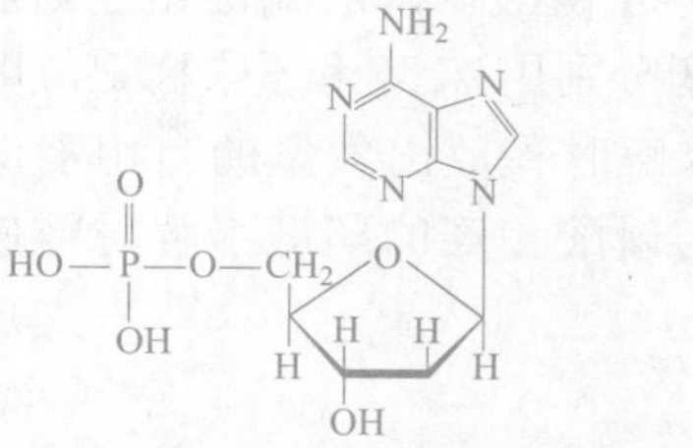

脱氧腺嘌呤核苷-5′-单磷酸酯(dAMP) 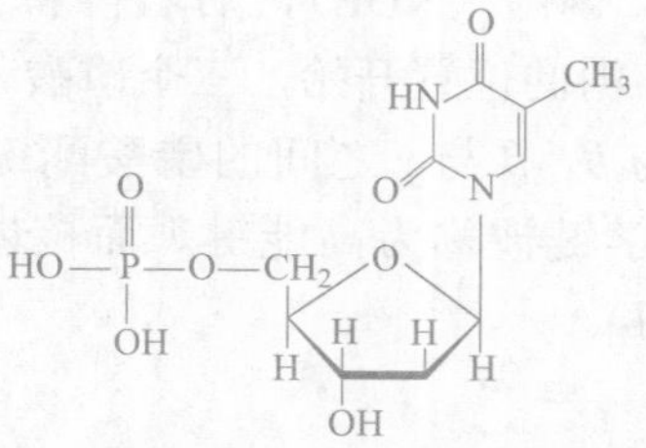　　　脱氧胸腺嘧啶核苷-5′-单磷酸酯(dTMP)

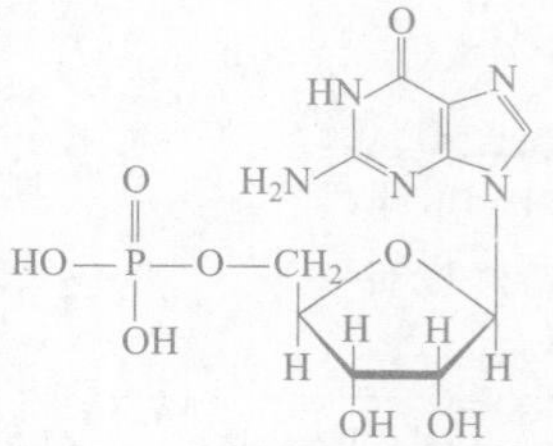

鸟嘌呤核苷-5′-单磷酸酯(GMP) 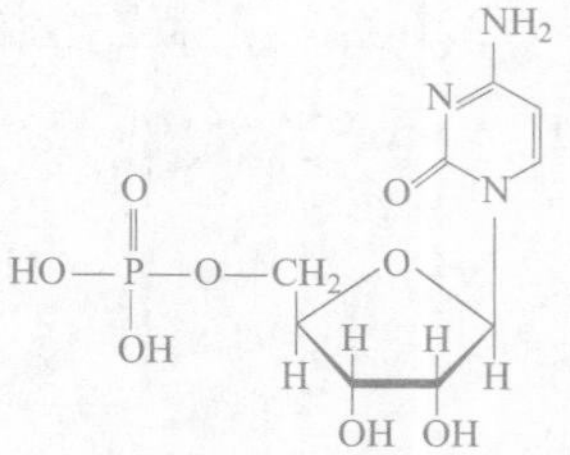　　　胞嘧啶核苷-5′-单磷酸酯(CMP)

图 3-6　常见核苷酸

表 3-1　核酸的化学组成

类别	DNA	RNA
碱基	腺嘌呤（A）	腺嘌呤（A）
	鸟嘌呤（G）	鸟嘌呤（G）
	胞嘧啶（C）	胞嘧啶（C）
	胸腺嘧啶（T）	尿嘧啶（U）
核苷	脱氧腺嘌呤核苷（dA）	腺嘌呤核苷（A）
	脱氧鸟嘌呤核苷（dG）	鸟嘌呤核苷（G）
	脱氧胞嘧啶核苷（dC）	胞嘧啶核苷（C）
	脱氧胸腺嘧啶核苷（dT）	尿嘧啶核苷（U）
核苷酸	脱氧腺嘌呤核苷 -5′-单磷酸（dAMP）	腺嘌呤核苷 -5′-单磷酸（AMP）
	脱氧鸟嘌呤核苷 -5′-单磷酸（dGMP）	鸟嘌呤核苷 -5′-单磷酸（GMP）
	脱氧胞嘧啶核苷 -5′-单磷酸（dCMP）	胞嘧啶核苷 -5′-单磷酸（CMP）
	脱氧胸腺嘧啶核苷 -5′-单磷酸（dTMP）	尿嘧啶核苷 -5′-单磷酸（UMP）

除了作为核酸的构件分子之外，核苷酸还具有其他一些重要的生物功能，并广泛应用于医药及食品领域（拓展 3-2）。

拓展 3-2

（一）能量载体

ATP 作为能量通用载体在生物体的能量转换中起中心作用，UTP、GTP 和 CTP 则在某些专门的生化反应中起传递能量的作用。另外，各种三磷酸核苷及脱氧三磷酸核苷是合成 RNA 与 DNA 的活性前体。

核苷一磷酸（5′-NMP，N代表任意一种碱基）上的磷酸与另外一分子磷酸以磷酸酯键相连形成核苷二磷酸（NDP），后者再和一分子磷酸以磷酸酯键相连则形成核苷三磷酸（NTP）。从接近核糖的位置开始，三个磷酸基团分别用α、β和γ来标记，以ATP为例（图3-7）。NTP中α与β，β与γ之间的磷酸酯键水解时释放出大量的自由能（$\Delta G^{\ominus\prime}=-30.5$kJ/mol），这两个化学键被称为高能键。而核糖与磷酸相连的酯键水解时释放很少的自由能（$\Delta G^{\ominus\prime}=-8.4$kJ/mol）。

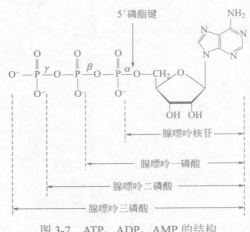

图 3-7　ATP、ADP、AMP 的结构

ATP也是一种很好的磷酰化剂。磷酰化反应的底物可以是普通的有机分子，也可以是酶。磷酰化后的底物分子具有较高的能量（即为活化分子），是许多生物化学反应的激活步骤。

ATP水解释放出来的能量用于推动生物体内各种需能的生化反应。ADP和磷酸在外界能量作用下，可以重新合成ATP。光合磷酸化和氧化磷酸化是生物体将光能和化学能转变成生物能（ATP）最基本的反应形式。ATP-ADP循环是自然界赖以生存的重要基础。

GTP是生物体游离存在的另一种重要的核苷酸衍生物。它具有ATP类似的结构，也是一种高能化合物。GTP主要是作为蛋白质合成中磷酰基的供体。在许多情况下，ATP和GTP可以相互转换。

（二）化学信使

生物细胞中存在着两种重要的环状核苷酸：3′,5′-环腺嘌呤核苷单磷酸（cAMP）（如图3-8所示）和3′,5′-环鸟嘌呤核苷单磷酸（cGMP），分别具有放大和缩小激素作用的功能，被称为第二信使。cAMP分别在腺苷酸环化酶（存在于细胞质膜的内表面）和cAMP磷酸二酯酶的催化下合成和降解。除了植物细胞以外，cAMP在所有细胞中都具有调节功能。

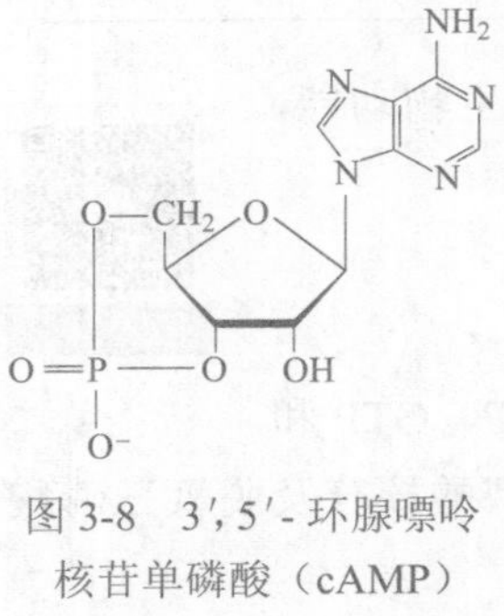

$$\text{ATP} \xrightarrow{\text{腺苷酸环化酶}} \text{cAMP+PPi}$$

$$\text{cAMP} \xrightarrow{\text{cAMP磷酸二酯酶}} \text{5}'\text{-AMP}$$

图 3-8　3′,5′-环腺嘌呤核苷单磷酸（cAMP）

ppGpp（如图3-9所示）是在氨基酸含量低的培养基中由细菌产生的，它可以抑制rRNA和tRNA的合成，进而抑制蛋白质的合成。ppGpp也叫"鸟苷四磷酸"（3′、5′各自连接两个磷酸），其

中 p 代表磷酸，G 代表鸟苷，鸟苷也就是鸟嘌呤核苷。其实在严紧控制中还会出现一个特殊的核苷酸就是 pppGpp 也叫"鸟苷五磷酸"（5′ 连接三个磷酸，3′ 连接两个磷酸）。但是在大肠杆菌里面主要积累的是 ppGpp，从而对 rRNA、tRNA 合成以及细菌的生长产生抑制作用，提高抗逆能力，在营养物质匮乏的环境中渡过难关。

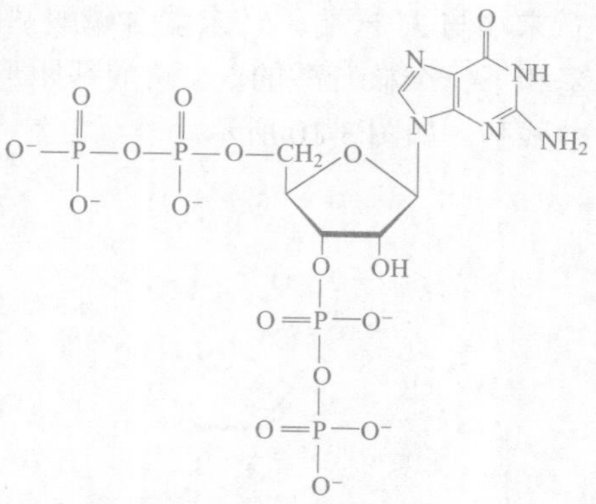

（三）辅酶和辅基的结构成分

图 3-9　鸟嘌呤核苷四磷酸酯（ppGpp）

辅酶（coenzyme）是一类可以将化学基团从一个酶转移到另一个酶上的有机小分子，与酶较为松散地结合，对于特定酶的活性发挥是必要的，是酶催化氧化还原反应、基团转移和异构反应的必需因子。它们在酶催化反应中承担传递电子、原子或基团的功能。辅酶通常被视为第二底物，因为在催化反应发生时，辅酶发生的化学变化与底物正好相反。

不同的辅酶能够携带的化学基团也不同：NAD^+ 或 $NADP^+$ 携带氢离子，辅酶 A 携带乙酰基，叶酸携带甲酰基，S- 腺苷基蛋氨酸也可携带甲酰基。

在细胞内，反应后的辅酶可以被再生，以维持其胞内浓度在一个稳定的水平上。例如，还原型的烟酰胺腺嘌呤二核苷酸磷酸（NADPH）可以通过磷酸戊糖途径和甲硫氨酸腺苷基转移酶作用下的 S- 腺苷基蛋氨酸来再生。多种辅酶和辅基都含有腺苷酸，如烟酰胺腺嘌呤二核苷酸（NAD）、烟酰胺腺嘌呤二核苷酸磷酸（NADP）、黄素腺嘌呤二核苷酸（FAD）、辅酶 A（CoA）等。

第二节　核酸的分子结构

一、核酸的一级结构

核酸中的核苷酸以 3′，5′- 磷酸二酯键构成无分支结构的线性分子。核酸（包括 DNA 和 RNA）的一级结构是指核酸分子中核苷酸或脱氧核苷酸从 5′ 末端到 3′ 端的排列顺序，也就是核苷酸序列。由于核苷酸之间的差异主要是碱基的不同，故又可称为它的碱基序列。

DNA 的一级结构是指 DNA 分子中脱氧核苷酸的排列顺序和连接方式，即 A（dAMP）、T（dTMP）、C（dCMP）、G（dGMP）的序列。在真核生物 DNA 一级结构中常见的一些重复序列，按其出现的频率可分为高度重复序列、中度重复序列、低度重复序列。这些高度有序的碱基序列蕴藏着丰富的遗传信息。任何一段 DNA 序列都可以反映出其来源物种的高度个体性或种族特异性。

同 DNA 的一级结构一样，RNA 的一级结构是指 RNA 分子中核苷酸按特定序列通过 3′，5′- 磷酸二酯键连接的线性结构。它与 DNA 的差别在于：① RNA 的戊糖是核糖而不是脱氧核糖；② RNA 的嘧啶是胞嘧啶和尿嘧啶，而没有胸腺嘧啶，所以构成 RNA 的四种基本核糖核苷酸主要是 AMP、GMP、CMP、UMP。

核苷酸或脱氧核苷酸的连接具有严格的方向性，线性核酸分子有两个游离的末端分别是

5′末端与 3′末端。5′末端含磷酸基团，3′末端含羟基。核酸链内的前一个核苷酸的 3′-羟基和下一个核苷酸的 5′-磷酸基团形成 3′，5′-磷酸二酯键，故核酸中的核苷酸被称为核苷酸残基。如图 3-10 所示。

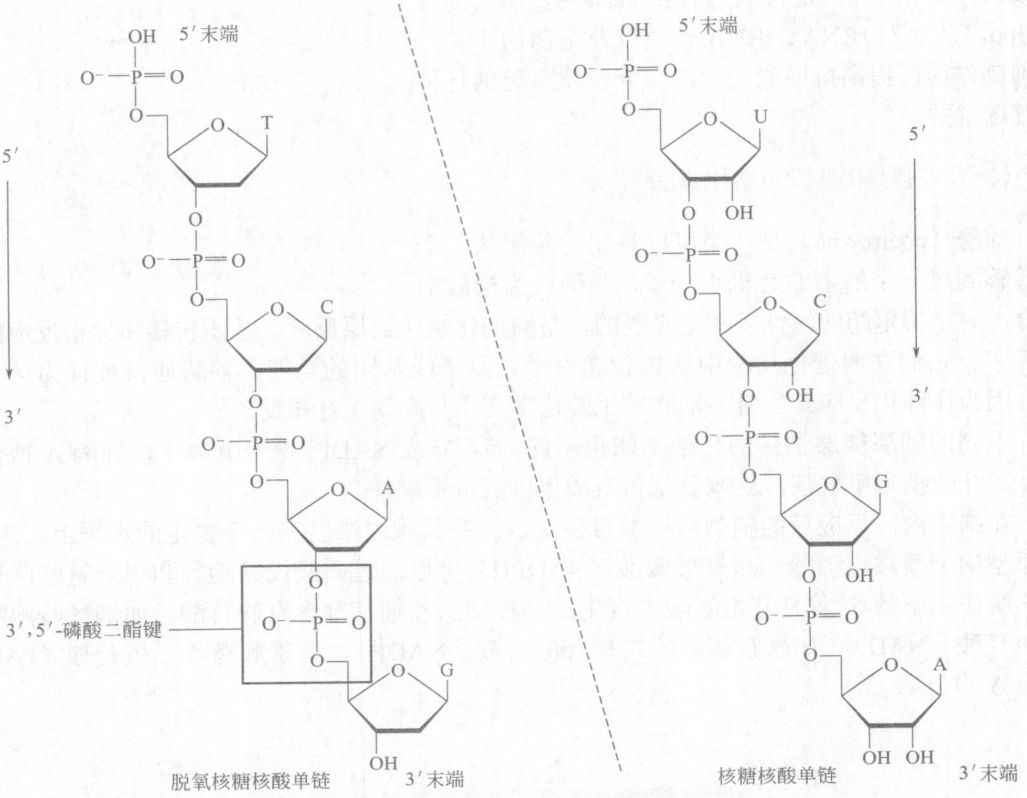

图 3-10　多核苷酸链

磷酸基团用 P 表示，每一个核糖（或脱氧核糖）用一垂直线表示，糖中的 5 个碳原子从上到下分别是 1′→ 5′。实际上糖是处于环状结构。一个核苷酸残基的 3′到另一核苷酸残基的 5′之间通过磷酸二酯键连接。通常记录一条单链核酸的核苷酸顺序总是左边表示 5′末端，右边表示 3′末端，如无注明，则默认为是 5′→ 3′方向，从繁到简有多种表示方法。根据简化式从左至右按序写出碱基符号（代表核苷），以 p 代表磷酸基，p 写在碱基符号左边时表示 p 结合在 C5′位上，碱基符号右边的 p 表示与 C3′结合。多核苷酸链的表示方法如图 3-11所示，图示的缩写式可以简化为 5′-pATCAG-3′、pATCAG-OH 或 pATCAG。

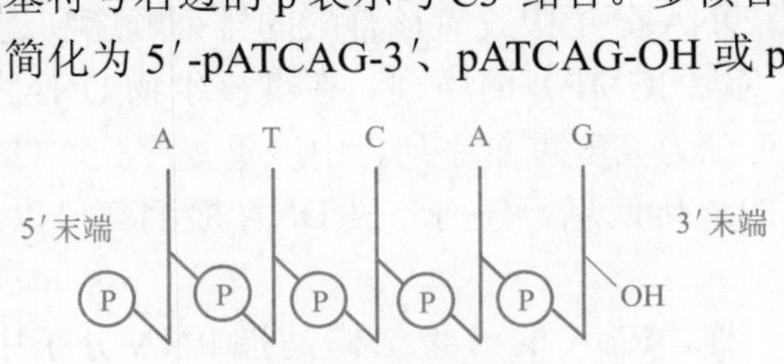

图 3-11　多核苷酸链表示法

核酸分子的大小常用碱基数目（base，kilobase，用于单链 DNA 和 RNA）或碱基对数目（base pair，bp 或 kilobase pair，kbp，用于双链 DNA 和 RNA）表示。自然界 DNA 和 RNA 的长度多在几十至几万个碱基之间，碱基排列顺序的不同赋予它们巨大的信息编码能力。通常将小于 20 个核苷酸残基组成的核酸称为寡核苷酸（oligonucleotide），大于 20 个核苷酸残基称为多核苷酸（polynucleotide）。寡核苷酸是指 2 ～ 10 个甚至更多一些核苷酸残基以磷酸二酯键连接而成的线性多核苷酸片段，常用来作为探针确定 DNA 或 RNA 的结构，经常用于基因芯片、电泳、荧光原位杂交等过程中。作为引物，寡核苷酸 DNA（脱氧核糖核酸）可以用于链聚合反应，能扩增放大几乎所有 DNA 的片段。目前多由仪器自动合成而用作 DNA 合成的引物、基因探针等，在现代分子生物学中具有广泛的用途。调控寡核苷酸用于抑制 RNA 片段，防止其翻译成蛋白，在制止癌细胞活动方面能起一定的作用。

二、核酸的二级结构

（一）DNA 的二级结构

1. DNA 的碱基组成规律及 DNA 双螺旋结构的发现

20 世纪 50 年代初，美国生物化学家查戈夫（Erwin Chargaff）应用紫外分光光度法结合纸层析等技术，对多种 DNA 作碱基定量分析，发现 DNA 碱基组成的 Chargaff 规则：①腺嘌呤与胸腺嘧啶的物质的量总是相等（A=T），鸟嘌呤的物质的量总是与胞嘧啶相等（G=C），总的嘌呤物质的量与总的嘧啶物质的量相同（A+G=C+T）；②不同生物种属的 DNA 碱基组成不同，表现在（A+T）/（G+C）比值的不同，该比值称为不对称比率。亲缘关系相近的生物 DNA 碱基组成相近，即不对称比率相近；③同一种生物的不同组织或器官的 DNA 的碱基组成相同；④同一种生物 DNA 碱基组成不随生物体的年龄、营养状态或环境变化而改变。Chargaff 规则为后来发现 DNA 双螺旋结构模型中的碱基配对原则奠定了基础。

1951 年 11 月，英国的威尔金斯（Maurice Wilkins）和富兰克林（Rosalind Franklin）获得了高质量的 DNA 分子 X 射线衍射照片，如图 3-12 所示。分析结果表明 DNA 是螺旋形分子，并且是以双链的形式存在的。

综合前人的研究结果，1953 年，沃森（James D. Watson）和克里克（Francis H. C. Crick）两人以立体化学原理为准则，对 Wilkins 和 Franklin 的 DNA 分子 X 射线衍射分析结果加以研究，提出了 DNA 双螺旋模型，即 B-DNA 模型。这一发现不仅揭示了生物遗传性状得以世代相传的分子机制，解释了当时已知 DNA 的理化性质，而且将 DNA 功能与结构联系起来，奠定

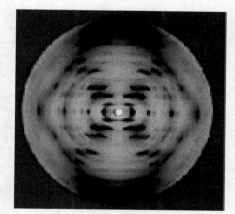

图 3-12　DNA 分子 X 射线衍射照片及结晶

了现代生命科学的基础，是 20 世纪最为重大的科学发现之一，也是生物学历史上唯一可与达尔文进化论相比的最重大的发现，它与自然选择一起，统一了生物学的大概念，标志着分子遗传学的诞生。

2. DNA 双螺旋结构模型的要点

（1）主链
DNA 是反向平行、右手螺旋的双链结构。

两条多聚核苷酸链在空间的走向呈反向平行。一条链的 $5' \rightarrow 3'$ 方向是从上到下，而另一条链的 $5' \rightarrow 3'$ 方向是从下到上。两条链围绕着同一个螺旋轴形成右手螺旋的结构（见图 3-13）。由脱氧核糖和磷酸基团组成的亲水性骨架位于双螺旋结构的外侧，在磷酸基团上带有负电荷。疏水的碱基位于螺旋的内侧。核糖平面与螺旋轴平行。

（2）碱基对

DNA 双链之间形成了互补碱基对。两条核苷酸链靠碱基对间的氢键结合在一起，而且总是腺嘌呤和胸腺嘧啶配对，形成 2 个氢键。鸟嘌呤和胞嘧啶配对，形成 3 个氢键。上述碱基之间的配对原则称为碱基互补配对原则。碱基互补配对原则具有极重要的生物学意义，DNA 复制、转录、反转录的分子基础都是碱基互补。碱基互补配对原则是 DNA 结构和功能的精髓所在。

（3）螺旋参数

碱基对是平面的结构与螺旋轴垂直，两个相邻碱基对之间的堆积距离 0.34nm，并有一个 36° 的旋转夹角，因此双螺旋链中的任意一条链绕轴一周的螺距为 3.4nm，其中含 10 个碱基对。双螺旋的平均直径为 2.0nm。

（4）大沟和小沟

配对的碱基并不充满双螺旋空间，且碱基对占据的空间不对称，双螺旋的表面形成两条沟，一条宽（2.2nm），叫大沟（major groove）；一条窄（1.2nm），叫小沟（minor groove）（图 3-13）。大沟是蛋白质识别 DNA 的碱基序列发生相互作用的基础。研究发现，平面多环芳香化合物可以斜向进入两条链间槽内并且插入到堆积的碱基对之间。许多致癌化学物质或治疗癌症的药物就是通过这种方式（DNA 嵌插剂，DNA intercalator）起作用的。

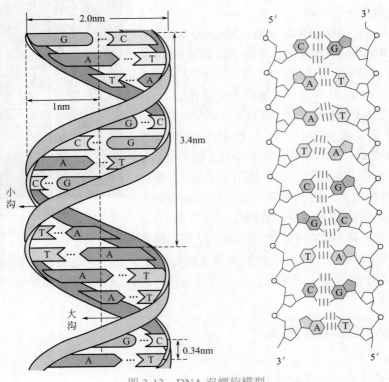

图 3-13　DNA 双螺旋模型

3．DNA 双螺旋结构的稳定因素

（1）氢键

DNA 双链结构的稳定：横向依靠两条链互补碱基间的氢键维系，如图 3-14。G、C 对之间有 3 个氢键，A、T 对之间有两个氢键。由于 G、C 对比 A、T 对更稳定，DNA 双螺旋结构的稳定性与 G+C 的百分含量成正比。

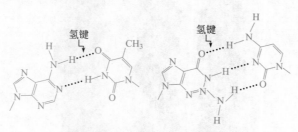

图 3-14　碱基对间氢键示意图

（2）碱基堆积力

主要指疏水作用力，即同一条链中相邻碱基之间的非特异性作用力。疏水作用是不溶于水或难溶于水的分子，在水中具有相互靠近、成串地结合在一起的趋势，致使 DNA 分子层层堆积，分子内部形成疏水核心，这对维持 DNA 结构的稳定非常有利。因此，从总能量意义上来讲，纵向的碱基堆积力对于双螺旋的稳定性更为重要。

（3）其他作用因素

大量存在于 DNA 分子中的其他弱键在维持双螺旋结构的稳定上也起一定作用。磷酸基团上的负电荷与介质中的阳离子（Na^+，K^+ 和 Mg^{2+}）之间组成的离子键，可以有效地屏蔽磷酸基之间的静电斥力，在体内的天然状态下，带正电荷的蛋白质可以中和负电荷；范德华力的大量累积，加强了碱基之间的疏水作用。

4．DNA 的其他二级结构形式

沃森和克里克提出的是 B-DNA 双螺旋结构模型，它是生理盐溶液中提取的 DNA 纤维，在 92% 相对湿度下作 X 射线衍射图谱分析而获得的。它是 DNA 分子在水性环境和生理条件下最稳定和最普遍的构象形式。但这种结构并不是一成不变的，当改变离子强度或相对湿度，DNA 结构会呈现不同的螺旋异构体。例如在以钾铯作反离子，相对湿度 75% 时，DNA 分子的 X 射线衍射图给出的是 A 构象，A-DNA 每螺旋含 11 个碱基对，螺距为 2.5nm，变成 A-DNA 后，大沟变窄、变深，小沟变宽、变浅。A 型和 B 型都为右手螺旋。由于大沟小沟是 DNA 行使功能时蛋白质的识别位点，所以由 B-DNA 变为 A-DNA 后，蛋白质对 DNA 分子的识别也发生了相应变化。在生理状态下，双链 RNA 和 RNA-DNA 杂交体都处于 A 型结构，它们与 B-DNA 相比，缺乏柔韧性。A-DNA 比 B-DNA 溶解低，这就是过度干燥的 DNA 会很难溶解的原因。

1979 年美国科学家 A. Rich 等在研究了荷兰学者提供的寡聚核苷酸（CGCGCG）结晶结构后，提出了 Z 型 DNA 结构模型（图 3-15）。Z 型为左手螺旋，每一螺旋含 12 个碱基对，螺距为 4.5nm，有关不同类型 DNA 的结构参数见表 3-2。两个碱基对为一重复单位，螺旋的主链为锯齿状（B-DNA 和 A-DNA 的主链都是光滑状）。

对于同一种 DNA 分子，A 型要比 B 型短而粗一些，B 型又比 Z 型粗一些。A 型 DNA

结构是否存在于细胞中还不能肯定，但有证据表明细胞中有短的 Z 型 DNA 片段，Z 型 DNA 可增强某些基因的转录，还有助于负超螺旋结构的打开，一些特异的调节蛋白可与之结合，因此 Z 型 DNA 可能与基因表达的调控有关。

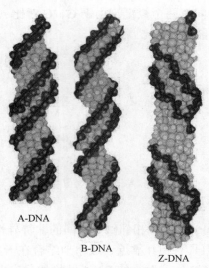

A-DNA

B-DNA

Z-DNA

图 3-15　不同类型的 DNA 双螺旋结构

表 3-2　三种 DNA 构型的比较

构型	旋向	螺距 /nm	碱基数 / 每圈	螺旋直径 /nm	骨架走行	存在条件
A 型	右手	2.5	11	2.6	平滑	体外脱水
B 型	右手	3.4	10	2.0	平滑	DNA 生理条件
Z 型	左手	4.5	12	1.8	锯齿型	CG 序列

5. 与 DNA 碱基顺序相关的特殊结构

一些特殊的碱基顺序能形成特殊的二级结构。回文是指从正方向阅读和反方向阅读具有相同含义的句子，在 DNA 结构中用来描述碱基顺序颠倒重复而具有 2 倍对称的 DNA 段落，如图 3-16、图 3-17 所示。这种顺序具有链内互补的碱基序列，因此，在单链 DNA 或 RNA 中能形成发夹结构；在双链结构中能形成十字架结构（图 3-17）。这种发夹结构或十字架结构在大肠杆菌细胞 DNA 中已有发现。镜像重复指每条 DNA 链内存在的反向重复序列，如图 3-18 所示，它不具有链内互补顺序，不能形成发夹结构或十字架结构。

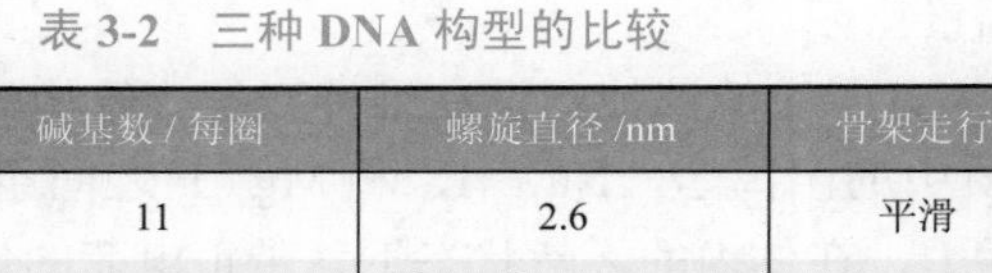

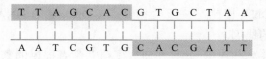

图 3-16　回文序列

拓展 3-3

多嘌呤 - 多嘧啶的镜像序列可形成三螺旋结构（H- 螺旋或 Hoogsteen 螺旋）（拓展 3-3）：该螺旋常处在许多真核细胞基因的表达调节区，可能与基因的表达调节有关。

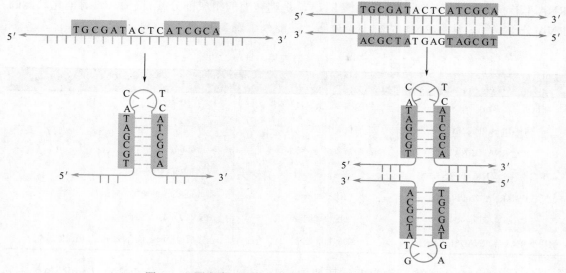

图 3-17　回文序列及其形成的发夹结构和十字架结构

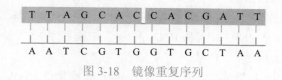

图 3-18　镜像重复序列

（二）RNA 的种类与结构

1. RNA 的种类

DNA 并非蛋白质合成的直接模板，合成蛋白质的模板是 RNA。RNA 通常以单链形式存在，但也可以有局部的二级结构和三级结构，如双链 RNA（呼肠孤病毒）、环状单链 RNA（类病毒），1983 年还发现了有支链的 RNA 分子，与 DNA 不同之处是尿嘧啶取代了胸腺嘧啶（仅一个甲基的差别），且戊糖 2′ 位不脱氧。细胞内的 RNA 是从 DNA 转录而来，有多种 RNA 存在，分别行使不同的功能。mRNA（信使 RNA）是细胞内含量最少的一类 RNA，仅占细胞总 RNA 的 3% ～ 5% 左右，但其种类最多，mRNA 的功能是作为遗传信息的传递者，将核内 DNA 的碱基顺序按碱基互补原则抄录并转送至核糖体，指导蛋白质的合成。tRNA（转运 RNA）占 RNA 总数的 15% 左右，是细胞内分子量最小的 RNA，大约由 70 ～ 80 个核苷酸组成。tRNA 的作用是将 mRNA 携带的遗传密码翻译成氨基酸信息，并将相应的氨基酸活化后，带到核糖体进行蛋白质合成。在反转录病毒的复制过程中，tRNA 可作为 DNA 复制的引物。rRNA（核糖体 RNA）也是从 DNA 某一部分转录下来的，占 RNA 总数的 80% 左右，是核糖体的主要组成部分，核糖体是蛋白质合成的场所。虽然目前对 rRNA 在蛋白质合成中的详细作用机制还不清楚，但是它在其中的重要作用是肯定的。

以上三种 RNA 是 RNA 的主要类型，还有一些特殊类型的 RNA，如 hnRNA（核内不均一 RNA，mRNA 剪接前体）；snRNA（核内小 RNA，富含经修饰的尿嘧啶残基，参与内含子的剪切及其加工过程）；iRNA（起始 RNA，在 DNA 合成中作为随从链合成引物的短 RNA 片段）；scRNA（胞质内小 RNA，在胞质中发现的有多种功能的低分子质量 RNA）；端粒酶

RNA（形成端粒重复序列的模板的核 RNA，是端粒酶的组成部分）；核酶（具有催化功能的 RNA 分子）等。常见 RNA 的种类、分布、功能列于表 3-3。

表 3-3　RNA 的种类、分布、功能

种类	分布	功能
核蛋白体 RNA（rRNA）	细胞核和胞液、线粒体	核蛋白体组分
信使 RNA（mRNA）	细胞核和胞液、线粒体	蛋白质合成模板
转运 RNA（tRNA）	细胞核和胞液、线粒体	转运氨基酸
核内不均一 RNA（hnRNA）	细胞核和胞液	成熟 mRNA 的前体
核内小 RNA（snRNA）	细胞核和胞液	参与 hnRNA 的剪接、转运
核仁小 RNA（snoRNA）	细胞核和胞液	rRNA 的加工、修饰
胞质小 RNA（scRNA/7SL-RNA）	细胞核和胞液	蛋白质内质网定位合成的信号识别体的组分

这些小 RNA 分子被通称为非编码小 RNA（small non-messenger RNA，snmRNA），在 hnRNA 和 rRNA 的转录后加工、转运以及基因表达的调控方面具有非常重要的生理作用。有关 snmRNA 的研究近年来受到广泛重视并由此产生了 RNA 组学（RNomics）的概念。RNA 组学研究细胞中全部 RNA 基因和 RNA 的分子结构和功能。预期 RNA 组学的研究将对探索生命奥秘做出巨大贡献。

具有催化作用的小 RNA 被称为核酶（ribozyme）或催化性 RNA（catalytic RNA）。现在已知的核酶绝大部分参与 RNA 的加工和成熟，它们大致分为 3 类：①异体催化的剪切体，如核糖核酸酶 P（RNaseP）；②自体催化的剪切体，如植物类病毒等；③内含子的自我剪切体，如四膜虫大核 26S rRNA 前体。切赫（Thomas R. Cech）和奥尔特曼（Sidney Altman）两人由于这一发现在 1989 年获得了诺贝尔化学奖。1995 年奎劳德（Bernard Cuenoud）等人发现了具有酶活性的 DNA，可催化 2 个底物 DNA 片段的连接。这些研究显示某些特定序列的核酸（DNA 或 RNA）也可具有酶的催化功能。

2．RNA 的二级结构

图 3-19　RNA 的右手螺旋

与 DNA 分子简单有规律的双螺旋结构不同，大多数 RNA 是单链线型结构并且具有复杂和独特的构象，其二级结构在很大程度上是由分子内的碱基配对决定的。在 RNA 分子中广泛存在着由碱基配对形成的螺旋结构（A 型右手螺旋），如图 3-19 所示。人们曾在实验室中（高盐浓度和高温下）合成了 Z 型 RNA 双螺旋，但未曾发现有 B 型 RNA 双螺旋。RNA 中的碱基配对区形成的螺旋结构和非配对区形成的环状结构交织在一起构成了 RNA 的极不规则的二级和三级结构，如图 3-20 所示。

1965 年，Robert Holley 经过 7 年的努力，第一个测出了酵母丙氨酸 tRNA 的一级结构。随后不久，其他几种 tRNA 分子的顺序也被测定出来。结果发现，tRNA 二级结构含 4 个局部互补配对的双链区，形成发夹结构或茎 - 环（stem-loop）结构，显示为三叶草形结构，如图 3-21 所示。左右两环根据其含有的稀有碱基，分别称为 D 环和 TΨC 环，位于下方的环称反密码环。反密码环中间的 3 个碱基称为反密码子，可与 mRNA 上相应的三联体密码子碱基互补，使携带特异氨基酸的 tRNA，依据其特异的反密码子来识别结合 mRNA 上相应的密码子，引导氨基酸正确定位在合成的肽链上。

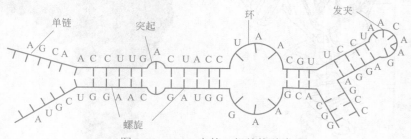

图 3-20 RNA 中的二级结构种类

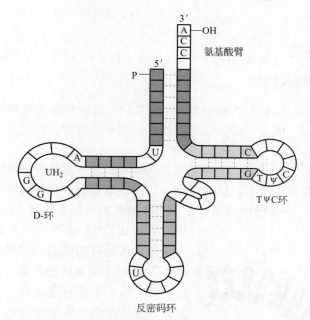

图 3-21 tRNA 的结构模式

　　在基因的表达及调控过程中，RNA 的二级结构起了主要作用：rRNA 与 mRNA 间的碱基配对控制着蛋白质合成的起始，tRNA 与 mRNA 间的碱基配对促进了翻译过程，RNA 的发夹结构及茎环结构控制了转录的终止、翻译的效率以及 mRNA 的稳定性。RNA-RNA 间的碱基配对在内含子的剪切过程中起重要作用。

　　二级结构进一步折叠形成三级结构，X 射线衍射等分析发现，tRNA 的三级结构呈倒 L 形，如图 3-22 所示。由氨基酸臂和 TΨC 臂形成一个连续的双螺旋区，构成字母 L 下面的一横。而 D 臂与反密码臂及反密码环共同构成字母 L 的一竖。结构显示虽然 D 环和 TΨC 环在三叶草形的二级结构上各处一方，但在三级结构上都相距很近，使 tRNA 有较大的稳定性。

　　RNA 与蛋白质复合物组成的 RNA 的四级结构则更为复杂，但现在知之不多。如在人和果蝇身上发现了介导目标 mRNA 切割过程或者翻译抑制的 RNA- 蛋白质复合物。而在果蝇中发现的 80S 的 RNA- 蛋白质复合物很可能借此调控生物体的生长发育过程。

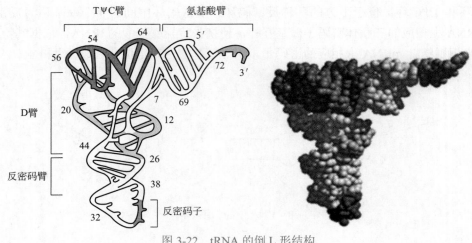

图 3-22 tRNA 的倒 L 形结构

三、DNA 的三级结构

（一）DNA 的超螺旋结构

1957 年，Rich 等用两条多聚尿嘧啶核苷酸链和一条多聚腺嘌呤核苷酸链合成一种三链结构的物质，并提出了 DNA 三螺旋结构的概念。近年来对于三螺旋结构和功能的研究已经取得了很大的进展。

DNA 的三螺旋结构（triplex DNA）是指 DNA 链进一步扭曲盘旋形成的超螺旋结构。如果双链 DNA 分子有自由末端，这两条链可以按能量最低的原则相互缠绕，分子处于松弛状态。在松弛状态下，一条链缠绕另一条链的环数称为双链盘绕数（L_0）。而一个环形 DNA 分子或链状 DNA 分子一端被固定的情况下，如果分子中导入额外的张力，将导致连环数（L：一条链实际缠绕另一条链的环数，右手螺旋中，L 为正数）大于或小于双链盘绕数，这种张力只有通过螺旋轴自身的盘绕形成超螺旋来缓解。如果引进张力的方向与右手螺旋方向相同（$L>L_0$），所形成的超螺旋称为正超螺旋，包括左手互缠式超螺旋或右手线圈型超螺旋（图 3-23）。反之，如果引进张力的方向与右手螺旋方向相反（$L<L_0$），则形成负超螺旋。正超螺旋使双螺旋结构更加紧密，双螺旋圈数增加，盘绕方向与 DNA 双螺旋方向相同；而负超螺旋可以减少双螺旋的圈数，盘绕方向与 DNA 双螺旋方向相反。许多生物过程需要引入负超螺旋，如复制，转录及重组过程。所有天然 DNA 中都存在负超螺旋结构（图 3-24）。

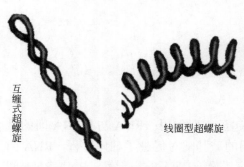

图 3-23 互缠式和线圈型超螺旋示意图

1. 原核生物 DNA 环状超螺旋结构

原核生物的 DNA 都是共价闭合的环状双螺旋分子，他们在细胞内进一步盘绕，并形成类核结构，以保证其以较致密的形式存在于细胞内。类核结构中的 80% 是 DNA，其余是蛋白质，如有些病毒 DNA、某些噬菌体 DNA、细菌染色体和细菌中的质粒 DNA 等。环状

DNA 分子常因盘绕不足而形成负超螺旋结构。目前有分析表明，大肠杆菌的 DNA 平均每 200 个碱基就有一个负超螺旋形成。

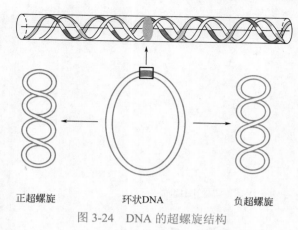

正超螺旋   环状DNA   负超螺旋

图 3-24   DNA 的超螺旋结构

2．真核生物 DNA 在核内的组装

真核生物的 DNA 分子十分巨大，生物体进化程度愈高其细胞核 DNA 的分子愈大，结构愈复杂。如原核生物大肠杆菌的 DNA 为 4.7×10^3kb，而人的基因组 DNA 约为 3×10^6kb。因此真核生物基因组 DNA 通常与蛋白质结合，经过多层次反复折叠，压缩近 10 000 倍后，以染色体形式存在于平均直径为 5μm 的细胞核中。

真核生物的 DNA 以非常有序的形式存在于细胞核内，在细胞周期的大部分时间里以松散的染色质（chromatin）形式出现，在细胞分裂期形成高度致密的染色体（chromosome）。在电子显微镜下观察到的染色质具有串珠样结构，核小体（nucleosome）是染色质或染色体的最基本的结构和功能亚单位，每个核小体由直径为 11nm 的组蛋白（histone，H）核心和盘绕在核心上的 DNA 构成（图 3-25），核心是由组蛋白 H2A、H2B、H3 和 H4 各 2 分子组成的八聚体，146bp 长的 DNA 以左手螺旋盘绕组蛋白核心 1.75 圈，形成核小体的核心颗粒（core particle），各核心颗粒间有一个连接区，由约有 60bp 的双螺旋和一个分子组蛋白 H1 构成。核心颗粒间染色体中的蛋白质可分为组蛋白和非组蛋白两大类。主要的组蛋白分子量平均每个核小体重复单位约 200bp，DNA 组装成核小体后其长度约缩短了 6/7，核小体连接起来构成了串珠状的染色质细丝，这是 DNA 在核内形成致密结构的第一层次折叠。

染色质细丝进一步盘绕形成外径为 30nm，内径为 10nm 的中空状螺线管，这是 DNA 在核内形成致密结构的第二层次折叠，使 DNA 的体积又缩小了约 5/6。染色质纤维空管进一步卷曲和折叠形成直径为 400nm 的超螺旋线管，这一过程将染色体的体积又压缩了 39/40。第三层次的折叠是 30nm 纤维再折叠形成柱状结构，致密程度增加约 1 000 倍，在分裂期染色体中增加约 10 000 倍，从而将 1m 长的 DNA 分子压缩、容纳于直径只有数微米的细胞核中。染色质纤维进一步压缩成染色单体并在核内组装成染色体，如图 3-26 所示。目前比较能接受的组装模型是由染色质纤丝组成突环，再由突环形成玫瑰花结形状的结构，进而组成螺线圈，由螺线圈再组装成染色单体（chromatid）。简言之，染色体是由 DNA 和蛋白质以及少量 RNA 构成的不同层次缠绕线和螺线管结构。

当染色体用能降解 DNA 的核酸酶处理时，连接 DNA 被水解后释放出核小体颗粒。核小体由于得到蛋白质的保护而不被降解。以这种方法获得的核小体已被结晶，并用 X 射线衍射法分析，结果表明，每缠绕一圈 DNA 需要解开一个螺旋。如果让闭合环形 DNA 分子和组蛋白核心结合，使围绕组蛋白核心的这部分 DNA 呈负超螺旋状态，在这个过程中 DNA 分子没有改变拓扑连环数，那么 DNA 分子的另一部分必定形成正超螺旋来补偿。真核生物 DNA 拓扑异构酶不能在 DNA 分子中直接导入负超螺旋，但是它们可以松弛正超螺旋，结果在 DNA 分子中留下负超螺旋。

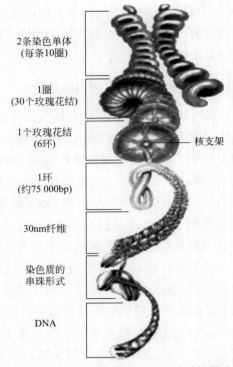

2条染色单体
(每条10圈)

1圈
(30个玫瑰花结)

1个玫瑰花结
(6环)

核支架

1环
(约75 000bp)

30nm纤维

染色质的
串珠形式

DNA

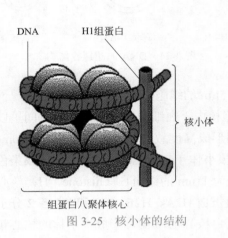

DNA

H1组蛋白

核小体

组蛋白八聚体核心

图 3-25 核小体的结构 　　　　　　图 3-26 真核生物染色体不同层次结构模式

（二）DNA 的功能

DNA 的基本功能是以基因的形式携带遗传信息，并作为复制和转录的模板。它是生命遗传的物质基础，也是个体生命活动的信息基础。

细胞学的证据早就提示 DNA 可能是遗传物质。一些可作用于 DNA 的物理化学因素均可引起遗传性状的改变。但直接证明 DNA 是遗传物质的证据则来自肺炎球菌转化实验和噬菌体的感染实验。

1944 年，Avery 利用致病肺炎球菌中提取的 DNA 使另一种非致病性的肺炎球菌的遗传性状发生改变而成为致病菌，于是得出结论：抽提的致病菌株的 DNA 带有使无致病菌株转化的可遗传信息。实验发现把 DNA 样品用蛋白酶处理不破坏 DNA 的转化活性，但是使用脱氧核糖核酸酶（DNase）处理，则可使 DNA 失去转化活性。由此证实了 DNA 是遗传的物质基础。1952 年，Hershey 和 Chase 各自独立的实验提供了 DNA 是遗传物质的另一个证据。方法是把 T_2 噬菌体分别用 ^{35}S 和 ^{32}P 标记，再分别去感染大肠埃希菌。结果显示，用 ^{35}S 标记的噬菌体感染时，大肠埃希菌细胞内几乎没有放射性；用 ^{32}P 标记的噬菌体感染时，大肠埃希菌细胞内有放射性。由此看来，T_2 噬菌体注入大肠埃希菌体内的是含 ^{32}P 的 DNA 起作用，而不是含 ^{35}S 的蛋白质外壳起作用。DNA 结构的阐明使得它作为遗传信息载体的作用更加确定无疑。

从遗传学角度讲，基因就是指染色体上占有一定位置的遗传基本单位或单元，含有编码一种多肽的信息单位；从分子生物学角度讲，基因是负载特定遗传信息的 DNA 片段，其结构包括 DNA 编码序列、非编码调节序列和内含子组成的 DNA 区域。其中 DNA 编码序列的核苷酸排列顺序决定了基因的功能，作为细胞内 RNA 合成的模板，部分 RNA 又为细胞内蛋白质的合成带去指令。DNA 的核苷酸序列以遗传密码的方式决定不同蛋白质的氨基酸顺序，仅仅利用四种碱基的不同排列，即可对生物体所有遗传信息进行编码，经过复制遗传给子代，通过转录和翻译保证支持生命活动的各种 RNA 和蛋白质在细胞内有序合成。

基因组是指生物体的全部基因序列。包含了所有编码 RNA 和蛋白质的序列及所有的非编码序列，即 DNA 分子的全序列。对所有原核细胞（如细菌）和噬菌体而言，它们的基因组就是单个的环状染色体所含的全部基因；对真核生物而言，基因组就是指一个生物体的染色体所包含的全部 DNA，通常称为染色体基因组，是真核生物主要的遗传物质基础。此外，真核细胞还有核外遗传物质线粒体 DNA 或叶绿体 DNA。生物越进化，遗传信息含量越大，基因组越复杂。SV_{40} 病毒的基因组仅 5 100bp，大肠杆菌基因组为 $4.7×10^6$bp，人的基因组则有 $3.0×10^9$bp，可编码极为大量的遗传信息。目前，人类基因组的全部碱基序列测定工作已经完成，为人们逐步探索基因功能的研究奠定了坚实的基础。

尽管 DNA 结构和功能的研究成果已经为当今社会带来了巨大变化，但是 DNA 分子如何在进化过程中成为生命的主宰？地球上或其他星球是否有非核酸的生命形式？这些生命起源和生命本质问题目前尚未解决。

DNA 作为高性能的信息存储装置，在理解它在生命中作用的同时，人们已经试图利用 DNA 的结构特点完成生命活动以外的工作。例如，DNA 分子计算机已经可以利用 DNA 分子完成简单的数学计算和逻辑推理，其前景也是各个领域所关注的问题。

第三节　核酸的性质

一、核酸的一般理化性质

核酸作为高分子化合物，其化学结构决定着一些特殊的理化性质，这些理化性质已被广泛用作基础研究及疾病诊断的工具。

（一）核酸的一般物理性质

1. 性状

DNA 为疏松的石棉一样的白色纤维状固体，RNA 及其组分核苷酸、核苷、嘌呤碱、嘧啶碱的纯品都是白色的粉末或结晶；DNA 和 RNA 都是极性化合物，微溶于水，不溶于乙醇、乙醚、氯仿等非极性的有机溶剂，常用乙醇或异戊醇从溶液中沉淀核酸。

2. 溶解性

DNA 和 RNA 的钠盐易溶于水。DNA 和 RNA 在细胞中常与蛋白质结合在一起而形成脱氧核糖核蛋白（DNP）及核糖核蛋白（RNP）。在不同的盐浓度中，它们的溶解度差别很大。DNP 在 1 mol/L 的 NaCl 溶液中的溶解度达到最大（比纯水中的溶解度高 2 倍），而 RNP 在此盐浓度下的溶解度很小。RNP 在 0.14 mol/L 的 NaCl 溶液中可以很好地溶解，而 DNP 在此浓度下的溶解度仅为其在纯水中溶解度的 1%，几乎不溶解。因此在核酸的提取中，常用此法将两种核蛋白分开，然后用蛋白质变性剂去除蛋白质。

3. 黏性

一般而言，高分子溶液比普通溶液的黏度要大，线性分子的黏度要超过不规则线团分子和球形分子。由于天然 DNA 具有双螺旋结构，分子量大，分子细长，长度可达几厘米，因此即使是很稀的 DNA 溶液，黏度也很大。RNA 分子比 DNA 分子短，形状不规则，故就黏度而言，DNA 大于 RNA。当 DNA 溶液在加热或其他因素作用下螺旋结构转变为线团结构时，黏度降低，所以可用黏度作为监测 DNA 变性的指标。

（二）核酸的水解

核蛋白的溶解度也与溶液的 pH 有关，DNP 的等电点在 pH 4.2 左右，RNP 的等电点为 pH 2~2.5，因此 DNP 的溶解度在 pH 4.2 时最低，RNP 的溶解度在 pH 为 2~2.5 时最低。

核酸可被酸、碱或酶水解成为各种组分。DNA 和 RNA 中的糖苷键与磷酸酯键都能用化学法水解。在很低的 pH 条件下（酸水解），DNA 和 RNA 都会发生磷酸二酯键水解，碱基和核糖之间的糖苷键也极易被水解，其中嘌呤碱的糖苷键比嘧啶碱的糖苷键在酸性环境下更不稳定。高 pH 条件（碱水解）通常用于 RNA 水解，RNA 的磷酸酯键极易被水解，而 DNA 的磷酸酯键不易被水解。例如，在 0.1mol/L NaOH 溶液中，RNA 几乎完全被溶解，而 DNA 在同样情况下不受影响。常利用此性质测定 RNA 的碱基组成或除去溶液中的 RNA 杂质。

水解核酸的酶有很多种，按底物专一性分类，作用于 RNA 的称为核糖核酸酶，作用于 DNA 的称为脱氧核糖核酸酶；按对底物作用方式分类，可分为核酸内切酶与核酸外切酶。核酸内切酶的作用是水解多核苷酸链内部的 3′, 5′- 磷酸二酯键。有些内切酶能识别 DNA 链上的特异序列并在识别位点或其附近切割双链 DNA，水解有关的 3′, 5′- 磷酸二酯键，这类酶被称为限制性核酸内切酶。限制性核酸内切酶是非常重要的工具酶，使人们有可能对真核染色体基因的结构、组织、表达及进化等问题进行深入研究。目前已经鉴定出有三种不同类型，分别为 Ⅰ 型酶、Ⅱ 型酶、Ⅲ 型酶，它们具有不同的特征。其中，由于 Ⅱ 型限制性核酸内切酶的核酸内切作用活性和甲基化作用活性是分开的，且其核酸内切作用又具有序列特异性，故在基因克隆中有特别广泛的用途。目前已提纯的限制性核酸内切酶有 100 多种，许多已成为基因工程研究必不可少的工具酶。

核酸外切酶只对核酸末端的 3′, 5′- 磷酸二酯键有作用，将核酸一个一个切下，分为 5′→3′外切酶以及 3′→5′外切酶。例如，蛇毒磷酸二酯酶是一种 3′→5′外切酶，水解产物为 5′- 核苷酸；牛脾磷酸二酯酶是一种 5′→3′外切酶，水解产物为 3′- 核苷酸。核酸外切酶对核酸的水解位点如图 3-27 所示。

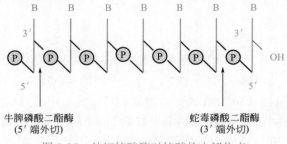

图 3-27 外切核酸酶对核酸的水解位点

B 代表嘌呤或嘧啶碱基

（三）酸碱解离

核苷酸与核酸中的磷酸具有酸性，嘌呤和嘧啶（尿嘧啶和胸腺嘧啶除外）又具有弱碱性，所以核苷酸和核酸属于两性电解质。

胞嘧啶环中的 3 位 N 原子可结合质子而带上正电荷（$pK'=4.6$），C2 上的烯醇式羟基的性质与酚基很相似，具有释放质子的能力而带上负电荷（$pK'=12.5$），如图 3-28。

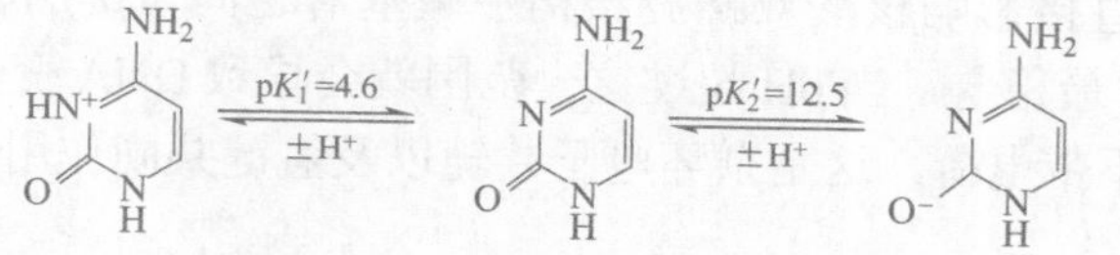

图 3-28　胞嘧啶的解离

尿嘧啶和胸腺嘧啶不能进行碱性解离，具有非常弱的酸性。其 N3 上的质子可释放而带上负电荷（尿嘧啶 $pK'=9.5$，胸腺嘧啶 $pK'=9.9$），如图 3-29。

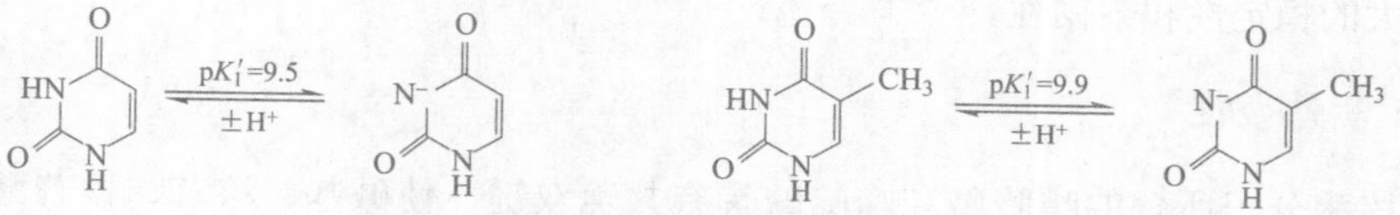

图 3-29　尿嘧啶及胸腺嘧啶不能解离

在腺嘌呤中，质子结合于 N1 上（$pK'=4.15$），如图 3-30。

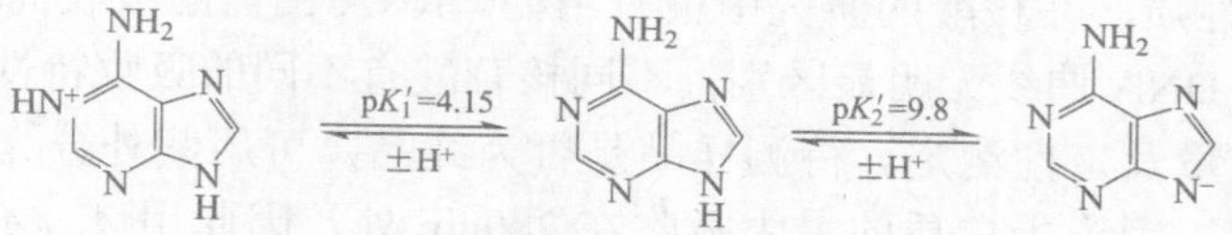

图 3-30　腺嘌呤的解离

在鸟嘌呤中，由于 C6 上没有氨基，N1 无法结合质子。质子结合于 N7 上（$pK_1'=3.2$）。N1 进行酸性解离（$pK_2'=9.6$），如图 3-31。

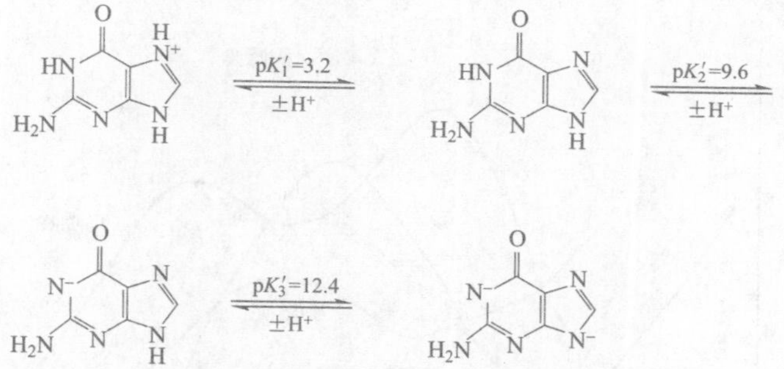

图 3-31　鸟嘌呤中质子结合到 N7 上

核苷酸中的磷酸具有较强的酸性，可以解离出两个质子（$pK_1'=0.7\sim1.6$，$pK_2'=5.9\sim6.5$），如图 3-32。

核酸中除了末端磷酸残基外，磷酸二酯键中的磷酸残基只可以解离出一个质子（$pK'=1.5$）。由于核酸分子中磷酸基团具有强酸性，碱基的碱性又很弱，使得核酸整体上呈现出较强的酸性，具有较低的等电点。当溶液的 pH>4 时，磷酸残基上 H^+ 全部解离呈多阴离子状态，容易与金属离子结合形成盐。细胞中的核酸常与碱性蛋白质结合而形成核蛋白。

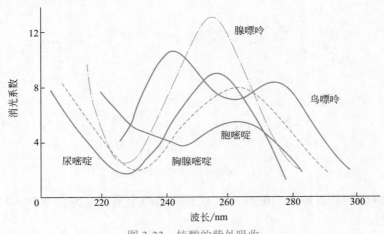

图 3-32　磷酸的解离

碱基的解离状态直接影响核酸双螺旋结构中碱基对之间氢键的稳定性，对 DNA 来说，碱基对在 pH 4～11 时最稳定，当 pH 超过这一范围就会导致 DNA 变性。在中性 pH 条件下，参与氢键的—NH_2 均不带电荷，这是杂环电子共轭以及氢键共同作用的结果，否则双螺旋结构会不稳定。

核酸的等电点较低，如游离态酵母 RNA 的等电点 pI 为 2.0～2.8。成多阴离子状态的核酸可以与 Na^+、K^+、Mg^{2+} 等金属离子结合成盐，多阴离子状态的核酸也可以与碱性蛋白结合。病毒与细菌中的 DNA 分子常与精胺（spermine）、精脒（spermidine）等多阳离子结合，就具有更大的稳定性和柔韧性。

（四）紫外吸收

由于核酸分子所含的嘌呤碱和嘧啶碱具有共轭双键，使碱基、核苷、核苷酸和核酸在 240～290nm 的紫外波段有一强烈的吸收峰，如图 3-33 所示，因此核酸具有紫外吸收特性。DNA 钠盐的紫外吸收在 260nm 附近有最大吸收值，其吸光度（absorbance）以 A_{260} 表示，A_{260} 是核酸的重要性质，在核酸的研究中很有用处。RNA 钠盐的吸收曲线在 230nm 处为吸收低谷，其形状与 DNA 曲线无明显区别。不同核苷酸有不同的吸收特性，所以可以用紫外分光光度计加以定量及定性测定。待测样品是否为纯品，可用紫外分光光度计读出 260nm 与 280nm 的 OD 值，因为蛋白质的最大吸收在 280nm 处，因此用 A_{260}/A_{280} 比值判断提取的核酸纯度。纯 DNA 的 A_{260}/A_{280} 比值应大于 1.8，纯 RNA 应为 2.0。样品中如含有蛋白杂质及苯酚，A_{260}/A_{280} 比值即明显降低。不纯的样品不能用紫外吸收法作定量测定。紫外吸收值还可作为核酸变性、复性的指标。

图 3-33　核酸的紫外吸收

对于纯的核酸溶液，测定 A_{260}，即可利用核酸的比吸光系数计算溶液中核酸的量，核酸的比吸光系数是指浓度为 1μg/mL 的核酸水溶液在 260nm 处的吸光率，天然状态的双链

DNA 的比吸光系数为 0.020，变性 DNA 和 RNA 的比吸光系数为 0.022。通常以 1OD 值相当于 50μg/mL 双螺旋 DNA，或 40μg/mL 单螺旋 DNA（或 RNA），或 20μg/mL 寡核苷酸计算。

（五）核酸的沉降特性

核酸沉降的速度与它的分子大小及形状和结构有关。核酸的沉降系数（S）与分子量之间呈现对应关系。由于分子的构象对它的沉降特性有很大的影响，故这种对应关系只是相对一定的构象而言，若分子量相同，其构象不同，则 S 就不同。同一种 DNA，变性后的 S 要比天然的大。1963 年 J. Vinograd 等人从多瘤病毒中分离出高纯度的 DNA 在进行超速离心时得到 20S、16S、14S 三条不连续的带，由于是高纯度的 DNA，每一条带都应当相当于同一种分子的不同结构形式。研究发现 20S 代表该分子的超螺旋形式，16S 代表该分子的松弛开环形式，14S 代表该分子的线型双螺旋结构形式。

把 DNA 放在密度梯度介质的上面，以相当高的速度离心时，DNA 在梯度中迁移，直到达到同它自己的密度相同的部位为止，即漂浮于介质的某一密度梯度中，该部位称作 DNA 的（浮力）密度。不同的 DNA 具有不同的（浮力）密度。可利用浮力密度的差别，借助密度梯度超离心法来分离制备 DNA。DNA 的（浮力）密度与其分子的碱基组成有密切的关系，与 GC 含量在一定范围内（20% ～ 80%）成正比关系。DNA 的（浮力）密度与其分子构象有密切的关系，与分子大小无关。DNA 变性后，分子卷曲成致密的线团，故比天然的 DNA 的（浮力）密度大。

（六）显色反应

D- 核糖与浓盐酸和苔黑酚（甲基间苯二酚）共热产生绿色；D-2- 脱氧核糖与酸和二苯胺一同加热产生蓝紫色。可以利用这两种糖的特殊颜色反应区别 DNA 和 RNA 或作为二者定量测定的基础。应用组织切片鉴定 DNA 时，可将切片先用稀盐酸处理，DNA 经弱酸（1mol/L HCl）水解后，在 60℃条件下使 DNA 分子中脱氧核糖与嘌呤之间的连接打开，脱氧核糖的一端释放出醛基，并在原位与 Schiff 试剂反应生成紫红色产物，此方法就是传统的显示 DNA 方法——福尔根（Feulgen）反应。

（七）核酸的化学反应

遗传信息的稳定性对生物体来说是至关重要的，DNA 之所以被用来储存遗传信息，部分原因是它的化学稳定性。在没有酶催化的情况下，DNA 发生的化学变化非常缓慢，DNA 分子的细微改变会对生物体产生巨大的影响，像癌变和衰老可能就是 DNA 缓慢变化的结果。因此，了解核酸的化学性质是非常必要的。

核酸中的嘌呤和嘧啶能进行一系列化学反应，如脱氨、聚合、烷基化等。有实验表明，在一般的生理条件下 DNA 中的胞嘧啶在 24h 内会以 10^{-7} 的概率脱氨变成尿嘧啶。这等于一个哺乳动物基因组每天有 100 个脱氨事件发生。腺嘌呤和鸟嘌呤脱氨的速度是胞嘧啶的 1/100。

因为 DNA 不含有尿嘧啶，所以胞嘧啶脱氨后产生的尿嘧啶很容易被 DNA 的修复系统作为外来物除去，这解释了为什么 DNA 含的是胸腺嘧啶而不是尿嘧啶。假如 DNA 本来含的就是尿嘧啶，则胞嘧啶脱氨后生成的尿嘧啶就无法被修复系统识别，尿嘧啶就会被保留下来，被保留下来的尿嘧啶在复制期间和腺嘌呤配对，使母代 DNA 中个别的 G-C 碱基对在子

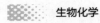

代 DNA 中成为 A-U 碱基对，这样通过胞嘧啶的脱氨作用和 DNA 的复制会逐渐的导致 G-C 碱基对的减少和 A-U 碱基对的增多，经过千万年后，G-C 碱基对会不复存在。

紫外线可以诱导两个乙烯基团缩合形成环丁烷，类似的反应发生在核酸的两个相邻嘧啶之间。由于是在紫外线的诱导下产生的，这种二聚体又叫光合二聚体。最常见的光合二聚体是环丁基嘧啶二聚体，它可在任何两个相邻嘧啶之间产生，T-T 是最普遍的，其他依次为 C-T，C-C。另一种常见的光合二聚体是 6-4 光合产物，如图 3-34 所示。包括嘌呤的光合二聚体也有形成。电离辐射能引起 DNA 的多种损伤，包括碱基的损伤，糖环的损伤。

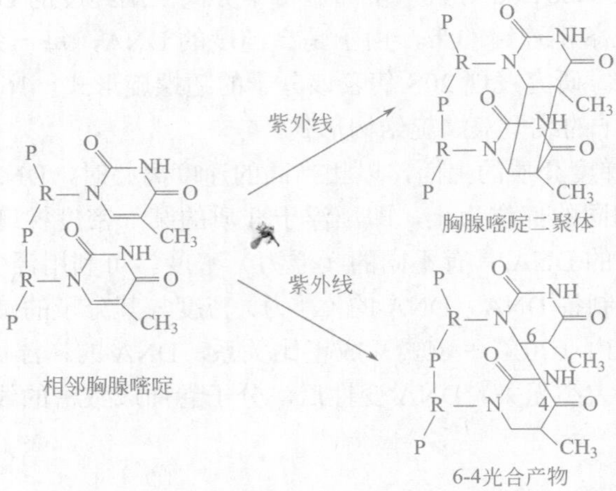

图 3-34　胸腺嘧啶二聚体的形成及 6-4 光合产物

烷化剂能与核酸的亲核基团发生反应，改变 DNA 的一些碱基，如二甲基亚硝胺、二甲基硫酸酯等。烷化剂导致多种类型 DNA 损伤：碱基修饰造成复制中的错误，大型的烷化产物会阻断复制，双功能因子（能使两个碱基烷基化）会造成交联等。

DNA 是仅有的具有修复系统的生物大分子。这些修复系统大大减少了 DNA 损伤造成的影响。

二、DNA 的变性、复性及杂交

（一）变性

DNA 变性（denaturation）是指在某些理化因素作用下，天然的双螺旋 DNA 分子中互补碱基对之间的氢键断裂，双螺旋结构松散，变成单链的过程。包括完全变性和局部变性。变性过程中，维持双螺旋稳定性的氢键断裂（图 3-35），碱基间的堆积力遭到破坏，但不涉及一级结构的改变。凡能破坏双螺旋稳定性的因素均可以引起核酸的变性，引起 DNA 变性的主要因素有高温、强酸、强碱、有机溶剂（如乙醇、丙酮等）、甲酰胺等。

将 DNA 的稀盐溶液加热到 80～100℃时，双螺旋结构即发生解体，两条链分开，形成无规则线团。一系列理化性质也随之发生改变，如 260nm 区紫外吸光度值升高，此现象称为增色效应（hyperchromic effect），如图 3-36。这是因为双螺旋内侧的碱基发色基团因变性而暴露所引起。RNA 本身只有局部的双螺旋区，所以变性行为所引起的性质变化没有 DNA 那样明显。此外，变性核酸的溶液黏度下降、沉降速度增加、双折射现象消失等。因此，利用这些性质可以追踪变性过程。例如，天然状态的 DNA 在完全变性后，紫外吸收（260nm）

值增加25% ～ 40%，而 RNA 变性后，约增加 1.1%。

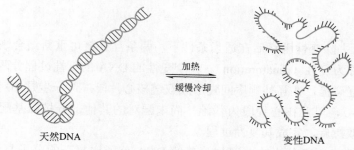

图 3-35　DNA 的变性

　　DNA 的变性过程是突变性的，只在很狭窄的温度区间内发生。因此，通常将 DNA 分子达到 50% 解链时的温度称为熔点或熔解温度（melting temperature，T_m）。因此，常用 260nm 处紫外吸收数值变化监测不同温度下 DNA 的变性情况，所得的曲线称为解链曲线（图 3-37）。

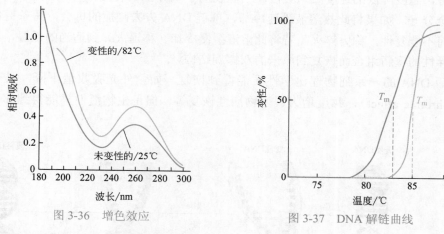

图 3-36　增色效应　　　　　　　　　　图 3-37　DNA 解链曲线

　　DNA 的 T_m 值的大小与下列因素有关：

　　① DNA 的均一性　分子种类越纯，长度越一致，T_m 值范围越小，反之则 DNA 的 T_m 范围较大。T_m 值可作为衡量 DNA 样品均一性的标准。

　　② G-C 碱基对含量　在溶剂固定的情况下，T_m 值的高低取决于 DNA 分子中（G-C）的含量。一般 DNA 的 T_m 值在 70 ～ 85℃之间。G-C 含量越高，T_m 值越高。因为 G-C 碱基对含有三对氢键，而 A-T 碱基对只有两对氢键。测定 DNA 样品的熔解温度，可以估计出它的碱基组成。G-C 含量与 T_m 值之间的关系可以根据如下的经验公式计算：（G+C）=（T_m−69.3）×2.44。

　　③ 介质中的离子强度　离子强度高，T_m 升高，且 T_m 范围较小。所以 DNA 制品不应保存在极稀的电解质溶液之中，一般在含盐缓冲溶液中保存较为稳定。

　　④ 溶液的 pH 值　高 pH 值下碱基广泛失去质子，氢键形成的能力丧失。pH 大于11.3时，DNA 完全变性，pH 低于 5 时，DNA 易于脱嘌呤。

　　RNA 双螺旋或一条 RNA 链一条 DNA 链（RNA-DNA 杂交链）形成的双螺旋同样可以发生变性。但 RNA 双螺旋比 DNA 双螺旋稳定。在中性 pH 溶液中，双链 RNA 与相当顺序的 DNA 双链相比变性温度高出 20℃左右。RNA-DNA 杂交体的变性温度介于前两者之间。

（二）复性

变性的 DNA 去除变性因素后在适当条件下，两条互补链可重新结合恢复天然的双螺旋构象，这一现象称为复性（renaturation）。完全变性的 DNA 的复性过程分两步进行，首先是分开的两条链相互碰撞，在互补顺序间先形成双链核心片段，这一步是相对缓慢的。第二步（比第一步快得多），以此核心片段为基础，尚未配对的其他部分按碱基配对相结合，像拉链一样迅速形成双螺旋，完成其复性过程。

复性过程受很多因素的影响：序列简单的 DNA 分子比复杂的分子复性要快。DNA 的复性一般只适用于均一的病毒和细菌的 DNA，至于哺乳动物细胞中的非均一 DNA，很难恢复到原来的结构状态。这是因为各片段之间只要有一定数量的碱基彼此互补，互补部分就可以重新组合成双螺旋结构，碱基不互补的区域则形成突环。DNA 浓度越高，越易复性，此外，DNA 片段大小、溶液的离子强度等对复性过程都有影响。

复性时，温度降低的速度必须缓慢。当温度高于 T_m 约 5℃时，DNA 的两条链由于布朗运动而完全分开。如果将此热溶液迅速冷却，单链 DNA 失去碰撞的机会，两条链保持分开状态，因而不能复性，称为淬火；若将此溶液缓慢冷却（称退火）到适当的低温，则两条链可发生特异性的重新组合而恢复到原来的双螺旋结构。

复性后 DNA 的一系列物理化学性质能得到恢复，如紫外光吸收值下降，具有减色效应（hypochromic effect），黏度增大、生物活性恢复等，但是生物活性只能得到部分的恢复（图 3-38）。

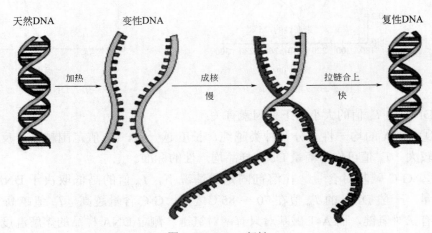

图 3-38　DNA 复性

拓展 3-4

毕业于加州大学伯克利分校的穆利斯（K. Mullis）博士充分地利用核酸变性和复性原理，最终发明了人工体外扩增 DNA 的方法——PCR（拓展 3-4）。

（三）核酸杂交和分子探针

在核酸变性后的复性过程中，具有一定互补序列的不同 DNA 单链，或 DNA 单链与同源 RNA 序列，在一定条件下按碱基互补原则结合在一起，形成异源双链的过程称为核酸分子杂交（hybridization）。分子杂交技术以核酸的变性与复性为基础，可发生在 DNA-DNA、

RNA-RNA 和 DNA-RNA 之间。分子杂交是分子生物学研究中常用的技术之一。例如，杂交的一条链是特定的一段寡核苷酸（已知核苷酸顺序）的 DNA 或 RNA 的序列，并经放射性同位素或其他方法标记，称作探针，在一定条件下和变性的待测 DNA 一起温育，如果寡核苷酸与待测 DNA 有互补序列，可发生杂交，形成杂交双链可被放射自显影或化学方法检测，用于证明待测 DNA 是否与探针序列有同源性，这一技术被称为探针技术。分子杂交和探针技术在分析基因组织结构、定位和基因表达及临床诊断等方面都有着十分广泛的应用。

核酸的杂交在分子生物学和遗传学的研究中具有重要意义，E. Southern 发明了一种很有用的方法可以用来鉴定具特定顺序的 DNA，即将电泳分离后的 DNA 片段从凝胶转移到硝酸纤维素膜上，再进行杂交，称 DNA 印迹（Southern blotting）；DNA 印迹法可以扩展用于特定 RNA 的鉴定。Alwine 等提出将 RNA 采用与 DNA 印迹类似的程序，可以用互补的、具放射性标记的 RNA 或 DNA 探针与其杂交，把这种检测 RNA 的方法叫做 RNA 印迹法（Northern blotting），见图 3-39。目前，在医学上已用于多种遗传病的基因诊断、恶性肿瘤的基因分析、传染病病原体的检测等领域中，最新发展起来的基因芯片等现代检测手段的最基本原理也是核酸分子杂交，其成果大大促进了现代医学的进步和发展。

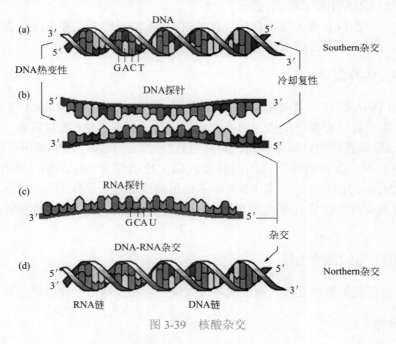

图 3-39　核酸杂交

第四节　核酸的研究方法

一、核酸的分离、纯化和定量测定

细胞内的大多数核酸与蛋白质结合，也有少量的以游离形式或与氨基酸结合的形式存在。提取核酸的一般原则是先收集和破碎组织或者细胞，提取核蛋白使其与其他细胞成分分离，然后用蛋白质变性剂，如苯酚、十二烷基硫酸钠或者蛋白酶，去除蛋白质，最后获得的核酸溶液用乙醇等沉淀。

天然核酸都具有生物活性，为获得天然状态的核酸，在提取、分离和纯化过程中，要注意防止由于核酸酶或理化因素导致的核酸降解。通常可以加入核酸酶的抑制剂，在提取过程中强酸、强碱对核酸有化学降解作用。高温、机械作用等物理因素均可破坏核酸分子的完整性，所以提取环境应保持低温（0～4℃），并且避免剧烈搅拌。

（一）DNA 的分离

获得实验材料后，如果是细菌和细胞，一般采用碱裂解法或超声波破碎法；植物或者动物的组织则采用液氮快速研磨或低温匀浆法，使细胞内的 DNA 分子释放出来。

对于真核细胞而言，DNA 大多数是以核蛋白形式存在，可以利用 DNP 溶于水和高盐溶液，但不溶于生理盐溶液的性质进行分离，而 RNP 可以溶于生理盐溶液。

拓展 3-5

分离的基本流程：破坏组织或细胞——用浓盐溶液（通常为 1mol/L 的 NaCl 溶液）提取——用生理盐溶液沉淀——苯酚变性除蛋白（可以多次重复）——水相 DNA 用冷乙醇沉淀。

细胞内含有大量蛋白质，在提取 DNA 的同时必须要去除蛋白质，有多种方法可以去除蛋白质杂质（拓展 3-5）。

（二）RNA 的分离

RNA 不如 DNA 稳定，且 RNase 又无处不在，所以分离、提纯 RNA 要求更苛刻，条件要求更严格，实验过程要严格按无菌操作规程进行。制备 RNA 通常需要：①所有用于制备 RNA 的玻璃器皿都要经过高温烘烤，塑料用具经过高压灭菌，不能高压灭菌的要用 0.1% 焦炭酸二乙酯处理。②在破碎细胞的同时加入强变性剂使 RNase 失活。③在 RNA 的反应体系内加入 RNase 的抑制剂。制备 RNA 通常采用酸性胍盐 / 苯酚 / 氯仿抽提。异硫氰酸胍是极强的蛋白质变性剂，它几乎可以使所有的蛋白质变性。然后用苯酚和氯仿多次除净蛋白质。

（三）核酸含量的测定方法

核酸含量测定前需要预处理，除去酸溶性含磷化合物及脂溶性含磷化合物。

1. 紫外分光光度法

一般在 260nm 波长下，1mL 含 1μg RNA 溶液的吸光度为 0.022～0.024，1mL 含 1μg DNA 溶液的吸光度为 0.020，故测定未知浓度 RNA 或 DNA 溶液在 260nm 波长处的吸光度即可计算出其中核酸的含量。此法操作简便，迅速。

2. 定磷法

元素分析表明 RNA 平均含磷量为 9.4%，DNA 为 9.9%，因此可以从测定样品的含磷量计算 RNA 或 DNA 的含量。最常用的是钼蓝比色法，先用浓硫酸或过氯酸将有机磷水解成无机磷。在酸性条件下磷酸与钼酸作用生成磷钼酸，还原剂将此还原成钼蓝，在其最大吸收峰 660nm 处比色，据此可以计算出核酸含量。

3. 定糖法

RNA 与盐酸共热时核糖转变为糠醛，它与甲基苯二酚反应呈鲜绿色，反应需要三氯化铁作催化剂，最大吸收峰在 670nm 处。DNA 在酸性溶液中与二苯胺共热，其脱氧核糖参与反应生成蓝色化合物，最大吸收峰在 595nm 处。

二、核酸的超速离心法

超速离心可以测定核酸的沉降系数和分子量。主要作用有：①测定核酸密度。②测定 DNA 中的 G-C 含量。③研究溶液中核酸构象。④用于核酸的制备（溴化乙锭 - 氯化铯密度梯度平衡超离心法分离不同构象的 DNA、RNA 及蛋白质，是纯化 DNA 时常用的方法）。

三、核酸的凝胶电泳法

琼脂糖或聚丙烯酰胺凝胶是分离和纯化 DNA 片段的标准方法。聚丙烯酰胺凝胶电泳适用于分离小分子的核酸，如分子大小小于 1kbp 的 DNA 和 RNA；琼脂糖凝胶孔径较大，被应用于大分子核酸的分离和纯化。凝胶电泳兼有分子筛和电泳双重效果，所以分离效果很好，可以在水平或垂直的电泳槽中进行。它有简单、快速、灵敏、成本低等许多优点。还有一项技术称为脉冲电场凝胶电泳，适用于分离大分子 DNA。

四、核酸的核苷酸序列测定

从 20 世纪 70 年代开始，核酸的核苷酸序列测定已经过近 40 年的发展，测序方法种类繁多，但研究其所依据的基本原理，不外乎 Sanger 的双脱氧链终止法及 Maxam 和 Gilbert 的化学降解法两大类。目前 DNA 序列分析已实现自动化，全自动 DNA 测序仪的问世实现了 DNA 序列测定的迅速普及与广泛应用，也是人类基因组计划得以提前完成的重要基础（拓展 3-6）。

拓展 3-6

五、DNA 的化学合成

随着 DNA 合成技术的发展，特别是自动化合成技术的引入，人们能简便、快速、高效地合成其感兴趣的 DNA 片段。目前，DNA 合成技术已成为分子生物学研究必不可少的手段。

（一）全基因合成

一般分子较小而又不易得到的基因可采用该方式。将所需合成的双链 DNA 分成若干短的寡核苷酸单链片段，每个片段长度控制在 40 ～ 60 个碱基，并使每对相邻互补的片段之间有几个碱基交叉重叠。在体外将除基因两个末端外的所有片段磷酸化。混合退火后加入 DNA 连接酶，即可得到较大的基因片段。采用分步连接、亚克隆的方法逐步合成。为便于亚克隆中回收基因片段，应在片段两侧设计合适的酶切位点，由于每个亚克隆的基因片段可以分别鉴定，从而可以减少顺序出错的可能性。

（二）酶促合成

酶促合成又称基因的半合成。较大的基因全部化学合成成本昂贵，费时较长，使用半合成方法可以降低成本，从而利于普及使用。首先合成末端之间有 10～14 个互补碱基的寡核苷酸片段，退火后以重叠区作为引物，在 4 种 dNTP 存在的条件下，通过 DNA 聚合酶 I 或反转录酶的作用，获得两条完整的互补双链。在合成基因的结构中，应包括有克隆和表达所需要的全部信号及 DNA 序列，基因中的阅读框也应该同表达体系相适应。此外，由于密码子的使用在不同种类的生物体中具有明显的选择性，在基因合成和克隆时必须考虑选择合适的密码子，以获得高效的表达。

核酸在实践应用方面有极其重要的作用，现已发现约 2 000 种遗传性疾病都和 DNA 结构有关。20 世纪 70 年代以来兴起的遗传工程，使人们可用人工方法改组 DNA，从而有可能创造出新型的生物品种。如应用遗传工程方法已能使大肠杆菌产生胰岛素、干扰素等珍贵的生化药物。

 本章小结

核酸也称为多核苷酸，包括脱氧核糖核酸（DNA）和核糖核酸（RNA）两大类，是由数十个以至数千万计的脱氧核苷酸或核苷酸构成的生物大分子。核苷酸分子由碱基、核糖或脱氧核糖和磷酸三种分子连接而成。碱基与糖通过糖苷键连成核苷，核苷与磷酸以酯键结合成核苷酸。参与核苷酸组成的主要碱基有 5 种，属于嘌呤类化合物的碱基有腺嘌呤 A 和鸟嘌呤 G。属于嘧啶类化合物的碱基有胞嘧啶 C、尿嘧啶 U 和胸腺嘧啶 T。

DNA 分子中出现的碱基有 A、T、C 和 G，戊糖为脱氧核糖。RNA 分子中所含的碱基是 A、U、C 和 G，戊糖为核糖。DNA 分子由 2 条脱氧核糖核苷酸链组成，RNA 分子由 1 条核糖核苷酸链组成。DNA 是遗传信息的贮存和携带者，RNA 主要参与遗传信息表达。

核酸的一级结构就是核苷酸在核酸长链上排列顺序，也称为碱基序列。DNA 的二级结构为双螺旋结构，即① DNA 分子由两条以脱氧核糖-磷酸作骨架的双链组成，以右手螺旋方式围绕同一公共轴有规律地盘旋；②两股单链的戊糖-磷酸骨架位于螺旋外侧，与糖相连的碱基平面垂直于螺旋轴而伸入螺旋之内。每个碱基与对应链上的碱基共处同一平面，并以氢键维持配对关系，A 与 T 配对，C 与 G 配对；③两碱基之间的氢键是维持双螺旋横向稳定的主要化学键，纵向则以碱基平面之间的碱基堆积力维持；④双螺旋两股单链走向相反，从 5'向 3'端追踪两链，一链自下而上，另一链自上而下。

DNA 的三级结构是在双螺旋结构基础上进一步扭转盘曲，形成的超螺旋结构。在真核生物的染色体中，DNA 的三级结构与蛋白质的结合有关。

DNA 在极端 pH 值（加酸和碱）和受热条件下，双链间的氢键断裂，双螺旋结构解开，这就是 DNA 的变性。DNA 由于受热引起的变性称为 DNA 的解链或熔解作用。在 DNA 热变性过程中，使紫外吸收达到最大增值 50% 时的温度称为解链温度，又称熔解温度（T_m）。T_m 与 DNA 分子 G+C 量有关。变性 DNA 分子的两股单链重新结合形成双链的过程称为 DNA 的复性。不同来源的 DNA 链于同一溶液中经变性处理，可通过互补碱基的配对而形成局部双链，这一过程称为核酸杂交，生成的双链为杂化双链。利用核酸杂交原理可以检测特定序列的核酸分子。

　　RNA 与 DNA 不同，它是以单链形式存在，但也可以有局部的二级结构或三级结构。它比 DNA 分子小，但种类较多，功能多样。细胞内主要的 RNA 有 mRNA、tRNA、rRNA 三类。mRNA 为线状单链结构，是蛋白质合成的模板。

　　tRNA 由 70 至 90 个核苷酸构成，含有稀有碱基，包括双氢尿嘧啶、假尿嘧啶和甲基化的嘌呤等。tRNA 的二级结构呈三叶草形，三级结构呈倒 L 形。tRNA 的作用是携带相应的氨基酸将其转运到核蛋白体上以供蛋白质合成。

　　rRNA 是细胞内含量最多的 RNA，与核糖体蛋白共同构成核糖体。核糖体由大亚基和小亚基组成。真核生物的小亚基由 18S rRNA 和 30 多种核糖体蛋白构成，大亚基则由 5S、5.8S 及 28S 三种 rRNA 与 50 种核糖体蛋白组成。当大小亚基聚合时，可作为蛋白质合成的场所。

　　利用核酸的物理化学特点，采用酚抽提法、超速离心法、凝胶电泳法、层析法分离等方法对核酸进行分离与纯化。常用紫外分光光度法、定磷法、定糖法等测定核酸的含量。用酶法和化学法等对核酸进行序列分析。

思考题

　1．名词解释

（1）碱基互补原则

（2）DNA 的一级结构

（3）稀有碱基

（4）反密码子

（5）Chargaff 规则

（6）核酸的变性、复性

（7）核酸杂交

（8）核小体

（9）Z-DNA

（10）DNA 的熔点（T_m）

（11）增色效应、减色效应

　2．简答题

（1）比较 DNA 和 RNA 在组成、结构分布和功能上的特点。

（2）简述 DNA 双螺旋结构模型的要点及其对 DNA 生物学的意义。

（3）为什么说核酸是遗传信息的载体？

（4）RNA 有哪些主要类型？比较其结构和功能的特点。

（5）核酸的组成和在细胞内的分布如何？

（6）什么是解链温度？影响核酸分子 T_m 值的主要因素有哪些？

（7）tRNA 的二级结构是什么形状？其结构特征如何？

（8）DNA 分子二级结构有哪些特点？

（9）稳定 DNA 结构的力有哪些？

（10）简述测定核酸含量的常用方法及其原理。

第四章

糖类的结构与功能

 本章导读

　　糖类是地球上最为丰富的生物分子，每年超过 1 000 亿吨 CO_2 和 H_2O 转化为纤维素等糖类物质和其它植物产物。糖类是世界上大多数地区人们的主食成分，其氧化过程产生的能量是非光合生物获取能量的主要方式。糖的聚合体（多糖）是细菌和植物的细胞壁结构和保护构件，以及动物的结缔组织组成成分。糖类分子也参与细胞之间的连接和识别。所以，糖类是生命活动的能量来源和物质基础。糖可以分为单糖、寡糖和多糖。另外，糖类与脂类和蛋白质等结合后还会形成各种复合糖。本章将重点介绍单糖的结构与功能，同时也介绍各种寡糖和多糖的种类与特点，最后，介绍复合糖的结构、功能及糖生物学的研究发展情况。

　　糖类是自然界存在的一类重要的有机化合物。化学上，糖类是多羟基醛和多羟基酮及其缩聚物和某些衍生物的总称。它广泛分布于动物、植物和微生物中，是地球上最为丰富的生物分子（拓展 4-1）。植物中的糖类最多，一般约占植物体干重的 80%；微生物的含糖量占菌体干重的 10% ～ 30%；人和动物体中含糖量较少，一般不超过其干重的 2%，它们以糖原或与蛋白质、脂类结合成结合糖的形式存在。

拓展 4-1

　　糖类物质的主要生物学功能是提供生命活动所需的能源和碳源物质，部分糖类物质参与生物体结构的组成。值得注意的是，某些糖类物质在生命活动中担负着极为重要的信息功能，如人体中含有 40 万亿～ 60 万亿个细胞，各个细胞相互黏着，细胞对底物间的相互识别、发生作用等都依赖着细胞间的分子识别。如此庞大而复杂的识别，只有比核酸链、

拓展 4-2

多肽链的信息量大数百倍、数千倍的糖链才能做到，很多实验证实了糖的这种功能。近年来，糖类物质的研究越来越受重视，"糖生物学"也方兴未艾。（拓展 4-2）

糖类物质根据水解后产物组成成分可分为单糖、寡糖、多糖和复合糖。

1. 单糖

单糖（monosaccharide）由一个多羟基醛或酮单位组成，是糖类物质中最简单的一种，不能被水解成更小的单糖分子。根据含碳原子数的多少，单糖可分为丙糖、丁糖、戊糖、己糖和庚糖，每种单糖都有醛糖（含醛基）和酮糖（含酮基）两种类型。常见的戊糖有：核糖、脱氧核糖、阿拉伯糖和木糖。自然界最丰富的单糖是己糖，常见的己糖有：葡萄糖、果糖、半乳糖等。四碳及四碳以上的糖趋于形成环状结构。

2. 寡糖

寡糖（oligosaccharide）也被称为低聚糖，是由 2～10 个单糖分子通过脱水缩合形成糖苷键而形成的糖，水解后产生相应数目和种类的单糖分子。根据组成单糖数目多少，寡糖常被命名为二糖、三糖、四糖……常见的二糖有麦芽糖、蔗糖和乳糖；三糖有棉子糖。在细胞中，多数寡糖由 3 个或更多糖单位组成，这些寡糖不单独存在，而是与非糖分子（脂类或蛋白）形成复合糖。

3. 多糖

多糖（polysaccharide）是由超过 10 个单糖分子缩合、失水而成的糖类。若构成多糖的单糖分子都相同就称为同聚多糖，如由葡萄糖构成的淀粉、糖原和纤维素，由果糖构成的菊粉等；由几种不同的单糖构成的多糖称为杂多糖，如半纤维素、果胶和糖胺聚糖等。有的多糖呈线形链（如纤维素），有的多糖具有分支（如糖原和支链淀粉）。糖原和纤维素虽然都是由 D- 葡萄糖组成，但由于连接方式不同，性质和生物学性能有很大差异。

4. 复合糖

复合糖（glycoconjugate）是指糖和非糖物质共价结合而成的复合物，它分布广泛，功能多种多样，如糖与蛋白质结合成糖蛋白或蛋白聚糖，糖与脂类结合成糖脂或脂多糖。

第一节　单糖

一、单糖的结构

（一）链状结构及构型

1. 链状结构

根据葡萄糖和果糖的成分分析和分子量测定，推断其分子式为 $C_6H_{12}O_6$，经实验证明它们的链状结构式是：

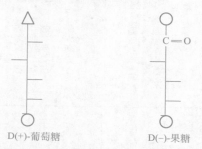

$$
\begin{array}{c}
\text{CHO} \\
\text{H—C—OH} \\
\text{OH—C—H} \\
\text{H—C—OH} \\
\text{H—C—OH} \\
\text{CH}_2\text{OH}
\end{array}
\qquad\qquad
\begin{array}{c}
\text{CH}_2\text{OH} \\
\text{C=O} \\
\text{OH—C—H} \\
\text{H—C—OH} \\
\text{H—C—OH} \\
\text{CH}_2\text{OH}
\end{array}
$$

D(+)-葡萄糖(醛糖)　　　　　　　　　D(−)-果糖(酮糖)

若用"┠"表示碳链及不对称碳原子上羟基的位置，"△"表示醛基（—CHO），"○"表示第一醇基（—CH$_2$OH），上述结构式可分别简化为：

D(+)-葡萄糖　　　　　　　　　D(−)-果糖

葡萄糖是己醛糖。醛糖碳原子的定位是：醛基上的碳原子为 C1，依次为 C2……直至末端伯醇基上的碳原子。果糖是己酮糖，其碳原子是以羰基在 C2 上定位的。

2. 构型

单糖有 D 型和 L 型两种异构体。通常以具有一个不对称碳原子的最简单的单糖——甘油醛为标准，将单糖与其比较来确定构型。甘油醛的 D 型和 L 型是人为规定的，—OH 在甘油醛的不对称碳原子右边的被称为 D 型，在左边者为 L 型。

$$
\begin{array}{c}
\text{CHO} \\
\text{H—C—OH} \\
\text{CH}_2\text{OH}
\end{array}
\qquad\qquad
\begin{array}{c}
\text{CHO} \\
\text{OH—C—H} \\
\text{CH}_2\text{OH}
\end{array}
$$

D-甘油醛　　　　　　　　　　L-甘油醛

若单糖分子中距羰基最远的不对称碳原子上—OH 的空间排布与 D- 甘油醛相同，则为 D 型；若与 L- 甘油醛相同，则为 L 型。

$$
\begin{array}{c}
\text{CHO} \\
\text{H—C—OH} \\
\text{OH—C—H} \\
\text{H—C—HO} \\
\text{H—C—OH} \\
\text{CH}_2\text{OH}
\end{array}
\qquad\qquad
\begin{array}{c}
\text{CHO} \\
\text{H—C—OH} \\
\text{CH}_2\text{OH}
\end{array}
$$

D(+)-葡萄糖　　　　　　　　　D(+)-甘油醛

应当注意的是，单糖分子中含有不对称碳原子，因而具有旋光性。（+）与（−）表示旋光方向，（+）表示右旋，（−）表示左旋。旋光方向与构型并不对应。如 D（+）- 葡萄糖表示葡萄糖的构型是 D 型，旋光性是右旋；D（-）-果糖表示果糖的构型是 D 型，而旋光性是左旋。

己醛糖分子中含有 4 个不对称碳原子（C*），其异构体总数为 2^4 即 16 种；己酮糖分子中含有 3 个不对称碳原子，其异构体总数为 2^3 即 8 种，如图 4-1 所示。

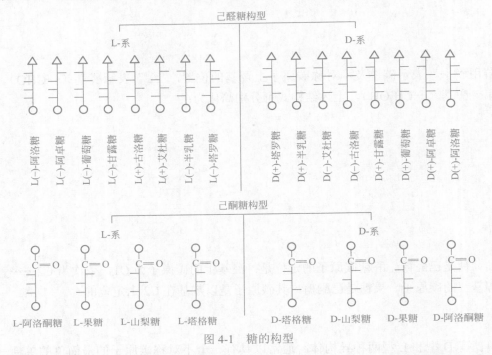

图 4-1　糖的构型

在这些异构体中，D 型与 L 型单糖互为对映体。另外还存在一种特殊情况，即某两个糖分子结构间，仅围绕着一个不对称碳原子呈现构型彼此不同，称它们为差向异构体，如 D（+）-甘露糖和 D（+）-葡萄糖互为差向异构体，两者相互转化叫差向异构化作用。

（二）环状结构及构象

1. 环状结构

研究发现，葡萄糖的一些理化性质与其开链分子结构不符。例如，葡萄糖的醛基不如一般醛类的醛基活泼：不像一般醛类能与 $NaHSO_3$ 和席夫（Schiff）试剂起加成反应；不能和醛一样与两分子醇形成缩醛，只能和一分子醇形成半缩醛；一般醛类在水溶液中只有一个比旋光度，但新配制的葡萄糖水溶液的比旋光度随时间而改变。这些性质只能用环状结构才能圆满解释。葡萄糖分子中既有醛基又有羟基，它们彼此相互作用形成半缩醛，链状结构变成了环状结构，半缩醛不如自由醛基活泼。另外，由于环状式中第一个碳原子上的 H 和—OH 原子团位置可不同，比旋度也不同。

1893 年，E. Fischer 根据这些论点提出了葡萄糖分子环状结构学说，认为葡萄糖 C1 上的醛基既可与 C4 上的—OH 成氧桥结合，形成五元环，也可与 C5 上的—OH 结合形成六元环。因为所形成的含氧五元环和六元环分别与呋喃环和吡喃环相似，故葡萄糖有呋喃型和吡喃型（拓展 4-3）之分。由于六元环比五元环稳定，所以天然葡萄糖分子主要以吡喃型结构存在。

拓展 4-3

α-D(+)-呋喃型葡萄糖   β-D(+)-呋喃型葡萄糖   α-D(+)-吡喃型葡萄糖   β-D(+)-吡喃型葡萄糖

葡萄糖形成环状结构后，C1 原子变成了不对称碳原子。半缩醛羟基可有两种不同的排列方式，规定半缩醛羟基与决定构型的醇羟基在同侧者为 α 型，在异侧者为 β 型。D 型糖的 α- 半缩醛羟基位于右侧，β- 半缩醛羟基在左侧。L 型糖的 α- 半缩醛羟基和 β- 半缩醛羟基的方位与 D 型糖正好相反。

α-D- 葡萄糖和 β-D- 葡萄糖的分子结构间仅头部不同，它们互为异头物（拓展 4-4），而不是对映体，α-D- 葡萄糖的比旋光度为 +112.2°，β-D- 葡萄糖的比旋光度是 +18.7°。α-D- 葡萄糖的对映体是 α-L- 葡萄糖，其比旋光度为 −112.2°。

拓展 4-4

单糖的链状结构和环状结构以及吡喃型和呋喃型并非彼此孤立存在，而是可以相互转变的，如葡萄糖在溶液状态时至少有 5 种形式的分子存在，它们处于平衡之中。

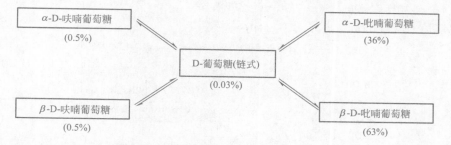

Fischer 投影式环状结构中，过长的氧桥是不合理的。1926 年，W. N. Haworth 提出了用透视式表达葡萄糖的环状结构。将 Fischer 式书写成 Haworth 式时有两条规定：一是将直链碳链（Fischer 式）右边的羟基写在环的下面，左边的羟基写在环的上面；二是当糖的环形成后还有多余的碳原子时（未成环的碳原子），如果直链环（Fischer 式中的氧桥）是向右的，则未成环碳原子写在环的上面，反之则写在环的下面（酮糖的第一位碳例外）。

果糖环式结构的成环情况与葡萄糖略有不同，果糖是 C2 上的羰基与 C6 上的羟基缩合。果糖的环式结构也有 α 型和 β 型之分，其确定原则与葡萄糖环式结构相同：半缩酮碳原子（C2）上的羟基与决定直链构型（D 型或 L 型）的碳原子（C5）上的羟基在同一边者为 α 型，不在同一边者为 β 型。

果糖在游离状态时，其环状结构为吡喃型（C2 与 C6 相连形成六元环），在结合状态（如与葡萄糖结合成蔗糖）时，其环状结构为呋喃型（C2 与 C5 相连形成五元环）。果糖的相关结构式如下：

D-果糖(链式) α-D-吡喃果糖(Fischer式) β-D-吡喃果糖(Fischer式)

α-D-呋喃果糖(Haworth式) α-D-吡喃果糖(Haworth式)

2. 构象

按照 Haworth 结构式，单糖的环是一个平面。这种平面结构是不符合实际情况的，葡萄糖的环在溶液中折叠形成两种不同的构象，即船式构象和椅式构象，椅式构象比船式稳定。在葡萄糖分子的椅式构象中，醇羟基都在平伏键上，氢原子在直立键上，其中 α- 半缩醛羟基在直立键上，β- 半缩醛羟基则在平伏键上，平伏键比直立键稳定，所以，在水溶液中 β-D-葡萄糖所占比例最大（拓展 4-5）。

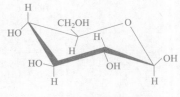

α-D-吡喃葡萄糖 β-D-吡喃葡萄糖

二、单糖的性质

（一）物理性质

1. 旋光性和变旋性

拓展 4-6

几乎所有糖类都有不对称碳原子（二羟丙酮是唯一例外），因而都具有使偏振光的偏振面旋转的能力，即具有旋光性（拓展 4-6）。使偏振面向左转的称左旋糖，使偏振面向右转的称右旋糖。

糖的旋光性是用比旋光度 $[\alpha]_D^{20}$ 来表示的。比旋光度是在 20℃钠光下，单位浓度（g/mL）的物质在 1dm 长的旋光管内的旋光度数，它是一种物质的物理常数，可按下式求得：

$$[\alpha]_D^{20} = \frac{\alpha \times 100}{l \times c}$$

式中　α——从旋光仪测得的读数；

　　　l——所用旋光管的长度，以 dm 表示；

　　　c——糖的浓度，以 100mL 溶液中溶质的质量（g）表示；

　　　20——表示 20℃，因为糖的比旋光度多数是在 20℃测定的；

　　　D——表示所用的光源为钠光。

如表 4-1 所示，一种旋光物质由于有不同的构型，故比旋光度不止一个，并且在溶液中其比旋光度可发生改变，最后达到某一比旋光度即恒定不变，这种现象称为变旋性，如葡萄糖在水溶液中的变旋现象就是 α 型与 β 型互变，当互变达到平衡时，比旋光度就不再改变，α-D- 葡萄糖与 β-D- 葡萄糖平衡时其比旋光度为 +52.5°。

α-D-葡萄糖　⇌　平衡　⇌　β-D-葡萄糖

+112.2℃　　　　　+52.2℃　　　　　+18.7℃

表 4-1　几种单糖的比旋光度（20℃）

名称	α 型	平衡	β 型
D（+）- 葡萄糖	+112.2°	+52.5°	+18.7°
D（+）- 半乳糖	+144°	+80.5°	+15.4°
D（+）- 甘露糖	+34°	+14.6°	−17°
D（−）- 果糖	−21°	−92.4°	−133.5°

2. 甜度

单糖带有甜味，但不同的单糖甜度大小不同。甜度是一种比较值，如以蔗糖为标准定为 100 度，其他糖类的相对甜度大致如表 4-2 所示。

表 4-2　糖的相对甜度

糖	甜度	糖	甜度
果　糖	173.3	鼠李糖	32.5
转化糖	130	麦芽糖	32.5

续表

糖	甜度	糖	甜度
蔗　糖	100	半乳糖	32.1
葡萄糖	74.3	棉子糖	22.6
木　糖	40	乳　糖	16.2

由蔗糖水解生成的葡萄糖和果糖的混合物称为转化糖。转化糖及蜂蜜糖一般较甜，是因为含有一部分果糖。蜂蜜含有 83% 的转化糖。

3．溶解度

单糖分子中含有多个羟基，易溶于水，尤其在热水中溶解度极大，单糖不溶于乙醚、丙酮等有机溶剂。

（二）化学性质

由于单糖分子的开链结构是多羟基醛或多羟基酮，因此，具有醇和醛或醇和酮的化学性质，同时，由于各基团相互影响而产生一些特殊反应。具有环状结构的单糖，不仅表现环状结构的化学性质，同时也表现开链结构的化学性质，因为在水溶液中参加反应时，一般是以开链结构进行的，环状结构可转化为开链结构，直至反应达到平衡。单糖的主要化学性质如下：

1．氧化作用

醛糖的醛基具有还原性，酮糖的酮基由于受相邻羟基的影响，也具有还原性，环状结构的半缩醛羟基也具有还原性。因此，所有的单糖都是还原糖，自身易被氧化成酸。

某些弱氧化剂（如氧化铜的碱性溶液）与单糖作用时，单糖的羰基被氧化，而氧化铜被还原成氧化亚铜。测定氧化亚铜的生成量即可测出溶液中糖的含量。实验室常用的是费林试剂（Fehling reagent），即氧化铜的碱性溶液。

$$CuSO_4 + 2NaOH \longrightarrow Cu(OH)_2 + Na_2SO_4$$

酒石酸钾钠铜　　醛糖　　酒石酸钾钠　　糖酸　　氧化亚铜（红色沉淀）

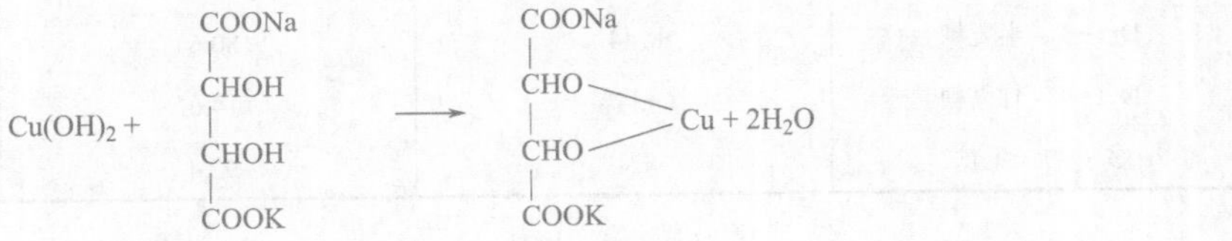

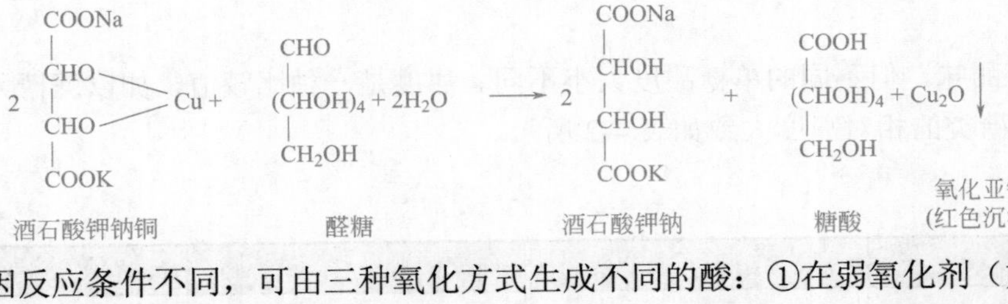

醛糖因反应条件不同，可由三种氧化方式生成不同的酸：①在弱氧化剂（如溴水）作用下形成相应的糖酸；②在较强氧化剂（如硝酸）作用下，醛基和伯醇基同时被氧化，生成糖二酸；③在生物机体中专一酶的作用下，伯醇基被氧化而保留其醛基，产生糖醛酸。

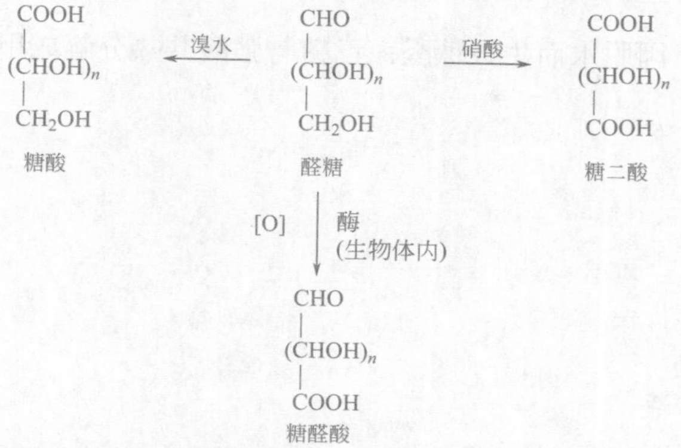

$$
\begin{array}{ccc}
\text{COOH} & & \text{CHO} & & \text{COOH} \\
| & \xleftarrow{\text{溴水}} & | & \xrightarrow{\text{硝酸}} & | \\
\text{(CHOH)}_n & & \text{(CHOH)}_n & & \text{(CHOH)}_n \\
| & & | & & | \\
\text{CH}_2\text{OH} & & \text{CH}_2\text{OH} & & \text{COOH} \\
\text{糖酸} & & \text{醛糖} & & \text{糖二酸}
\end{array}
$$

$$
[O] \left| \begin{array}{c} \text{酶} \\ \text{（生物体内）} \end{array} \right.
$$

$$
\begin{array}{c}
\text{CHO} \\
| \\
\text{(CHOH)}_n \\
| \\
\text{COOH} \\
\text{糖醛酸}
\end{array}
$$

酮糖的氧化作用与醛糖不同，弱氧化剂（如溴水）不能使酮糖氧化，因而可以此鉴别酮糖和醛糖。在强氧化剂作用下，酮糖在羰基处断裂，形成两种酸。

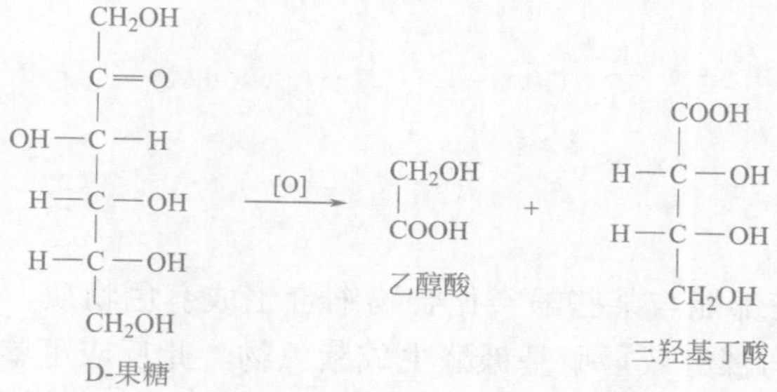

D-果糖 $\xrightarrow{[O]}$ 乙醇酸 + 三羟基丁酸

2. 还原作用

单糖分子的游离羰基易被还原成醇，如葡萄糖经过还原可得到山梨醇；果糖还原后可得山梨醇与甘露醇的混合物，因为果糖被还原时，其 C2 上的—H 和—OH 有两种可能的排列方式。

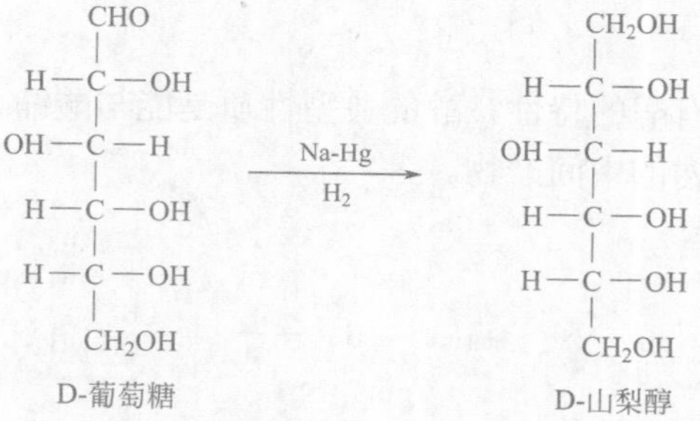

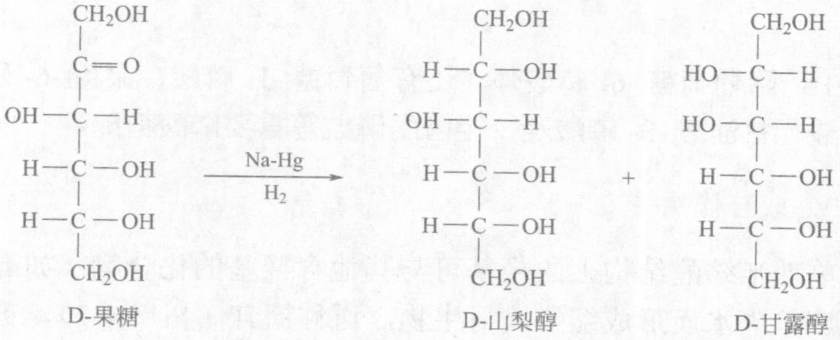

D-葡萄糖 $\xrightarrow[\text{H}_2]{\text{Na-Hg}}$ D-山梨醇

D-果糖 $\xrightarrow[\text{H}_2]{\text{Na-Hg}}$ D-山梨醇 + D-甘露醇

3. 强酸催化脱水作用

戊糖与强酸共热，因脱水而生成糠醛；己糖与强酸共热分解成甲酸、CO_2、乙酰丙酸和少量羟甲基糠醛。

戊糖

糠醛

己糖

羟甲基糠醛

糠醛和羟甲基糠醛都能与某些酚类化合物缩合生成有色物质，这是糖定性实验颜色反应的基础，如 α-萘酚与糠醛或羟甲基糠醛生成紫色物，此反应可鉴别糖类物质的存在，称为莫利希试验（Molisch test）；间苯二酚与盐酸遇酮糖呈红色，遇醛糖呈很浅的颜色，根据这一特性可鉴别酮糖和醛糖，这个反应称为塞里万诺夫试验（Seliwanoff test）；戊糖被浓盐酸脱水产生的糠醛与间苯三酚作用生成樱桃红色物质，可检验戊糖的存在，称为托伦试验（Tollen test）；糠醛还可与甲基间苯二酚作用生成绿色溶液或绿色沉淀，也可鉴定戊糖的存在，称为拜尔试验（Bial test）。

4. 成酯作用

单糖为多元醇，故具有醇的特性。醇的典型性质是能与酸缩合生成酯。磷酸酯是生物化学上重要的糖酯，是糖代谢的中间产物。

α-D-葡萄糖　　　　磷酸　　　　　　　α-D-葡萄糖-6-磷酸

在生物机体中，除葡萄糖-6-磷酸外，还有葡萄糖-1-磷酸、果糖-6-磷酸、果糖-1，6-二磷酸、甘油醛-3-磷酸及二羟丙酮磷酸等重要磷酸糖酯。

5. 成苷作用

拓展4-7

单糖半缩醛结构上的羟基可与其他含羟基的化合物（如醇、酚等）发生缩合反应，失水而形成缩醛式衍生物，通称糖苷（拓展4-7），糖的半缩醛羟基与醇性羟基缩合后所生成的化学键称为糖苷键。在糖苷中，非糖部分叫配糖体，如果配糖体也是单糖，该糖苷也叫二糖。由于单糖有 α 型和 β 型，所以糖苷也分为 α-糖苷和 β-糖苷。α-甲基葡萄糖苷和 β-甲基葡萄糖苷是最简单的糖苷。

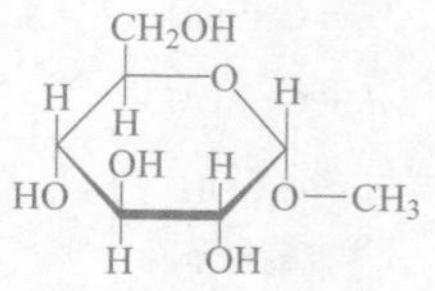

α-甲基葡萄糖苷

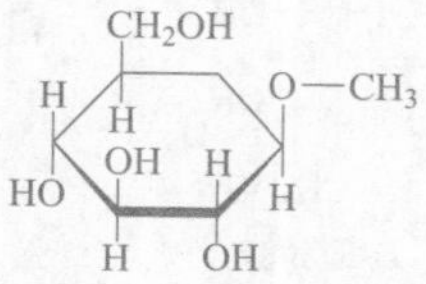

β-甲基葡萄糖苷

糖苷与单糖的化学性质是不相同的，单糖是半缩醛，可以转变为醛，因而显示一些醛的性质；糖苷为缩醛，需水解后才能分解为糖和配糖体，所以糖苷比糖稳定，不易被氧化，不与苯肼发生反应，也无变旋现象。

6. 异构化作用

弱碱或稀强碱可引起单糖的分子重排，如 D-葡萄糖、D-果糖及 D-甘露糖在 $Ba(OH)_2$ 溶液中均可通过烯醇式相互转化，产生葡萄糖、果糖和甘露糖的混合液。单糖在较浓的强碱溶液中会引起分子分裂，依条件不同可得到不同产物。

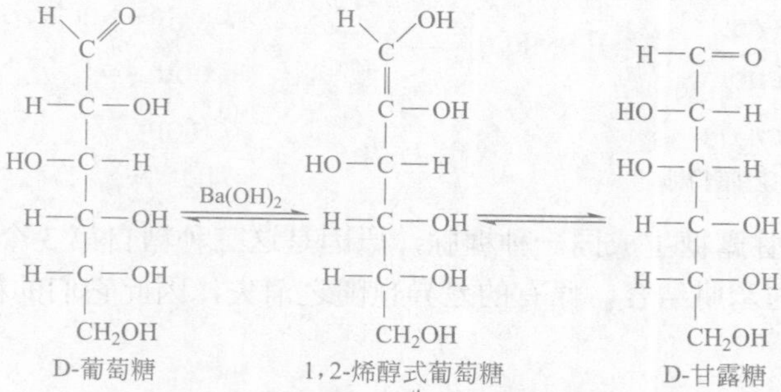

D-葡萄糖   1,2-烯醇式葡萄糖   D-甘露糖

D-果糖

7. 成脎作用

单糖的醛基或酮基可与许多物质如苯肼、HCN 等起加成反应。单糖的 C1、C2 与苯肼结合后，生成晶体糖脎，被称为成脎作用，构型不同的糖类产生的糖脎的形状与熔点都不相同，此反应可用做糖的种类鉴别反应。成脎过程如下：

① 一分子葡萄糖与一分子苯肼缩合成苯腙。

$$H-C=O \qquad H-C=N-NHC_6H_5$$
$$H-C-OH \qquad H-C-OH$$
$$HO-C-H \quad +H_2NNHC_6H_5 \longrightarrow \quad OH-C-H \qquad +H_2O$$
$$H-C-OH \qquad\qquad 苯肼 \qquad\qquad H-C-OH$$
$$H-C-OH \qquad\qquad\qquad\qquad H-C-OH$$
$$CH_2OH \qquad\qquad\qquad\qquad CH_2OH$$

D-葡萄糖 葡萄糖苯腙

② 葡萄糖苯腙再被一分子苯肼氧化成葡萄糖酮苯腙。

$$H-C=N-NHC_6H_5 \qquad\qquad H-C=N-NHC_6H_5$$
$$C-OH \qquad\qquad\qquad C=O$$
$$(CHOH)_3 \quad +H_2NNHC_6H_5 \longrightarrow \quad (CHOH)_3 \quad +C_6H_5NH_2+NH_3$$
$$CH_2OH \qquad\qquad\qquad CH_2OH$$

葡萄糖苯腙 葡萄糖酮苯腙

③ 葡萄糖酮苯腙再与另一分子苯肼缩合，生成葡萄糖脎。

$$H-C=N-NHC_6H_5 \qquad\qquad H-C=N-NHC_6H_5$$
$$C=O \qquad\qquad\qquad\qquad C=N-NHC_6H_5$$
$$(CHOH)_3 \quad +H_2NNHC_6H_5 \longrightarrow \quad (CHOH)_3 \qquad +H_2O$$
$$CH_2OH \qquad\qquad\qquad\qquad CH_2OH$$

葡萄糖酮苯腙 葡萄糖脎

葡萄糖、果糖和甘露糖生成同一种糖脎，原因是这三种糖自第 3 个碳原子以下的结构完全相同，C1、C2 皆与苯肼结合，原有的差异也随之消失，因此它们的糖脎完全相同。

三、重要的单糖

1. 常见的丙糖和丁糖

常见的丙糖有 D- 甘油醛和二羟基丙酮；常见的丁糖有 D- 赤藓糖和 D- 赤藓酮糖，它们的结构式如下：

$$CHO \qquad CH_2OH \qquad CHO \qquad CH_2OH$$
$$H-C-OH \qquad C=O \qquad H-C-OH \qquad C=O$$
$$CH_2OH \qquad CH_2OH \qquad H-C-OH \qquad H-C-OH$$
$$\qquad\qquad\qquad\qquad\qquad CH_2OH \qquad CH_2OH$$

D-甘油醛　　二羟基丙酮　　D-赤藓糖　　D-赤藓酮糖

以上几种糖的磷酸酯是重要的糖代谢中间产物。

2. 戊糖

自然界存在的戊醛糖主要有 D- 核糖、D-2- 脱氧核糖、D- 木糖和 L- 阿拉伯糖。D- 核糖和 D-2- 脱氧核糖是核酸的组成成分，以 β- 呋喃型结构存在于天然化合物中。D- 核糖的比旋光度为 $-23.7°$，D-2- 脱氧核糖的比旋光度为 $-60°$，它们的衍生物核醇是某些维生素与辅酶的组成成分。D- 木糖和 L- 阿拉伯糖是植物黏质、果胶质、树胶及半纤维素的组成成分，大多以多聚戊糖或以糖苷的形式存在。

戊酮糖主要有 D- 核酮糖和 D- 木酮糖，它们都是糖代谢的中间产物。

3. 己糖

自然界中重要的己醛糖有 D- 葡萄糖、D- 半乳糖、D- 甘露糖，重要的己酮糖有 D- 果糖和 L- 山梨糖。D- 葡萄糖（右旋糖）广泛分布于生物界，其比旋光度为 +52.5°，是许多种多糖的组成成分，酵母可使其发酵。D- 果糖（左旋糖）分布也很广泛，是糖类中甜度最高的糖。果糖可以形成半缩醛，也有环状结构和变旋现象，比旋光度为 −92.4°，它可与葡萄糖组合成蔗糖。D- 半乳糖是乳糖、蜜二糖、棉子糖、琼脂和半纤维素的组成成分，熔点为 167℃，比旋光度为 +80.5°。D- 甘露糖是植物黏质与半纤维素的组成成分，比旋光度为 +14.6°，酵母可使其发酵。L- 山梨糖是生物合成抗坏血酸的重要中间产物，熔点为 159～160℃，比旋光度为 −43.4°。

第二节 寡糖

天然存在的寡糖由 2～10 个单糖结合而成，大多数来自植物，一般有甜味，可结晶。重要的寡糖有二糖和三糖。二糖是由两个单糖分子以糖苷键连接而成的，因此，二糖水解后可得到两分子单糖。自然界中存在的重要二糖有蔗糖、麦芽糖和乳糖。三糖是由三个单糖分子以糖苷键连接而成的，棉子糖是已知的广泛存在于自然界中的重要三糖。

1. 蔗糖

蔗糖存在于某些植物浆中，在甘蔗和甜菜中含量最高。蔗糖是由一分子葡萄糖和一分子果糖脱水缩合而成的，即由 α-D- 葡萄糖（吡喃型）C1 上的羟基与 β-D- 果糖（呋喃型）C2 上的羟基缩水形成。

蔗糖(葡萄糖-α，β-1，2-果糖苷)

蔗糖易溶于水，有旋光性，比旋光度为 +66.5°；若加热至 160℃，便成为玻璃状晶体，加热至 200℃便成为棕褐色的焦糖；它被水解后形成等量的葡萄糖与果糖的混合物，因果糖的左旋性（比旋光度为 −92.4°）比葡萄糖的右旋性（比旋光度为 +52.5°）强，故水解液具有左旋性，比旋光度为 −19.95°。蔗糖经水解由右旋变为左旋称为蔗糖转化作用。它没有变旋性。

从结构上观察，因葡萄糖与果糖结合成蔗糖后其醛基和酮基都丧失，故蔗糖没有还原性，是非还原糖，不能与苯肼作用产生糖脎。

$$C_{12}H_{22}O_{11} + H_2O \longrightarrow C_6H_{12}O_6 + C_6H_{12}O_6$$

（蔗糖）　　　　　　（D-葡萄糖）　（D-果糖）

+66.5°　　　　　　　　+52.5°　　　−92.4°

2. 麦芽糖

麦芽糖是淀粉的水解产物，俗称饴糖（拓展 4-8）。各类发芽的谷物（尤其是麦芽）中都含有麦芽糖，淀粉、糖原被淀粉酶水解也可产生少量麦芽糖。麦芽糖由两分子葡萄糖失水缩合而成，即由一分子 α-D- 葡萄糖的半缩醛羟基与另一分子 α-D- 葡萄糖 C4 位上的羟基发生缩合，生成 α-1，4- 糖苷键。

麦芽糖分为 α 型和 β 型，其区别仅在于右边 D- 葡萄糖基 C1 上的—OH 朝向不同，见下图。麦芽糖为白色晶体，易溶于水，甜度仅次于蔗糖，有旋光性和变旋性，它在水溶液中存在着 α 型、β 型和开链式异构体，变旋达到平衡时的比旋光度为 +136°。

（α）　　　　　　　　　　（β）

α-麦芽糖(葡萄糖-α-1，4-葡萄糖苷)　　　　（β 型）

从结构上看，麦芽糖分子中存在一个半缩醛羟基，故有还原性，能与苯肼作用产生糖脎，也可被酵母发酵，水解后产生两分子葡萄糖。

3. 乳糖

乳糖主要存在于哺乳动物的乳汁中，牛乳中含乳糖 4%，人乳中含乳糖 5% ～ 7%。乳糖是由一分子 β-D- 半乳糖和一分子 α-D- 葡萄糖缩合而成，其连接方式为半乳糖 C1 上的半缩醛羟基与葡萄糖 C4 上羟基以 β-1，4- 糖苷键连接。乳糖也分为 α 型和 β 型，奶中的乳糖为 α 型和 β 型的混合物，混合比例为 2 : 3。乳糖为白色晶体，可溶于水，微甜，是右旋糖，变旋达到平衡时的比旋光度为 +55.3°。

从结构上看，乳糖分子中葡萄糖残基的半缩醛羟基仍存在，故有还原性，能生成糖脎。乳糖难被酵母发酵，乳糖被乳糖酶或稀盐酸水解后产生葡萄糖和半乳糖。

4. 棉子糖

棉子糖（拓展 4-9）是已知的广泛存在于自然界中的重要三糖，主要存在于棉籽、桉树及甜菜中。棉子糖是由 1 分子半乳糖、1 分子葡萄糖和 1 分子果糖结合成的，无还原性，不能还原费林试剂。其水溶液的比旋光度为 +105.2°。

棉子糖在蔗糖酶作用下可分解成果糖和蜜二糖；在 α- 半乳糖苷酶的作用下分解成半乳糖和蔗糖，可提高用甜菜制蔗糖的产量。

拓展 4-8

拓展 4-9

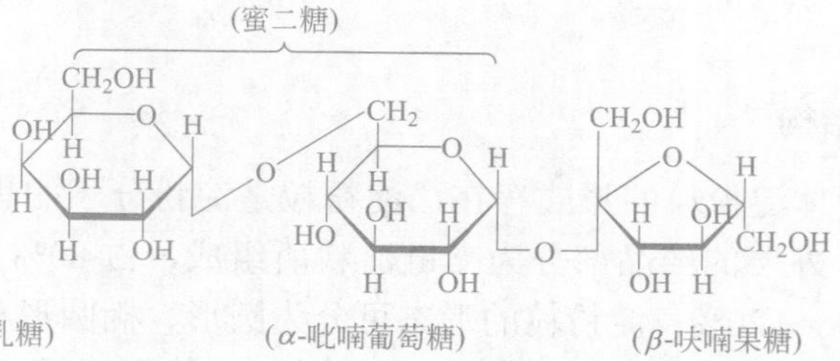

（蜜二糖）

（α-吡喃半乳糖）　　　（α-吡喃葡萄糖）　　　（β-呋喃果糖）

蔗糖

棉子糖

第三节　多糖

多糖是由多个单糖分子缩合而成的糖类，在自然界中分布十分广泛。按其功能而言，一些不溶性的多糖，如植物的纤维素（cellulose）和动物的甲壳质（chitin），是构成动植物组织骨架的原料；另一些储存性的多糖，如淀粉和糖原等，则是生物机体代谢的能源之一；还有些特殊的多糖，如糖胺聚糖、结合多糖及血型物质等，它们在动植物及微生物体内具有多样而复杂的生理功能。按其组成成分的不同，多糖又可分为同多糖和杂多糖两类，前者由同一种单糖组成，如淀粉、糖原、纤维素、菊粉等，后者则由一种以上的单糖或衍生物所组成，其中有些还含有非糖物质，如半纤维素、阿拉伯胶、肽聚糖等。

多糖的性质不同于单糖及寡糖。多糖一般不溶于水，有的即便能溶解，也只能形成胶体溶液，皆无甜味，无还原性，有旋光性，但无变旋现象；在酸或酶的作用下可以水解成单糖、二糖及部分非糖物质。

一、淀粉

（一）分布

淀粉是人类食物中的主要营养素，是植物储存的养料，广泛分布于自然界，在谷物种子、薯类块根及某些植物的果实中有大量储存。农作物中淀粉的含量，因品种、生长条件、地理气候条件及生长周期不同而变化，几种农作物中淀粉的含量列于表 4-3 中。

表 4-3　几种农作物中淀粉的含量（以干物重为基础）

农作物	淀粉含量 /%	农作物	淀粉含量 /%
小麦	58～76	红薯	16
大麦	56～66	马铃薯	13.2～23
大米	70～80	豌豆	21～49
高粱	69～70	大豆	2～9
玉米	60～70		

（二）结构

1. 淀粉粒的结构

天然淀粉以固体淀粉粒的形式存在，淀粉粒是淀粉分子的集聚体，由许多排列成放射状的微晶束构成，外层的结晶部分为支链淀粉所组成，占 80%～90%，内层为直链淀粉，

占 10%～20%。淀粉粒的形态可分为圆形、椭圆形和多角形三种，其表面有许多细纹，称为轮纹，马铃薯淀粉粒的轮纹特别明显。不同农作物淀粉粒的形态、大小和轮纹都不相同。淀粉具有双折射性，用偏光显微镜观察，可见到在淀粉粒粒面上有黑色十字形，称为偏光十字。不同淀粉偏光十字的位置、形状和明显程度不一样，可以通过形态观察鉴别淀粉的种类及纯净与否（拓展 4-10）。

拓展 4-10

2. 直链淀粉的结构

直链淀粉是由许多 α-D- 葡萄糖分子以糖苷键结合而成的高分子化合物。研究表明，天然淀粉由两种成分组成，一种是溶于温水的直链淀粉，另一种是不溶于水的支链淀粉。直链淀粉是由 α-D- 葡萄糖通过 α-1，4- 糖苷键连接而成的，分子量约为 6 万，相当于 300～400 个葡萄糖残基缩合而成。直链淀粉分子的空间构象是卷曲螺旋形，每一圈有 6 个葡萄糖残基，螺旋圈的直径为 1.3nm，螺距为 0.8nm，残基上的游离羟基大都处于螺旋圈内侧，如图 4-2 所示。

3. 支链淀粉的结构

支链淀粉的葡萄糖分子间主要以 α-1，4- 糖苷键连接，在结合到一定长度后即产生一个分支，分支与主链以 α-1，6- 糖苷键连接。支链淀粉分子中的小支链又和邻近的短链相结合，因此支链淀粉的分子结构是树枝状态，如图 4-3 所示。分支短链的长度平均为 24～30 个葡萄糖残基，而在主链上每两个分支点的距离平均为 11～12 个葡萄糖残基。支链淀粉的分子

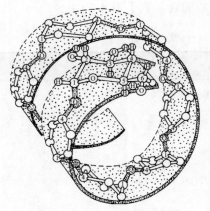

图 4-2　淀粉螺旋结构示意图

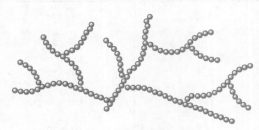

图 4-3　支链淀粉示意图

质量比直链淀粉的大，分子量在 20 万以上，相当于 1 300 个或更多的葡萄糖残基组成。支链淀粉分子中各分支也都卷曲成螺旋状。

（三）淀粉的物理性质

淀粉粒的相对密度约为 1.5，不溶于冷水，这是淀粉制造工业的理论基础。与淀粉使用价值有关的物理性质，主要是淀粉的糊化及凝沉作用。

1. 淀粉的糊化作用

将淀粉加水调成乳浊液，然后加热，随着温度的升高，淀粉粒吸水溶胀，偏光十字消失，当温度升高到一定的限度，体积膨胀数百倍时，淀粉粒解体，分子均匀地分散成黏性很大的糊状胶体溶液，这种现象称为淀粉的糊化。糊化是由于淀粉受热，分子内和分子间的氢键断裂，分子由原来沉积于淀粉粒中的晶型或非晶型有序状态变成无序状态，分散在热水中，形成胶体溶液。使淀粉开始发生糊化的温度称为糊化温度，由于每种天然淀粉都是由大小不一的淀粉粒组成，所以使其完全糊化的温度有一个范围。

影响淀粉糊化的因素很多，如水分、碱、盐、脂类、蔗糖等。有些物质能促进淀粉的糊化，如碱及某些盐类，在室温或低温下就可以使淀粉糊化，这类物质称为膨润剂；也有一些物质可以抑制淀粉的糊化，如硫酸盐、植物油、偏磷酸盐等，由于这些物质的存在，提高了淀粉糊化温度，将这类物质称为膨润抑制剂。

因为淀粉一般都是经过糊化以后才应用，所以糊化淀粉（即淀粉糊）的性质很重要。影响淀粉使用的因素主要表现在透明度、黏度、胶黏性、冷凝性等方面。不同淀粉糊的黏度随温度变化的情况不一样，如马铃薯淀粉的糊化温度低，黏度大，但黏度的热稳定性低，80℃以上黏度急剧下降，冷却后黏度又回升；而玉米淀粉的糊化温度较高，黏度比马铃薯淀粉糊低，但黏度的热稳定性高。

2. 糊化淀粉的凝沉作用

淀粉的稀溶液在低温下静置一定时间后，溶液变浑浊，溶解度降低，淀粉粒沉淀析出。如果淀粉溶液浓度比较大，则沉淀物可以形成硬块而不再溶解，也不易被酶作用，这种现象称为淀粉的凝沉，又叫"回生"或"老化"。凝沉是由于在温度逐渐降低的情况下，溶液中的淀粉分子运动减弱，分子链趋向于平行排列，相互靠近，彼此以氢键结合形成较大质点而沉淀。凝沉作用受温度、浓度、直链淀粉的含量、pH、无机盐类及冷却速度等诸多因素的影响：常温下易凝沉，2 ~ 4℃最易发生凝沉作用，高于 60℃或低于 −20℃都不易发生凝沉；淀粉糊的水分含量在 30% ~ 60% 易凝沉，水分含量高于 65% 或低于 10% 都不易发生凝沉；直链淀粉含量高则易凝沉，而支链淀粉糊化后不易发生凝沉；缓慢冷却，可加重凝沉程度，反之可减少凝沉程度。

（四）淀粉的化学性质

1. 碘显色反应

淀粉遇碘液显现蓝色，淀粉的螺旋构象是碘显色反应的必要条件。当碘分子进入螺旋圈内时，糖的游离羟基成为电子供体，碘分子成为电子受体，形成淀粉 - 碘复合物而呈现颜色。如果将显色的溶液加热至 70℃ 以上，蓝色将随之消失，因为淀粉的螺旋构象被破坏，伸展成直链，冷却后蓝色再次出现。

碘显色反应的颜色与葡萄糖链的长度有关，当链长大于 45 个葡萄糖残基时显蓝色；小于 30 个残基时显红色；低于 12 个残基时不显色。因此，直链淀粉显蓝色，纯支链淀粉显紫红色。一般天然淀粉大都是直链和支链淀粉的混合物，遇碘都显蓝色。

2. 水解反应和 DE 值

淀粉分子中的糖苷键对碱比较稳定，在酸或酶的作用下加水分解形成葡萄糖。淀粉的水解又称为糖化，其反应式如下：

$$(C_6H_{12}O_6)(C_6H_{10}O_5)_n + nH_2O \longrightarrow (n+1)(C_6H_{12}O_6)$$
淀粉   葡萄糖

淀粉的不完全水解产物有糊精、寡糖、麦芽糖等，他们遇碘显示不同的颜色，按照分子量从大到小的顺序，生成的产物依次是：蓝色糊精→紫色糊精→红色糊精→浅红色糊精→无色糊精→麦芽糖→葡萄糖。

所谓 DE 值即葡萄糖值，是指还原糖总量（按葡萄糖计）占试样中干物质量的质量分数。DE 值越高，说明还原糖越多，剩余的糊精越少，也就是水解程度越大。

3. 成酯反应

淀粉分子既可以与无机酸（如硝酸、硫酸等）生成无机酯，也可以与有机酸（如甲酸、乙酸等）生成有机酯，如淀粉可形成醋酸淀粉酯。

$$\text{淀粉—OH} + \begin{matrix} O \\ \| \\ CH_3—C \\ | \\ O \\ | \\ CH_3—C \\ \| \\ O \end{matrix} + NaOH \longrightarrow \text{淀粉—O—} \overset{O}{\overset{\|}{C}} —CH_3 + CH_3COONa + H_2O$$

直链淀粉的醋酸酯和醋酸纤维具有同样的性质，强度和韧性都较高，可制成薄膜、胶卷及塑料。支链淀粉分子的醋酸酯质脆，品质不好。淀粉的硝酸酯，可以用来制作炸药。

4. 淀粉的化学变性

天然淀粉经过适当的化学处理，分子中引入相应的化学基团，分子结构发生变化，产生一些符合特殊需要的理化性能，这种发生了结构和性状变化的淀粉衍生物称为变性淀粉（拓展 4-11）。例如，用丙二醛等双功能试剂处理淀粉，其分子被交联成更大的分子，称为交联淀粉；用次氯酸盐处理淀粉，使部分糖苷键断裂，分子变小，羟基被氧化成羧基或羰基，这种淀粉称为氧化淀粉；在碱性条件下引入叔铵或季铵基团，使之成为阳离子淀粉；用磷酸将淀粉酯化，得到磷酸化淀粉，也称阴离子淀粉。变性淀粉改变了天然淀粉原来的糊化性能、黏性、胶凝性、凝沉性和亲水性，可分别作为增稠剂、胶凝剂、黏合剂、分散剂、淀粉膜等，广泛应用于食品、纺织、印染、造纸、包装等领域。

拓展 4-11

二、糖原

1. 分布

糖原广泛存在于人及动物体中，肝脏及肌肉中的含量最多，是动物体内糖的一种储存形式，其作用与淀粉在植物中的作用一样，故有"动物淀粉"之称。

2. 结构

糖原的基本结构与支链淀粉相似，但分子量比支链淀粉更大，分支更多，且分支的支链长度一般由 10 ～ 14 个葡萄糖残基组成，主链上每隔 3 ～ 5 个葡萄糖残基就有一个分支。它的基本组成单位是 α-D- 葡萄糖，葡萄糖的连接方式也是 α-1，4- 糖苷键和 α-1，6- 糖苷键。糖原的整个分子呈球形。

3. 性质

糖原的性质与红色糊精相似，遇碘呈红色，无还原性，不能与苯肼作用生成糖脎，可溶于沸水及三氯乙酸，但不溶于乙醇及其他有机溶剂。故可用三氯乙酸提取动物肝脏中的糖原，然后再用乙醇沉淀。糖原对碱稳定，彻底水解后产生 D- 葡萄糖。

4. 生理功能

糖原是人和动物的能量来源。人体缺乏葡萄糖时，肝糖原经分解而进入血液并变成葡萄糖以供消耗；在饭后或其他情况下，血液中的葡萄糖（血糖）含量升高，多余的葡萄糖又转变为糖原储存于肝中。肌肉中的糖原则是肌肉收缩所需能量的来源（拓展 4-12）。

三、纤维素与半纤维素

（一）纤维素

拓展 4-12

1. 分布

纤维素（拓展 4-13）是植物纤维部分（如细胞壁）的主要成分。棉花中含有 90% 以上的纤维素，木材中纤维素的含量也达 50%。另外，麻、草中纤维素含量也很高。纤维素是世界上最丰富的有机化合物。

拓展 4-13

2. 结构

纤维素是由许多 β-D- 葡萄糖分子脱水缩合而成的，即由 β-D- 葡萄糖分子以 β-1，4- 糖苷键连接而成。纤维素不分支，分子量为 5 万～ 50 万，其结构式如下：

纤维素的空间构象呈带状，其分子是一条螺旋状的长链，由 100 ～ 200 条这样彼此平行的长链通过氢键结合成纤维束。纤维素的化学稳定性和机械性能取决于这种纤维束的结构。纤维素具有很高的化学稳定性和很强的机械强度，对生物体起保护和支持作用。

3. 性质

纯净的纤维素是无色、无臭、无味的物质，在大部分普通溶剂中极难溶解，例如纤维素不溶于水、稀酸和稀碱，也不溶于一般的有机溶剂。它在稀酸溶液中不易水解，但在浓的强酸溶液中加热即可分裂成纤维二糖。在 Schweitzer 试剂（氢氧化铜的氨溶液）中、在氯化锌的盐酸溶液中及在氢氧化钠和二硫化碳混合液中纤维素皆可分解。纤维素可溶于发烟盐酸、无水氟化氢、浓硫酸及浓磷酸。用碱再用二硫化碳处理后，可得到水溶性的黄纤维素，黄纤维素是生产人造丝的原料。纤维素经浓硝酸硝化后即得硝化纤维素（又称火棉），是制造炸药的原料。纤维素与醋酸结合成的醋酸纤维是人造丝及多种塑料的原料。利用酸或纤维素酶水解纤维素可制得葡萄糖，如在浓硫酸（低温）或稀硫酸（高温和高压）下水解木材废料，可以将其中约 20% 的纤维素水解为葡萄糖。纤维素与碘无显色反应。

4. 生理功能

纤维素是反刍动物（牛、羊等）的饲料来源。反刍动物及某些吃竹木的昆虫之所以能消化纤维素，是因为它们的消化道中具有某些微生物，这些微生物体内存在水解纤维素的酶。人体不能消化纤维素，故纤维素对人体无直接营养意义，但纤维素可促进肠胃蠕动，刺激其分泌消化液，帮助消化其他营养成分，同时还可起到预防结肠癌和冠心病的作用。

（二）半纤维素

半纤维素（拓展 4-14）大量存在于植物的木质化部分，它包括很多高分子多糖，这些高分子多糖是多聚戊糖、多聚己糖和少量的糖醛酸，如多聚木糖、多聚半乳糖、多聚甘露糖、多聚阿拉伯糖等。它们的结构较为复杂，多以 β-1，4- 糖苷键方式相连。

拓展 4-14

半纤维素不溶于水，可溶于稀碱，比纤维素更易被酸水解，水解产物为甘露糖、半乳糖、阿拉伯糖、木糖及糖醛酸等。粮食籽粒的皮壳、玉米穗轴、蒿秆中均含有多聚戊糖。多聚戊糖是制糠醛的原料，而糠醛则是生产树脂、尼龙等的重要原料。

四、其他多糖

（一）果胶类物质

拓展 4-15

果胶类物质（拓展 4-15）是由糖类物质组成的高分子聚合物，存在于水果及植物初生细胞壁中，起着粘连细胞的作用，可分为果胶酸和果胶两类基本多糖成分。

果胶酸又叫半乳糖醛酸聚糖（PGA），是由 D- 半乳糖醛酸以 α-1，4- 糖苷键连接而成的长链分子，可溶于水，呈酸性，在溶液中与钙离子、镁离子形成沉淀。

果胶又叫甲氧基半乳糖醛酸聚糖（PMGA），是果胶酸与甲醇发生酯化反应的产物。不同植物的果胶，甲酯化程度不同，若羧基全部被甲酯化，甲氧基（—OCH_3）的理论含量为 16.3%。实践中规定甲氧基含量大于 7% 的，称为高甲氧基果胶，反之则称为低甲氧基果胶。

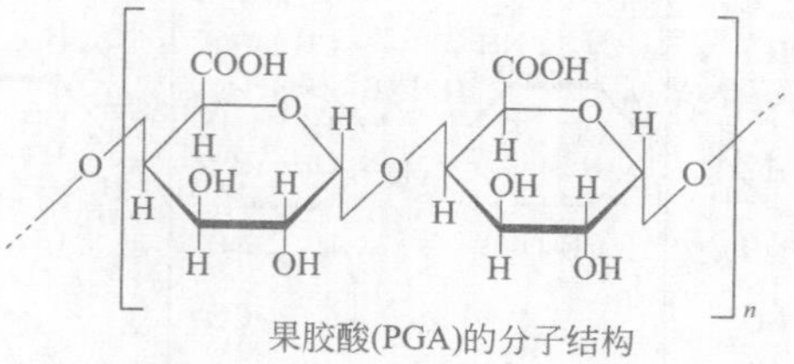

果胶酸(PGA)的分子结构

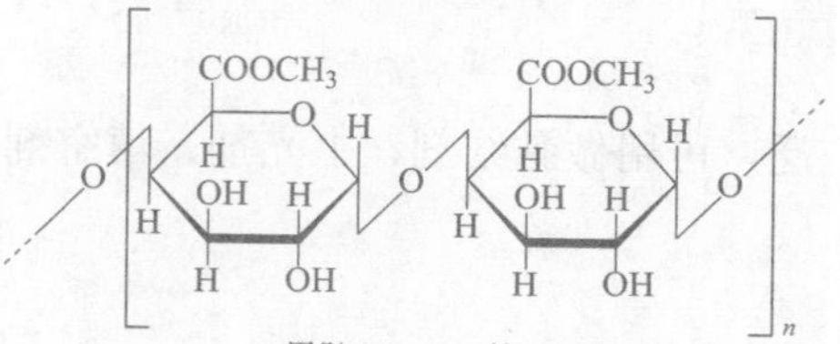

果胶(PMGA)的分子结构

果胶由酶催化或高温高压蒸煮可水解成甲醇和果胶酸。果胶酸或果胶分子的 α-1，4- 糖苷键经果胶酶催化断裂，则大分子解体。人消化道中不产生果胶酶，故不能消化果胶。

果胶的胶凝作用与明胶、琼脂不同，不受温度的影响，甚至在接近沸腾的温度下也可胶凝。果胶在食品工业中有着广泛的用途。

（二）琼胶

琼胶又称琼脂，是海藻所含的胶体，其化学组成为 D- 半乳糖和 L- 半乳糖。琼胶的结构是由 D- 吡喃半乳糖单体以 1，3- 糖苷键连接成链，在链的末端以 1，4- 糖苷键同 L- 吡喃半乳糖分子连接而成。L- 半乳糖单位的 C6 上有一个—SO₃H 基团。

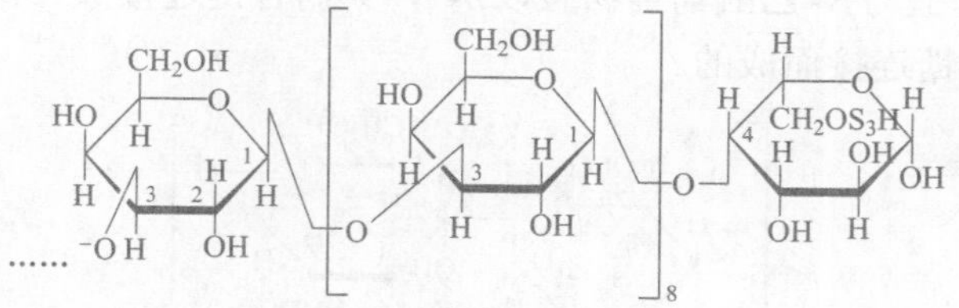

琼胶

琼脂无色无味，不溶于冷水，溶于热水，其胶凝性很好，1%～2% 的水溶液，在 40～50℃就可形成凝胶，一般微生物不能分解琼脂，因而它被广泛用作微生物培养基的固体支持物。在生物化学中，琼脂被用作生物固定化技术的包埋材料，也是电泳支持物之一。在食品工业中，琼脂常用来制造果冻、果酱等。

（三）壳多糖

壳多糖又称几丁质、甲壳质或甲壳素，是昆虫、甲壳类动物硬壳的主要成分，一些霉菌的细胞壁中也含有壳多糖，它是由乙酰 D- 葡萄糖胺以 β-1，4- 糖苷键相连而成的，类似纤维素的结构。

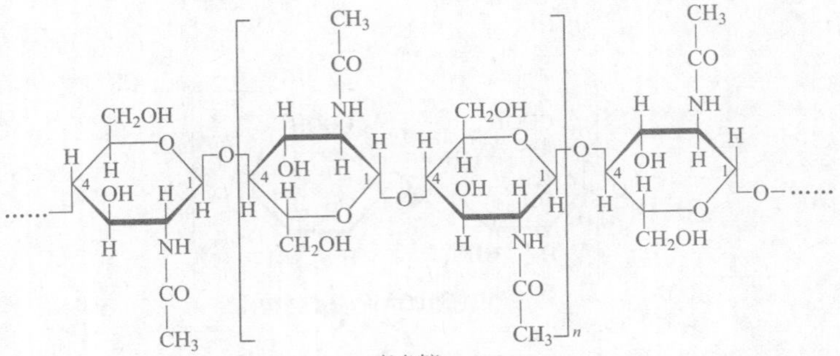

壳多糖

壳多糖在工业中应用广泛，可用做黏结剂、上光剂、填空剂、乳化剂以及手术缝线和人造皮肤等。

（四）糖胺聚糖

糖胺聚糖（GAG）是一类含氮的杂多糖，存在于动物的软骨、筋、腱等部位，是结缔组织间质和细胞间质的成分，是组织细胞的天然黏合剂，在维持细胞环境的相对稳定性和正常生理功能等方面都起着重要作用。人体和动物的生长、组织的修复、抗菌、抗炎、抗过敏、成骨、组织老化、动脉硬化等都与糖胺聚糖有密切关系。它的化学组成通常含有两种类型交替出现的单糖单位（常为乙酰己糖胺和糖醛酸），并且至少含有一个酸性基（羧基或硫酸根）。这类多糖大多呈现黏性，多数用共价键同短链肽的丝氨酸或苏氨酸结合，具代表性的有透明质酸、硫酸软骨素和肝素等。

1. 透明质酸

透明质酸又称玻尿酸（hyaluronan），存在于结缔组织、眼球的玻璃体、角膜、关节液、皮肤及恶性肿瘤组织中，有自由的和与蛋白结合的两种类型。透明质酸的分子为链形，无分支，是由 D-葡萄糖醛酸与 N-乙酰葡萄糖胺以 β-1,3-糖苷键连接成二糖单位，后者再以 β-1,4-糖苷键同另一个二糖连接而成的。

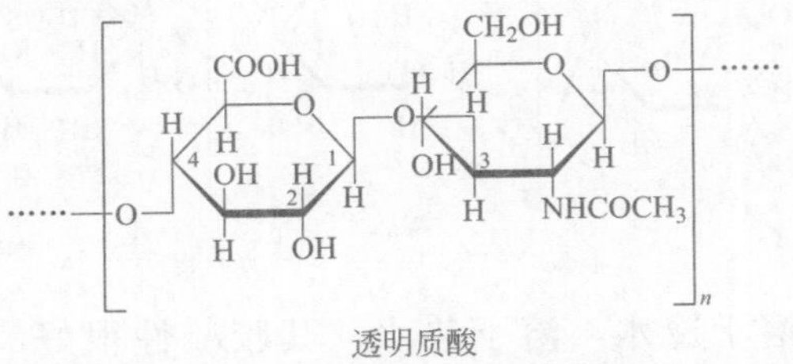

透明质酸

透明质酸为细胞间的黏合物质，又有润滑作用，对组织起保护作用。

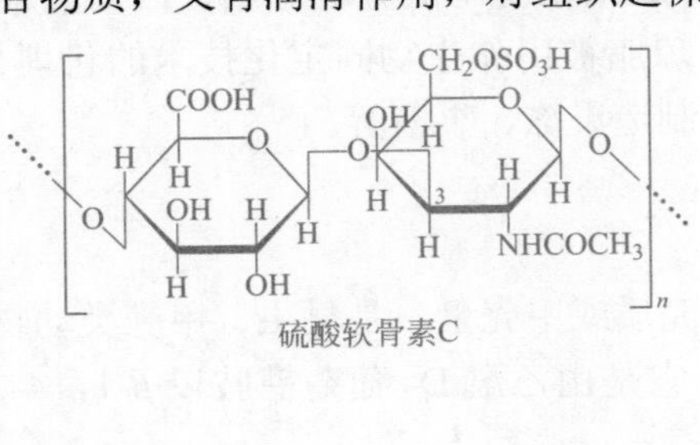

硫酸软骨素 C

2. 硫酸软骨素

硫酸软骨素为软骨的主要成分，也存在于结缔组织、筋腱、皮肤、心瓣膜、唾液中。这类糖胺聚糖有 A、B、C 三种，其中 A 和 C 含有葡萄糖醛酸及 N- 乙酰半乳糖胺，A 的硫酸根接于半乳糖胺的 C4 上，C 的硫酸根接于半乳糖胺的 C6 上；硫酸软骨素 B 由 N- 乙酰半乳糖胺和 L- 艾杜糖醛酸构成，硫酸根连接于半乳糖胺的 C4 上。

3. 肝素

肝素广泛分布于哺乳动物的组织和体液中，它是由 D- 葡萄糖胺和 L- 艾杜糖醛酸或 D- 葡萄糖醛酸构成的二糖单位多聚物，其中 D- 葡萄糖胺 C2 的氨基和 C6 的羟基分别被硫酸酯化，L- 艾杜糖醛酸是主要的糖醛酸成分，占糖醛酸总量的 70% ～ 90%，其中 C2 上的羟基被硫酸酯化，其余的为 D- 葡萄糖醛酸，D- 葡萄糖醛酸不发生硫酸酯化。

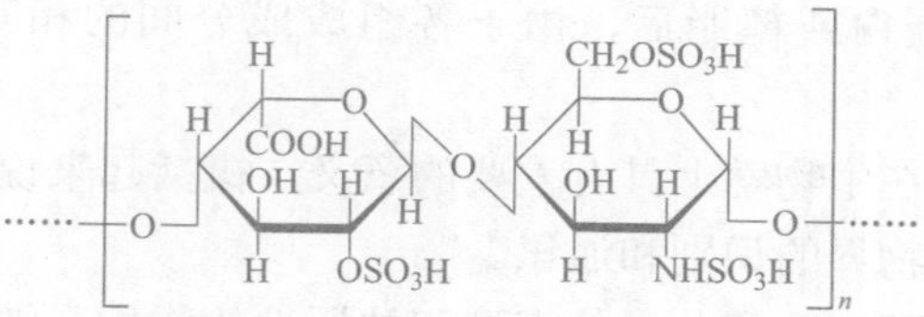

$$\text{肝素结构式}$$

肝素

肝素的生物学功能是可阻止血液凝固，加速血浆中三酰甘油的清除。目前肝素广泛应用于输血时的血液抗凝剂，临床上也常用于防止血栓形成。

第四节 复合糖

一、概述

（一）复合糖的分类

糖与非糖物质（如蛋白质或脂类）共价结合而成的复合物称为复合糖。复合糖又称结合糖，根据其组分不同可分为糖蛋白、蛋白聚糖、糖脂、脂多糖及含糖类、脂类和蛋白质的三元复合物等不同类型。

（1）糖蛋白与蛋白聚糖

①糖蛋白：包括动物血清中的转铁蛋白、免疫球蛋白、细胞间质中的纤黏连蛋白、层黏连蛋白、促绒毛膜性腺激素、促甲状腺素、促红细胞生成素、白细胞介素、生长因子及细胞因子等。②蛋白聚糖：包括饰胶蛋白聚糖、可聚蛋白聚糖、黏结蛋白聚糖、纤调蛋白聚糖、串球蛋白聚糖等。③肽聚糖。

（2）糖脂与脂多糖

①糖脂，如脑苷脂和神经节苷脂；②脂多糖，如革兰氏阴性细菌细胞壁中的类脂 A。

（3）糖类、脂类和蛋白质的三元复合物

如糖基磷脂酰肌醇（GPI）和 GPI 蛋白。

（二）复合糖结构的复杂性及其生物学意义

复合糖是一类复杂多变的生物大分子物质，就其组成中的糖链而言，结构非常复杂。因为单糖具有多个可以反应的羟基，故同一寡糖中的数个单糖间存在不同的连接方式，可生成许多异构体，例如在糖蛋白中经常出现的 *N*- 糖苷键连接的糖链是由 4 个 *N*- 乙酰氨基葡萄糖、3 个 D- 甘露糖、2 个 D- 半乳糖、2 个 *N*- 乙酰神经氨酸和 1 个 L- 岩藻糖共 12 个糖基组成，这样一个糖链的异构体可以高达 10^{24} 种，是个惊人的天文数字，每一种异构体可以代表非常专一的信息，因此糖链所能携带的信息是巨大的。进一步分析发现，糖链的一级结构所包含的内容不只是其组成残基的排列顺序，还包括各残基环化的形式（六元的吡喃环或五元的呋喃环）、各残基本身的异头物的构型（α 或 β）、各残基间的连接方式（1-2，1-3，1-4 或 1-6）以及分支结构的位点和分支糖链的结构。这些内容在蛋白质和核酸的一级结构中是没有的，另外，糖链残基的修饰程度和修饰位点的随机性大大超过了蛋白质和核酸中的残基修饰。就复合糖整体而言，其结构较糖链更为复杂，一旦糖类和多肽或脂类形成糖蛋白或糖脂后，由于各组成成分间的相互影响，其结构变化就更复杂。

复合糖结构的复杂性在生物学上具有重要的意义，概括起来说，就是结构复杂的糖链提供了大量的信息，用于生物界的识别和通讯。

首先，糖类常常是体现细胞和分子的表型和抗原性的物质。细胞和生物分子的一个很重要的特性就是表型和抗原性，细胞和分子能借此彼此区别，机体以此识别"自我"和"非我"，进而保护"自我"而消除"异己"。其次，糖链携带着分子和细胞进行识别和黏着的信息。细胞间相互识别、黏着和通信的分子生物学基础和细胞表面的糖复合物有关，其中糖链的作用尤为重要。最后，糖类可作为调节的信号。糖链的结构会随时间发生改变，能起到动态调节的作用，如同蛋白质的磷酸化调节过程；同时糖链还在调节蛋白质等活性分子的时空特性方面起了重要作用。

（三）糖生物学的兴起及趋向

长期以来，人们一直认为糖类主要是生物的能源和结构物质。随着生物化学、免疫学以及分子生物学研究的深入，尤其是最近 20 多年间，对长期被忽视的糖结构物如糖蛋白、蛋白聚糖及糖脂进行了较多的研究，发现糖类的结构和功能远比以往所认识的复杂。最近几年，围绕着糖类的结构和功能，出现了糖生物学这一新的分支学科。目前，糖生物学的研究已经渗入生物学科的各个分支，彼此的渗透和交叉给生命科学的发展注入了新的动力，其中既有基础理论研究，又有相当部分具有巨大的潜在应用价值，如对凝集素（糖蛋白）与免疫学乃至动物的防卫系统关联的研究，对糖链结构、糖基化和疾病关系的研究，对糖类药物的研究都已显示出迅速发展的趋势。

二、糖蛋白

糖蛋白是指蛋白质与糖类的复合物，其分子中的含糖量一般为 2%～50%。糖蛋白中含蛋白质较多，因此更多地表现出蛋白质的性质。生物体内大多数蛋白是糖蛋白，它们以溶解状态和与细胞膜结合状态的形式存在于细胞内外。

（一）结构

在糖蛋白分子中常见的单糖有 7 种，即 D- 葡萄糖（Glc）、D- 半乳糖（Gal）、D- 甘露糖（Man）、L- 岩藻糖（Fuc）、2-*N*- 乙酰氨基葡萄糖（GlcNAc）、2-*N*- 乙酰氨基半乳糖（GalNAc）和 5-*N*- 乙酰神经氨酸（NeuAc）。这些单糖构成多种多样的寡糖，单糖的数目差异很大，可为一个到数百个，而且还构成分支。

1. 糖蛋白中糖链与多肽链的连接方式

糖蛋白中糖链和多肽链以糖肽键连接，糖肽键是指糖基 C1 上的羟基与肽链氨基酸残基上的酰胺基或羟基之间脱水形成的糖苷键。肽链中能参与糖肽键形成的氨基酸残基有天冬酰胺（Asn）、丝氨酸（Ser）、苏氨酸（Thr）、羟脯氨酸（Hyp）及羟赖氨酸（Hyl），其中以前三个为主。糖肽键有两种不同的类型，一种是糖基上的半缩醛羟基与肽链上的苏氨酸、丝氨酸、羟脯氨酸或羟赖氨酸的羟基形成 O- 糖苷键；另一种是糖基上的半缩醛羟基与肽链上天冬酰胺的氨基形成 N- 糖苷键。

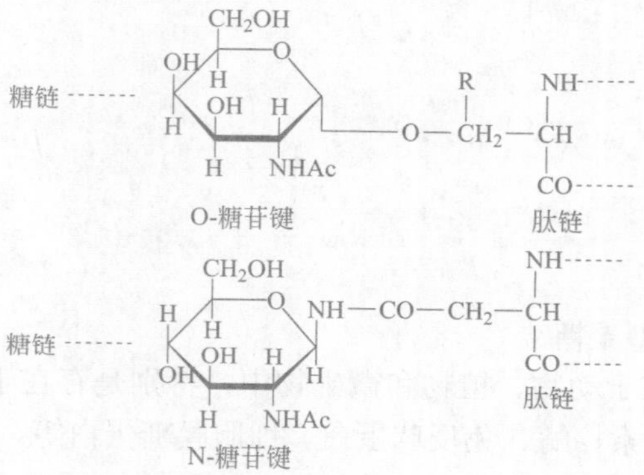

2. 糖蛋白中聚糖的组成与结构

（1）O-GalNAc 连接型聚糖

该类型聚糖来源于动物的糖蛋白，如黏蛋白、血型糖蛋白、部分血浆糖蛋白和膜糖蛋白等，尤其在黏蛋白中广泛存在。此型聚糖的组成可为一个糖基（GalNAc），也可为两个糖基或多个糖基。由两个糖基组成的聚糖，其内侧为 GalNAc，外侧为 Gal、GlcNAc、GalNAc 或 Sia（sialic acid，唾液酸）。由多个糖基组成的聚糖，其结构较复杂，通常有分支，可分为核心结构、骨架结构和非还原端三部分。

核心结构：是指与 Ser/Thr 相连接的糖基部分。已发现的核心结构有四种类型。

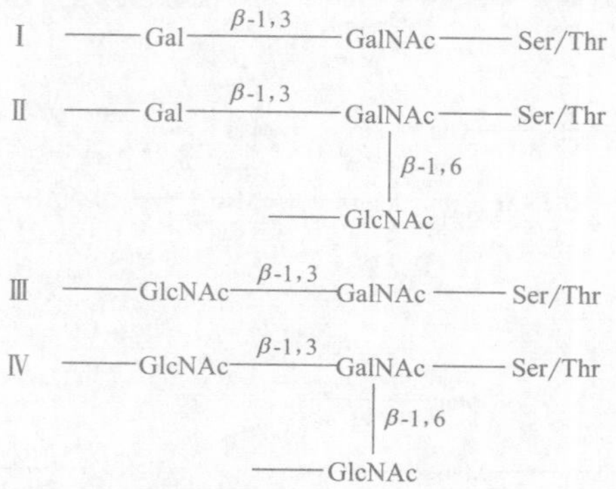

骨架结构：是指核心结构的外延部分，通常是由 Gal 与 GlcNAc/GalNAc 以不同方式连接形成的二糖单位，可以重复存在。常见的骨架结构类型有六种。

I —— Gal $\xrightarrow{\beta\text{-}1,3}$ GlcNAc $\xrightarrow{\beta\text{-}1}$ IV —— Gal $\xrightarrow{\beta\text{-}1,3}$ GalNAc $\xrightarrow{\beta\text{-}1}$

II —— Gal $\xrightarrow{\beta\text{-}1,4}$ GlcNAc $\xrightarrow{\beta\text{-}1}$ V —— GlcNAc $\xrightarrow{\beta\text{-}1,6}$ Gal $\xrightarrow{\beta\text{-}1}$

III —— Gal $\xrightarrow{\beta\text{-}1,3}$ GlcNAc $\xrightarrow{\alpha\text{-}1}$ VI —— GlcNAc $\xrightarrow{\beta\text{-}1,3}$ Gal $\xrightarrow{\beta\text{-}1}$

非还原端：聚糖链最外端的非还原性糖基可以是 Gal、GlcNAc、GalNAc、Fuc 或 Sia。这些糖基通常参与组成血型抗原决定簇，如 A 型血液中含有 A 抗原，B 型含有 B 抗原，O 型含有 H 抗原。

A1抗原 —— GalNAc $\xrightarrow{\alpha\text{-}1,3}$ Gal $\overset{\text{Fuc}}{\underset{\beta\text{-}1,3}{\overset{|\alpha\text{-}1,2}{}}}$ GlcNAc

B2抗原 —— Gal $\xrightarrow{\alpha\text{-}1,3}$ Gal $\overset{\text{Fuc}}{\underset{\beta\text{-}1,4}{\overset{|\alpha\text{-}1,2}{}}}$ GlcNAc

A2抗原 —— GalNAc $\xrightarrow{\alpha\text{-}1,3}$ Gal $\overset{\text{Fuc}}{\underset{\beta\text{-}1,4}{\overset{|\alpha\text{-}1,2}{}}}$ GlcNAc ——

H1抗原 Gal $\overset{\text{Fuc}}{\underset{\beta\text{-}1,3}{\overset{|\alpha\text{-}1,2}{}}}$ GlcNAc

B1抗原 —— Gal $\xrightarrow{\alpha\text{-}1,3}$ Gal $\overset{\text{Fuc}}{\underset{\beta\text{-}1,3}{\overset{|\alpha\text{-}1,2}{}}}$ GlcNAc

H2抗原 Gal $\overset{\text{Fuc}}{\underset{\beta\text{-}1,4}{\overset{|\alpha\text{-}1,2}{}}}$ GlcNAc

（2）*N*-GlcNAc 连接型聚糖

此类型聚糖广泛存在于动物、植物和微生物中，特别是存在于许多不同的分泌蛋白中，如血浆糖蛋白、多肽类激素、酶、免疫球蛋白、细胞膜糖蛋白等。该类型聚糖可分为五糖核心结构和外链结构两部分。

五糖核心结构：是一种共性结构，它由内侧的 2 个 GlcNAc 和外侧的 3 个 Man 组成，称为三甘露糖五糖核心。

—— Man
（Man $\xrightarrow{\alpha\text{-}1,6}$ 与下行连接）
—— Man $\xrightarrow{\alpha\text{-}1,3}$ Man $\xrightarrow{\beta\text{-}1,4}$ GlcNAc $\xrightarrow{\beta\text{-}1,4}$ GlcNAc $\xrightarrow{\beta\text{-}1}$ Asn

外链结构：由连接在五糖核心外侧的若干糖基构成，可分为三种类型：

Man $\xrightarrow{\alpha\text{-}1,2}$ Man

Man $\xrightarrow{\alpha\text{-}1,2}$ Man $\xrightarrow{\alpha\text{-}1,3}$ Man $\xrightarrow{\alpha\text{-}1,6}$

Man $\xrightarrow{\alpha\text{-}1,2}$ Man $\xrightarrow{\alpha\text{-}1,2}$ Man $\xrightarrow{\alpha\text{-}1,3}$ Man $\xrightarrow{\beta\text{-}1,4}$ GlcNAc $\xrightarrow{\beta\text{-}1,4}$ GlcNAc $\xrightarrow{\beta\text{-}1}$ Asn

（高甘露糖型）

Sia $\xrightarrow{\alpha\text{-}2,3}$ Gal $\xrightarrow{\beta\text{-}1,4}$ GlcNAc $\xrightarrow{\beta\text{-}1,2}$ Man $\xrightarrow{\alpha\text{-}1,6}$

Sia $\xrightarrow{\alpha\text{-}2,3}$ Gal $\xrightarrow{\beta\text{-}1,4}$ GlcNAc $\xrightarrow{\beta\text{-}1,2}$ Man $\xrightarrow{\alpha\text{-}1,3}$ Man $\xrightarrow{\beta\text{-}1,4}$ GlcNAc $\xrightarrow{\beta\text{-}1,4}$ GlcNAc $\xrightarrow{\beta\text{-}1}$ Asn

（复杂型）

Man $\xrightarrow{\alpha\text{-}1,6}$

Man $\xrightarrow{\alpha\text{-}1,3}$ Man $\xrightarrow{\alpha\text{-}1,6}$

Gal $\xrightarrow{\beta\text{-}1,4}$ GlcNAc $\xrightarrow{\beta\text{-}1,2}$ Man $\xrightarrow{\alpha\text{-}1,3}$ Man $\xrightarrow{\beta\text{-}1,4}$ GlcNAc $\xrightarrow{\beta\text{-}1}$ GlcNAc $\xrightarrow{}$ Asn

（杂合型）

值得注意的是，糖蛋白分子中的聚糖链对糖蛋白的结构和功能有着重大的影响。聚糖链结构的改变，常常具有很重要的生物学意义。

（二）性质

多数糖蛋白的性质相当稳定，可溶于水，若要从细胞或其他样品中抽提，可先将样品磨成匀浆，加水和脂溶剂（如丁醇、戊醇或氯仿 - 甲醇混合剂）将脂质去掉，糖蛋白即存在于水相中。调节溶液的离子强度也可使糖蛋白从溶液中分离出来。用蛋白水解酶将蛋白质从糖蛋白分子中水解除去，剩下的为糖基。一般而言，糖蛋白更多地呈现出蛋白质的性质。

（三）功能

糖蛋白是具有多种多样生物学功能的蛋白质。不同种类的糖蛋白具有不同的功能，不少酶、激素、凝集素和干扰素本身就是糖蛋白；有的糖蛋白是金属或化学基团的受体或载体，能转运其他物质或元素（如转铁蛋白能转运铁元素）。糖蛋白是细胞膜的结构物质，也是细胞膜的功能物质，例如细胞识别、细胞凝集、细胞联络和通信等功能都与膜上的糖蛋白有关。此外，细胞免疫作用和血型的区分等功能都是由糖蛋白完成的。

三、蛋白聚糖

蛋白聚糖（PG）又称蛋白多糖，它是由蛋白质和糖胺聚糖通过共价键连接而成的大分子复合物，其分子中的含糖量通常为 50% ～ 90%。一般而言，蛋白聚糖含糖量比糖蛋白高，但它与糖蛋白的主要差别不在于糖部分所占的比例比较高，而在于糖的结构和性质不同。蛋白聚糖和糖蛋白是两类不同的生物大分子。

（一）结构

1. 糖胺聚糖的结构

糖胺聚糖（GAG）是蛋白聚糖分子中的主要成分，是一种链长而不分支的杂多糖。按其二糖重复单位的不同，可分为透明质酸、硫酸软骨素和硫酸皮肤素、硫酸角质素、肝素和硫酸乙酰肝素等几类（详见本章第四节相关内容）。

2. 核心蛋白的结构

与糖胺聚糖链共价结合的蛋白质称为核心蛋白。成熟蛋白聚糖的核心蛋白常包埋在糖胺聚糖及寡糖链的复杂结构之内，通过分析氨基酸序列，使得核心蛋白的分子结构和功能不断被阐明。核心蛋白结构的特点是：①多数蛋白聚糖的核心蛋白可细分为几个不同的结构域；②所有的核心蛋白均含有相应的糖胺聚糖取代结构域；③通过核心蛋白中的特异结构域，一些蛋白聚糖可锚定在细胞表面或细胞外基质的大分子上；④有些核心蛋白还含有其他具备相互作用的结构域。

3. 连接区域的结构

在蛋白聚糖分子中，糖胺聚糖链通过具有一定结构的连接区域与核心蛋白相连接。连接的类型有三种：①硫酸软骨素（或硫酸皮肤素）以及肝素（或硫酸乙酰肝素）聚糖链的连接区域都是由一个包含 4 个糖基的糖链构成，此糖链还原末端的 D- 木糖再以 β-O- 糖苷键与核心蛋白中丝氨酸（Ser）- 甘氨酸（Gly）重复序列中的 Ser 残基相连，即形成葡萄糖醛酸

（GlcUA）-β-1，3- 半乳糖（Gal）-β-1，3- 半乳糖（Gal）-β-1，4- 木糖（Xyl）-β- 丝氨酸（Ser）结构，这种形式的连接是结缔组织蛋白聚糖所特有的；②聚糖链通过其还原末端的 GalNAc 与核心蛋白中的 Ser/Thr 形成 α-O- 糖苷键而相互连接；③聚糖链通过其还原末端的 GlcNAc 与核心蛋白中的 Asn 形成 β-N- 糖苷键而相互连接。

4．整体结构

在蛋白聚糖的分子结构中，蛋白质分子居于中间，构成一条主链，糖胺聚糖分子排列在蛋白质分子的两侧，这种结构称为蛋白聚糖的"单体"，单体中糖胺聚糖链的分布是不均匀的。若干个蛋白聚糖单体构成蛋白聚糖聚集体，如从软骨中分离得到的软骨蛋白聚糖，其单体是由硫酸角质素和硫酸软骨素与核心蛋白共价结合而形成的，其聚集体则由单体、连接蛋白和透明质酸组成。在聚集体中，透明质酸作为一条主链，通过连接蛋白与单体结合，每个聚集体的透明质酸上结合约 200 条蛋白聚糖单体，它们之间以非共价键结合。在庞大的聚集体中，透明质酸仅占组分的 1%，连接蛋白具有疏水表面，占聚集体中蛋白质总量的 25%。核心蛋白在单体中仅占 5% ～ 10%，而 90% ～ 95% 是糖胺聚糖。

（二）功能

蛋白聚糖种类多而分布广，具有多种生物学功能。

① 调节细胞内、外液的组成，保持疏松结缔组织中的水分及调节各种蛋白质的转运功能。

② 成骨作用及防止软骨骨化作用。

③ 调节细胞的黏附、分化与增殖，影响细胞的迁移和抗凝作用。

④ 细胞内蛋白聚糖可与带正电荷的碱性生物活性分子相互作用，参与这些生物活性分子的包装、储存与释放过程。

⑤ 具有创伤愈合作用。糖胺聚糖在创伤愈合中具有重要意义，硫酸皮肤素有促进纤维化的作用。

⑥ 具有润滑作用。透明质酸使关节软骨之间有较大的亲和力，关节液能紧密附着在关节面上，从而对关节面之间有很强的润滑作用。

四、脂多糖

脂多糖（LPS）种类很多，革兰氏阴性细菌的细胞壁含有十分复杂的脂多糖，其化学组成因菌种而异。

（一）结构

脂多糖分子一般由类脂 A、核心多糖和 O- 特异侧链三部分组成。

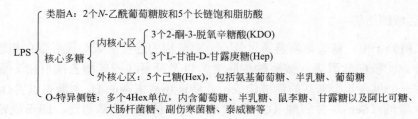

类脂 A 的结构如下：

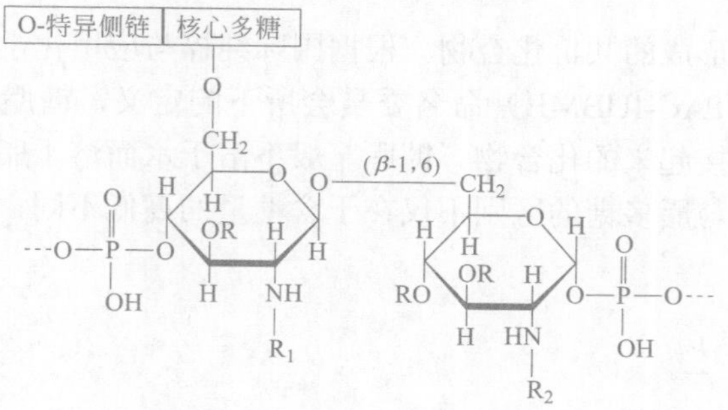

| O-特异侧链 | 核心多糖 |

R_1、R_2 一般为 3- 羟基豆蔻酸基：—CO—CH_2—CHOH——（CH_2）$_{10}$—CH_3

R 可有三种：①月桂酸基，—CO——（CH_2）$_{10}$—CH_3

②棕榈酸基，—CO——（CH_2）$_{14}$—CH_3

③豆蔻酰豆蔻酸基，—CO—CH_2—CH——（CH_2）$_{10}$—CH_3

OCO（CH_2）$_{12}$—CH_3

在脂多糖的核心多糖区和 O- 特异侧链区中有几种独特的糖，例如 2- 酮 -3- 脱氧辛糖酸（KDO）、L- 甘油 -D- 甘露庚糖（Hep）和阿比可糖（Abq，即 3，6- 二脱氧 -D- 半乳糖），它们的结构如下：

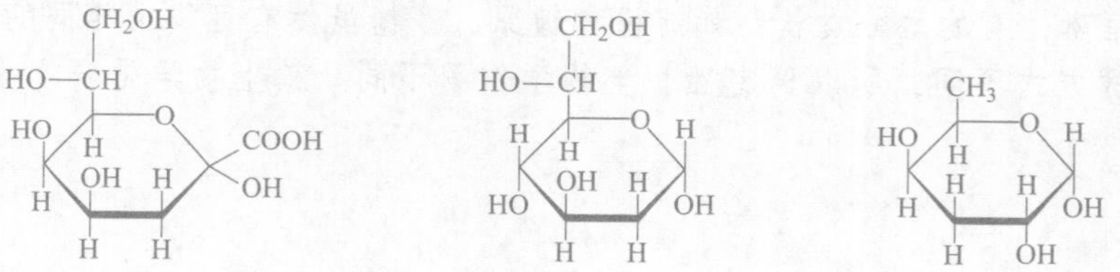

各种革兰氏阴性细菌的类脂 A 的结构与成分都极为相似，无种属特异性。核心多糖的一边通过 KDO 残基连接在类脂 A 上，另一边通过葡萄糖残基与 O- 特异侧链相连。同一属细菌的核心多糖相同，故有属特异性。O- 特异侧链位于脂多糖层的最外面，露在表面，由重复的寡糖单位组成，糖的种类、顺序和空间构型因菌株而异，因其抗原性的差异故很易用灵敏的血清学方法加以鉴定，这在传染病的诊断中具有重要的意义。

（二）功能

① LPS 中的类脂 A 是革兰氏阴性细菌的致病物质——内毒素的物质基础。

② 因其负电性较强，可吸附 Mg^{2+}、Ca^{2+} 等离子而提高细胞壁的稳定性。

③ 由于 LPS 的结构多变，决定了革兰氏阴性细胞表面抗原决定簇的多样性。

④ 是许多噬菌体在细菌细胞表面的吸附受体。

⑤ 具有控制某些物质进出细胞的部分选择性屏障功能。LPS 可透过若干较小的分子（嘌呤、嘧啶、二糖、肽类和氨基酸等），但能阻拦溶菌酶、抗生素（青霉素等）、去污剂和某些染料等较大分子侵入菌体。

五、糖脂

糖脂是糖类和脂类形成的共价化合物。根据国际纯粹与应用化学联合会和国际生物化学与分子生物学联盟（IUPAC-IUBMB）命名委员会所下的定义，糖脂必须是糖类通过其还原末端以糖苷键与脂类连接起来的化合物。糖脂一般不溶于水而溶于脂溶剂，而脂多糖（LPS）则可溶于水。因而糖脂与脂多糖的区别不仅在于含糖量的高低不同，而且在结构、性质和功能方面均有差异。

本章小结

糖类是多羟基醛或多羟基酮，或者是水解后产生多羟基醛或多羟基酮的一类物质的总称。多数的糖类分子符合通式（CH_2O）$_n$，但也有一些分子含有 N、P、S 等元素。根据水解后产物分子组成成分，糖类可以分为单糖、寡糖、多糖和复合糖。单糖由一个多羟基醛或多羟基酮单位组成。自然界中最丰富的单糖是六碳糖 D- 葡萄糖，四碳及以上的单糖趋于形成环式结构。寡糖是由数个单糖单位或其残基以糖苷键的方式形成的短链。寡糖中最常见的是二糖，典型代表是蔗糖，由六碳糖 D- 葡萄糖和 D- 果糖形成。在细胞中，多数的寡糖由 3 个及以上的单糖单位组成，且不常以游离状态存在，而是和非糖物质（脂类和蛋白质）结合，形成复合糖。多糖是由超过 20 个单糖单位聚合形成的多聚体，有的单体多至上百个甚至上千个。有的多糖呈线性链状，如纤维素，有的呈分支状，如淀粉和糖原。多糖虽然有可能由相同的单糖组成，但因为成键方式不同，所以稳定性和生物学作用不同。糖生物学是研究生物体内多糖的科学。

思考题

1. 简述糖的分类及其主要的生物学功能。
2. 糖的名称前常附有"D-"或"L-"，"α-"或"β-"，"+"或"-"，"呋喃"或"吡喃"等，它们的含义是什么？什么叫变旋现象？什么叫比旋光度？如何测定？
3. 分别用 Fischer 式和 Haworth 式写出下列单糖的环状结构式：

   α-D- 吡喃葡萄糖　　α-D- 呋喃葡萄糖　　β-L- 呋喃葡萄糖　　α-D- 呋喃果糖

   α-L- 吡喃葡萄糖　　β-D- 呋喃葡萄糖　　α-L- 吡喃果糖　　β-D- 呋喃果糖

   β-L- 呋喃果糖

4. 单糖的重要理化性质有哪些？举例说明其实际用途。
5. 糖的还原性与糖的还原有何区别？是否一切糖都有还原性？是否一切糖都能被还原？
6. 试述蔗糖、麦芽糖和乳糖的分子结构、化学性质及其鉴定方法。
7. 淀粉、糖原和纤维素的化学组成如何？它们的结构和性质有何不同？
8. 什么是淀粉的糊化作用？什么是凝沉作用？糊化和凝沉与实践的关系如何？

9. 什么是变性淀粉？举例说明其用途。

10. 从某动物肝脏中提取糖原样品共 25mg，以 2mL 2mol/L 的硫酸水解，水解液中和后，再稀释到 10mL，最终溶液的葡萄糖含量为 2.35mg/mL。问分离出的糖原纯度是多少？

11. 写出果胶、琼胶、壳多糖的基本结构。

12. 举例说明某些糖胺聚糖的化学组成及其生物学功能。

13. 简述复合糖的分类。

14. 试述复合糖结构的复杂性及其生物学意义。

15. 论述糖蛋白、蛋白聚糖的结构及其功能。

16. 试述脂多糖的结构和功能。

⊖ 第五章
脂类与生物膜

 **本章导读**

      脂类是一类疏水性的有机物，种类繁多，结构差异较大。在生物体内，很多脂类物质氧化供能，同时也可以以脂肪的形式存储能量。本章首先介绍脂类物质的种类及各种脂类的结构与生理功能，包括脂肪酸、三酰甘油、蜡、磷脂、鞘脂、固醇和萜类等。随后介绍生物膜的化学组成与结构，以及生物膜在体内的重要生物学功能。

    脂类是脂肪及类脂的总称，是生物体内一大类重要的有机化合物。大多数脂类的化学本质是脂肪酸和醇缩合形成的酯类及其衍生物。不同的脂类物质在化学组成和结构上有很大差异，但它们具有一个共同的物理性质，就是不溶于水，但能溶于有机溶剂，如乙醚、氯仿、苯、丙酮、乙醇等。脂类不仅是生物体的重要能源物质（每克脂肪的潜能比等量蛋白质和糖多一倍以上），而且参与机体的多种重要的生理功能。脂类中的磷脂和鞘磷脂是生物膜的主要组成成分，细胞内的磷脂几乎都集中在生物膜中；脂肪和油脂是生物体储能物质；有些脂质是化学信号物质；有的脂质能促进脂溶性维生素的溶解和吸收；某些萜类及类固醇类物质，如维生素 A、D、E、K，胆酸及固醇类激素具有营养、代谢调节功能；有机体表面的脂质还有防水、防止机械损伤及防止热量散发等保护作用。

    生物膜是细胞质膜和细胞内膜系统的总称，它由蛋白质和脂质组成。磷脂、少量糖脂和胆固醇也参与生物膜的组成。生物膜的许多重要特征，如流动性、通透性、高电阻性均与膜上的脂质成分有密切关系。细胞质膜是细胞结构上的边界，与细胞的识别、种特异性和组织免疫等有密切关系，如定位在质膜的磷脂化合物磷脂酰肌醇和磷脂酰乙醇胺等是调节细胞生长发育、抗逆反应的信号转导分子。细胞内膜系统主要指核膜、内质网、高尔基体以及各种胞质内囊泡等。

第一节　脂类

一、脂类的分类与生理意义

（一）脂类物质的分类

生物体内的各种脂类，常按其化学结构分为三类，即单纯脂、复合脂和其他衍生脂。

1. 单纯脂

单纯脂（simple lipids）是由各种高级脂肪酸和醇所形成的酯，包括以下三种：

① 脂肪　其水解产物为脂肪酸和甘油，典型代表物质为三酰甘油（或称甘油三酯），由 3 分子脂肪酸和 1 分子甘油组成（拓展 5-1）。

② 蜡　它由长链脂肪酸和长链脂肪醇或固醇组成。

③ 固醇酯　它由脂肪酸和胆固醇组成。

拓展 5-1

2. 复合脂

复合脂（compound lipids）往往兼具两种化合物的理化性质，具有特殊的生物学功能。复合脂是指分子中除了含有脂肪酸和各种醇以外，还含有其他物质的脂。包括以下两种：

① 磷脂　分子中含有磷酸和有机碱（胆碱、乙醇胺等），因醇成分不同又可分为甘油磷脂（磷脂酸、磷脂酰胆碱、磷脂酰乙醇胺）和鞘氨醇磷脂（鞘磷脂）。鞘氨醇磷脂由脂肪酸、鞘氨醇或其衍生物、磷酸和某种含氮物质组成。

② 糖脂　分子中含有糖类及其他物质，有脑苷脂（水解产物为脂肪酸、鞘氨醇和糖）和神经节苷脂（由脂肪酸、鞘氨醇、糖和神经氨酸组成）。

3. 衍生脂

衍生脂（derived lipids）和其他脂类是均由单纯脂和复合脂衍生而来或者结构类似，并同时具有脂类一般性质的物质。

① 取代烃类　主要是由脂肪酸及其碱性盐（皂）和高级醇组成，少量是由脂肪醛、脂肪胺和烃组成。

② 固醇类（甾类）　包括固醇、胆酸、强心苷、性激素、肾上腺皮质激素。

③ 萜　包括天然色素（胡萝卜素）、精油、天然橡胶等。

④ 其他脂类　包括维生素 A、D、E、K，脂酰 CoA，类二十碳烷（前列腺素、白三烯），脂多糖，脂蛋白等。

（二）脂类物质的生理意义

脂类物质具有重要的生理作用，可归纳如下。

1. 储存能量和氧化供能

脂类物质最重要的功能之一就是储能和供能。在体内储存的脂类物质 90% 以上是三酰甘油，1g 油脂在体内完全氧化能产生 37kJ 能量，是 1g 糖或蛋白质释放能量的两倍多。如果机体摄取的营养物质超过了正常需要量，大部分要转化成脂肪并在适宜的组织中累积下来。根据计算，脂肪组织储存的能量约占人体可动用能量的 85%，主要分布在皮下组织、腹腔大网膜及肠系膜等处，是机体最主要的储存能源。机体营养不足时，可以对储藏的脂质进行分解供给机体所需，冬眠动物在冬眠前累积大量脂肪来储存能量。

2. 提供必需脂肪酸，协助和促进脂溶性维生素的吸收

必需脂肪酸（亚油酸、亚麻酸）是维持机体正常代谢的营养素，是磷脂的重要组成成分。花生四烯酸是合成前列腺素、血栓素和白三烯的原料。有些生物活性物质必须溶解于脂质才能在机体中运输并被吸收利用。脂类物质也可促进脂溶性维生素 A、维生素 D、维生素 E、维生素 K 和胡萝卜素的吸收，这些物质在调节细胞代谢上均有重要作用，脂质充当了良好的溶剂。

3. 保温和保护作用

人体皮下脂肪可以防止热量的散失而起保温作用，以维持正常体温。另外，以液态的三酰甘油为主要成分的脂肪组织具有防震和防撞击作用，可起缓冲作用而保护内脏和肌肉免受损伤。

4. 机体的主要结构成分

类脂特别是磷脂和胆固醇，是所有生物膜的重要组分。这些膜能维持细胞的完整，间隔细胞内部的不同部分。生物膜的许多重要特征，如流动性、通透性、高电阻性均与所含的磷脂有密切关系。这些类脂的量是恒定的，不因肥胖而增加，不因饥饿而减少。

5. 参与机体代谢调节

胆固醇在体内可以转化成多种激素类物质，如肾上腺皮质激素和性激素等，因此具有广泛的调节代谢作用。脂类代谢产生的多种中间产物，如二酰甘油、三磷酸肌醇等广泛参与细胞内信号的传递，是重要的第二信使。脂溶性维生素是萜类化合物的衍生物；磷脂酰丝氨酸可以作为凝血因子的激活剂；泛醌在线粒体中作为电子载体，是电子链中的重要成分。

二、脂类物质的结构与性质

（一）脂肪酸、脂肪和蜡

1. 脂肪酸

脂肪酸（fatty acid，FA）是具有长碳氢链和一个羧基末端的有机化合物的总称，生物组织和细胞中的脂肪酸大部分以酯和酰胺形式存在于各种脂类中，以游离形式存在的脂肪酸含量极少。脂肪酸种类很多，从动物、植物、微生物中分离出的脂肪酸已达数百种，常见的脂肪酸列于表 5-1 中。

脂肪酸根据碳氢链是否饱和，可以分为饱和脂肪酸和不饱和脂肪酸。饱和脂肪酸，如硬脂酸（stearic acid，含 18 个碳原子，用 C_{18} 表示）、棕榈酸（软脂酸，palmitic acid，用 C_{16} 表示）。不饱和脂肪酸又可根据不饱和键的数量分为含有一个双键的单不饱和脂肪酸，如油酸（oleic acid），和含多个双键的多不饱和脂肪酸，如亚油酸（linoleic acid）等。也有少数脂肪酸含有炔键、支链、环化基团或含氧基团。不同脂肪酸之间的区别主要在于碳链长度、双键数目、位置及构型，以及其他取代基团的数目和位置的不同。

$$CH_3—CH_2—CH_2—CH_2—CH_2—CH_2—CH_2—CH_2—CH_2—CH_2—CH_2—CH_2—CH_2—CH_2—CH_2—C{\overset{O}{\underset{}{}}}—OH$$

软脂酸（饱和脂肪酸）

$$CH_3—CH_2—CH_2—CH_2—CH_2—CH_2—CH_2—CH=CH—CH_2—CH_2—CH_2—CH_2—CH_2—CH_2—CH_2—CH_2—C{\overset{O}{\underset{}{}}}—OH$$

油酸（单不饱和脂肪酸）

$$CH_3—CH_2—CH_2—CH_2—CH_2—CH=CH—CH_2—CH=CH—CH_2—CH_2—CH_2—CH_2—CH_2—CH_2—CH_2—C{\overset{O}{\underset{}{}}}—OH$$

亚油酸（多不饱和脂肪酸）

脂肪酸常用简写法表示，一般先写出碳原子的数目，再写出双键的数目，最后表明双键的位置。双键位置用符号 Δ 右上标表示，数字是指双键碳原子的位置（从羧基端开始），在号码后可以用 c（cis，顺式）和 t（trans，反式）标明双键的构型。如软脂酸可写成 16：0，表明软脂酸为具有 16 个碳原子的饱和脂肪酸；亚油酸可写为 18：2$\Delta^{9c,\ 12c}$，表示亚油酸具有 18 个碳原子，而且在 C9 和 C10 以及 C12 和 C13 之间各有一个双键，构型为顺式的脂肪酸，如表 5-1 所示。

表 5-1　某些天然存在的脂肪酸

分类及简写符号		普通名称	结构简式
饱和脂肪酸	14：0	豆蔻酸（myristic acid）	$C_{13}H_{27}COOH$
	16：0	软脂酸（palmitic acid）	$C_{15}H_{31}COOH$
	18：0	硬脂酸（stearic acid）	$C_{17}H_{35}COOH$
	20：0	花生酸（arachidic acid）	$C_{19}H_{39}COOH$
	22：0	山嵛酸（behenic acid）	$C_{21}H_{43}COOH$
	24：0	木蜡酸（lignoceric acid）	$C_{23}H_{47}COOH$
	26：0	蜡酸（cerotic acid）	$C_{25}H_{51}COOH$

续表

分类及简写符号		普通名称	结构简式
不饱和脂肪酸	16：1Δ^{9c}	棕榈油酸（palmitoleic acid）	$C_{15}H_{29}COOH$
	18：1Δ^{9c}	油酸（oleic acid）	$C_{17}H_{33}COOH$
	18：2Δ$^{9c,\,12c}$	亚油酸（linoleic acid）	$C_{17}H_{31}COOH$
	18：3Δ$^{9c,\,12c,\,15c}$	α-亚麻酸（α-linolenic acid）	$C_{17}H_{29}COOH$
	18：3Δ$^{6c,\,9c,\,12c}$	γ-亚麻酸（γ-linolenic acid）	$C_{17}H_{29}COOH$
	18：3Δ$^{9c,\,11t,\,13t}$	α-桐油酸（α-eleostearic acid）	$C_{17}H_{29}COOH$
	20：4Δ$^{5c,\,8c,\,11c,\,14c}$	花生四烯酸（arachidonic acid）	$C_{19}H_{31}COOH$
	20：5Δ$^{5c,\,8c,\,11c,\,14c,\,17c}$	二十碳五烯酸（eicosapentaenoic acid，EPA）	$C_{19}H_{29}COOH$
	22：6Δ$^{4c,\,7c,\,10c,\,13c,\,16c,\,19c}$	二十二碳六烯酸（docosahexaenoic acid，DHA）	$C_{21}H_{33}COOH$

　　油酸是哺乳动物中常见的单不饱和脂肪酸。人和哺乳动物不能向脂肪酸引入 Δ^9 以外的双键，因而本身不能合成亚油酸和亚麻酸，但是这两种脂肪酸对人体功能是必不可少的，因此必须从膳食摄取。将机体生长所必需、自身不能合成，必须从外界摄取的脂肪酸称为"必需脂肪酸"（essential fatty acid）。植物能够合成亚油酸和亚麻酸，所以植物是这两种脂肪酸的最初来源。亚油酸和亚麻酸属于两个不同的多不饱和脂肪酸家族：omega-6（ω-6）和 omega-3（ω-3）系列（拓展 5-2）。ω-6 和 ω-3 脂肪酸分别是指第一个双键离甲基末端 6 个碳原子和 3 个碳原子的多不饱和脂肪酸（拓展 5-3）。亚油酸是 ω-6 家族的初始成员，在人和哺乳动物体内能转变成 γ-亚麻酸，并可以延长为花生四烯酸。花生四烯酸是维持细胞膜结构和功能所必需的，也是合成生物活性物质二十烷酸的前体。亚麻酸是 ω-3 家族的原始成员，人体可将膳食中提供的亚麻酸合成二十碳五烯酸（EPA）和二十二碳六烯酸（DHA）等 ω-3 不饱和脂肪酸。体内许多组织如视网膜、大脑皮层中含有这些重要的 ω-3 不饱和脂肪酸。EPA 和 DHA 可由 α-亚麻酸转化而来，但生成量有限，常不能满足机体需要，仍需从食物摄入（拓展 5-4）。

拓展 5-2

拓展 5-3

拓展 5-4

　　高等动植物脂肪酸具有下列共性：

　　① 大多数脂肪酸的碳原子数在 10～20 之间，以 16 碳或 18 碳最常见。大多数都是偶数，因为在生物体内脂肪酸的合成是以二碳单位（乙酰 CoA）合成的。奇数碳原子的脂肪酸在陆地生物中含量极少，但在海洋生物中种类和数量很多。饱和脂肪酸最常见的是硬脂酸和软脂酸，不饱和脂肪酸中最常见油酸和亚油酸。

　　② 绝大多数不饱和脂肪酸的双键为顺式构型（*cis*），极少数为反式构型（*trans*）。

　　③ 高等植物和低温生活的动物体内的不饱和脂肪酸的含量通常高于饱和脂肪酸。

　　④ 脂肪酸及其衍生脂质的性质与脂肪酸链的长度和不饱和程度相关。脂肪酸分子碳链越长，熔点越高。饱和脂肪酸的熔点高于相同链长的不饱和脂肪酸。

　　饱和脂肪酸和不饱和脂肪酸的构象有很大差异。饱和脂肪酸碳骨架中的每个单键都可以自由旋转，可以形成多种构象。饱和脂肪酸完全伸展后几乎可以是一条直链，是最稳定的构象（图 5-1）。不饱和脂肪酸由于双键存在而不能自由旋转，出现一个或多个刚性扭结。顺式构型的双键可以形成约 30° 的刚性弯曲，而反式构型的双键的伸展形式和饱和脂肪酸类似。

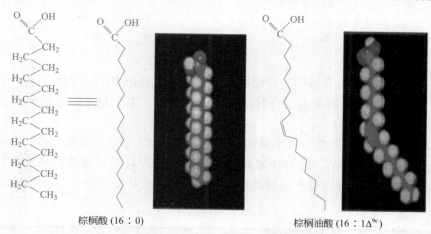

棕榈酸（16：0）　　　　　　　棕榈油酸（16：1Δ^{9c}）

图 5-1　饱和脂肪酸和不饱和脂肪酸的构象比较

脂肪酸的物理化学性质如下所述：

脂肪酸的物理性质很大程度上取决于脂肪酸烃链的长度与不饱和度。非极性烃链是造成脂肪酸在水中溶解度低的原因，一般来说，烃链越长溶解度越低。脂肪酸的羧基是极性的，在中性 pH 值时可以电离，因此短链脂肪酸能溶于水。

脂肪酸的熔点也受烃链长度与不饱和度的影响。同样链长的饱和脂肪酸构成的脂质在常温下多为固态，不饱和脂肪酸构成的脂质在常温下多为液态。在室温（25℃）下，饱和脂肪酸从 12：0 到 24：0 为蜡状固体，同样链长的不饱和脂肪酸为油状液体。熔点的这种差异是由于脂肪酸分子装配紧密程度不同引起的。饱和脂肪酸绕碳 - 碳键可以自由旋转，因此烃链具有很大柔性，最稳定的构象是完全伸展的形式，此时相邻原子的位阻最小，分子能紧密装配成近晶状排列。含一个或多个结节的不饱和脂肪酸不能紧密组装，分子间的作用力被减弱，破坏有序性差的不饱和脂肪酸排列所需能量减少，所以熔点比相同链长的饱和脂肪酸低。

脂肪酸可以发生氧化和过氧化，不饱和脂肪酸在双键处可以发生加成反应如卤化和氢化。在机体代谢中，脂肪酸酶可以使脂肪酸活化，形成脂肪酸活性形式脂酰 CoA，不饱和脂肪酸双键极易被强氧化剂，如 H_2O_2、超氧化物阴离子自由基（O_2^-）或羟自由基（·OH）所氧化。

2．脂肪

脂肪是脂肪酸和甘油形成的酯，称三酰甘油（triacylglycerol，TAG），也称中性脂肪。真核细胞中三酰甘油可以以微小的油滴形式存在于胞质中，许多植物中含有的三酰甘油可以为种子萌发提供能量和合成前体。极地温血动物如海豹、企鹅储存在皮下的三酰甘油不仅可以作为储能物质，而且可以作为抵抗低温的绝缘层。人和动物皮下和肠系膜的脂肪组织还可以起到防震和填充物的作用。

脂肪的化学结构通式如下：

$$CH_2O\!-\!\overset{\displaystyle O}{\overset{\|}{C}}\!-\!R_1$$
$$CHO\!-\!\overset{\displaystyle O}{\overset{\|}{C}}\!-\!R_2 \quad 或 \quad R_2\!-\!\overset{\displaystyle O}{\overset{\|}{C}}\!-\!OCH$$
$$CH_2O\!-\!\overset{\displaystyle O}{\overset{\|}{C}}\!-\!R_3$$

脂肪的结构式

式中，R_1、R_2 及 R_3 为各种脂肪酸的烃基，若 R_1、R_2、R_3 相同，则称为单纯甘油酯；若 R_1、R_2、R_3 不完全相同，则称为混合甘油酯。天然油脂大多数是单纯甘油酯和混合甘油酯的混合物。

生物体内的脂肪酸主要是十六个碳和十八个碳的饱和／不饱和肪酸。油脂含不饱和脂肪酸的多少，一般可以用碘值、饱和度以及油酸与亚油酸占总脂肪酸的百分比来表示，如表 5-2 所示。表中的数值并非常数，它随动植物的品种或生长状况的差异而有不同。

表 5-2　天然油脂成分的主要指标

种类	碘值 / (g/100g)	饱和度 /%	油酸 /%	亚油酸 /%
豆油	135.8	14.0	22.9	55.2
猪油	66.5	37.7	49.4	12.3
花生油	93.0	17.7	56.5	25.8
棉籽油	105.8	26.7	25.7	47.5
玉米油	126.8	8.8	35.3	55.7
可可油	36.6	60.1	37.0	2.9
向日葵油	144.3	5.7	21.7	72.6

（1）三酰甘油的物理性质

天然三酰甘油一般是无色、无味、无臭的中性非极性分子，不溶于水，易溶于乙醚、氯仿、苯和石油醚等非极性有机溶剂。常温下液体三酰甘油的密度一般为 $0.91 \sim 0.94 g/cm^3$。

大多数植物脂肪如豆油、花生油等，因所含的不饱和脂肪酸比例较高（超过 70%），具有较低的凝固点（或熔点），且在常温时为液体，故统称为油。动物脂肪中不饱和脂肪含量低，凝固点比较高，在常温下呈固态，一般称为脂。

（2）三酰甘油的化学性质

① 水解与皂化　三酰甘油在酸、碱或脂肪酶的作用下，可以逐步水解为二酰甘油、单酰甘油、甘油和脂肪酸。

$$
\begin{array}{l}
CH_2OCOR_1 \\
CHOCOR_2 \\
CH_2OCOR_3
\end{array}
\xrightarrow{+H_2O}
\begin{array}{l}
CH_2OH \\
CHOCOR_2 \\
CH_2OCOR_3
\end{array}
+\; R_1COOH
$$

三酰甘油　　　　　　　二酰甘油　　　　　脂肪酸

$$
\begin{array}{l}
CH_2OH \\
CHOCOR_2 \\
CH_2OCOR_3
\end{array}
\xrightarrow{+H_2O}
\begin{array}{l}
CH_2OH \\
CHOCOR_2 \\
CH_2OH
\end{array}
+\; R_3COOH
$$

二酰甘油　　　　　　　单酰甘油　　　　　脂肪酸

$$
\begin{array}{c}
CH_2OH \\
| \\
CHOCOR_2 \\
| \\
CH_2OH
\end{array}
\xrightarrow{+H_2O}
\begin{array}{c}
CH_2OH \\
| \\
CHOH \\
| \\
CH_2OH
\end{array}
+ \quad R_2COOH
$$

　　单酰甘油　　　　　　　　　　　　　甘油　　　　　　脂肪酸

　　酸水解可逆，而碱水解产物不是游离的脂肪酸，而是脂肪酸盐（俗称皂），所以把油脂的碱水解反应称作皂化反应。

$$
\begin{array}{c}
CH_2OCOR_1 \\
| \\
CHOCOR_2 \\
| \\
CH_2OCOR_3
\end{array}
+3KOH
\longrightarrow
\begin{array}{c}
CH_2OH \\
| \\
CHOH \\
| \\
CH_2OH
\end{array}
+
\begin{array}{c}
R_1COOK \\
\\
R_2COOK \\
\\
R_3COOK
\end{array}
$$

　　三酰甘油　　　　　　　　　　　　甘油　　　　　脂肪酸钾

　　完全皂化 1g 油脂所需的 KOH 的质量（mg），称为皂化值（saponification value），用以评估油脂质量及计算油脂分子量。不纯的油脂往往皂化值偏低。

$$
油脂的平均分子量 = \frac{3 \times 56 \times 1000}{皂化值}
$$

　　② 加成反应　油脂中的不饱和键可在催化剂金属镍的作用下发生加成反应，称为氢化反应，有防止油脂酸败的作用。氢化作用可将液态的油转变为固态的脂。油脂中的不饱和键也可与卤素发生加成反应，称为卤化反应，形成卤代脂肪酸。每100g油脂吸收碘的质量（g）称为碘值（iodine number），通常可用来表示脂肪酸的不饱和度，碘值越高，不饱和度越高。

$$
-CH=CH-CH=CH- + 2H_2 \xrightarrow[加热]{催化剂} -CH_2-CH_2-CH_2-CH_2-
$$

$$
\begin{array}{c}
O \\
\| \\
C_{17}H_{33}-C-O-CH \\
\end{array}
\begin{array}{c}
CH_2OC-C_{17}H_{33} \\
\\
\\
CH_2OC-C_{17}H_{33}
\end{array}
+3H_2 \xrightarrow[加热\quad加压]{催化剂}
\begin{array}{c}
O \\
\| \\
C_{17}H_{35}-C-O-CH \\
\end{array}
\begin{array}{c}
CH_2OC-C_{17}H_{35} \\
\\
\\
CH_2OC-C_{17}H_{35}
\end{array}
$$

　　　　　油酸甘油酯(油)　　　　　　　　　　　　　　　　硬脂酸甘油酯(脂肪)

　　③ 乙酰化作用　含有羟基脂肪酸的油脂可与乙酸酐或其他酰化剂反应形成乙酰化酯，称为乙酰化作用。1g 乙酰化的油脂分解出的乙酸用氢氧化钾中和时，所需氢氧化钾的质量（mg）称为乙酰化值（acetylation number），可以用于确定分子中的羟基含量。

　　④ 酸败和酸值　天然油脂久置于空气中暴露会发生氧化反应，产生难闻的臭味，这种现象称为"酸败"（rancidity）。其原因是油脂水解会释放出游离的脂肪酸，低分子量的脂肪酸（如丁酸、己酸等）会容易被氧化成醛或酮类，形成难闻的臭味（拓展 5-5）。油脂在阳光下暴露可加速此反应。中和 1g 油脂中的游离脂肪酸所消耗的氢氧化钾质量（mg），称为酸值（acid value），油脂的酸值越大说明酸败的程度越高（拓展 5-6）。

拓展 5-5

3. 蜡

　　蜡（wax）是由高级脂肪酸（$C_{14} \sim C_{16}$）与脂肪醇（$C_{16} \sim C_{30}$）或者是高级脂肪酸与甾醇所形成的酯，其理化性质与中性脂肪很相似。蜡分子有弱极性的头基（酯基）和一个非极性尾部，常温下是固体，不溶于水，能溶于醚、苯、

拓展 5-6

三氯甲烷等有机溶剂。蜡既不能被脂肪酶水解，也不易皂化。温度较高时，蜡是柔软的固体，温度低时变硬。蜡在皮肤、毛片、羽毛、树叶、果实及昆虫的外骨骼中存在。

天然蜡按其来源分为动物蜡和植物蜡两大类。动物蜡多为昆虫的分泌物，如白蜡、蜂蜡等。蜂蜡是蜜蜂的分泌物，用以建造蜂巢，熔点为 $62 \sim 65℃$，皂化时主要形成 C_{26} 和 C_{28} 的烷酸以及 C_{30} 和 C_{32} 的醇。白蜡为白蜡虫所分泌，对其本身有保护作用，熔点为 $80 \sim 83℃$，主要成分为 C_{26} 的醇和 C_{26}、C_{28} 的酸所形成的酯。白蜡和蜂蜡均可作为润滑剂及涂料等化工原料。此外，抹香鲸头部含有鲸蜡，熔点为 $41 \sim 46℃$，主要成分为棕榈酸和鲸蜡醇形成的酯，是重要的工业原料。植物的许多器官表面都存在薄薄的蜡质层，可防止病菌侵蚀和水分蒸发。几种常见蜡的成分及物理常数列于表 5-3 中。

表 5-3　几种常见蜡的成分及物理常数

名称	成分	熔点 /℃
蜂　蜡	$C_{15}H_{31}COOC_{31}H_{63}$	$62 \sim 65$
白　蜡	$C_{25}H_{51}COOC_{26}H_{53}$	$80 \sim 83$
鲸　蜡	$C_{15}H_{31}COOC_{16}H_{33}$	$41 \sim 46$
棕榈蜡	$C_{25}H_{51}COOC_{36}H_{61}$	$80 \sim 90$

（二）甘油磷脂、鞘磷脂、鞘糖脂

1. 甘油磷脂

甘油磷脂（glycerophosphatide）又称磷酸甘油酯，是广泛存在于动植物和微生物中的一类含磷酸的复合脂类。甘油磷脂是细胞膜结构的重要组分之一，在动物的脑、心、肾、肝、骨髓、卵以及植物的种子和果实中含量较丰富。

甘油磷脂是由甘油、脂肪酸、磷酸及含氮碱性化合物或其他成分组成，其结构如下：

$$
\begin{array}{l}
CH_2OCOR_1 \\
| \\
CHOCOR_2 \\
| \quad\quad O \\
| \quad\quad \| \\
CH_2O—P—O—X \\
\quad\quad | \\
\quad\quad OH
\end{array}
$$

磷脂的结构式

式中，R_1 通常为饱和脂酰基，R_2 为不饱和脂酰基，X 为胆碱、胆胺（乙醇胺）、丝氨酸、肌醇等。因 X 不同，它们可分别形成磷脂酰胆碱、磷脂酰丝氨酸及磷脂酰肌醇等，结构如表 5-4 所示。

表 5-4　几种主要的磷脂酰化合物

X 基团	化合物名称
—H	磷脂酸
$—CH_2—CH_2—N^+(CH_3)_3$	磷脂酰胆碱（卵磷脂）

续表

X 基团	化合物名称
$—CH_2—CH_2—NH_3^+$	磷脂酰乙醇胺（脑磷脂）
$—CH_2—\overset{\overset{\displaystyle NH_3^+}{\textstyle\vert}}{CH}—COO^-$	磷脂酰丝氨酸
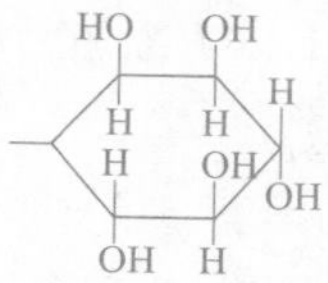 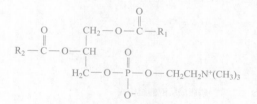	磷脂酰肌醇

从甘油磷脂的结构可知，甘油分子中两个羟基被脂肪酸基酯化，成为疏水性的非极性尾；第三个羟基与磷酸结合，并带有一个亲水性的有机碱，因此成为亲水性的极性头。因此甘油磷脂为两性脂质分子，在构成生物膜结构中具有重要作用。

纯甘油磷脂为白色蜡状固体，若暴露于空气中由于多不饱和脂肪酸的氧化，颜色会逐渐变暗。甘油磷脂溶于大多数含有少量水的非极性溶剂，但难溶于无水丙酮。

（1）几种常见的甘油磷脂

① 磷脂酰胆碱（phosphatidylcholine） 也称卵磷脂（lecithin）（拓展 5-7），结构如下：

拓展 5-7

磷脂酰胆碱的结构式

磷脂酰胆碱多为白色蜡状，低温下可结晶，易吸水，易溶于乙醚、乙醇等弱极性有机溶剂，不溶于丙酮，在大豆和蛋黄中含量特别丰富。磷脂酰胆碱中的脂肪酸多为软脂酸、硬脂酸、油酸、亚油酸、亚麻酸和花生四烯酸等。磷脂酰胆碱有控制动物体代谢、防止脂肪肝形成的作用。天然磷脂酰胆碱多为含有不同脂肪酸的磷脂酰胆碱的混合物，磷脂酰胆碱和磷脂酰乙醇胺是细胞膜中含量最多的脂质。

② 磷脂酰乙醇胺 磷脂酰乙醇胺（phosphatidylethanolamine）又称脑磷脂（cephalin）（拓展 5-8），结构如下：

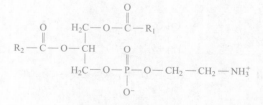

拓展 5-8

磷脂酰乙醇胺的结构式

磷脂酰乙醇胺性质与磷脂酰胆碱相近，不稳定，易吸水，易溶于乙醚，不溶于丙酮，主要存在于脑组织和神经组织中。其分子中的脂肪酸多为软脂酸、硬脂酸、油酸及少量花生四烯酸。磷脂酰乙醇胺与凝血有关，血小板中的凝血酶致活素就是由脑磷脂和蛋白质组成。

③ 磷脂酰丝氨酸　磷脂酰丝氨酸（phosphatidylserine）结构如下：

O
‖
H₂C—O—C—R₁
|
R₂—C—O—CH
‖ |
O   H₂C—O—P—O—CH₂CHNH₃⁺
|
O⁻   COO⁻

磷脂酰丝氨酸的结构式

磷脂酰丝氨酸与磷脂酰乙醇胺理化性质类似。常见于血小板膜中，也称血小板第三因子。组织受损血小板被激活时，细胞膜中的磷脂酰丝氨酸会由内侧转向外侧，作为表面催化剂与其他凝血因子一起使凝血酶原活化。

④ 磷脂酰肌醇　磷脂酰肌醇（phosphatidylinositol）广泛存在于哺乳类动物的细胞膜中，结构如下：

磷脂酰肌醇的结构式

真核细胞质膜中常含有磷脂酰肌醇 -4- 单磷酸（PIP）和磷脂酰肌醇 -4，5- 二磷酸（PIP_2），后者是胞内信使肌醇 -1，4，5- 三磷酸（IP_3）和 1，2- 二酰基甘油（DAG）的前体。

（2）甘油磷脂的理化性质

甘油磷脂都是白色蜡状固体，不易溶于无水丙酮，可以用氯仿 - 甲醇溶液从组织、细胞中提取甘油磷脂。甘油磷脂分子中含有 2 条疏水的脂酰基长链（尾部）及亲水的磷酸或极性取代基团（头部），所以甘油磷脂分子为两性化合物：水溶液中的磷脂分子，亲水的头部趋向于水相，疏水的尾部则相互聚集，形成微团或自动排列成双分子层。

水解作用：在弱碱溶液中，甘油磷脂水解生成脂肪酸的金属盐。如磷脂酰乙醇胺的水解反应为：

CH₂OCOR₁　　　　　　　　　　　　　　　CH₂OH
|　　　　　　　　　　　　　　　　　　　|
CHOCOR₂　　　　　弱碱　　　　　　　　 CHOH　　　　　　　+　R₁COONa + R₂COONa
|　　　　　　　⟶　　　　　　　　　　 |
CH₂—O—P—O—CH₂—CH₂NH₃⁺　　　　　　　 CH₂—O—P—O—CH₂—CH₂NH₃⁺
|　　　　　　　　　　　　　　　　　　 |
O⁻　　　　　　　　　　　　　　　　　　O⁻

氧化作用：与三酰甘油类似，甘油磷脂中所含的不饱和脂肪酸在空气中被氧化生成过氧化物，最终形成黑色的过氧化物聚合物。

2. 鞘磷脂

鞘磷脂（sphingomyelin）或神经鞘磷脂是鞘脂类的一种典型复合脂类，它是高等动物组织中含量丰富的鞘脂类。鞘磷脂存在于动物细胞的质膜，特别是髓鞘中。鞘磷脂经水解可以得到磷酸、胆碱、鞘氨醇及脂肪酸。鞘氨醇是一个有 18 个碳原子的氨基二醇，已发现的鞘氨醇有几十种，它们的碳原子和羟基数目均有变化。鞘氨醇的氨基可与 1 条长链脂肪酸（18 ～ 26 个碳原子）结合形成神经酰胺。在神经酰胺分子中，鞘氨醇第一个碳原子上的羟基与磷脂酰胆碱或磷脂酰乙醇胺形成鞘磷脂。鞘磷脂有两条长的烃链，一条是鞘氨醇的烃链（14 ～ 18 个碳原子）；另一条为连接在氨基上的脂肪酸，因此它们在结构上类似于磷酸甘油酯。

鞘氨醇　　　　　神经酰胺　　　　　鞘磷脂

鞘磷脂为白色晶体，性质较稳定，易溶于热乙醇，不溶于丙酮和乙醚，具有两性解离性质。

3. 鞘糖脂

鞘氨醇 C1 上的羟基与一个单糖相连时形成鞘糖脂（glycosphingolipid）。因这些鞘糖脂存在于脑和神经组织中，故统称为脑苷脂和神经节苷脂。参与形成脑苷脂的单糖通常是葡萄糖和半乳糖。

若半乳糖脑苷脂中半乳糖的 C3 与硫酸分子以硫酯键相连，则形成脑硫脂。

鞘糖脂中有一类称为神经节苷脂，这些脂类除了含糖分子外，它的极性头部还含有一个或多个 N-乙酰神经氨酸，即唾液酸。这部分神经节苷脂类在 pH 为 7 时带负电荷。人的神经节苷脂类中含有丰富的唾液酸。脑灰质中含有丰富的神经节苷脂类，非神经组织如红细胞、脾、肝和肾等组织中也含有少量的神经节苷脂类。不同的神经节苷脂类所含的六碳糖以及唾液酸的数目及位置各不相同。

鞘糖脂是动物细胞膜的组成成分，虽然在细胞膜中含量很少，但是它在行使生物膜的功能方面具有重要的意义。神经节苷脂类在神经末梢中含量非常丰富，它在神经突触的传导中起着重要的作用。

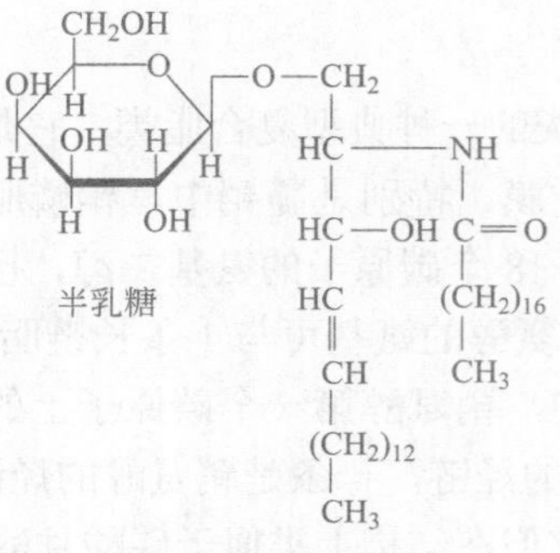

半乳糖

葡萄糖

半乳糖脑苷脂

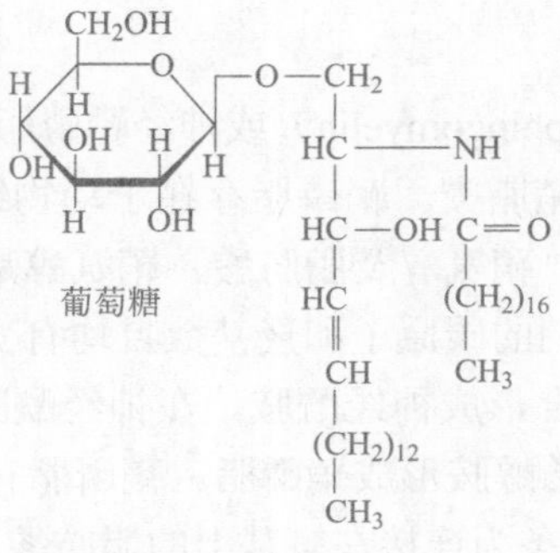

葡萄糖脑苷脂

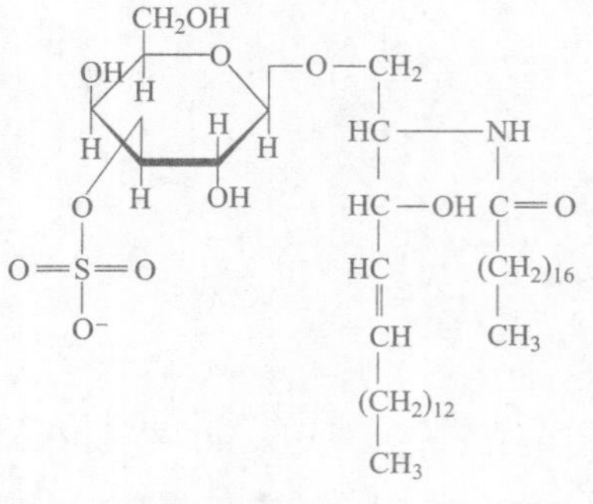

脑硫脂

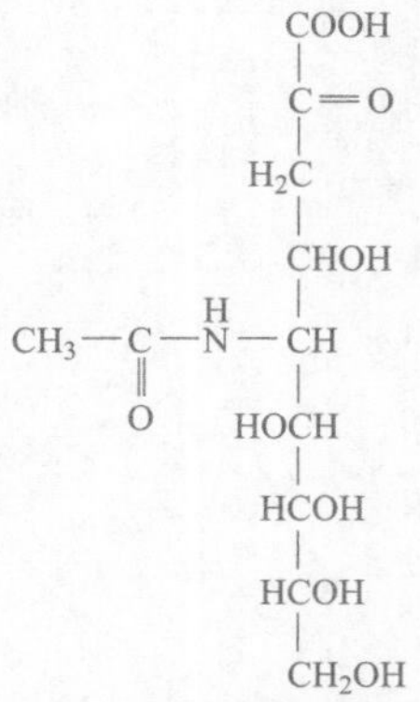

N-乙酰神经氨酸(唾液酸)

三、胆固醇和萜类

（一）胆固醇

胆固醇是甾醇族中最主要的一类固醇类化合物，存在于动物细胞膜及少数微生物中。固醇类化合物在动植物中均广泛存在，主要有游离型及固醇酯两种类型。所有固醇类化合物都是以环戊烷多氢菲为核心结构，因羟基的构型不同，分为 α 型及 β 型。动物固醇主要是胆固醇，植物固醇主要是豆固醇和菜油固醇。

胆固醇（cholesterol）在脑、神经组织及肾上腺中含量较为丰富，在血液、胆汁、肝、肾及皮肤组织中也含有相当多的这类物质，是最常见的一种动物固醇。此外，羊毛固醇、胆甾烷醇、粪固醇以及 7- 脱氢胆固醇也属于动物固醇。生物体内的胆固醇有的以游离形式存在，也有的与脂肪酸结合而以胆固醇酯的形式存在。胆固醇经常与二氢胆固醇、7- 脱氢胆固醇和胆固醇酯同时存在，结构如下所示：

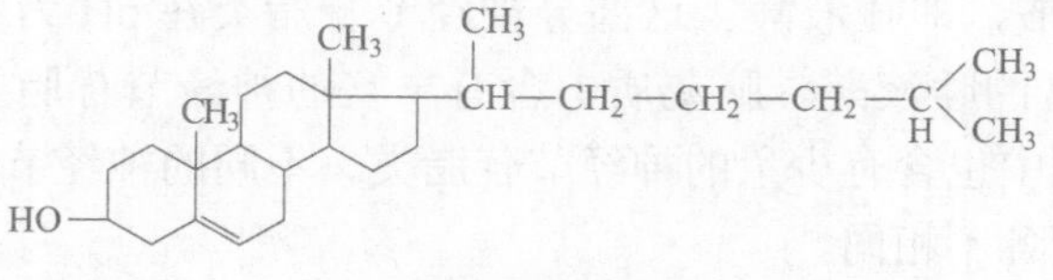

胆固醇的结构式

胆固醇为白色斜方晶体，无味，无臭，熔点为 148.5℃，高真空度下可以被蒸馏。不溶于水，易溶于乙醚、氯仿、丙酮、热乙醇、醋酸乙酯及胆汁酸盐溶液中。胆固醇 C3 位的羟基易与高级脂肪酸发生酯化反应，形成胆固醇酯。胆固醇的双键可与氢、溴、碘等发生加成反应。

胆固醇是两性分子，但其极性头部（C3 羟基）较小，非极性烃体是一个刚性平面，使得胆固醇对膜中脂质的物理状态具有一定的调节作用。胆固醇是构成生物膜的主要成分之一，也是血中脂蛋白复合体的组分之一，也与动脉粥样斑块的形成有一定关系。胆固醇与长链脂肪酸形成的胆固醇酯是血浆蛋白质及细胞外膜的重要组分。胆固醇分子的一端有一极性头部基团（羟基）而呈现亲水性，分子的另一端具有烃链及固醇的环状结构而表现为疏水性。因此，胆固醇与磷脂类化合物相似，也属于两性分子。胆固醇还是类固醇激素、维生素 D 以及胆汁酸的前体。

在植物中发现类似的固醇，称为植物固醇。最常见的是 β- 谷固醇，主要存在于小麦、大豆等谷物中。其结构与胆固醇类似，其 C17 上的侧链为 10 个 C 而不是胆固醇的 8 个 C，其 C24 位连有一个 β- 取向的乙基，也称为 24-β- 乙基胆固醇。植物中常见的固醇还有豆固醇、菜油固醇等。植物固醇较难被人体的肠黏膜吸收，可抑制胆固醇的吸收。酵母和麦角菌等真菌类可产生麦角固醇，在紫外线的作用下可转化为维生素 D_2 的前体，最终可经加热转变为维生素 D_2（拓展 5-9）。

（二）萜类

萜类（terpene）分子碳骨架可看作是由两个或多个异戊二烯单位组成。异戊二烯一般通过头尾相连，形成的萜类可以是直链也可以是环状分子。根据所含异戊二烯的数目，可将萜类化合物分为单萜、倍半萜、二萜、三萜、四萜等。由两个五碳构成的萜称单萜，由 3 个五碳构成的称倍半萜，由 4 个五碳构成的称双萜，依次类推。

单萜广泛存在于芳香植物中，许多是植物精油的成分，如香茅醇、柠檬醛等。倍半萜碳原子数为 15，种类较多，有些是中草药的研究对象，如桉叶醇、没药醇、防风根烯等。叶绿醇（植醇）和维生素 A 所含碳原子数为 20，为双萜类化合物。鲨烯和羊毛固醇所含碳原子数为 30，为三萜类化合物，是胆固醇和其他类固醇的前体。胡萝卜素为最常见的四萜类化合物，大量存在于植物的各个器官内。多数直链萜类的双键都是反式，但在 11- 顺 - 视黄醛中，C11 上的双键为顺式。11- 顺 - 视黄醛存在于动物的细胞膜上，它是脊椎动物视网膜上发现的一种维生素 A 的衍生物。此外还有多聚萜类，如天然橡胶等。维生素 A、维生素 E 及维生素 K 等都属于萜类（拓展 5-10）。

拓展 5-9

拓展 5-10

第二节 生物膜

生物膜（biomembrane）是指将细胞或细胞器与其环境分开的膜系统的统称。其中将细胞质与其环境分开的膜称为细胞膜（cell membrane）或质膜（plasma membrane），真核细胞中还存在内膜系统（endomembrane system），把细胞内部分为若干独立的区室，形成所谓的细胞器和亚细胞结构。生物膜可以参与生命活动的许多重要过程，例如物质运输、能量转换、细胞识别、细胞免疫、神经传导、代谢调控以及激素和药物作用、肿瘤发生等。

一、生物膜的组成

生物膜主要由蛋白质（膜蛋白及酶）和脂质（主要是磷脂）组成，此外还含少量的糖、水、金属离子等（图 5-2）。生物膜中蛋白质和脂质的比例，因膜的种类不同而有很大的差异，范围从 1：4 到 4：1。一般说来，功能复杂而多样的生物膜中膜蛋白质所占比例较大；相反，膜功能越简单，其膜蛋白质的种类和含量越少，这说明蛋白质与酶的功能有关，例如，神经髓鞘膜功能简单，主要起绝缘作用，蛋白质与脂质的比值约为 0.25；而线粒体内膜功能复杂，含有电子传递链和氧化磷酸化等酶类共约 60 种蛋白质，蛋白质与脂质的比值约为 3.6。表 5-5 中列出了一些细胞膜的化学组成。

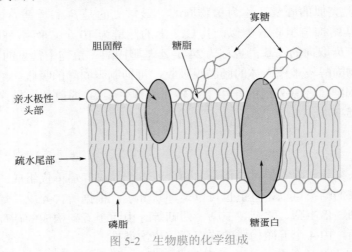

图 5-2　生物膜的化学组成

表 5-5　一些细胞膜的化学组成 /%

膜	蛋白质	脂类	糖类
神经髓鞘质	18	79	3
人红细胞质膜	49	43	8
变形虫质膜	54	42	4
支原体细胞膜	58	37	1.5
嗜盐菌紫膜	75	25	0

（一）膜脂

膜脂是生物膜的基本组成成分，约占细胞总脂质的 40%。生物膜的脂类主要包括磷脂、糖脂和胆固醇，其中以磷脂含量最高，占整个膜脂的 50% 以上。磷脂又可分为甘油磷脂和鞘磷脂两类。甘油磷脂包括磷脂酰胆碱（PC）、磷脂酰丝氨酸（PS）、磷脂酰乙醇胺（PE）、磷脂酰肌醇（PI）、磷脂酸（PA）、磷脂酰甘油（PG）和心磷脂（DPG）。组成生物膜的磷脂分子的主要特征是：①具有 1 个极性头部和 2 个非极性尾部（脂肪酸链），但存在于线粒体内膜和某些细菌质膜上的心磷脂具有 4 个非极性尾部（拓展 5-11）。②脂肪酸碳链为偶数，多数碳链由 16、18 或 20 个碳原子组成。③除饱和脂肪酸外（如硬脂酸和软脂酸），还常含有不饱和脂肪酸（如油酸、亚油酸和亚麻

拓展 5-11

酸）。不饱和脂肪酸分子中的双链存在顺式和反式的互变，使不饱和脂肪酸易弯曲或转动，导致膜结构比较松散而不僵硬。耐寒性强的植物，其膜脂中不饱和脂肪酸的含量较多，且不饱和脂肪酸中双键数目较多，有利于保持膜在低温下的流动性，以抗御冷冻；而抗热性强的植物，其饱和脂肪酸的含量较高，有利于细胞质膜在高温下的稳定性。

除磷脂外，糖脂普遍存在于原核和真核细胞的质膜中，其含量占膜脂总量的 5% 以上；在神经细胞质膜上糖脂含量较高，占 5% ～ 10%。目前已发现 40 余种糖脂，不同的细胞中所含糖脂的种类不同。动物细胞质膜几乎都含有糖脂，主要是鞘糖脂，如脑苷脂、神经节苷脂，细菌和植物细胞的质膜大多为甘油糖脂。

固醇是生物膜中另一种膜脂，植物细胞中的固醇含量低于动物细胞。高等植物细胞膜中的固醇主要是谷甾醇和豆甾醇，动物细胞膜中最多的固醇为胆固醇（如图 5-2）。细菌的质膜中不含有胆固醇，但某些细菌的膜脂中含有甘油糖脂。胆固醇在调节膜的流动性，增加膜的稳定性以及降低水溶性物质的通透性等方面都起着重要作用（拓展 5-12）。表 5-6 中列出了一些生物膜的脂类组成。

拓展 5-12

表 5-6 生物膜的脂类组成

来源		脂类组成 /%									
		胆固醇	PC	SM	PE	PI	PS	PG	DPC	PA	糖脂
大白鼠肝	细胞质膜	30.0	18	14.0	11	4.0	9.0	—	—	1	
	内质网（糙面）	6.0	55	3.0	16	8.0	3.0				
	内质网（光面）	10.0	55	12.0	21	6.7			1.9	—	
	线粒体（内膜）	3.0	45	2.5	25	6.0	1.0	2.0	18.0	0.7	
	线粒体（外膜）	5.0	50	5.0	23	13.0	2.0	2.5	3.5	1.3	—
	核膜	10.0	55	3.0	20	7.0	3.0			1.0	
	高尔基体	7.5	40	10.0	15	6.0	3.5				
	溶酶体	14.0	25	24.0	13	7.0	—		5.0		
大白鼠脑	髓鞘质	22.0	11	6.0	14	—	7.0		—	—	21
	突触体	20.0	24	3.5	20	2.0	8.0		—	1.0	
大白鼠红细胞		24.0	31	8.5	15	2.2	7.0			0.1	3
大白鼠视杆细胞（外周部分）		3.0	41		37	2.0	13.0				
大肠杆菌细胞质膜		0	0	—	80	—		15.0	5.0		

注：SM 为鞘磷脂。

虽然膜脂的种类很多，但它们都有共同的结构特点，它们都是两性分子。两性分子在水溶液中能迅速地在水 - 空气界面形成单分子层，极性头部与水接触，非极性的尾部伸向空气一侧。若加入较多量的膜脂，使水 - 空气界面达到饱和，膜脂分子就形成微团和双层微囊，如图 5-3 所示。

大多数天然膜脂更倾向于双层微囊的形式。在这种双层微囊的结构中，膜磷脂的极性头部通过离子键、静电引力和氢键，对水有强烈的亲和力，因而排在外侧，与外界水溶性环境相邻；其疏水尾部则相互聚集，尽量避免与水接触，由此形成生物膜脂质双分子层的结构。脂质双分子层的结构成为生物膜的基本骨架，称为脂质双层。

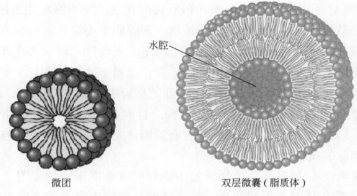

图 5-3　膜脂分子在水溶液中形成的微团和双层微囊结构

微团　　　　双层微囊（脂质体）

（二）膜蛋白

根据膜蛋白在膜上的结合位置及状态，膜蛋白可分为膜周边蛋白（peripheral protein）和膜内在蛋白（integral protein），也称外周蛋白和内在蛋白（内嵌蛋白），如图 5-4 所示。不论何种膜蛋白，它们在细胞膜上的位置都是可以移动的，但位置相对固定而非随机漂移。

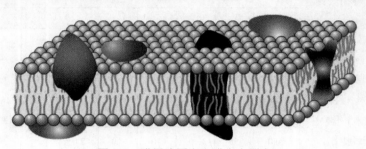

图 5-4　膜周边蛋白和膜内在蛋白

1. 膜周边蛋白

外周蛋白一般占膜蛋白的 20% ～ 30%，这类蛋白质可溶于水，分布于脂双层表面，通过静电相互作用或范德华力与膜脂的极性头部或膜内在蛋白相结合，不伸入脂双层中。外周蛋白较易于分离，一般用比较温和的处理方法，改变溶液的离子强度或 pH 或加入金属螯合剂都能使外周蛋白从膜上溶解下来，而不破坏膜的基本结构。

2. 膜内在蛋白

内在蛋白占膜蛋白的 70% ～ 80%，它们主要通过与脂质双层疏水区的疏水作用而结合在膜上，有的全部埋于脂质双层的疏水区内，有的部分插入脂质双层中，有的贯穿于整个脂质双层。这类蛋白质的特征是不溶于水。

近年来的研究表明，有少数膜蛋白通过共价键（硫酯键或酰胺键）与棕榈酰基、豆蔻酰基、异戊二烯基或糖肌醇磷脂酰基相结合，以脂酰基嵌入脂质双层。

这类蛋白与膜结合较为牢固，过去分离膜内在蛋白很难，只有经较剧烈的条件，如去污剂（SDS）、有机溶剂和超声波才能将膜脂破坏从而进行提取，现在应用基因工程方法较以前容易得到。现已分离提纯的膜蛋白达到几百种。

二、生物膜的结构——流动镶嵌模型

生物膜分子之间主要有三种作用力：静电力、疏水作用和范德华力。对膜结构的认识是一个发展的过程，流动镶嵌模型（图 5-5）是由 S. Jonathan Singer 和 Garth Nicholson 于 1972 年提出的（拓展 5-13）。他们认为，流动的脂质双分子层是构成膜的主体，而蛋白质分子则像"冰山"一样分布在脂质双分子的"海洋"之中，此模型得到各种实验结果的支持。流动镶嵌模型主要强调以下两点：

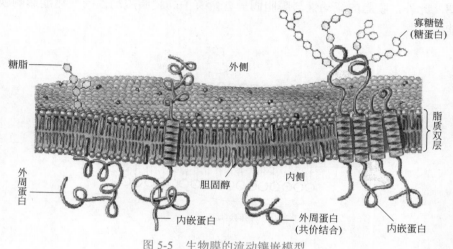

拓展 5-13

图 5-5 生物膜的流动镶嵌模型

（一）膜的不对称性

膜的不对称性主要表现为膜脂、膜蛋白和膜糖分布的不对称性，进而表现为生物膜的不同部位具有功能上的不对称性。在膜脂的双分子层中，外半层以磷脂酰胆碱为主，而内半层则以磷脂酰丝氨酸和磷脂酰乙醇胺为主，同时不饱和脂肪酸主要存在于外半层；在二维平面内，膜组分的分布也是不均一的，如在细胞膜上存在着一些鞘磷脂和胆固醇富集的区域，所有的膜蛋白，不论是外周蛋白还是内在蛋白在质膜上都呈不对称分布。膜蛋白分布的不对称性表现为膜脂内外两半层所含外周蛋白种类及数量不同，这是膜功能具有方向性的物质基础。例如在红细胞膜仅两种主要的内在蛋白暴露于膜的外表面——乙酰胆碱酯酶、Rh 抗原，其余的内在蛋白和外在蛋白均暴露于膜的胞液面。细胞表面的受体、膜上载体蛋白都按一定的方向传递信号和转运物质，与细胞相关的酶促反应也发生在膜的某一侧面。例如 Na^+，K^+-ATP 酶位于细胞膜的内侧，而作为激素受体的蛋白质则主要位于膜的外侧。糖类在膜上的分布是不对称的，质膜和细胞内膜上的糖蛋白与糖脂的寡糖链，均分布于非细胞液的一侧，即细胞膜中的糖残基只存在膜的外半层，即面向细胞的外表面，而分布于内膜系统的糖残基却面向膜系的内侧，呈现分布上的绝对不对称。膜结构的不对称决定了膜功能的不对称性和方向性，所有已知的生物膜外部和内部表面均具有不同的组分和酶活，与其功能及生物学活性密切相关。

（二）膜的流动性

膜的流动性包括膜质和膜蛋白的运动，是生物膜结构的主要特征，合适的流动性对生物膜正常功能具有十分重要的作用。膜的流动性主要指脂质分子的侧向运动，它在很大程度上是由脂质分子本身的性质决定的（拓展 5-14）。此外，膜脂分子还能围绕轴心做自旋运动、尾部摆动以及双层脂分子之间的翻转运动，翻转运动的速率相对来说要慢一些。一般来说，脂肪酸链越短，不饱和程度越高，膜脂的流动性就越大。温度对膜脂的运动有明显的影响，各种膜脂都具有不同的相变温度，在生物膜中膜脂的相变温度是由组成生物膜的各种脂分子的相变温度共同决定的。膜脂的流动会带动膜蛋白的运动，膜蛋白能围绕与膜平面垂直的轴进行旋转运动，但不进行翻转运动，这是生长细胞完成多种生理功能所必需的，图 5-6 为膜脂流动的示意图。此外，膜脂的流动性与膜胆固醇含量有关。膜脂流动性的变化能影响膜蛋白的构象和功能。

拓展 5-14

拓展 5-15

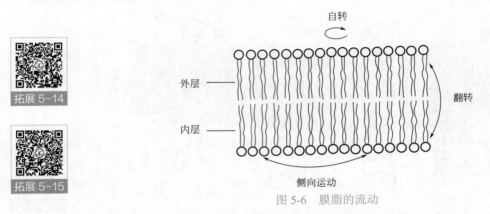

图 5-6　膜脂的流动

　　膜蛋白的运动主要包括旋转运动和侧向扩散运动，但不能发生翻转运动，与膜脂相比，膜蛋白的侧面扩散要慢得多。膜上的蛋白质可以发生位移、聚集，从而实现多种生物学功能。细胞膜上的蛋白质，如载体蛋白、受体蛋白和酶蛋白等，大多需要别构效应或侧向移动发挥生物学功能。如跨膜蛋白腺苷酸环化酶，被激活后可催化细胞内的 ATP 转变成 cAMP。当外源激素与膜上的受体结合后，可导致该受体构象向利于结合腺苷酸环化酶的形式转化。

　　流动镶嵌模型强调了生物膜的流动性，可以很好地解释生物膜的很多特征和性质，如膜的选择通透性、高电阻性、膜的组成和功能的不对称性等，但仍有局限性，如对生物膜的不均匀性并未给予足够考虑。之后，人们进一步认识到生物膜有微区存在。1997 年美国 Simons 正式提出一种新的膜结构模型来描述富含鞘糖脂和胆固醇的微区，一些蛋白质可以选择性的包含在微区上，参与细胞内信号转导，此结构称为脂筏（lipid raft），如图 5-7（拓展 5-15）。脂筏是指在膜双层内含有的特殊脂质及蛋白质的一种微区，也以鞘脂和胆固醇为主，大小为 55 ～ 300nm，是生物膜不被去垢剂所溶解的部分。脂筏中还含有许多蛋白质（G 蛋白、受体、腺苷酸环化酶等），证明脂筏与细胞内信息传递功能密切相关。

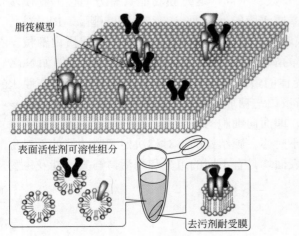

图 5-7　脂筏的结构

三、生物膜的功能

（一）物质运输

细胞膜是细胞内外物质交换的必经之路，它对物质的进出有严格的选择和精确的控制，是具有高度选择性的通透屏障。生物膜可以调节细胞与内外环境之间的分子和离子流通，保持细胞内 pH 和离子组成的相对稳定，提供产生神经、肌肉兴奋所必需的离子梯度。小分子物质进入细胞主要通过简单扩散、协助扩散、主动运输和基团转移等方式，而大分子和颗粒性物质主要通过内吞作用和外排作用进出细胞（拓展 5-16）。

拓展 5-16

1. 简单扩散

简单扩散指没有电荷的小分子或水溶性的小分子（如 H_2O、O_2、CO_2、尿素、乙醇等）以自由扩散的方式从膜的一侧通过细胞质膜进入膜另一侧的过程，其结果是分子由浓度高的一侧向浓度低的一侧移动。分子以自由扩散的方式跨膜转运，不需要细胞提供能量，也没有膜蛋白的协助。不同分子的通透性差异很大，如 O_2、N_2 和苯等极易通过细胞膜，水分子也比较容易通过，而尿素的通透性仅为水分子的 10^{-2}。一般认为，物质在细胞质膜上的通透性主要取决于分子的大小和极性：小分子比大分子容易穿过膜，非极性分子比极性分子容易穿过膜。

2. 协助扩散

协助扩散也是小分子物质沿其浓度梯度（或电化学梯度）减小的方向的跨膜运动，也不需要能量，从这一点上看，它与简单扩散相同，因此二者均称为被动运输。但是，在协助扩散中，特异的膜蛋白"协助"物质转运使其转运速率大大增加，转运特异性也增强。在膜上存在两类转运蛋白：一类为载体蛋白，另一类为通道蛋白。载体蛋白相当于结合在细胞膜上的酶，可同特异的底物结合，转运过程具有类似于酶与底物作用的动力学曲线，能测出每种物质转运的最大速度 v_{max} 和 K_m，并可被类似物竞争性抑制。通道蛋白在膜上可形成亲水通道，允许一定大小和一定电荷的离子通过。目前发现的通道蛋白有 50 余种，某些通道蛋白在革兰氏阴性细菌的外膜、线粒体和叶绿体的外膜上形成选择性的通道，绝大多数的通道蛋白形成有选择性开关的跨膜通道，称为离子通道，这是因为通道蛋白几乎都与离子的转运有关。离子通道对被转运离子的大小和电荷有高度的选择性，而且转运速度高，每秒可转运 10^6 个离子，超过载体蛋白的 100 倍。离子通道在多数情况下呈关闭状态，只有在膜电位或化学物质刺激后，才开启形成跨膜的离子通道。离子通道在神经元与肌细胞冲动传递过程中起着重要作用，含羞草的闭叶反应，草履虫的快速转向运动都与离子通道有关。

3. 主动运输

主动运输是物质逆浓度梯度或电化学梯度的方向运输的跨膜运动方式，是一个耗能的过程，它一方面需要膜上有特殊的载体蛋白（或泵）存在，另一方面还需要和一个自发的放能反应相偶联。细胞内物质主动运输常见的供能系统有三种：①ATP 的水解放能；②氧化还原反应、光化学反应或 ATP 水解中建立的质子（H^+）和离子浓度梯度；③膜两边离子不对称分布而产生的膜电位。这三种供能反应大都来自生物的呼吸作用，当呼吸过程受抑制时，物质的主动运输过程也将受阻。

4. 内吞作用和外排作用

质膜对大分子化合物是不通透的，大分子化合物进出真核细胞，是通过内吞作用和外排作用进行的。

内吞作用指细胞从外界摄入的大分子或颗粒逐渐被质膜的一小部分内陷而包围，随后从质膜上脱落下来，形成含有摄入物质的细胞内囊泡的过程，如图 5-8 所示。若内吞物是固体，则称"吞噬作用"，若为液态，则称"胞饮作用"。

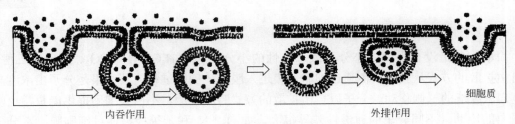

图 5-8　内吞作用和外排作用示意图

与内吞作用相反，有些物质在细胞内被膜包围，形成小泡，逐渐移至细胞表面，最后与质膜融合并向外排出，这一过程称为外排作用。

5. 蛋白质的跨膜运送

在真核细胞中，蛋白质跨膜运送主要有三种类型：①以内吞外排形式通过质膜；②通过内质网膜，一般认为在此过程中，信号肽、信号识别颗粒（SRP）、停靠蛋白质等参与了识别和运送作用；③通过线粒体膜、叶绿体膜、过氧化物酶体膜以及乙醛酸循环体膜等。在这些过程中引导肽起着重要作用。

6. 基团转移

基团转移最早发现于某些细菌中，它是细菌在吸收营养物质时采用的一种物质跨膜运输方式。通过对被转运到细胞内的分子进行共价修饰，被转运的分子在细胞中始终维持低浓度，从而保证这种物质不断地沿浓度梯度方向从细胞外向细胞内转运。

（二）能量转换

生物膜在参与代谢能与光能的转变中起着重要作用。在生物体内，三磷酸腺苷（ATP）是能量转移的中心：当机体的能量剩余时即转换成 ATP；需要时，ATP 再将能量释放出来。

植物体内的 ATP 合成主要是通过光合磷酸化和氧化磷酸化反应。光合磷酸化反应的部位在叶绿体的类囊体膜上，上面有序地分布着光合色素系统、电子传递系统和光合磷酸化的酶系，将光能转变为化学能，储存在 ATP 中。

动物细胞主要通过线粒体进行生物氧化和能量转化。与叶绿体一样，线粒体的内膜和线粒体嵴上有序地分布着电子传递体系和氧化磷酸化的酶系。这些组分按一定顺序定位于膜上并形成多酶复合体，经电子传递体系与 ADP 的磷酸化反应相偶联，产生 ATP。

（三）信息传递

在生物体内，细胞之间的联系是通过细胞间的物质传递来实现的，细胞膜控制着信号的发生和传递。细胞的信号传递又称细胞通信，一般指一个细胞发出的信号分子通过介质传递到另一个细胞并产生相应的反应。

细胞信号传递一般包括以下几个过程：化学信号分子的合成→信号分子的释放→信号分子转运至靶细胞→靶细胞特异性受体识别信号分子→信息的跨膜传递→生物学效应。不同类型的细胞对相同的化学信号分子的反应可能不同。已知的跨膜信息传递途径包括环核苷酸酶体系、酪氨酸蛋白激酶及磷脂酰肌醇体系。介导跨膜信息传递的第二信使包括：环腺苷酸（cAMP）、酪氨酸蛋白激酶（TPK）、三磷酸肌醇（IP_3）、二酰甘油（DAG）、花生四烯酸和 Ca^{2+} 等。

（四）细胞识别

细胞识别是细胞信号传递的一个重要环节，是指细胞通过其表面的受体与胞外信号分子选择性地相互作用，从而导致胞内一系列生理生化变化，最终产生一定的生物学效应。

高等生物体中普遍存在细胞识别现象，如动物的白细胞识别并吞噬外来的细胞；植物的花粉与柱头之间的识别是亲和力产生的前提；根瘤菌与豆科植物根细胞之间的识别使豆科植物具有固氮作用而其他植物则不能，这一切都与膜有关。质膜外表面的糖蛋白和糖脂是细胞识别的物质基础，它们外露的糖残基像"触角"伸到细胞外，好似细胞与细胞或细胞与大分子间联络的天线。

有关糖蛋白的识别机理，有些学者认为：位于膜上的糖蛋白就是糖基转移酶或糖苷酶，当它与其他相邻细胞接触时，可以识别其相应的糖类底物，从而启动一系列的生化反应过程，发生细胞的相互作用。

本章小结

脂类化合物是生物体内的一类重要的有机化合物，它们具有一个共同的物理性质，不溶于水，但能溶于有机溶剂（乙醚、氯仿、苯、丙酮、乙醇）中。

脂肪酸是具有长碳氢链和一个羧基末端的有机化合物，有饱和脂肪酸和不饱和脂肪酸之分。脂肪酸的性质与脂肪酸碳链的长度和不饱和程度紧密相关。三酰甘油是甘油和脂肪酸所形成的酯，是脂类中含量最丰富的一类。蜡是高级脂肪酸和高级一元醇所形成的酯。磷脂是分子中含磷酸的复合脂，包括甘油磷脂和鞘脂类两大类，是生物膜的重要组分。萜类化合物不含脂肪酸，是异戊二烯的衍生物。类固醇的基本骨架是环戊烷多氢菲，最常见的是胆固醇。

细胞中的多种膜结构统称生物膜。生物膜主要由蛋白质、脂类和糖类物质组成。膜脂主要成分为磷脂、糖脂和胆固醇，其中磷脂含量最高，分布最广。膜蛋白是膜功能的主要体现者，分为外周蛋白和内在蛋白。生物膜结构的模型中，流动镶嵌模型被广泛接受。生物膜的主体是极性的脂质双分子层，具有流动性，且不对称。膜蛋白穿入膜的任一边或完全伸展跨膜。生物膜是多功能的结构，具有保护细胞、交换物质、转换能量和传递信息等生理功能。

 思考题

1. 脂类物质有哪些共性？脂类包括哪些物质？它们在生物体内有哪些生理功能？
2. 脂肪酸、脂肪和蜡的定义是什么？
3. 饱和脂肪酸和不饱和脂肪有何区别？如何表示？
4. 重要的甘油磷脂和鞘脂类有哪几种？结构上有何特点？
5. 什么是生物膜？研究生物膜有何重要意义？
6. 生物膜的主要化学成分是什么？简述这些成分的主要作用。
7. 简要说明膜结构的流动镶嵌模型的内容。
8. 物质的跨膜转运有几种类型？各有何特点？
9. 细胞识别的物质基础是什么？

第六章

酶

本章导读

　　酶是具有催化功能的蛋白质，少数为 RNA。生物体内一切化学反应，几乎都是在酶催化下进行的，没有酶就不能进行新陈代谢，也就没有生命。酶在工业、农业、医药等方面有重要应用。本章介绍了酶的相关概念及性质，包括：酶的基本概念、酶的分类与命名、酶的结构与功能、酶活力的测定及酶活性调节的方式、酶的作用机制及特殊的酶、酶工程、维生素与辅酶等内容。在酶的概念中，介绍了酶的定义及催化特性；在酶的分类与命名中，介绍了酶的习惯命名法及系统命名法；在酶的结构与功能中，介绍了活性中心的概念及酶的催化机理；酶促反应动力学介绍了影响酶活力的各种因素及其动力学方程及参数；在酶活性调节的方式中介绍了酶的量变及质变两种调节方式；在酶活力的测定中介绍了酶活力、比活力、转化数、K_m、亲和力、v_{max} 的内涵及计算方法；在酶的应用及酶工程部分介绍了酶在医药及食品等领域的应用及酶工程的相关概念；在维生素与辅酶部分介绍了水溶性及脂溶性维生素的概念、类别及作用，重点介绍了水溶性维生素在生物体内的活性形式。

　　酶学知识来源于生产实践。我国早在公元前 2000 多年，就有酿酒、造酱和制饴的历史记载，不过当时还不知道发酵现象中酶的作用。1680 年，荷兰人 Leeuwenhoek 首先用显微镜发现了酵母细胞。法国人 Pasteur 提出"酵素（ferment）"一词，认为只有活的酵母细胞才能进行发酵。1833 年法国人 Payen 和 Persoz 从麦芽中抽提出一种对热敏感的物质，这种物质能将淀粉水解成可溶性糖，被称为淀粉酶制剂（diastase），意思是"分离"。所以后人命名酶时常加词尾 -ase。1857 年巴斯德用酵母细胞成功地进行了酒精发酵实验，但当时认为只有完整的活酵母才具有这种发酵功能。1878 年德国人 Kühne 首次提出"酶（enzyme）"一词，意为"在酵母中"。1897 年德国科学家 Büchner 兄弟俩成功地用无细胞的酵母提取液发酵并产生出酒精，说明酶的催化发酵作用与细胞的完整性及生命力无关。

1926 年美国人 Sumner 从刀豆中结晶出脲酶（第一个酶结晶）（拓展 6-1）并提出酶是蛋白质的观点。Sumner 因而获得 1949 年诺贝尔奖。1930 年以后，Northrop 等连续获得胃蛋白酶、胰蛋白酶和胰凝乳蛋白酶的结晶，并证实其均为蛋白质。此后关于酶的研究倍受重视，并得到快速发展，形成了一门既有理论又非常实用的"酶学"学科。

20 世纪 80 年代后，核酶、脱氧核酶、抗体酶等相继出现，酶的传统概念受到挑战。1982 年，美国人 Cech 等发现四膜虫 26S rRNA 前体具有自我剪接功能，并于 1986 年证明其内含子 L-19 IVS 具有多种催化功能，这种 RNA 被命名为核酶（ribozyme）（拓展 6-2）。1994 年美国人 Breaker 和 Joyce 报道了一个人工合成的 35bp 的多聚脱氧核糖核苷酸能够催化特定的核糖核苷酸或脱氧核糖核苷酸形成的磷酸二酯键，并将这一具有催化活性的 DNA 称为脱氧核酶（deoxyribozyme）（拓展 6-3）。1986 年美国人 Lerner 与 Schultz 等分别研制成功抗体酶（abzyme）（拓展 6-4）。这些新发现不仅增加了对酶的本质的研究，也有助于对生命起源等问题的探讨，使酶学研究进入新的阶段。

酶学是生物科学的一门基础理论学科，由于酶独特的催化功能，它在工农业和医学等方面都有重大的实际意义。它的高效性和专一性，以及在溶液中温和的条件下发挥催化作用是普通的化学催化剂所无法比拟的。所以，对酶研究的成果将会给催化理论、催化剂的设计、药物的设计、疾病的诊断和治疗以及遗传和变异等各个方面提供理论依据和新的认识。

第一节　酶的概念

一、酶的定义

酶是一类具有高度催化效能和高度专一性的生物催化剂，它由活细胞产生，并可在细胞内外起催化作用，绝大部分酶的主要化学成分是蛋白质，少部分为核酸（核酶，脱氧核酶）。生物体内一切化学反应，几乎都是在酶催化下进行的，酶是生物体内代谢过程必不可少的物质，没有酶就不能进行新陈代谢，也就没有生命。

二、酶的催化特点

酶作为生物催化剂与一般催化剂相比，既有共性又有特性。其共性在于：酶的催化作用在加快反应进行时，反应前后酶本身在数量和性质上没有改变；酶只能催化热力学上允许进行的反应，而不能使本来不能进行的反应发生；酶只能使反应加快达到平衡，不能改变达到平衡时反应物和产物的浓度，即，既能加快正反应，也能加快逆反应进行。

另一方面，酶不同于一般无机催化剂，它具有自身独特的催化特点。

（一）高效催化性

酶催化的反应比非催化反应的效率高 $10^8 \sim 10^{20}$ 倍，比无机催化剂的催化效率亦要高 $10^6 \sim 10^{12}$ 倍，例如过氧化氢酶催化 H_2O_2 分解的速度是 Fe^{2+} 催化分解速度的 8.3×10^9 倍；

脲酶催化尿素分解的速度是 H^+ 催化分解速度的 7.6×10^{12} 倍；糜蛋白酶催化水解苯甲酰胺的速度是 H^+ 催化水解速度的 6.2×10^6 倍，而且不需要较高的反应温度。这种高效的酶促反应机制，主要是因为降低了反应活化能。

（二）高度专一性

酶对其所催化的底物（S）具有较严格的选择性，即一种酶仅作用于一种或一类化合物，或一定的化学键，催化一定的化学反应并产生一定的产物，酶的这种特性称为酶的特异性或专一性。

1. 酶专一性的类型

根据酶对其底物结构选择的严格程度不同，酶的特异性可大致分为以下三种类型：

（1）绝对特异性

有的酶只能作用于特定结构的底物，进行一种专一的反应，生成一种特定结构的产物，这种特异性称为绝对特异性。例如脲酶仅能催化尿素水解生成 CO_2 和 NH_3，而对尿素的衍生物，比如甲基尿素没有催化效果；琥珀酸脱氢酶仅能催化琥珀酸脱氢生成延胡索酸；碳酸酐酶仅能催化碳酸生成 CO_2 和 H_2O。

（2）相对专一性

有些酶的专一性要求较低，这类酶作用于一族类化合物或一种化学键，这种不太严格的选择性称之为相对专一性。相对专一性分为两种：①键专一性。仅选择性要求底物的化学键，不要求其键的两侧基团。例如，对酯酶来说，只要求底物分子中的酯键，而对构成酯键的有机酸和醇（或酚）则无严格要求。这种键专一性是一种较低的专一性。又如，淀粉酶仅要求 α-1, 4- 糖苷键，对两侧糖链的长短不要求，故对不同大小分子质量的淀粉都可催化分解。②基团专一性。具有基团专一性的酶除了需要有"正确"的化学键以外，还需要键的一侧必须是特定的基团。如胰蛋白酶作用于蛋白质的肽键，此肽键的羰基必须由赖氨酸或精氨酸等碱性氨基酸所提供，而对肽键的氨基部分则要求不严。胰蛋白酶的作用部位见下式：

水解部位

$$-N-C-C-N-C-C-$$

赖氨酸或
精氨酸

胰蛋白酶的作用部位

（3）立体异构专一性

一种酶仅作用于立体异构体中的一种，这类酶对立体异构的选择性要求称为立体异构专一性。根据旋光异构和几何异构的要求可分为：①旋光异构专一性。例如，精氨酸酶只水解 L- 精氨酸，不能催化 D- 精氨酸水解；乳酸脱氢酶只作用于 L- 乳酸脱氢，不作用于 D- 乳酸；L- 氨基酸氧化酶只能催化 L- 氨基酸的氧化脱氨，对 D- 氨基酸没有催化效果。②几何异构专一性。例如，延胡索酸酶仅催化反丁烯二酸（延胡索酸）生成苹果酸，而对于顺丁烯二酸（马来酸）无作用。

$$\underset{\text{反丁烯二酸}}{\text{HOOC—C—H}\atop\text{H—C—COOH}} + H_2O \xrightarrow{\text{延胡索酸酶}} \underset{\text{L-苹果酸}}{\text{OH—C—H}\atop{\text{COOH}\atop{\text{CH}_2\atop\text{COOH}}}}$$

2. 诱导契合学说——解释酶作用专一性的假说

1958 年 D.E.Koshland 在锁钥学说（拓展 6-5）的基础上，提出的"诱导契合学说"：酶分子活性中心的结构原来并非和底物的结构互相吻合，但酶的活性中心是柔软的而非刚性的。当底物与酶相遇时，可诱导酶活性中心的构象发生相应的变化，有关的各个基团达到正确的排列和定向，从而使酶和底物互相诱导、互相契合而结合成中间络合物，并促使底物发生反应。反应结束当产物从酶上脱落下来后，酶的活性中心又恢复了原来的构象。酶和底物互相诱导互相契合的示意图见图 6-1。

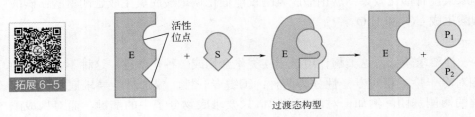

图 6-1 酶和底物结合的诱导契合学说

E—酶；S—底物；P_1—产物 1；P_2—产物 2

后来，科学家对羧肽酶等进行了 X 射线衍射研究，研究的结果有力地支持了这个学说。

（三）酶的催化活性可受调控

这是酶区别于一般催化剂的一个重要特性。酶的调控方式很多，包括反馈调节、共价修饰调节、抑制剂调节及激素控制等。环境条件的细微变化也可对酶的活性产生影响，由此可见，生物体内酶的调节是复杂而又十分重要的，是生物体维持正常生命活力必不可少的控制环节。

（四）酶易失活，要求反应条件温和

因绝大多数酶的主要成分是蛋白质，凡能使蛋白质变性的因素，如高温、强酸、强碱等都会使酶丧失活性。所以酶作用一般都要求较温和的条件，如常温、常压、接近中性的酸碱度等。

（五）无催化副反应

酶催化的反应没有一般化学反应中易于出现的副产物，也就是不易发生副反应。例如，淀粉酶催化淀粉水解只产生麦芽糖和葡萄糖，而 H^+ 催化淀粉水解时，除了产生葡萄糖外，尚可产生糖醛和其他多聚物。

第二节　酶的命名与分类

迄今为止已发现约 4000 多种酶，在生物体中的酶远远大于这个数量。随着生物化学、分子生物学等生命科学的发展，会发现更多的新酶。为了研究和使用方便，需要对已知的酶加以分类，并给以科学名称。1961 年国际生物化学学会酶学委员会推荐了一套新的系统命名方案及分类方法，决定每一种酶应有一个系统名称和一个习惯名称，已被国际生物化学学会接受。

一、习惯命名法

1961 年以前使用的酶的名称都是习惯沿用的，称为习惯名。主要依据三个原则：

① 根据酶所作用的底物命名　水解淀粉的酶称为淀粉酶，水解蛋白的酶称为蛋白酶。有时加上来源以区别不同来源的同一类酶，例如胃蛋白酶、胰蛋白酶等。

② 根据催化反应的类型命名　催化氧化反应的酶称为氧化酶、脱氢酶；催化基团转移的酶称为转移酶，例如转氨酶。

③ 结合酶催化的底物和反应性质来命名　如琥珀酸脱氢酶，抗坏血酸氧化酶。

习惯命名比较简单，应用历史较长，但缺乏系统性，有时出现一酶多名或多酶一名的情况。

二、国际系统命名法

鉴于新酶的不断发现和过去文献中对酶命名的混乱，1961 年，国际酶学委员会规定了一套系统的命名法，使一种酶只有一种名称。

按照国际系统命名法原则，每一种酶有一个系统名称和一个习惯名称，习惯名称通常简短，便于使用；系统名称包括底物名称、构型、反应性质，如果 1 种酶催化 2 个底物进行反应，应在其系统名称中包括两种底物的名称，并以"："将两者分开，最后加一个酶字。

如：L- 丙氨酸 +α- 酮戊二酸→ L- 谷氨酸 + 丙酮酸。

习惯名称为谷丙转氨酶。

系统名称为 L- 丙氨酸：α- 酮戊二酸氨基转移酶。

三、国际系统分类法及编号

国际酶学委员会规定，按酶促反应的性质，可把酶分成六大类：

（一）氧化还原酶类

催化底物进行氧化还原反应的酶类，特征为有电子或质子转移。根据反应是否有 O_2 直接参与反应，又分为脱氢酶（dehydrogenase）和氧化酶（oxidase）。例如乳酸脱氢酶催化乳酸的脱氢，并且以 NAD^+ 为氢受体，所以命名为乳酸脱氢酶，而非乳酸氧化酶。

$$CH_3CHCOOH+NAD^+ \longrightarrow CH_3CCOOH+NADH+H^+$$

$$\underset{OH}{|} \qquad\qquad \underset{O}{|}$$

乳酸   丙酮酸

各种氧化酶作用于不同的底物，其共同特征是氧化底物的同时，将氧还原成过氧化氢。一般反应为：$RH_2+O_2 \longrightarrow R+H_2O_2$。氧化酶为过氧化物酶体中的主要酶类，约占过氧化物酶体酶总量的一半，包括尿酸氧化酶、D- 氨基酸氧化酶、L- 氨基酸氧化酶和 L-α- 羟基酸氧化酶等。

（二）转移酶类

催化基团转移反应的酶。即将一个底物分子的基团或原子转移到另一个底物的分子上。例如甲基转移酶、氨基转移酶、己糖激酶、磷酸化酶等。下式为转氨酶催化的氨基转移反应。

大多数转移酶需要辅酶的存在。催化磷酸基从 ATP 转移到相应底物上的酶叫作激酶（kinase）。

（三）水解酶类

催化底物加水反应的酶类，主要包括淀粉酶、蛋白酶、核酸酶及脂酶等。例如，脂肪酶（lipase）催化的脂的水解反应。

$$R-\overset{O}{\underset{||}{C}}-O-CH_2CH_3 \xrightarrow{H_2O} R-\overset{O}{\underset{||}{C}}-OH + CH_3CH_2OH$$

六大类酶中，命名时只有水解酶的水解二字可以省。比如，淀粉酶就是淀粉水解酶的简称。

（四）裂合酶类

催化从底物分子中移去一个基团并留下双键的反应或其逆反应的酶类，反应机理为 A-B $\longleftrightarrow$ A+B。主要包括醛缩酶、水合酶及脱氨酶等。例如，延胡索酸水合酶催化的反应。

$$HOOCCH=CHCOOH + H_2O \Longleftrightarrow HOOCCH_2-\overset{OH}{\underset{|}{CH}}COOH$$

（五）异构酶类

催化各种同分异构体之间相互转化的酶类，如磷酸丙糖异构酶、消旋酶等。

果葡糖浆就是在葡萄糖异构酶的催化下，葡萄糖异构化成果糖，从而甜味增加、口感变得柔和的。

（六）合成酶类

合成酶，又称为连接酶，消耗 ATP，由两种物质合成一种新物质（单键相连）。

$$A+B+ATP \Longrightarrow A-B+ADP+Pi$$

例如，丙酮酸羧化酶催化的反应：

$$CH_3-\underset{O}{\overset{\Vert}{C}}-COOH+CO_2+ATP \longrightarrow HOOC-CH_2-\underset{O}{\overset{\Vert}{C}}-COOH$$

丙酮酸   草酰乙酸

拓展 6-6

国际系统分类法除按上述六类将酶依次编号外，还根据酶所催化的化学键的特点和参加反应的基团不同，将每一大类又进一步分类。每种酶的分类编号均由 4 个数字前冠以 EC 表示。编号中第一个数字表示该酶属于六大类中的哪一类；第二个数字表示该酶属于哪一亚类；第三个数字表示亚 - 亚类；第四个数字是该酶在亚 - 亚类中的排序。例如，习惯名称法的乳酸脱氢酶（LDH），按国际系统命名法称为乳酸：NAD^+ 氧化还原酶；按国际编号法，氧化还原酶类属于第一类。氧化还原酶类由于作用的供体不同，可分为 18 个亚类（拓展 6-6）。乳酸的 CH–OH 作为供体基团属于第一亚类，以 NAD^+ 作为受体基团属于第一亚 - 亚类，乳酸脱氢酶在第一亚 - 亚类中的排号为 27，因此 LDH 的国际分类编号为 EC1.1.1.27。

以上这种系统分类法与命名原则相当严格，一种酶只能有一个名称和一个编号，并能明确地表示底物和催化反应的性质，并且一切新发现的酶都能按此系统得到适当的编号。

第三节 酶的结构与功能

一、酶的分子组成和活性中心

（一）酶的分子组成

酶按其分子组成可分为单纯酶和结合酶。单纯酶是仅由氨基酸残基构成的酶分子，如脲酶、一些蛋白酶、淀粉酶、脂酶、核糖核酸酶等。结合酶由蛋白质部分和非蛋白质部分组成，前者称为酶蛋白，后者称为辅助因子，辅助因子是金属离子或小分子有机化合物。酶蛋白与辅助因子结合形成的复合物称为全酶，只有全酶才有催化功能。失去辅助因子的酶蛋白部分也叫脱辅酶。酶蛋白决定反应的特异性，辅助因子决定反应的种类与性质。

辅助因子 ＋ 酶蛋白 ＝ 全酶
（非蛋白质）（蛋白质）（结合酶）

金属离子是最多见的辅助因子，约 2/3 的酶含有金属离子。常见的金属离子（拓展 6-7）有 K^+、Na^+、Mg^{2+}、Cu^{2+}、Zn^{2+}、Fe^{2+} 等。小分子有机化合物也是常

拓展 6-7

见的辅助因子，它们多属于维生素或维生素衍生物（见维生素部分），其主要作用是参与酶促反应中电子、质子或一些基团的传递。

酶的辅助因子按其与酶蛋白结合的紧密程度与作用特点不同可分为辅酶与辅基：辅酶与

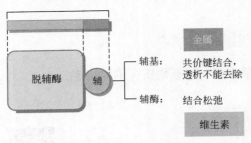

图 6-2　结合酶的组成及其辅助因子的构成特点

酶蛋白的结合疏松，可以用透析或超滤的方法除去；辅基则与酶蛋白结合紧密，不能通过透析或超滤方法除去，在反应中辅基不能离开酶蛋白。辅酶和辅基的这种划分也并不绝对，一般来讲，金属离子多为酶的辅基，小分子有机化合物则有的属于辅酶（如 NAD^+、$NADP^+$ 等），有的属于辅基（如 FAD、FMN 等）。结合酶的组成示意图及其辅助因子的构成特点见图 6-2。

（二）酶的活性中心

酶分子很大，酶在催化过程中需要完整的结构，但是并不是整个酶蛋白分子都直接参加催化反应，只是酶蛋白中的一小部分与酶的催化活性密切相关（拓展 6-8）。酶分子中与酶的活性直接相关的区域为酶的活性中心或活性部位（拓展 6-9），是酶与底物结合并发挥其催化作用的部位。结合酶的辅助因子是活性中心的组成部分。

酶的活性中心是酶分子中具有三维结构的区域，或为裂缝，或为凹陷。此裂缝或凹陷由酶的特定空间构象所维持，深入到酶分子内部，且多为氨基酸残基的疏水基团组成的疏水环境，形成疏水"口袋"。

构成活性中心的氨基酸残基在一级结构上可能相距甚远，甚至位于不同肽链，通过折叠后在空间结构上相互靠近。如溶菌酶（见图 6-3），是由 129 个氨基酸残基构成的单链蛋白，含有 4 对二硫键，三维结构为一较紧密的椭球形，其分子表面有一个容纳多糖底物 6 个单糖的裂隙，这就是溶菌酶的活性部位，由 Glu_{35}、Asp_{52}、Trp_{62}、Asp_{101}、Arg_{114}、Trp_{108} 等 6 个氨基酸残基构成。

拓展 6-8

拓展 6-9

拓展 6-10

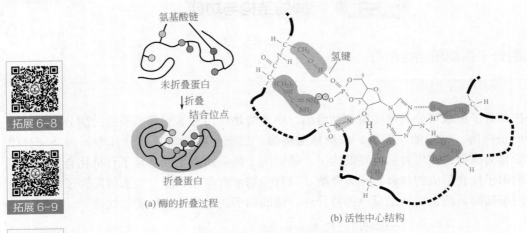

(a) 酶的折叠过程

(b) 活性中心结构

图 6-3　溶菌酶的活性中心构成

酶的活性中心可相对分为两部分，即底物结合部位和催化部位（拓展 6-10）。酶分子中与底物结合的部位为结合部位，决定底物的专一性；酶分子中促使底物发生化学变化的部位称为催化部位，决定反应的类型。

二、酶的催化作用机理

（一）酶的催化作用与活化能

一种化学反应，即使符合了热力学定律，也并不是所有反应物分子都能参加反应，因为各个分子所含能量高低不同，只有那些达到或超过一定能量限度的"活化分子"才能发生反应。能发生反应的分子，所具有的最低能量水平称能阈，分子由常态转变为活化状态所需的能量称为活化能。活化能是指在一定温度下，1mol反应物达到活化状态所需要的自由能，单位是焦每摩尔（J/mol）。显而易见，化学反应速度必然与活化分子的浓度成正比，反应所需活化能愈小，活化分子的浓度愈大，其反应速度也增大。

加速化学反应一般有两条途径：①提高反应物的温度，使更多的分子获得能量而成为活化分子，从而加速化学反应的进行；②降低化学反应的能阈，间接增加活化分子的数目。酶和一般催化剂的作用就是降低化学反应的能阈（也即降低化学反应所需的活化能），从而使活化分子数目增加，反应速度加快，如图6-4所示。表6-1列出了几种化学变化在催化及非催化条件下所需的活化能。

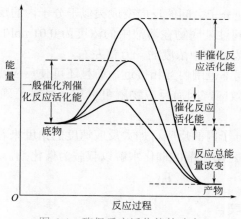

图 6-4　酶促反应活化能的改变

表 6-1　几种化学变化在催化及非催化条件下所需的活化能

化学反应	催化剂	活化能 /（kJ/mol）
过氧化氢分解	无	75.13
	胶态铂	48.95
	过氧化氢酶	8.36
酪蛋白水解	HCl	83.60
	胰蛋白酶	50.00
	胰凝乳蛋白酶	50.00

（二）中间产物学说和酶作用的过渡态

酶之所以能降低活化能，加速化学反应，其原理可用中间产物学说（拓展6-11）来解释。

拓展 6-11

该学说认为，酶在催化时，首先与其底物（受酶催化的物质）结合，生成酶 - 底物复合物，简称 ES 复合物，E 代表酶，S 代表底物；然后 ES 分解得到产物 P 和酶 E，E 又可与 S 结合，继续发挥其催化功能，所以少量酶可催化大量底物。

$$E + S \rightleftharpoons ES \longrightarrow E + P$$

酶　　底物　　　　中间产物　　　　酶　　产物

上述酶催化作用过程，早年称为中间产物学说，可以解释酶的作用原理。由于 E 与 S 结合，致使 S 分子内的某些化学键发生极化呈不稳定状态（或称过渡态、活化态）。由于生成 ES 复合物所需的活化能比非催化反应所需的小，故反应速度加快。

（三）决定酶作用高效率的机制

1. 底物的"接近"和"定向"效应

"接近"效应是指 A 和 B 两个底物分子结合在酶分子表面的某一狭小的局部区域，其反应基团互相靠近，从而降低了进入过渡态所需的活化能。显然，"接近"效应大大增加了反应物（底物）的有效浓度，在这种局部的高浓度下，反应速度将会提高。

酶催化反应的"接近"效应，使得酶表面某一局部范围的底物分子大量聚集，有效浓度远远大于溶液中的浓度，使分子之间的反应变成类似于分子内的反应，从而极大地提高了催化效率。曾经通过实验测到过某底物在溶液中的浓度为 0.01mol/L，而在某酶表面局部范围的浓度高达 100mol/L，即为溶液中浓度的一万倍左右。

酶不仅能使反应物在局部范围内互相接近，而且还可使反应物在其表面对特定的基团定向排列，即具有"定向"效应，因而反应物就可以用一种"正确的方式"互相碰撞而发生反应。

从分子间的反应转为分子内的反应可加大反应速度的角度来看，可以加深对"接近"和"定向"效应的理解，例如乙酸苯酯的催化水解以叔胺为催化剂，由分子间转为分子内反应，反应速度可提高 1 000 倍。

2. 底物的形变与诱导契合

底物形变是诱导契合产生的主要效应。诱导契合学说认为在酶与底物相互接近时，其结构相互诱导、相互变形和相互适应，进而相互结合。酶的构象改变有利于酶与底物结合；底物在酶的诱导下也发生变形，处于不稳定的过渡态，易受酶的催化攻击，过渡态的底物与酶的活性中心结构最相吻合。由此，酶活性中心的某些基团或离子，促使底物的某些敏感键断裂而进行化学反应。羧基肽酶 A 和溶菌酶的 X 光衍射分析为诱导契合学说提供了实验证据。

3. 共价催化

某些酶与底物结合形成一个反应活性很高的共价中间产物，这个中间产物很容易转变为过渡态，因此反应的活化能大大降低，底物可以越过较低的能阈而形成产物。共价催化中最普遍的是亲核催化，即指具有一个非共用电子对的基团或原子，攻击缺少电子而具有部分正电性的原子，并利用非共同电子对形成共价键的催化反应。酶分子中具有催化功能的亲核基团主要是组氨酸的咪唑基、丝氨酸的羟基和半胱氨酸巯基。此外，许多辅酶也具有亲核中心。

4. 酸碱催化

化学反应中，通过瞬时反应向反应物提供质子或从反应物中接受质子以稳定过渡态，加速反应的机制，叫酸碱催化。在水溶液中，通过高反应的质子氢和氢氧根负离子进行的反应，称为专一的酸碱催化或者狭义的酸碱催化。路易斯提出广义的路易斯酸碱理论，即能接受电子对有空轨道的物质是路易斯酸，能给出电子对的物质是路易斯碱。以路易斯酸碱为催化剂的催化反应称为广义酸碱催化。

在生理条件下，因为 H^+ 和 OH^- 的离子浓度很低，故体内的酶催化反应以广义酸碱催化为主。很多酶的活性部位存在几种参与酸碱催化的官能团，如氨基、羧基、巯基、酚羟基、和咪唑基，它们能在近中性的 pH 范围内，作为具有催化性的质子供体或者受体来参与总酸碱催化。广义酸碱催化可使反应效率提高 $100 \sim 100\,000$ 倍。在生物化学中，这类反应有：羰基的加成作用，酮基和烯醇的互变异构，肽和酯类物质的水解反应，磷酸或者焦磷酸参与的反应，等等。

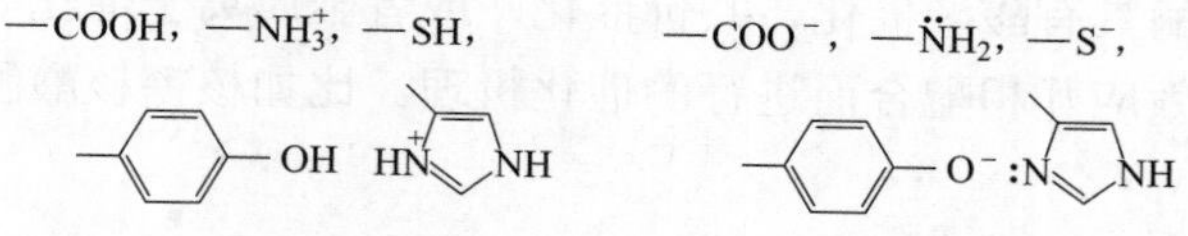

$$—COOH, \quad —NH_3^+, \quad —SH, \qquad —COO^-, \quad —\ddot{N}H_2, \quad —S^-,$$

酸性基团　　　　　　　　　碱性基团

影响酸碱催化反应的因素有两个。第一个因素是酸碱的强度。这些功能基团中，组氨酸的咪唑基解离常数约为 6.0，这意味着自咪唑基上解离下来的质子的浓度与水中的氢离子浓度相近，因此，它在接近生理体液的 pH 条件下，约一半以酸的形式存在，另一半以碱的形式存在，也就是说，咪唑基既可以当质子供体，也可以做质子受体在酶促反应中发挥催化作用。因此，咪唑基是催化反应中最有效最活泼的一个催化基团。第二个因素是这些功能基团供出质子或者接受质子的速度快慢。在这方面，组氨酸的咪唑基也具有巨大优势。它提供质子的速度非常迅速，其半衰期小于 10^{-10} s，而且，供出质子和接受质子的速度几乎相等。由于咪唑基的这些优点，故常出现在酶的活性中心中。

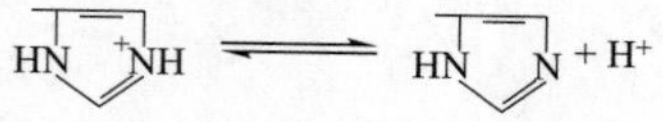

$$HN\underset{}{\overset{}{\diagup}}NH \; \Longleftrightarrow \; HN\underset{}{\overset{}{\diagup}}N + H^+$$

5. 金属离子催化

在自然界中，大约有三分之一的酶需要金属离子作为辅助因子或活化剂。有些酶所含的金属离子，特别是铁、钼、铜、锌等过渡金属离子与蛋白质部分牢固地结合，形成酶的活性部位。在这些大分子酶的内部含有由若干金属原子组成的原子簇，作为活性中心，以络合活化底物分子。这些酶称为金属酶。还有些酶，与溶液中的金属离子松散地结合，这些金属通常是碱金属或者碱土金属，比如钠、钾、镁、钙。

金属离子参与的催化称为金属催化。金属离子通过 5 种方式参与催化：

① 作为路易斯酸（又称亲电子试剂）接受电子，使亲核基团或者亲核分子（比如水）的亲核性更强。

$$(NH_3)_5Co^{3+}(H_2O) \; \Longleftrightarrow \; (NH_3)_5Co^{3+}HO^- + H^+$$

② 与带负电荷的底物结合，屏蔽底物的负电荷，使底物在反应中正确定向。例如，所

有的激酶都需要 Mg^{2+}，Mg^{2+} 所起的作用就是屏蔽底物 ATP 上所带的高浓度磷酸根负电荷。

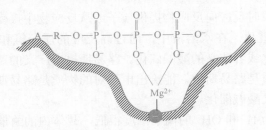

③ 参与静电催化，稳定带有负电荷的过渡态。

④ 通过金属离子价态的可逆变化，作为电子受体或者供体参与氧化还原反应。

⑤ 本身是酶结构的一部分。

6. 多元催化和协同效应

多元催化指一种酶具有酸碱催化，共价催化，或者金属离子催化等多种基元反应协同效应。协同效应指多种效应互相配合而进行的催化机理。比如核糖核酸酶兼具酸催化及碱催化两种协同效应。

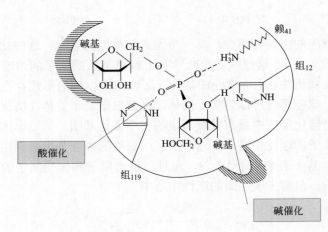

7. 活性中心疏水性微环境的影响

酶的活性中心多为疏水性"口袋"。疏水环境可排除水分子对酶和底物功能基团的干扰性吸引或排斥，防止在底物与酶之间形成水化膜，有利于酶与底物的密切接触，从而提高酶的催化效率。

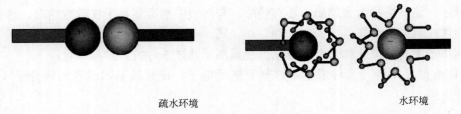

疏水环境　　　　　　　　　　　　　　　　水环境

应该指出的是，一种酶的催化反应常常是多种催化机制的综合作用，所以酶促反应具有极高的催化效率。

酶促反应动力学

　　酶促反应动力学是研究酶促反应的速度以及各种因素对酶促反应速度的影响的机制，这些因素包括酶浓度、底物浓度、pH、温度、抑制剂、激活剂和别构剂等。

　　在研究酶的结构与功能的关系及探讨酶作用机制时，需要用酶动力学数据加以说明。另外，在探讨某些药物的作用机制和酶的定量等方面，都需要掌握酶动力学的知识。

　　注意：速度指反应的初速度 v_0；研究某一因素对酶促反应速度的影响时，应该维持反应中其它因素不变。

一、底物浓度对酶促反应速度的影响

　　根据参加反应的底物种数可分为单底物反应系统和多底物反应系统。在单底物反应系统中尚分单 - 单反应系统、单 - 双反应系统和单 +H_2O- 双反应系统，它们的动力学过程基本一致，约占总反应系统的 43%；多底物反应系统中主要是双 - 双反应系统，占总反应系统的 51%。本章仅介绍单底物反应的酶动力学。

　　在其他因素不变的情况下，以底物浓度的变化对反应速度的影响作图，得矩形双曲线。

　　由图 6-5 可以看出，当底物浓度［S］低时，增加［S］，反应速度 v 与［S］成正比，属一级反应；当［S］继续增加时，v 不再与［S］成正比，属一级与零级混合相反应；当［S］达到一定限度时，v 达到最大速度 v_{max}，此时 v 与［S］无关，属零级反应（拓展 6-12）。

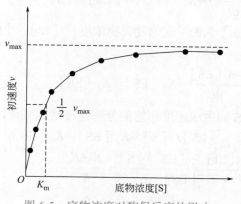

图 6-5　底物浓度对酶促反应的影响

拓展 6-12

　　底物浓度对酶反应速度的影响可用中间复合物学说解释：首先酶（E）与底物（S）生成酶 - 底物中间复合物［ES］，然后 ES 分解生成产物（P），释放出酶。可用下式表示：

$$E+S \longleftrightarrow ES \longrightarrow E+P$$

　　当［S］低时，酶活性中心远远未被 S 饱和，因此 v 随［S］增加而加快；当［S］增加到正好占据全部酶活性中心时，v 即为 v_{max}，此时的［S］称为饱和浓度；高于此浓度时，由于酶活性中心已被底物完全占据，故增加［S］不再能提高反应速度。所有酶都表现出这种饱和效应，但各种酶产生饱和效应时所需的［S］则有很大差异。

（一）米 - 曼方程式

Michaelis 和 Menten 根据酶与底物形成 ES 复合物的理论，并借助于 v 与 [S] 的矩形双曲线关系，研究酶的动力学，得出 v 与 [S] 关系的数学公式，称米 - 曼氏方程式。

$$v = \frac{v_{max} \times [S]}{K_m + [S]}$$

式中，v_{max} 为最大速度；[S] 为底物浓度；K_m 为米氏常数；v 是在不同 [S] 时的反应速度。

（二）米 - 曼方程式的推导

1913 年 Michaelis 和 Menten 根据 ES 中间复合物学说，对图 6-5 所示的反应过程曲线进行数学处理。处理的前提条件为：①测定的反应速度为初速度。初速度是指底物消耗不超过 5% 以前的反应速度，因为在这种假设情况下，反应体系中剩余的底物浓度（至少 ≥ 95%）总量远超过生成的产物浓度（≤ 5%），此时可不考虑逆反应对反应速度的影响。② ES 复合物处于稳态。所谓稳态，是指 ES 生成与分解的速度相等。③反应开始时的底物浓度大大高于酶浓度，且假定在反应初期的一段时间内，底物浓度保持恒定。

根据 ES 中间复合物学说

$$E + S \underset{K_2}{\overset{K_1}{\rightleftharpoons}} ES \overset{K_3}{\longrightarrow} E + P \tag{6-1}$$

式中，K_1、K_2 和 K_3 分别代表各向反应的速度常数，根据质量作用定律，ES 的生成速度为：

$$\frac{d[ES]}{dt} = K_1 ([Et] - [ES]) \cdot [S] \tag{6-2}$$

其中 [Et] 为酶总浓度，[ES] 为酶 - 底物复合物浓度，（[Et] – [ES]）为游离酶浓度。[ES] 的分解速度为：

$$\frac{-d[ES]}{dt} = K_2 [ES] + K_3 [ES] \tag{6-3}$$

当反应系统处于稳态时，ES 的生成速度和它的分解速度达到平衡，则得下式：

$$K_1 ([Et] - [ES]) \cdot [S] = K_2 [ES] + K_3 [ES]$$

$$\frac{([Et] - [ES]) \cdot [S]}{[ES]} = \frac{K_2 + K_3}{K_1}$$

$$令 \frac{K_2 + K_3}{K_1} = K_m$$

$$则 \frac{([Et] - [ES]) \cdot [S]}{[ES]} = K_m \tag{6-4}$$

从（6-4）式求出 [ES]，即 ES 复合物的稳态浓度：

$$[ES] = \frac{[Et][S]}{K_m + [S]} \tag{6-5}$$

反应产物的生成速度取决于 [ES]，因此整个酶反应速度取决于 ES 的分解速度，即

$$v = K_3 [ES] \tag{6-6}$$

将（6-5）式代入（6-6）式，得：

$$v = K_3 \frac{[\text{Et}][\text{S}]}{K_m + [\text{S}]} \tag{6-7}$$

当 [S] 高到使反应系统中所有的酶全部以 ES 形式存在时，v 达到 v_{max}，即：

$$v_{max} = K_3[\text{ES}] = K_3[\text{Et}] \tag{6-8}$$

将（6-8）式代入（6-7）式，得米 - 曼氏方程式：

$$v = \frac{v_{max}[\text{S}]}{K_m + [\text{S}]} \tag{6-9}$$

（三）K_m 的意义

① 当 v 等于 $\frac{1}{2}v_{max}$ 时，即得：$\dfrac{v_{max}}{2} = \dfrac{v_{max}[\text{S}]}{K_m + [\text{S}]}$，

整理得：$K_m = [\text{S}]$

K_m 是酶反应速度为最大速度一半时的底物浓度，单位是 mol/L，如图 6-5 所示。

② K_m 值是酶的特性常数之一，但它并非固定不变，而是随底物结构、pH 和温度而变化。不仅各种酶的 K_m 值不同，即使是同一种酶，当它与不同底物反应时，它对每一种底物也各有其特征性的 K_m 值。K_m 值的单位可采用 mol/L 或 mmol/L，大多数酶的 K_m 为 0.01～100mmol/L。

③ $K_m = \dfrac{K_2 + K_3}{K_1}$，当 $K_2 \gg K_3$ 时，K_3 值可以忽略不计，此时 K_m 值近似于 ES 的解离常数（K_s），即

$$K_m = \frac{K_2 + K_3}{K_1} \approx \frac{K_2}{K_1} = K_s$$

在这种情况下，K_m 的倒数 $1/K_m$ 可以用来表示酶对底物的亲和力：K_m 值愈大，则亲和力愈小；K_m 值愈小，则亲和力愈大。在酶的系列底物中，K_m 最小者为该酶的天然底物或者最适底物。注：K_3 值并非总是远远小于 K_2 值，所以 K_m 与 K_s 的涵义是不同的，切勿交替使用。

如图 6-6 所示，某酶可以作用于 S_1，S_2，S_3 三种底物，分别对应三种 K_m 值。同样的酶用量下，达到的 v_{max} 是相同的。达到相同的反应速度，比如 $v_{max}/2$，底物 S_1 只需要较小浓度，说明该酶对该底物最容易结合和催化。而同样的反应速度，S_3 底物则需要较多量，说明该酶对该底物较难催化。所以该酶对这三种底物的催化能力依次为 $S_1 > S_2 > S_3$。

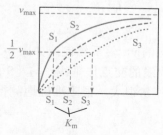

图 6-6　酶对不同底物的 K_m 值

有时，K_m 可以区分催化相同反应的不同的酶。比如哺乳动物中乳酸脱氢酶存在 5 种不

同形式的同工酶，每一种同工酶对底物的 K_m 是不同的，这与它们在不同组织中的生理功能的差别有关。

④ 可以通过酶对底物的 K_m 值，结合底物的结构，推测酶和底物结合的催化机理。比如己糖激酶可以催化葡萄糖，阿洛糖和甘露糖这三种六碳糖的磷酸化，对这三种底物的 K_m 值分别为 8mmol/L，8 000mmol/L 和 5mmol/L。

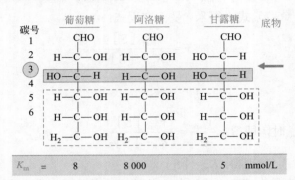

仔细分析这三种底物的结构，发现差别在 C2 和 C3 上的—OH 构型上。葡萄糖和甘露糖 C3—OH 构型相同，C2—OH 构型相反。葡萄糖和阿洛糖 C2—OH 构型相同，C3—OH 构型相反。结合 K_m 值，可以推测该酶对底物的 C3 上的—OH 构型要求苛刻，对 C2—OH 基本没有要求。

⑤ 根据 K_m 设计反应体系内最适当的底物浓度。在测定酶活力时，需要确定正确的底物浓度。由于酶活力是在初速度的时间范围内测定，当底物浓度大于 $10K_m$ 时，底物浓度已经大大超过酶浓度，足以使酶被底物饱和，故测定酶活力时，底物浓度应该达到 $10K_m$ 以上。这样既可以保证酶活力的准确测定，又不必加入过多的底物，以免造成底物的浪费及其对酶活性测定的干扰。

（四）v_{max} 的含义

v_{max} 是指酶完全被底物饱和时的反应速度，也就是当 [S] $\gg K_m$ 时的 v。

$$v = \frac{v_{max}\,[\text{S}]}{[\text{S}]} = v_{max}$$

此时的 v 不受 [S] 的影响，而与酶浓度呈正比，因为 $v_{max} = K_3\,[\text{Et}]$，故 v_{max} 同 [Et] 成正比。

（五）K_m 与 v 的测定

1. 双曲线法

首先按不同的 [S] 测得相应的 v，然后绘制成如图 6-5 所示的 v-[S] 双曲线，其 v 的极限值即是 v_{max}，以 $v_{max}/2$ 与双曲线的交点作垂线，与 [S] 的交点就是 K_m。但是本法必须要测很多对的 v-[S] 点数，工作量很大，很难准确地测得 K_m 值和 v_{max} 值。故一般都采用双倒数作图法。

2. 双倒数作图法

双倒数作图法较为准确方便，其中以 Lineweaver-Burk 双倒数作图法应用最广（拓展

6-13)。

该法取米 - 曼氏方程式两边的倒数，得下式：

$$\frac{1}{v} = \frac{K_m}{v_{max}} \cdot \frac{1}{[S]} + \frac{1}{v_{max}}$$

以 $\frac{1}{v}$ 和 $\frac{1}{[S]}$ 作图，即得一条直线，如图 6-7 所示，其斜率为 $\frac{K_m}{v_{max}}$。当 $\frac{1}{[S]}=0$ 时，$\frac{1}{v}=$ $\frac{1}{v_{max}}$，此点即为纵轴 $\frac{1}{v}$ 上的截距 $\frac{1}{v_{max}}$；当 $\frac{1}{v}=0$ 时，$\frac{1}{[S]}=-\frac{1}{K_m}$，此点即为横轴 $\frac{1}{[S]}$ 上的截距 $-\frac{1}{K_m}$。这种作图法与 v 对 [S] 作图法比较，能更准确求出 v_{max} 与 K_m 值，当然这也只是一个近似值。应用 $\frac{1}{v}$ 对 $\frac{1}{[S]}$ 作图，在研究酶的抑制作用方面也十分有用。

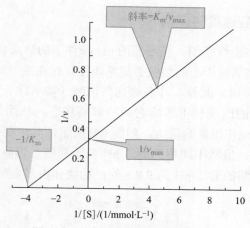

图 6-7 动力学参数的双倒数作图法

二、酶浓度对酶促反应速度的影响

（一）酶浓度与反应速度的关系

在某一反应体系里，在固定的反应条件（pH、温度）下，当底物浓度远远高于酶浓度时，分别增加酶浓度为 [E1]、[E2]、[E3]，测定酶反应速度对时间的作用关系，结果如图 6-8（a）所示。以酶浓度为横坐标，反应速度为纵坐标，结果 v 与 [Et] 呈线性关系图 6-8（b）。

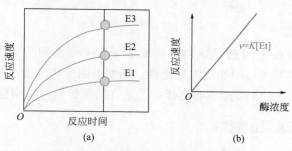

图 6-8 酶浓度对酶反应速度的影响

根据米氏方程式的演算：

$$v = \frac{v_{max} \cdot [S]}{K_m + [S]} = \frac{[S]}{K_m + [S]} K_3 [Et]$$

其中 K_m 在一定条件（pH、温度）下是常数，因此在任一特定的底物浓度（[S]）下，$\frac{[S]}{K_m + [S]} K_3$ 亦是常数，则 v 与 [Et] 呈正相关。

（二）酶活性单位

生物体内的酶含量是极其微少的，但有非常高效的催化活性。因此，国际上均以其催化速度作为定量参数，也就是以酶活性单位代表酶量。

在一定温度下，每分钟催化 1μmol 底物发生酶促反应所需的酶量定为 1 个酶活性国际单位（IU）。

三、pH 对酶促反应速度的影响

酶分子中的许多极性基团，在不同的 pH 条件下的解离状态不同，其所带电荷的种类和数量也各不相同，酶活性中心的某些必需基团往往仅在某一解离状态时才最容易同底物结合或具有最大的催化作用。此外，许多底物与辅酶（如 ATP、NAD^+、辅酶 A、氨基酸等）也具有解离性质，pH 的改变也可影响它们的解离状态，从而影响它们与酶的亲和力。因此，pH 的改变对酶的催化作用影响很大，如图 6-9 所示，其中酶催化活性最大时的环境 pH 称为酶促反应的最适 pH。虽然不同酶的最适 pH 各不相同，但除少数酶（如胃蛋白酶的最适 pH 约为 1.8，肝精氨酸酶的最适 pH 为 9.8）外，动物体内多数酶的最适 pH 接近中性。

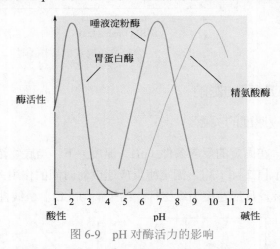

图 6-9 pH 对酶活力的影响

最适 pH 首先是要保证酶的稳定性，因此最适 pH 要受到下列因素的影响：①温度；②底物浓度，底物浓度增大可增加酶的稳定性；③酶的浓度和纯度，酶浓度越低，酶的纯度越高，其 pH 稳定性越差；④缓冲液的选择；⑤适宜的保护剂可以增强 pH 对酶的稳定性。

四、温度对酶促反应速度的影响

大多数化学反应在提高温度时速度加快，因为温度增高将给予分子动能，提高分子间的有效碰撞次数。酶促反应亦是符合这一规律的，但是酶分子具有高度有序的三级结构或四级结构，形成精确的活性中心。这种空间结构由许多弱的非共价键维持形成，是非常精细而脆弱的。如果酶分子吸收太多能量，这些大量的弱键将受到破坏而使酶蛋白变性失活。因此，在温度增高的情况下，一方面因 E 与 S 碰撞次数增多而加快反应速度；另一方面因酶分子变性程度增强而使反应速度降低，当这两种情况互相平衡而呈现反应速度最大时的温度称为酶的最适温度，如图 6-10 所示。

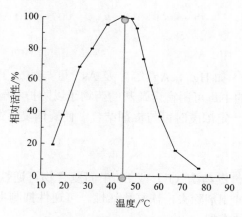

图 6-10　温度对酶活力的影响

在低于最适温度条件下，温度每升高 10℃，反应速度可增加 1 ～ 2 倍，最适温度还与反应时间的长短有关：如果反应时间长，则最适温度将降低；若反应时间短，则最适温度将升高。因此，一般实验中所指的最适温度应为在指定时间范围内，酶处于恒态活性的最高温度。

酶的活性虽然随温度的下降而降低，但低温一般不破坏酶的活性，温度回升后，酶又可恢复活性。临床上低温麻醉便是利用酶的这一性质以减慢组织细胞代谢速度，提高机体对氧和营养物质缺乏的耐受性。低温保存菌种也是基于这一原理。生化实验中测定酶活性时，应严格控制反应液的温度。酶制剂应在低温下保存。

五、抑制剂对酶促反应速度的影响

机体内的一切代谢反应都是在酶催化下完成的，并相互协调平衡。其中抑制性调节属于一个重要方面。抑制剂的调节作用称为抑制作用。抑制作用与酶合成减少所致的阻遏作用不同，前者是由于酶分子活性降低所致，而后者是由酶分子数目的减少而引起。抑制作用分为不可逆抑制和可逆抑制两大类。

（一）不可逆抑制作用

凡抑制剂与酶的必需基团以共价键结合引起酶活性丧失，不能用透析、超滤或凝胶过滤等物理方法除去抑制剂而使酶复活的，称为不可逆性抑制。

不可逆抑制作用的抑制剂与酶活性中心上的必需基团以共价结合，不能用透析或超滤等方法将其除去。有机磷农药敌百虫、敌敌畏、1059 等能特异性地与胆碱酯酶活性中心的丝氨酸残基上的羟基结合，使酶失活，引起人、畜中毒。

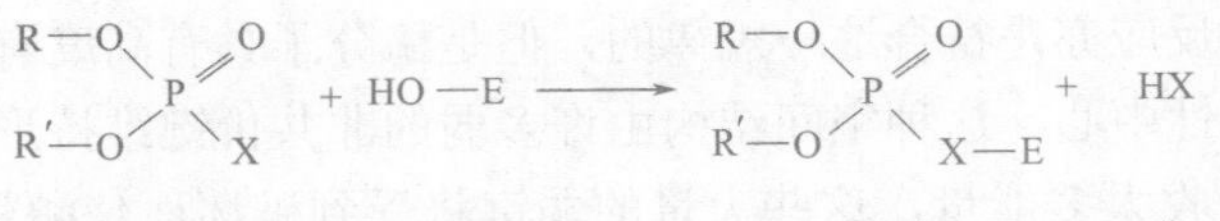

有机磷化合物　　羟基酶　　　　　失活的酶　　　　酸

解磷定可与有机磷化合物结合成稳定的复合物，从而解除有机磷化合物对羟基酶的抑制作用。

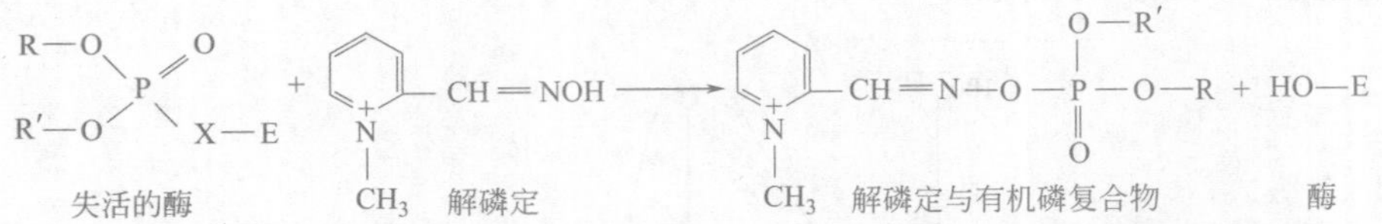

失活的酶　　　　解磷定　　　　　　解磷定与有机磷复合物　　　酶

低浓度的重金属离子（如 Hg^{2+}，Ag^+ 等）及 As^{3+} 可与酶分子中的巯基非特异性结合，使酶失活。砷化合物引起的中毒可用富含巯基的药物予以防护和解毒。二巯基丙醇分子中含有 2 个—SH，在体内达到一定浓度时可与毒剂结合，使酶恢复活性。

（二）可逆抑制作用

这类抑制剂是以非共价键与酶（E）或 ES 中间复合物可逆性结合，降低酶活性。这类抑制可经透析、超滤法将抑制剂除去，恢复酶活性。可逆性抑制主要有竞争性抑制、非竞争性抑制和反竞争性抑制三种类型。

1. 竞争性抑制作用

有些抑制剂与底物结构相似，因此可与底物竞争结合酶的活性中心而抑制酶的活性，故称为竞争性抑制。抑制程度决定于抑制剂与酶的相对亲和力以及与底物浓度的相对比例，其反应过程如下：

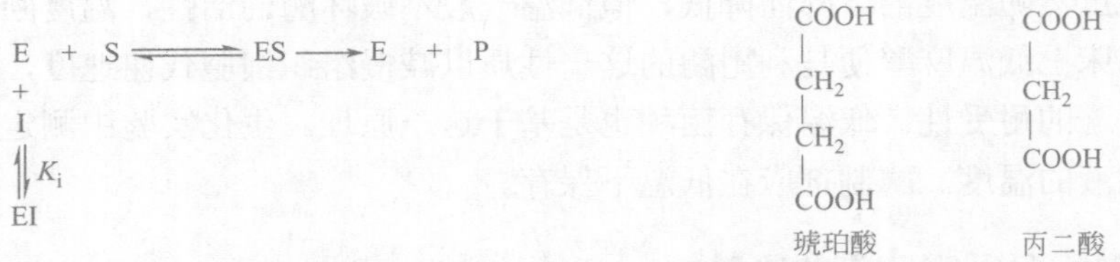

琥珀酸　　　　丙二酸

丙二酸对琥珀酸脱氢酶的抑制作用是竞争性作用的典型实例。

从竞争性抑制的反应过程中可以看出，酶和抑制剂结合形成的复合物 EI 不能转化为产物，因而降低了有效酶的数量，以致降低了酶活性。按米氏方程式推导方法可以演化出竞争性抑制剂、底物和反应速度之间的动力学关系如下：

$$v = \frac{v_{max}[S]}{K_m\left(1 + \dfrac{[I]}{K_i}\right) + [S]}$$

K_i 为抑制剂常数，即酶与抑制剂结合的解离常数，其倒数方程式为：

$$\frac{1}{v} = \frac{K_m}{v_{max}}\left(1 + \frac{[I]}{K_i}\right)\frac{1}{[S]} + \frac{1}{v_{max}}$$

有不同浓度抑制剂存在时，以 $1/v$ 对 $1/[S]$ 作图，如图 6-11 所示。从图中可以发现，无论竞争性抑制剂的浓度如何，各直线在纵轴上的截距均与无抑制剂时相同，均为 $1/v_{max}$。这说明酶促反应的 v_{max} 不因有竞争性抑制剂的存在而改变。有竞争性抑制剂存在时，从横轴上的截距量得的"K_m 值"（称为表观 K_m 值）大于无抑制剂存在时的 K_m 值，可见，竞争性抑制作用使酶的表观 K_m 值增大。

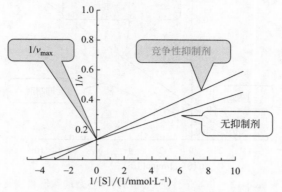

图 6-11　竞争性抑制剂动力学参数的双倒数图

竞争性抑制作用的原理可用来阐明某些药物（拓展 6-14）的作用机制和指导合成控制代谢的新药物。例如青霉素的结构与一种肽多糖相似，而革兰氏阳性菌膜上的转肽酶可利用这种肽多糖合成菌膜，故青霉素可竞争性抑制该菌转肽酶而杀菌。

临床上常用于治疗痛风病的别嘌呤醇（拓展 6-15），是黄嘌呤氧化酶的正常底物——次黄嘌呤的结构类似物，其降低尿酸生成的机理就是通过竞争性抑制作用抑制黄嘌呤氧化酶。

许多属于抗代谢物的抗癌药物，如氨甲蝶呤（MTX）、5- 氟尿嘧啶（5-FU）、6- 巯基嘌呤等，几乎都是酶的竞争性抑制剂，它们分别抑制四氢叶酸、脱氧胸苷酸及嘌呤核苷酸的合成，以抑制肿瘤的生长。

2. 非竞争性抑制作用

有些抑制剂可与酶活性中心外的必需基团结合，不影响酶与底物的结合，酶和底物的结合也不影响酶与抑制剂的结合，因此，底物和抑制剂与酶结合之间无竞争关系。但是酶 - 底物 - 抑制剂复合物（ESI）不能进行反应，呈现抑制作用，故称为非竞争性抑制。

拓展 6-14

拓展 6-15

典型的非竞争性抑制作用反应过程如下：

$$
\begin{array}{ccc}
E + S & \rightleftharpoons & ES \longrightarrow E + P \\
+ & & + \\
I & & I \\
\big\Vert K_i & & \big\Vert K_i \\
EI + S & \rightleftharpoons & ESI
\end{array}
$$

按照米氏方程式的推导方法，得出酶促反应的速度、底物浓度和抑制剂之间的动力学关系，其双倒数方程式是：

$$\frac{1}{v} = \frac{K_m}{v_{max}}\left(1 + \frac{[I]}{K_i}\right)\frac{1}{[S]} + \frac{1}{v_{max}}\left(1 + \frac{[I]}{K_i}\right)$$

有不同浓度抑制剂存在时，以 $1/v$ 对 $1/[S]$ 作图，如图 6-12 所示。从图中可以发现，无论非竞争性抑制剂的浓度如何，各直线在横轴上的截距均与无抑制剂时相同，均为 $-1/K_m$。这说明酶促反应的 K_m 不因有非竞争性抑制剂的存在而改变。有非竞争性抑制剂存在时，从纵轴上的截距得到的 $1/v_{max}$ 值大于无抑制剂存在时的 $1/v_{max}$ 值，可见，非竞争性抑制作用使酶的 v_{max} 变小。

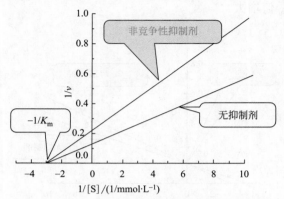

图 6-12　非竞争性抑制剂动力学参数的双倒数图

亮氨酸是精氨酸酶的一种非竞争抑制剂。牛磺脱氧胆酸抑制中性 β- 葡萄糖苷酶的机理亦是非竞争性抑制。

3. 反竞争性抑制作用

这类抑制剂与上述两类抑制剂的作用机制不同，不是直接与酶结合抑制酶活性，而是结合 ES 中间复合物形成 ESI，这样不仅使 ES 量下降，减少产物的生成；而且还增进 E 与 S 形成中间复合物，所以从这点上看，这类抑制剂有增进底物与酶亲和结合的作用，故称之为反竞争性抑制，其抑制作用的反应过程如下：

$$
\begin{array}{ccc}
E + S & \rightleftharpoons & ES \longrightarrow E + P \\
& & + \\
& & I \\
& & \big\Updownarrow K_i \\
& & ESI
\end{array}
$$

其双倒数方程式是：

$$\frac{1}{v} = \frac{K_m}{v_{max}} \cdot \frac{1}{[S]} + \frac{1}{v_{max}}\left(1 + \frac{[I]}{K_i}\right)$$

如图 6-13 所示，由双倒数作图可以看出，v_{max} 和表观 K_m 值均有所降低。

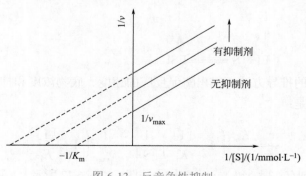

图 6-13　反竞争性抑制

关于反竞争性抑制作用的例子不多，但已知苯丙氨酸对胎盘型碱性磷酸酶的抑制机制，属于反竞争性抑制。

三种可逆性抑制作用的比较（拓展 6-16）列于表 6-2 中。

拓展 6-16

表 6-2　各种类型抑制的动力学参数比较

作用特征	无抑制剂	竞争性抑制	非竞争性抑制	反竞争性抑制
与 I 结合的组分		E	E、ES	ES
表观 K_m	K_m	增大	不变	减小
最大速度	v_{max}	不变	降低	降低
林 - 贝氏作图				
斜率	K_m / v_{max}	增大	增大	不变
纵轴截距	$1/v_{max}$	不变	增大	增大
横轴截距	$-1/K_m$	增大	不变	减小

六、激活剂对酶促反应速度的影响

能使酶由无活性变成有活性或使酶的活性增高的物质称为酶的激活剂。激活剂有的是金属离子，如限制性核酸内切酶中的 Mg^{2+}，Cu-Zn-SOD 中的 Zn^{2+}，ATP 酶中的 Mg^{2+} 等都属于必需激活剂；有些激活剂仅是加速酶促反应，若没有它，酶仍有一定的催化活性，只是活性较弱，故这类激活剂称为非必需激活剂，例如 Cl^- 对唾液淀粉酶，牛磺脱氧胆酸对葡萄糖苷酶都属于非必需激活剂。

七、别构酶的协同效应

在代谢调节过程中有许多重要的别构酶参与，当一个底物分子与这种酶分子中某一亚基结合后，会引起酶分子构象的改变而影响后续亚基对底物的亲和力，这种酶叫别构酶。这种由于结合底物而对亚基间产生的影响，叫协同效应，如果引起促进作用，叫正协同效应，反之叫负协同效应。

别构酶的 S 形曲线是别构酶分子中多个亚基间协同效应的结果，尤其在 S 形曲线的中部，是 [S] 变化引起 v 骤变的敏感范围，而这也正是体内代谢物的生理浓度范围。所以别构酶催化反应的 S 形曲线与血红蛋白的 S 形氧解离曲线一样，都有极其重要的生理意义。

第五节　酶的调节

作为新陈代谢基础的酶促反应，随着内外环境的变化，必须进行加速或减慢的调节，以维持生物体内环境的相对恒定。酶的调节主要是对代谢途径中关键酶的调节。酶促反应的调节可分为酶活性调节和酶含量调节，前者涉及酶结构的变化，后者则与酶的合成和降解有关。另外，有些酶的基因表型随不同组织而有差异，故不同组织细胞具有其不同的代谢特征。

一、酶活性的调节

（一）酶原的激活

有些酶在细胞内合成及初分泌时，没有活性，称为酶原。酶原在一定条件下可转变成有活性的酶，称为酶原激活。现知酶原激活的机制主要是分子内肽键的一处或多处断裂，引起分子构象改变，从而形成或暴露酶的活性中心。酶原激活的机理如下图所示。

例如消化道内许多消化酶在未分泌前或在刚分泌时都是以酶原形式存在的：①胃蛋白酶原含有 392 个氨基酸残基，在胃酸作用下，将 N 端第 42 ～ 43 氨基酸残基间的肽键断裂，切去 42 肽，剩下的 350 个氨基酸残基就组成活性的胃蛋白酶；②胰蛋白酶原含有 244 个氨基酸残基，受肠激酶催化切去其 N 端 1 个 6 肽后，就形成了活性的胰蛋白酶，如图 6-14 所示；③胰凝乳蛋白酶原含有 245 个氨基酸残基，受胰蛋白酶催化除去两个二肽，剩下的 241 个氨基酸残基就形成了活性的胰凝乳蛋白酶。

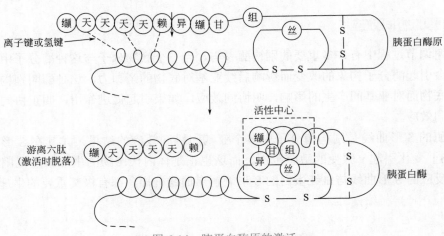

图 6-14　胰蛋白酶原的激活

肠道中激活的胰蛋白酶（拓展 6-17）除了可以自身激活外，还可进一步激活胰凝乳蛋白酶原、羧基肽酶原 A 和弹性蛋白酶原，从而加速食物的消化过程。

血液中的凝血系统的酶类原先亦是以酶原形式存在的，只要有少数凝血因子被激活，即可引起级联反应的放大作用，快速形成有效的血液凝固。纤溶（纤维蛋白溶解）系统也是如此。

酶原的激活有重要生理意义，例如消化道内的蛋白酶是以酶原形式存在于分泌器官，这样不仅保护消化器官本身，同时保证酶在其特定的部位与环境发

拓展 6-17

挥其催化作用；急性胰腺炎的后果严重，就是因为其生成的胰蛋白酶原由于某种病因作用被激活成为活性的胰蛋白酶，结果胰腺组织本身亦被消化损害，死亡率很高。此外，酶原还可视为酶的储存形式，例如凝血和纤溶系统酶类均以酶原形式存在于血液中循环运行，一旦需要即可转化为有活性的酶，发挥其对机体的保护作用。

（二）别构酶

体内有些代谢物可以与某些酶分子活性中心外的某一部位可逆地结合，使酶发生别构并改变其催化活性，此结合部位称为别构部位或调节部位，对酶催化活性的这种调节方式称为别构调节，受别构调节的酶称作别构酶，导致别构效应的代谢物称作别构效应剂，有时底物本身就是别构效应剂。大部分别构酶的动力学曲线不符合米氏方程。

别构酶分子中常由多个（偶数）亚基组成，酶分子中既有活性中心又有别构中心，通常位于不同的亚基上，出现了催化亚基和调节亚基。具有多亚基的别构酶也与血红蛋白一样，存在着协同效应，包括正协同效应和负协同效应。如果效应剂是底物本身，则正协同效应的底物浓度曲线为 S 形曲线，如图 6-15 所示。

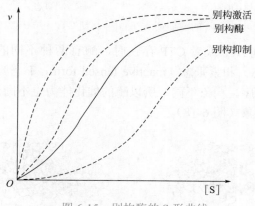

图 6-15　别构酶的 S 形曲线

如果某效应剂引起的协同效应使酶对底物的亲和力增加，从而加快反应速度，此效应称为别构激活效应。效应剂称为别构激活剂，也叫正调节物、正效应剂，常为酶的作用底物，这种现象称为底物激活。反之，凡使酶活性减弱的效应剂称别构抑制剂（allosteric inhibitor）或负效应物，或负调节物，往往为反应终产物——反馈抑制。

例如 ATP 和柠檬酸是 6- 磷酸果糖激酶 I（是糖酵解途径的关键酶之一）的别构抑制剂，这两种物质增多时，此代谢途径受到抑制，可以防止产物过剩；而 ADP 和 AMP 是该酶的别构激活剂，这两种物质的增多可激发葡萄糖的氧化供能，增加 ATP 的生成。

天冬氨酸转氨甲酰酶（aspartate trans carbamy lase，EC 2.1.3.2，简称为 ATCase）是大肠杆菌嘧啶核苷酸从头合成途径的限速酶，它催化氨甲酰磷酸和天冬氨酸形成氨甲酰 Asp 和无机磷酸，其活性受到严格的控制，是个典型的别构酶。大肠杆菌的 ATCase 全酶由 12 条亚基构成，包括 6 个大的催化亚基（C 亚基）和 6 个小的调节亚基（R 亚基）。其中每 3 个 C 亚基构成一个催化三聚体，每 2 个调节亚基构成 1 个调节二聚体，这样 1 个全酶分子就是由 2 个催化三聚体和 3 个调节二聚体构成。它们按照一定的方式排列在一起，见图 6-16。

图 6-16 ATCase 的亚基构成

对大肠杆菌的 ATCase 的动力学研究表明，其动力学曲线呈 S 形，活性受嘧啶合成的终产物 CTP 的反馈抑制，当 CTP 水平高时，CTP 与 ATCase 结合，降低 CTP 合成的速度，反之当细胞内 CTP 水平低时，CTP 从 ATCase 上解离，加快 CTP 合成速度。但受嘌呤核苷酸 ATP 的激活。CTP 和 ATP 对酶构象的影响示意图见图 6-17。

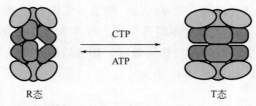

图 6-17 ATCase 的激活剂 ATP 和抑制剂 CTP 对酶构象的影响

可以看出，在激活剂 ATP 或者 CTP 存在时，酶有两种不同的构象，分别称为松弛态（active relaxed form，R 态）和紧张态（inactive tensed form，T 态）。松弛态酶分子构象相对松散，紧张态构象紧密有序。构象不同，所以酶的催化能力也不同。酶的电镜结构图证实了酶分子确实存在不同的构象（图 6-18）。

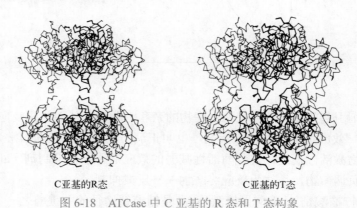

C亚基的R态   C亚基的T态

图 6-18 ATCase 中 C 亚基的 R 态和 T 态构象

（三）酶的共价修饰调节

在细胞内的许多代谢反应及信号转导过程中，酶蛋白肽链内某些特殊基团进行可逆的共价结合，从而快速改变酶的活性，这一过程称为酶的共价修饰或化学修饰。在共价修饰过程中，酶发生无活性（或低活性）与有活性（或高活性）两种形式的互变，这种互变由不同的酶所催化，后者又受激素的调控。酶的共价修饰包括磷酸化与脱（去）磷酸化、乙酰化与脱乙酰化、甲基化与脱甲基化、腺苷化与脱腺苷化，以及—SH 与—S—S—的互变等，其中以磷酸化修饰最为常见。

以蛋白质的磷酸化 / 去磷酸化为例，在蛋白激酶的催化下，许多酶的羟基氨基酸，例如

Ser，Thr，或者 Tyr 上的羟基接受 ATP 上的 γ- 磷酸根而被磷酸化修饰，被修饰的酶构象发生改变，活性从而发生改变。这种改变是可逆的，在蛋白磷酸酶的催化下，磷酸根被水解掉，酶又恢复原来的构象。共价修饰酶的磷酸化与去磷酸化示意图见图 6-19。

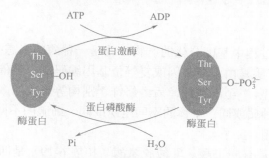

图 6-19　共价修饰酶的磷酸化与去磷酸化

　　肌肉和肝脏中的糖原磷酸化酶催化糖原的降解，产物为葡萄糖 -1- 磷酸。糖原磷酸化酶可以有两种不同的形式出现，即有活性的糖原磷酸化酶 a 和无活性的糖原磷酸化酶 b。两者都是由两个相同的亚基构成的二聚体。糖原磷酸化酶 b 是去磷酸化的形式，在转换酶磷酸化酶激酶的催化下，在 Ser14 残基上共价结合一个磷酸基，变成有活性的磷酸化酶 a。磷酸化酶 a 在另一种转换酶磷酸化酶磷酸酶的作用下，除去 Ser14 位上的磷酸基，又变成无活性的磷酸化酶 b 形式。这样，糖原磷酸化酶是否有活性，就和 Ser14 上是否共价结合磷酸基团有关。这种活性调节的方式，就是共价调节，也称共价修饰（拓展 6-18）。

　　大部分酶的活性被磷酸化修饰后活性增加，而部分酶相反。比如糖原合酶，丙酮酸激酶，丙酮酸脱氢酶，乙酰 -CoA 羧化酶等，脱磷酸基团后被激活。

拓展 6-18

二、酶含量的调节

　　细胞内的酶蛋白处于不断地更新之中。在正常的生理情况下，任何酶都是在不断地合成和降解的，形成动态平衡。如果这种动态平衡一旦被打破，便可引起代谢障碍或信号转导变化而导致疾病发生。

（一）酶蛋白合成的诱导与阻遏

　　某些底物、产物、激素、生长因子、药物等可以促进一些酶的转录增加，这些化合物被称为诱导因子，这种作用称为诱导作用；相反，引起转录减少或阻遏的化合物称为阻遏因子，这种作用称为阻遏作用。因为酶基因被诱导转录后，尚需经过转录后剪接、翻译和翻译后修饰等过程，所以到诱导酶蛋白合成并发挥其效应，一般需要 4h 以上。但是，一旦酶蛋白被诱导合成后，即使去除诱导因素，酶的活性仍然维持存在，直到该酶蛋白降解或被抑制。可见，酶的诱导与阻遏作用对代谢或信号转导的调节缓慢而长效。

（二）酶的降解

　　细胞内各种酶的半衰期（指该物质减少一半所需要的时间）相差很大，如鸟氨酸脱羧酶的半衰期很短，仅 30min，而乳酸脱氢酶的半衰期可长达 130h。现知人体内蛋白质的降解方式有两种：①溶酶体内蛋白降解途径。这是由溶酶体内的组织蛋白酶非选择性催化分解的，是一般半衰期长的蛋白质的降解途径。②泛肽化蛋白分解途径。几乎所有半衰期短

（10min～2h）的酶分子都经过此途径降解，鸟氨酸脱羧酶属于此类。

酶蛋白的降解会影响到酶的含量和酶活性，所以细胞内酶的降解速度要受到营养和激素的调控，促使机体达到生理性衡态稳定。

（三）同工酶

同工酶是长期进化过程中基因分化的产物，就是一种酶的多态型。根据 1961 年国际酶学委员会的建议，"同工酶是由不同基因或复等位基因编码的，虽催化相同反应，但呈现不同功能的一组酶的多态型。"至于在翻译后经修饰、别构等形成的多态形式不属于同工酶范畴。同工酶存在于同一种属或同一个体的不同组织或同一细胞的不同亚细胞结构中，它在代谢调节上起着重要的作用。

拓展 6-19

现已发现百余种酶具有同工酶。乳酸脱氢酶（拓展 6-19）是四聚体酶，该酶的亚基有两型：骨骼肌型（M 型）和心肌型（H 型）。这两型亚基以不同的比例组成 5 种同工酶：LDH_1（H_4）、LDH_2（H_3M）、LDH_3（H_2M_2）、LDH_4（HM_3）、LDH_5（M_4）。在 pH 为 8.6 的缓冲液中进行电泳时，H_4 向正极迁移得最快，称之为 LDH_1，依次为 LDH_2、LDH_3 和 LDH_4，而以 pI 为 9.5 的 M_4 却向负极退移，称之为 LDH_5。

这 5 种 LDH 虽然都催化乳酸与丙酮酸之间的可逆反应，但是由于两个组成亚基（M 亚基和 H 亚基）的氨基酸序列和结构的不同，主要存在于心肌中的 LDH_1 对乳酸的亲和力较大（$K_m=4.1\times10^{-3}mol/L$），而主要存在于肝及骨骼肌中的 LDH_5 对乳酸的亲和力较小（$K_m=14.3\times10^{-3}mol/L$），故 LDH_1 在心肌组织中适于利用乳酸生成丙酮酸氧化供能，而 LDH_5 在肝及骨骼肌中适于将一部分丙酮酸生成乳酸。现将 LDH 的同工酶谱在不同组织器官中的百分含量列于表 6-3。

表 6-3　人体各组织器官中 LDH 同工酶的百分含量　　　/%

组织器官	LDH_1	LDH_2	LDH_3	LDH_4	LDH_5
心肌	67	28	4	<1	<1
肾	52	28	16	4	<1
肝	2	4	11	27	56
骨骼肌	4	7	21	27	41
红细胞	42	36	15	5	2
肺	10	20	30	25	15

同工酶在代谢调节上起着重要的作用，用于解释发育阶段特有的代谢特征。在临床上，同工酶谱的改变有助于对疾病的诊断；同工酶可以作为遗传标志，用于遗传分析研究。

第六节　酶活力的测定与酶的分离纯化

一、酶活力的测定

酶活力就是酶催化一定化学反应的能力。酶的活力大小，可以用在一定条件下它所催化的某一化学反应的速度来表示，酶催化的反应速度愈快，则酶的活力愈大，所以测定酶的活力就是测定酶促反应的速度。

按米氏公式可知反应初速度与酶浓度成正比，即 $v=K'[E_0]$，这是定量测定酶浓度的理论基础。反应速度以浓度／时间表示。测定时必须确保所测定的是初速度，即底物消耗的百分比很低时，此时产物的浓度与时间（$[P]$-t）呈直线关系；否则，由于底物的消耗，反应速度减慢，或者由于产物的积累，逆反应明显地影响正向反应速度，使得 $[P]$-t 作图逐渐偏离直线。酶的活力单位定义及测定曲线见图 6-20。一般采用高底物浓度（$[S] \geqslant 10K_m$，零级反应）测定反应初速度以定量酶浓度。不同的酶维持初速度的时间长短不一，具体数据依靠实验确定。

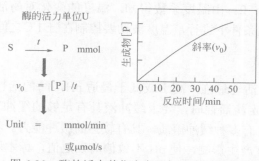

图 6-20　酶的活力单位定义及初速度时间范围

（一）酶活力测定的条件

测定酶活力，要在酶的最适作用条件下，把酶的催化能力全部发挥出来。测定酶活力就是测定酶的最大反应速度，只不过单位不同而已。测定酶活力，需要注意的事项为：

1. 化学反应及检测指标

一般来说，任何一种酶促反应，如果底物或产物具有光吸收、旋光、电位差改变或荧光的变化等性质，只要方法足够灵敏，就可以直接检测。例如一些脱氢酶需要 NAD^+ 或 $NADP^+$ 为辅酶，NAD^+ 和 $NADP^+$ 在 340nm 处的光吸收值很小，而 NADH 和 NADPH 在 340 nm 有较大的吸光值，因此可根据反应时在 340nm 处光吸收的变化来检测 NADH 或 NADPH 的生成或减少，并以此计算酶活性。

另外，为了便于观察，还可偶联一些能直接或间接产生有色化合物的反应，例如一些氧化酶的反应，可通过过氧化物酶及某一色素反应的偶联，产生在 500 nm 处有最大吸收的红色化合物来测定其酶活力。

2. 底物浓度

除选择适合的底物外，在实际应用中更多考虑的是底物浓度。由于 $[S]$ 与反应速度 v 成双曲线关系，在酶活性测定时，要求 $[S]$ 达到一定水平以保证酶活性与酶量成正比。$[S]$ 范围一般选择在 $10 \sim 20K_m$ 为宜，此时反应速度基本达到最大反应速度，测定的误差在可接受范围以内。

3. 酶浓度

在反应条件一定时，酶浓度与反应速度成正比。按照中间产物学说，只有 [S] ≫[E] 时，酶才能被底物分子饱和，反应速度才能达到最大值。因此当标本酶活力过高时，应将标本适当稀释后再加以测定。

4. 温度

不同的酶最适温度不同，多数酶的最适温度在 37～40℃，高于或低于最适温度，酶活性都降低。目前，酶活性的测定温度尚未统一，但常规实验室多使用 37℃。温度对酶促反应的影响程度通常用温度系数（Q_{10}）表示。温度系数指温度每升高 10℃，化学反应速度增加的倍数。Q_{10} 通常为 1～2。由温度系数得知，温度的变化对酶活性有着重要影响，因此要求酶活性测定要在恒温条件下进行，温度波动要控制在 ±1℃之间。

5. 离子强度和 pH 值

在最适 pH 时，酶的活性最强，高于或低于最适 pH，酶的活性都降低，多数酶的最适 pH 在 5～8 之间。在测定酶活性时，要求缓冲液具有足够的缓冲容量，以便使 pH 值保持稳定。血浆或血清标本含有多种缓冲溶质，具有较强的缓冲能力。为了防止血浆或血清标本缓冲溶质对反应液酸碱度产生影响，使 pH 不致偏离设定值，标本用量不宜过大，血浆或血清标本体积 / 反应液体积≤ 1/10 为宜。

6. 辅助因子

某些金属离子和维生素类辅酶是结合酶的辅助因子，例如 Zn^{2+} 是羧基肽酶的辅基，Mo^{6+} 是黄嘌呤氧化酶的辅基，NADH 是不需氧脱氢酶的辅酶。这些酶离开它们的辅基或辅酶就不能表现活性，因此在酶活性测定时，就要保证辅基或辅酶的供给。

7. 激活剂

有些酶在有激活剂存在时才有活性或活性较高，例如 Mg^{2+} 是肌酸激酶的激活剂，Cl^- 是淀粉酶的激活剂。因此在酶活力测定时，也要满足酶对激活剂的需要。

8. 抑制剂

酶的抑制可分为不可逆抑制和可逆抑制，后者又可分为竞争性抑制和非竞争性抑制。重金属离子和砷化物对巯基酶的抑制、有机磷对羟基酶的抑制属于不可逆抑制；丙二酸对琥珀酸脱氢酶的抑制、磺胺类药物对二氢叶酸合成酶的抑制属于竞争性抑制；哇巴因对 Na^+，K^+-ATP 酶的抑制属于非竞争性抑制。抑制剂使酶活性降低，在测定酶活性时，应避免抑制剂的影响。

综上所述，测定酶活性时，最适条件的选择应该遵循最适底物浓度、最适温度、最适 pH 值、满足辅助因子和激活剂、避免抑制剂的原则。

（二）酶活力单位

酶活力的高低用活力单位（U）表示。所谓酶活力单位是指酶在最适条件下，单位时间内底物的减少量或产物的生成量。1961 年国际生物化学会酶学委员会及国际纯粹与应用化学联合会临床化学委员会采用"国际单位"（缩写 IU）来表示酶活力单位。IU 定义为：在 25℃，以最适底物浓度，最适缓冲液的离子强度以及最适 pH 等条件下，每分钟催化消耗 1μmol/L 底物的酶量为一个酶活力单位，亦即国际单位。1972 年酶学委员会又推荐一个新的酶活力国际单位，即 Katal（Kat）单位，1Kat 单位定义为：在最适条件下，每秒钟可使 lmol/L 底物转化的酶量。Kat 与 IU 的换算关系如下：

$$1Kat = lmol \cdot L^{-1} \cdot s^{-1} = 60mol \cdot L^{-1} \cdot min^{-1}$$
$$= 60 \times 10^6 \mu mol \cdot L^{-1} \cdot min^{-1} = 6 \times 10^7 IU$$
$$1IU = 1\mu mol \cdot L^{-1} \cdot min^{-1} = 1/60 \mu mol \cdot L^{-1} \cdot s^{-1}$$
$$= 1/60 \mu Kat = 16.7 nKat$$

（三）酶的比活力

酶的比活力或称比活性是指每毫克酶蛋白所具有的酶活力单位数。

比活力 = 活力单位数 / 毫克酶蛋白

比活力是表示酶制剂纯度的一个指标，在酶学研究和提纯酶时常用到。酶制品的纯度一般都用比活力大小来表示，比活力（拓展 6-20）愈高，表明酶愈纯。

拓展 6-20

（四）酶活性中心的转换数

酶的转换数是指单位时间（如每秒）每一催化中心所转换的底物分子数（即使多少个底物分子转变为产物），或每摩尔活性中心单位时间转换底物的物质的量。米氏方程推导时所提到的当底物浓度过量时，则 $v_{max} = K_3 [E_0]$ 式中的 K_3 即称为转换数，它可用下式计算：

转换数 $= K_3 = v_{max} / [E_0]$

转换数（拓展 6-21）大，则表示酶促反应迅速进行，如碳酸酐酶的转换数为 600 000μmol/s；乳酸脱氢酶为 2 000μmol/s；而溶菌酶则只有 0.5μmol/s。

拓展 6-21

二、酶的分离纯化

对酶进行分离提纯有两个目的：①为了研究酶的理化特性（包括结构与功能、性质及生物学作用等），对酶进行鉴定，必须用纯酶；②作为生化试剂及用作药物的酶常常也要求有较高的纯度。

目前，用于蛋白质分离纯化的方法原则上都适用于酶的分离纯化，在操作中同样应避免一切可能引起蛋白质变性的因素。比一般蛋白质的分离纯化有利的是，在酶的分离纯化过程中，可以通过监测酶的总活力和比活力来跟踪酶的动向，提高酶的回收率；同时也可对设计的方法是否高效合理进行评价，有利于方法的改进完善。

生物体内的酶有胞内酶和胞外酶之分，因此，在前处理上有所不同：胞内酶的提取需要先将细胞破碎，可以根据生物细胞的种类，选择合适的破碎方法（如研磨、超声波、化学破碎），再用适当的外溶液或缓冲溶液把酶提取出来；胞外酶则可直接提取，分离纯化。

（一）酶分离纯化的方法

分离纯化酶的方法很多，现在把一些常用的方法简单介绍如下：

1．盐析法

常用的盐析剂是硫酸铵，其溶解度大、价格便宜。硫酸铵沉淀蛋白质的能力很强，其饱和溶液能使大多数的蛋白质沉淀下来。对酶没有破坏作用。

pH 的控制：应从酶的溶解度与稳定性两个方面考虑，在酶等电点时其溶解度最小易沉淀，但有些酶在等电点时稳定性较差，因此要选择最佳 pH 值。一般要求在酶最稳定的 pH 的前提下再考虑最适宜酶沉淀的 pH 值。在操作中一旦确定最佳 pH 值后，在添加硫酸铵之前用甲酸或碱调节好酶液的 pH 值，要尽量避免溶液 pH 值的波动以免破坏酶的稳定性。在添加硫酸铵时要注意搅拌，并注意硫酸铵的加入速度，一般是由少到多，缓慢加入，硫酸铵尽可能磨成细粉。

温度的控制：有些酶在较高温度下稳定性能较好，可在常温下进行盐析操作，而对于大多数酶，尽可能在低温下操作。

酶液的静置：加完硫酸铵后，酶液要静置一段时间，使酶蛋白完全沉淀下来，酶静置后，就不要再加以搅拌。

盐析法设备简单，安全并能达到一定的提纯目的，因此盐析法至今在酶的制备中还是使用最广泛的。

2．有机溶剂沉淀法

有机溶剂选择：可用于酶蛋白沉淀的有机溶剂包括醇类物质等，如甲醇、乙醇、异丙醇。乙醇的亲水性能较好，可防止蛋白质的变性，酶蛋白在其中的溶解度也较低。

有机溶剂沉淀操作：有机溶剂一般都会使蛋白质变性，当温度较高时变性蛋白质分子就会永久失活。因此用有机溶剂处理时最好在 0℃ 以下进行。用有机溶剂沉淀得到的酶蛋白不要放置过久，要尽快加水溶解。

此法分辨能力高，提纯效果好。但高浓度的有机溶剂常常引起酶活力的丧失，同时整个操作过程都应该严格控制在低温下进行。

3．聚合物絮凝剂沉淀

聚合物絮凝剂，如葡聚糖和聚乙二醇，与酶分子争夺水分子，具有脱水作用使酶沉淀。聚乙二醇作为沉淀剂的优点是在水溶液中，其浓度可达到 50%，浓度为 6% ～ 12% 的蛋白质大都可以沉淀下来。这种试剂不需要低温操作，而且对蛋白质的稳定还有一定的保护作用。聚乙二醇不会被吸附，故在离子交换吸附前不必去除。

4．金属离子和络合物沉淀

酶和其他蛋白质都会形成金属盐，其溶解度较低。用金属离子沉淀的缺点是酶与金属离子相互作用后，可逆变化较差，尤其是巯基衍生物，它结合的金属离子会催化酶变性而失活。

5．特殊试剂沉淀法

用链霉素可选择性去除核酸，从而使胞内酶沉淀出来。链霉素盐（1mg 蛋白质用量为 0.5 ～ 1.0mg）对于选择性沉淀核酸的效果比锰离子还要好，酶不易失活。

6. 色谱分离（层析）法

根据分子大小的不同，可以利用凝胶层析分离不同的蛋白质分子，或利用电荷的差异使用离子交换法，以及利用酶具有与底物或竞争性抑制剂结合的功能而建立的亲和层析法等分离蛋白质。以上这些方法在酶的分离纯化上已逐渐得到广泛应用。

7. 其他分离方法

如利用密度的差异使用超速离心分离法，利用分子大小、形状及电荷差异的凝胶电泳分离方法等。

特别要提出的是，亲和层析在酶的纯化中占有越来越重要的地位，这主要是由于与其底物、辅助因子和某些抑制剂分子之间可以专一、可逆地结合。利用这种亲和力，可将酶的底物、辅助因子、可逆抑制剂作为配基做成亲和柱，这样就可以有效地将不具有相应生物亲和特性的所有杂蛋白质除去，大大提高纯化效力。

制备好的较纯的酶，一般都不太稳定，特别是在溶液中，酶更容易丧失活力。通常应保存在冰箱中，也可在酶溶液中加入一些保护剂，如巯基保护剂、还原剂等。

为了延长酶的保存时间，最好的办法是采用冷冻干燥把酶制成冻干粉，这样既可避免酶活力的损失，也便于长期保存酶制剂。

（二）酶分离纯化的指标

随着酶分离过程的进行，酶的总活力在减少，总蛋白也在减少，但是单位酶制剂的比活力应该在提高。比活力高，表明酶的纯度高。在酶的纯化过程中，需要计算两个具有实际意义的指标，即纯化倍数及回收率。

总活力：反应体系中添加的所有酶的活力单位数。即该反应能达到的 v_{max}。注意单位的区别。

回收率：纯化后和纯化前总活力的比值。

纯化倍数：指提纯后与提纯前比活力的比值。

第七节　酶的应用及酶工程简介

一、酶的应用

作为一种生物催化剂，酶不仅在生命活动中有极为重要的作用，而且在工业、农业、医药卫生、能源开发、环境工程以及科学研究中也日益发挥着巨大的作用（拓展 6-22）。早在19 世纪末，就有了商品化的酶制剂，目前国际市场上，商品酶制剂约有上千种，使用范围极其广泛，现选择重要的简介如下。

食品工业：葡萄糖异构酶可用来制造果糖浆；葡萄糖氧化酶可用来除去罐头中残余的氧；蛋白酶可用于肉类嫩化、酒类澄清；脂肪酸可用于食品增香。淀粉酶、蛋白酶、葡萄糖氧化酶、木聚糖酶、脂酶等可用于焙烤食品。酶制剂具有增大面包体积，改善面包表皮色泽，提高面包瓤柔软度，以及延缓陈变、

拓展 6-22

延长保存期限等作用。

轻化工业：蛋白酶可用于蚕丝脱胶，还可用于动物皮毛的脱毛和软化，加入洗涤剂中可以洗涤血渍和蛋白污物（如加酶洗衣粉）；淀粉酶和纤维素酶也可用来处理饲料，以增加饲料的营养价值，青储饲料、糖化饲料的制作也利用了微生物体内酶的作用。另外酶还可用于明胶制造、胶原纤维制造（黏结剂）、牙膏和化妆品的生产、造纸、感光材料生产、废水废物处理和饲料加工等。

能源领域：植物、农作物、林业产物废物中的纤维素、半纤维素、木质素、淀粉等作为原料，利用微生物或酶工程技术可制造氢、甲烷等气体燃料以及乙醇和甲醇等液体燃料。

环境工程：利用微生物体中酶的作用，可以将废水中的有机物质转变成可利用的小分子物质，同时达到净化废水的目的。人们利用基因工程技术创造高效菌种，并利用固定化活微生物细胞等方法，在废水处理及环境保护工作中取得了显著的成效。另外，生物传感器的出现为环境监测的连续化和自动化提供了可能，降低了环境监测的成本，加强了环境监督的力度。

医药卫生：酶在医学上常常用于疾病的诊断和治疗，如血中转氨酶的测定可以反映心脏或肝脏疾病；胃蛋白酶、胰蛋白酶制剂可增进消化能力；L-天冬酰胺酶可用来治疗白血病；胰蛋白酶、胰凝乳蛋白酶可用于外科化脓性创口的净化以及胸腔或腹腔间浆膜粘连的治疗；在体外循环装置中，利用酶清除血液废物，防止血栓形成和体内酶控药物释放系统等；另外，酶作为临床体外检测试剂，可以快速、灵敏、准确地测定体内某些代谢产物，这将是酶在医疗上一个重要的应用。

科研中也用到很多重要的工具酶，如 DNA 聚合酶、限制性核酸内切酶和连接酶等。

二、酶工程简介

酶工程就是将酶或者微生物细胞，动植物细胞，细胞器等在一定的生物反应装置中，利用酶所具有的生物催化功能，借助工程手段将相应的原料转化成有用物质并服务于生活的一门技术。它将酶学基本原理与化学工程技术及 DNA 重组技术有机地结合在一起，从广义上讲，酶工程包括酶制剂的制备，酶的固定化，酶的修饰与改造及酶反应器等方面内容。根据研究问题和解决问题的手段不同可将酶工程分为两大类：化学酶工程和生物酶工程。

（一）化学酶工程

亦称为初级酶工程，主要是通过化学修饰、固定化处理，甚至通过化学合成等手段，改善酶的性质以提高催化效率及降低成本，它包括天然酶、化学修饰酶、固定化酶及化学人工酶的研究和应用。

（1）天然酶粗制剂

工业用天然酶制剂大多是通过微生物发酵而获得的粗酶，价格低，应用方式简单，产品种类少，使用范围窄，常用于食品、制药、制革、酿造及纺织等工业生产。例如洗涤剂、皮革生产等用的蛋白酶；纸张制造、棉布退浆等用的淀粉酶；漆生产用的多酚氧化酶；乳制品中的凝乳酶等。

天然酶的分离纯化随着各种层析技术及电泳技术的发展，得到长足的进展，目前医药及科研用酶多数是从生物材料中分离纯化得到的。

（2）化学修饰酶

常用于酶学研究和临床医学。因在上述领域要求酶的纯度高、性能稳定，在治疗上还需要低或无免疫原性，所以常常对纯酶进行化学修饰以改善其性能。化学修饰的途径，可以通过对酶分子表面进行修饰，也可对酶分子内部进行修饰（拓展6-23）。

（3）固定化酶

在文献中曾用水不溶酶、不溶性酶、固相酶、结合酶、固定酶、酶树脂及载体结合酶等名称。固定化酶是指被结合到特定的支持物上并能发挥作用的一类酶，它通过吸附、偶联、交联及包埋等物理或化学方法被做成仍具有酶催化活性的不溶于水的酶，装入适当容器中形成反应器。这种把酶或细胞直接应用于化学工业的反应系统又称为生物反应器。

拓展 6-23

固定化酶的优点是：①可以用离心或过滤法很容易地将酶与反应液分离开来，在生产中应用十分方便有利；②可以反复使用；③稳定性能好。

酶经过固定化（拓展6-24）后，比较能耐受温度及 pH 的变化，最适 pH 往往稍有移位，对底物专一性没有任何改变，实际使用效率提高几十倍（如 $5'$-磷酸二酯酶的工业应用）甚至几百倍（如青霉素酰化酶的工业应用）。

拓展 6-24

（4）化学人工酶

化学人工酶是模拟酶的生物催化功能，用化学半合成法（小分子化合物与无活性蛋白反应生成）或全合成法（以小分子有机物为原料）合成的有催化活性的人工酶。

在深入了解酶的结构与功能以及催化作用机制的基础上，近 10 年，有许多科学家模拟酶的生物催化功能，用化学半合成法或化学全合成法合成了人工酶催化剂。

① 半合成酶　例如将电子传递催化剂 $[Ru(NH)_3]^{3+}$ 与巨头鲸肌红蛋白结合，产生了一种"半合成的无机生物酶"，这样把能和氧气结合而无催化活性的肌红蛋白变成能氧化各种有机物（如抗坏血酸）的半合成酶，它接近于天然的抗坏血酸氧化酶的催化效率。

② 全合成酶　全合成酶不是蛋白质，而是一些非蛋白质有机物，它们通过并入酶的催化基团与控制空间构象，从而像天然酶那样专一性地催化化学反应。例如利用环糊精成功地模拟了胰凝乳蛋白酶、RNase、转氨酶、碳酸酐酶等。其中胰凝乳蛋白模拟酶催化简单酯反应的速率和天然酶接近，但热稳定性与 pH 稳定性大大优于天然酶，模拟酶的活力在 80℃仍能保持，在 pH 2～13 的大范围内都是稳定的。

（二）生物酶工程

生物酶工程是在化学酶工程基础上发展起来的，是酶学和以 DNA 重组技术为主的现代分子生物学技术相结合的产物。因此它亦可称为高级酶工程。

生物酶工程主要包括三个方面：用 DNA 重组技术（即基因工程技术）大量地生产酶（克隆酶）；对酶基因进行修饰，产生遗传修饰酶（突变酶）；设计新的酶基因，合成自然界不曾有过的、性能稳定、催化效率更高的新酶，如抗体酶等。

酶基因的克隆和表达技术的应用使得克隆各种天然的蛋白基因或酶基因成为可能。先在特定的酶的结构基因前加上高效的启动基因序列和必要的调控序列，再将此片段克隆到一定的载体中，然后将带有特定酶基因的上述杂交表达载体转化到适当的受体细菌中，经培养繁殖，再从收集的菌体中分离得到大量的表达产物——所需要的酶。一些来自人体的酶制剂，如治疗血栓栓塞的尿激酶原，就可以用此法取代从大量的人尿中提取的方法。此外还有组织纤溶酶原激活剂（tPA）与凝乳酶等一百多种酶的基因已经克隆成功，其中一些已进行了高效的表达。此法产生出大量的酶，并易于提取分离纯化。

近几年兴起的另一个新研究领域：酶的选择性遗传修饰，即酶基因的定点突变。研究者们在分析氨基酸序列弄清酶的一级结构及 X 线衍射分析、弄清酶的空间结构的基础上，再在由功能推知结构或由结构推知功能的反复推敲下，设计出酶基因的改造方案，确定选择性遗传修饰的修饰位点。现在人们已掌握技术，所以只要有遗传设计蓝图，就能人工合成出所设计的酶基因。酶遗传设计的主要目的是创制优质酶，用于生产昂贵特殊的药品和超自然的生物制品，以满足人类的特殊需要。

第八节　维生素与辅酶

维生素是维持生物体正常生命活动必不可少的一类小分子有机化合物。人体对它们的日需求量以微克或者毫克计，但因为人体自身不能合成，所以必须从食物里获取。维生素的种类多，来源广，功能多样，化学结构也差别巨大。一般根据其溶解度分为水溶性维生素和脂溶性维生素。

水溶性维生素易溶于水而不易溶于非极性有机溶剂，吸收后体内贮存很少，过量的多从尿中排出，且容易在烹调中遇热破坏。"脂溶性维生素"易溶于非极性有机溶剂，而不易溶于水，可随脂肪为人体吸收并在体内储积，排泄率不高。

一、水溶性维生素

水溶性维生素主要包括 B 族维生素和维生素 C。

（一）B 族维生素

维生素 B 复合体是一个大家族（维生素 B 族），至少包括十余种维生素。其共同特点是：①在自然界常共同存在，最丰富的来源是酵母和肝脏；②从低等的微生物到高等动物和人类都需要它们作为营养要素；③同其他维生素比较，B 族维生素作为酶的辅酶发挥调节物质代谢作用；④从化学结构上看，除个别例外，大都含氮；⑤从性质上看，多易溶于水，对酸稳定，易被碱破坏，在体内不能储存。

1. 维生素 B₁

维生素 B_1 又称硫胺素或抗神经炎素。是由含氨基的嘧啶环和含硫的噻唑环结合而成的一种 B 族维生素。维生素 B_1（拓展 6-25）主要存在于种子的外皮和胚芽中，如米糠和麸皮中含量很丰富，在酵母菌中含量也极丰富。瘦肉、白菜和芹菜中含量也较丰富。目前所用的维生素 B_1 都为化学合成的产品。在体内，维生素 B_1 以硫胺素焦磷酸（TPP）的形式参与糖代谢中羧基碳（醛或酮）合成与裂解反应，有保护神经系统的作用；还能促进肠胃蠕动，增加食欲。

维生素 B_1 缺乏时，可引起多种神经炎症，如脚气病。维生素 B_1 缺乏所引起的多发性神经炎，患者的周围神经末梢有发炎和退化现象，并伴有四肢麻木、肌肉萎缩、心力衰竭、下肢水肿等症状。

拓展 6-25

2. 维生素 B₂

维生素 B₂ 又叫核黄素，是核醇与 7，8- 二甲基异咯嗪的缩合物。由于异咯嗪的 1 位和 5 位 N 原子上具有两个活泼的双键，易起氧化还原反应，故维生素 B₂（拓展 6-26）有氧化态和还原态两种形式，在体内以黄素单核苷酸（FMN）和黄素腺嘌呤二核苷酸（FAD）形式在生物氧化的呼吸链中起递氢作用，对神经细胞、视网膜代谢、脑垂体促肾上腺皮质激素的释放和胎儿的生长发育亦有影响；糖类、脂肪和氨基酸的代谢与核黄素密切相关。若缺乏时，可出现舌炎、口角炎、脂溢性皮炎和阴囊炎、眼结膜炎、畏光等。核黄素的缺乏主要是机体摄取维生素 B₂ 量不足所致，成人每天需要量是 15 ～ 20mg，肠道细菌虽能合成维生素 B₂，但量少，故主要靠食物提供。机体贮存有限，多余部分随尿排出。

3. 维生素 B₃

B 族维生素的一种，又名泛酸、"遍多酸"，也称为维生素 B₃。这个名称来源自希腊语，意思是无所不在的酸类物质。其无所不在，是指：①普遍存在于生物体内；②生物无不需要，缺乏时会生病致死；③体内参与广泛的代谢活动。

泛酸（拓展 6-27）以乙酰辅酶 A 的形式参加代谢过程，是二碳单位的载体，也是体内乙酰化酶的辅酶，它是酰基的传递者；帮助细胞的形成，维持正常发育和中枢神经系统的发育；泛酸具有制造抗体的功能，能帮助抵抗传染病，缓和多种抗生素副作用及毒性，并有助于减轻过敏症状；泛酸在维护头发、皮肤及血液健康方面有重要作用，当头发缺乏光泽或变得较稀疏时，多补充泛酸可见其效。

富含泛酸的食物为肉、未精制的谷类制品、麦芽与麸子、动物肾脏、动物心脏、绿叶蔬菜、啤酒酵母、坚果类、鸡肉、未精制的糖蜜。

4. 维生素 B₄

维生素 B₄ 又称胆碱。胆碱和肌醇（另一种维生素 B）一起合作来进行对脂肪与胆固醇的利用。胆碱是少数能穿过"脑血管屏障"的物质之一。这个"屏障"保护脑部不受日常饮食的改变的影响。但胆碱可通过此"屏障"进入脑细胞，制造帮助记忆的化学物质。胆碱似乎可以乳化胆固醇，避免胆固醇积蓄在动脉壁或胆囊中。

富含胆碱的食物有蛋类、动物的脑、动物心脏与肝脏、绿叶蔬菜、啤酒酵母、麦芽、大豆卵磷脂。

拓展 6-26

5. 维生素 B₅

维生素 B₅ 又称烟酸、尼克酸、维生素 PP。在体内转化为烟酰胺后，发挥药理作用，后者是辅酶 I（NAD⁺）和辅酶 II（NADP⁺）（拓展 6-28）的组成部分，参与体内脂质代谢，组织呼吸的氧化过程和糖无氧分解的过程。烟酸还可降低辅酶 A 的利用；通过抑制密度蛋白的合成而影响胆固醇的合成，大剂量尚可降低血清胆固醇及三酰甘油的浓度，且有扩张周围血管作用。

拓展 6-27

尼克酸缺乏症又叫烟酸缺乏症（niacin deficiency），也称糙皮病。临床上以皮肤、胃肠道、神经系统症状为主要表现。本病的发生与尼克酸的摄入、吸收减少及代谢障碍有关，尤其在以玉米等谷类为主食，又缺乏适当副食品地区，有时会以地方性疾病表现。本病同时可有色氨酸和其他维生素的缺乏。在消化

拓展 6-28

道吸收障碍和慢性消耗性疾病中，例如类癌综合征等也可见到。

6. 维生素 B_6

维生素 B_6（拓展 6-29）实际上是几种物质——吡哆醇、吡哆醛、吡哆胺——的集合，它们之间有密切的关系和相互的作用。富含维生素 B_6 的食物：啤酒酵母、小麦麸、麦芽、动物肝脏与肾脏、大豆、美国甜瓜、甘蓝菜、废糖蜜（从原料中提炼砂糖时所剩的糖蜜）、糙米、蛋、燕麦、花生、胡桃。

维生素 B_6 能适当地消化、吸收蛋白质和脂肪，防止各种神经、皮肤的疾病，缓解呕吐（为防止早晨起床时的呕吐感，医生的处方中都开有维生素 B_6），可促进核酸的合成，防止组织器官的老化，减缓夜间肌肉的痉挛、脚的抽筋、手的麻痹等各种手足神经炎的病症。维生素 B_6 的缺乏症可引起贫血、脂溢性皮肤炎、舌炎等。

7. 维生素 B_7

维生素 B_7 又称生物素（拓展 6-30）、维生素 H，是由噻吩环和尿素结合而成的一个双环化合物，左侧链上有一个戊酸。自然界中存在两种形式的生物素，α 生物素存在于蛋黄中，β 生物素存在于肝脏中。它是多种羧化酶的辅酶或者辅基，参与细胞内 CO_2 的固定，起到 CO_2 载体的作用。生物素以辅酶形式参与糖类、脂肪和蛋白质的代谢，例如丙酮酸的羧化，氨基酸的脱氨基，嘌呤和必需氨基酸的合成等。

维生素 B_7 可防止白发；对谢顶有预防治疗作用；缓解肌肉的疼痛；减轻湿疹、皮炎症状。

富含生物素的食物有牛奶、水果、啤酒酵母、牛肝、蛋黄、动物肾脏、糙米。

8. 维生素 B_{11}

维生素 B_{11} 亦称为叶酸（拓展 6-31）、维生素 B_C 或维生素 M。在自然界广泛存在，在绿叶中含量丰富，故称叶酸。叶酸是由 2- 氨基 -4- 羟基 -6- 甲基蝶啶、对氨基苯甲酸和 L- 谷氨酸残基组成的一种水溶性 B 族维生素，为机体细胞生长和繁殖所必需的物质，并与维生素 B_{12} 共同促进红细胞的生成和成熟。在体内叶酸以 5，6，7，8- 四氢叶酸的形式起作用，四氢叶酸在体内参与嘌呤核苷酸和嘧啶核苷酸的合成和转化。叶酸缺乏时，脱氧胸苷酸、嘌呤核苷酸的形式及氨基酸的互变受阻，细胞内 DNA 合成减少，细胞的分裂成熟发生障碍，引起巨幼红细胞性贫血。

9. 维生素 B_{12}

维生素 B_{12} 分子含有金属元素钴，又称钴胺素（拓展 6-32）。维生素 B_{12} 间接参与胸腺嘧啶脱氧核苷酸合成，为甲基载体。在体内需转化为甲基钴胺和辅酶 B_{12} 使其具有活性，甲基钴胺参与叶酸代谢。缺乏时可致叶酸缺乏，而叶酸参与 DNA 的合成，因而导致 DNA 合成受阻，导致巨幼细胞贫血。本品还促使甲基丙二酸转变为琥珀酸，参与三羧酸循环，维持有

拓展 6-29

拓展 6-30

拓展 6-31

拓展 6-32

髓神经纤维的正常功能故缺乏时亦可影响神经髓鞘脂类的合成。促进红细胞的形成和再生，防止贫血；促进儿童发育，增进食欲；增强体力；维持神经系统的正常功能；能使脂肪、糖类、蛋白质适宜地为体内所利用；消除烦躁不安；促使注意力集中，增进记忆力与平衡感。

常见的 B 族维生素的结构及功能概述如表 6-4 所示。

表 6-4 部分 B 族维生素的结构、对应辅酶及功能总结

维生素	结构	辅酶	酶	作用	缺乏病
维生素 B_1	硫胺素	TPP	脱羧酶	脱掉 CO_2	脚气病
维生素 B_2	核黄素	FMN，FAD	脱氢酶	传递 2H	口角炎
维生素 B_3	泛酸	CoA	脱氢酶	传递乙酰基	/
维生素 B_6	吡哆醛	磷酸吡哆醛，胺	脱氢酶；硫激酶	转移氨基；脱羧基	脂溢性皮炎
维生素 B_{12}	钴胺素	维生素 B_{12} 辅酶	转氨酶	转移 H 或 R 基	恶性贫血
维生素 B_5	尼克酸，尼克酰胺	辅酶 I，辅酶 II	脱氢酶	传递 2H	癞皮病
维生素 B_7	生物素	生物素	羧化酶	传递 CO_2	/

（二）维生素 C

维生素 C，又叫抗坏血酸，能防治坏血病。维生素 C 是一个具有六个碳原子的酸性多羟基化合物，是一种己糖酸内酯，其分子中 2 位和 3 位碳原子的两个烯醇式羟基极易解离，释放出 H^+，而被氧化成脱氢抗坏血酸。氧化型和还原型抗坏血酸可以互相转变，如图 6-21 所示，在生物组织中自成一氧化还原体系。

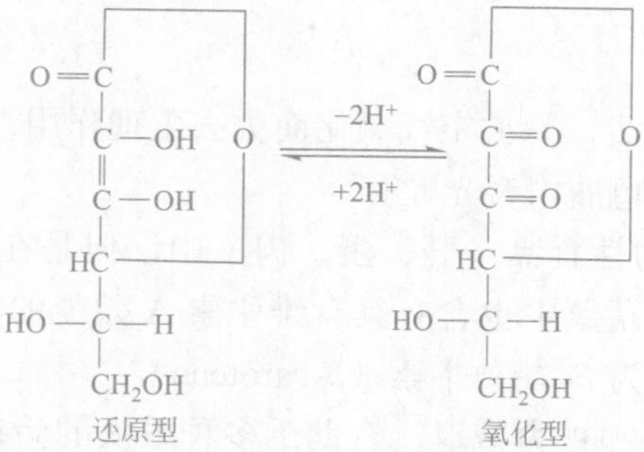

图 6-21 氧化型和还原型抗坏血酸的互相转变

维生素 C 在体内参与氧化还原反应和羟化反应，是一种很好的还原剂。维生素 C 的主要生理功能是：①维持细胞的正常代谢，保护酶的活性；②对铅化物、砷化物、苯以及细菌毒素等，具有解毒作用；③使三价铁还原成二价铁，有利于铁的吸收，并参与铁蛋白的合成；④参与胶原蛋白合成羟脯氨酸的过程，防止毛细血管脆性增加；⑤促进心肌利用葡萄糖及合成心肌糖原，有扩张冠状动脉的效应。

维生素 C 在酸性水溶液（pH ＜ 4）中较为稳定，在中性及碱性溶液中易被破坏，有微量金属离子（如 Cu^{2+}、Fe^{3+} 等）存在时，更易被氧化分解；加热或受光照射也可使维生素 C 分解。此外，植物组织中含有抗坏血酸氧化酶，能催化维生素 C 氧化分解，失去活性，所以蔬菜和水果贮存过久，其中维生素 C 可遭到破坏而使其营养价值降低。

大多数动物能够利用葡萄糖以合成维生素 C，但是人类、灵长类动物和豚鼠由于体内缺

少合成维生素 C 的酶类，所以不能合成维生素 C，而必须依赖食物供给。食物中的维生素 C 可迅速自胃肠道吸收，吸收后的维生素 C 广泛分布于机体各组织，以肾上腺中含量最高。但是维生素 C 在体内贮存甚少，必须经常由食物供给。

维生素 C 的成人日需量为 15mg。富含维生素 C 的食物为蔬菜与水果，如青菜、韭菜、塌棵菜、菠菜、柿子椒等深色蔬菜和花菜，以及柑橘、红果、柚子等水果含维生素 C 量均较高。野生的苋菜、苜蓿、刺梨、沙棘、猕猴桃、酸枣等含量尤其丰富。

二、脂溶性维生素

维生素 A，D，E，K 均溶于脂类溶剂，不溶于水，在食物中通常与脂肪一起存在，吸收它们，需要脂肪和胆汁酸。脂溶性维生素在人体内排泄率不高，摄入过多可在体内积累以致产生有害影响。

（一）维生素 A

维生素 A 分 A_1，A_2 两种，是不饱和一元醇类。一般所说维生素 A 指 A_1。A_2 的生理效用仅及 A_1 的 40%。维生素 A_1 又称为视黄醇，A_2 称为脱氢视黄醇。

维生素 A 的化学性质活泼，易被空气氧化而失去生理作用，紫外线照射亦能将其破坏，故维生素 A 的制剂应装在棕色瓶内避光贮存。

维生素 A 只存在于动物性食品（肝、蛋、肉）中，但是在很多植物性食品如胡萝卜、红辣椒、菠菜、芥菜等有色蔬菜中也含有具有维生素 A 效能的物质，例如各种类胡萝卜素（carotinoid），其中最重要者为 β- 胡萝卜素（β-carotene）。

维生素 A 可防止夜盲症和视力减退，有助于多种眼疾的治疗（维生素 A 可促进眼内感光色素的形成）；有抗呼吸系统感染作用；有助于维护免疫系统功能正常；促进身体早日康复；能保持组织或器官表层的健康；有助于祛除老年斑；促进发育，强壮骨骼，维护皮肤、头发、牙齿、牙床的健康；外用有助于对粉刺、脓包、疖疮、皮肤表面溃疡等症的治疗；有助于对肺气肿、甲状腺功能亢进症的治疗。

（二）维生素 D

维生素 D 又称钙化醇，麦角甾醇，麦角骨化醇，"阳光维生素"，抗佝偻病维生素。脂溶性。种类很多，以维生素 D_2（麦角钙化醇）和维生素 D_3（胆钙化醇）较为重要。来自食物和阳光（紫外线可以作用于皮肤中的油脂从而产生维生素 D，然后被人体吸收）。从口中所摄取的维生素 D 由小肠壁与脂肪一起吸收。烟雾会遮断制造维生素 D 的太阳光线，在强烈的日晒灼伤后，皮肤将停止制造维生素 D。

拓展 6-33

维生素 D（拓展 6-33）能促进小肠对钙的吸收，其代谢活性物促进肾小管重吸收磷和钙，提高血钙、血磷浓度，或维持及调节血浆钙、磷正常浓度。一般认为，只有钙与磷酸盐的血浆浓度适宜，骨形成才呈现正常的速率。维生素 D 缺乏时人体吸收钙、磷能力下降，钙、磷不能在骨组织内沉积，成骨作用受阻。在婴儿和儿童时期，上述情况可使新形成的骨组织和软骨基质不能进行矿化，从而引起骨生长障碍，即所谓佝偻病。钙化不良的一个后果是佝偻病患者的骨骼异常疏松，而且由于支撑重力负荷和紧张而产生该病的特征性畸形。在成人期，维生素 D 缺乏引起骨软化病或成人佝偻病，最多见于钙的需要量增大时，如妊娠期或哺乳期。

（三）维生素 E

维生素 E 又叫生育酚，主要存在于植物油中，有 8 种，其中以 α、β、γ、δ 生育酚较为重要，α 型生育酚生理活性最高。

维生素 E 为油状物，在无氧状况下能耐高热，并对酸和碱有一定抗力，但对氧却十分敏感，是一种有效的抗氧化剂。维生素 E 被氧化后即失效。

维生素 E 最突出的化学性质是抗氧化作用，它能增强细胞的抗氧化能力，有利于维持各种细胞膜的完整性；参加某些细胞组织的多方面的代谢过程；保持膜结合酶的活力和受体等作用。同时维生素 E 还具有许多其他重要的生理功能。譬如抗衰老作用、抗凝血作用、增强免疫力、改善末梢血液循环、防止动脉硬化，维持红细胞、白细胞、脑细胞、上皮细胞的完整性，从而保持肌肉、神经血管和造血系统的正常功能等。经研究还发现，维生素 E 有类似人参的生理作用，如对胃溃疡有保护作用；能促进 DNA 和蛋白质的合成；延长红细胞寿命；延缓血管和组织的衰老等。

人类长期缺乏维生素 E 可发生巨细胞性溶血性贫血，该类病人血液中维生素 E 含量降低。

富含维生素 E 的食物包括麦芽，大豆，植物油，坚果类，芽甘蓝、菠菜等绿叶蔬菜，添加营养素的面粉，全麦，未精制的谷类制品，蛋等。无机铁（硫酸亚铁）会破坏维生素 E，所以不能同时服用。

（四）维生素 K

维生素 K 又叫甲萘醌。维生素 K 有 3 种，K_1，K_2，K_3，是 2- 甲基萘醌的衍生物。自然界已发现的有两种，存在于绿叶植物中的为维生素 K_1，肠道细菌合成的为维生素 K_2。K_3 是人工合成的。

维生素 K 是肝脏合成凝血酶原（凝血因子Ⅱ）的必需物质。还参与凝血因子Ⅶ，Ⅸ，Ⅹ以及蛋白 C 和蛋白 S 的合成。缺乏维生素 K 可致使凝血因子合成发生障碍，影响凝血过程而引起出血，此时给予维生素 K 可达到止血作用。维生素 K_2 具有镇痛作用，其镇痛作用机制可能与阿片受体和内源性阿片样物质介导有关。维生素 K 是机体必需营养素之一，也是临床用于止血的药物之一。此外，它还可以对抗血管平滑肌痉挛，对抗组胺、肾上腺素及乙酰胆碱引起的血管舒缩功能紊乱，从而使得偏头痛症状改善，有效控制其发作。

富含维生素 K 的食物有酸奶酪、紫花苜蓿、蛋黄、红花油、大豆油、鱼肝油、海藻类、绿叶蔬菜。

本章小结

　　酶是一类具有高度催化效能和高度专一性的生物催化剂，它由活细胞产生，并可在细胞内外起催化作用。绝大部分酶的主要化学成分是蛋白质，少部分为核酸（核酶，脱氧核酶）。生物体内一切化学反应，几乎都是在酶催化下进行的。和一般催化剂相比，酶具有催化效率高，专一性强，酶作用条件温和但不够稳定，酶的活性受多种因素调节控制等特点。

　　酶对作用的底物有高度的选择性，即专一性。根据酶对底物的要求，分为绝对专一性、相对专一性和立体专一性三种。诱导契合学说可以很好地解释酶和底物互相诱导互相契合的过程，被广为接受。

　　根据酶所催化的反应类型，酶可以分为六类，即氧化还原酶、转移酶、水解酶、裂合酶、异构酶及连接酶。每种酶都有一个习惯名称和一个国际系统名称，并有一个四个数字构成的编号。

　　按照化学本质，酶可分为化学本质为RNA的核酶（化学本质为DNA的为脱氧核酶）和绝大多数化学本质为蛋白质的酶。根据化学组成分为单纯酶和结合酶。结合酶中的非蛋白部分称为辅助因子。如果和酶蛋白部分结合紧密，称为辅基，多由金属离子承担。如果结合疏松，称为辅酶，多为小分子有机物，比如维生素等。酶分子中与酶的活性直接相关的区域为酶的活性中心或活性部位，是酶与底物结合并发挥其催化作用的部位。结合酶的辅助因子是活性中心的组成部分。

　　可以解释酶作用高效率的机制包括底物的"接近"和"定向"效应、底物的形变与诱导契合、共价催化、酸碱催化、金属离子催化、多元催化和协同效应、活性中心疏水性微环境的影响等。一种酶的催化反应常常是多种催化机制的综合作用，所以酶促反应具有极高的催化效率。

　　酶促反应动力学是研究酶促反应速度及其影响因素的科学。底物和酶反应速度之间呈现先一级、再混合级、底物再增大后呈零级反应的特点，以数学公式来表达就是米氏方程。K_m是酶的特征常数，以浓度为单位，有多种用途，可通过作图法求得K_m值及最大反应速度v_{max}。温度和pH值对酶反应速度的影响皆呈钟罩形，峰值即为酶的最适作用温度和最适作用pH。在[S]≫[E]的前提下，v随着[E]的增大而增大，呈一级反应。在测定酶的活力时，应在酶的最适作用条件下，且在初速度的时间范围内。

　　根据酶的抑制剂与酶的作用方式及抑制作用是否可逆，将抑制作用分为不可逆抑制及可逆抑制。根据可逆抑制剂与底物间的关系，可分为竞争性抑制、非竞争性抑制及反竞争性抑制三类，其动力学参数K_m值依次增大、不变、减小，v_{max}分别不变，减小，减小。通过动力学作图可以区分这三种抑制类型，其中竞争性抑制剂在医药上应用广泛。

　　酶需要在合适的时间和场所表达活性，并随着生物体的需求活性而相应改变。酶可通过量变（浓度的变化）和质变（浓度不变，活性变化）两种方式来改变酶的活性。改变酶量的方式有两种：通过同工酶形式控制不同部位的酶量；通过基因表达调控调节酶分子的多少及酶分子的降解。已有酶主要通过别构调节，共价修饰和酶原的激活等方式进行活力调节。

别构酶是多亚基酶，除了含有活性中心外，还含有与调节物结合的别构部位。当调节物结合到酶的别构部位时，酶的构象发生变化，活力也随之改变。给酶共价结合一个基团或者去掉一个基团，从而改变其活性的调节方式就是酶的共价调节。最常见的共价修饰方式就是 Ser—OH 的磷酸化或去磷酸化，比如糖原磷酸化酶就有高活性的 a 和低活力的 b 两种不同的形式，分别对应 Ser_{14}-O-Pi 和 Ser_{14}-OH。

酶活力又称为酶活性，即催化某一化学反应的能力。常以在一定条件下所催化的反应速度来表示。要在酶的最适作用条件下测定酶活力，即设计的实验生成物的浓度变化要快速易测，底物过量，酶量适中，在酶的最适作用温度和最适作用 pH 值条件下，在初速度的时间范围内测定活力，此时 v 达到 v_{max}，也即测定酶活，就是测定 v_{max}。对酶进行分离纯化要考虑比活力，纯化倍数，回收率等参数，选用适合酶的方法。

酶不仅在生命活动中有极为重要的作用，在工业、农业、医药卫生、能源开发、环境工程以及科学研究中也用途广泛。酶工程是将酶学原理和化学工程技术及基因重组技术相结合的应用技术，根据研究问题和解决问题的手段不同可将酶工程分为两大类：化学酶工程和生物酶工程。酶工程发展迅速，必将成为一个强大的生物技术产业。

维生素按其溶解性质分为脂溶性维生素和水溶性维生素两大类。脂溶性维生素包括 A、D、E、K 等，在体内可直接参与代谢的调节作用。水溶性维生素包括维生素 C 和维生素 B 族复合体，在体内不能储存，需及时补充。B 族维生素多通过转变成辅酶或辅基对代谢起调节作用。如，维生素 B_1 以硫胺素焦磷酸（TPP）的形式参与糖代谢中羰基碳（醛或酮）合成与裂解反应；维生素 B_2 以黄素单核苷酸（FMN）和黄素腺嘌呤二核苷酸（FAD）形式在生物氧化的呼吸链中起递氢作用；维生素 B_5 以 NAD^+、$NADP^+$ 的形式作为大多数脱氢酶的辅酶参与反应。

思考题

1. 名词解释。

   全酶　辅酶　辅基　多酶复合物　同工酶　别构酶　活性中心　诱导契合学说　核酶和核酸酶

2. 什么是酶？酶的催化特性是什么？

3. 解释酶的活性中心和必需基团，说明两者的关系。

4. 求测 K_m 和 v 时最常用的作图法是哪种？列出作图方程式和图形。

5. 影响酶促反应速度的因素有哪些？

6. 什么叫酶的活力，比活力和转化数？测定酶活力时应注意什么？为什么测定酶活力时以初速度为宜，且要求 [S] ≫[E]？

7. 请根据稳态理论简要推导米氏方程，并解释式中 K_m 值的意义。

8. 简述别构酶的动力学特征，说明它有何意义。

9. 欲使一个酶促反应的速度（v）达到最大反应速度（v_{max}）的80%，则应当配制相当于多少 K_m 的底物浓度（[S]）?

10. 过氧化氢酶的 Km 值为 2.5×10^{-2} mol/L，当 [S] 为 100mmol/L 时，求在此浓度下，过氧化氢酶被底物所饱和的百分数。

11. 酶是怎样调节其活性的？

12. 10mL 唾液，稀释 50 倍，取 1mL 测定淀粉酶活力，测知每 5min 水解淀粉产生 0.25g 还原糖，测定其稀释液中蛋白质含量为 0.01mg/mL，计算唾液总活力，比活力，转换数（S^{-1}）。（将每小时水解淀粉生成 1g 葡萄糖所需的酶量定义为 1 个活力单位。已知葡萄糖分子量 180，淀粉酶分子量 50 000）。

13. 工业上采用富马酸酶催化富马酸（即延胡索酸）加水法生产 L - 苹果酸。现从 100mL 粗酶液中取 8mL，用凯氏定氮法测得含蛋白氮 0.8mg。再取 1mL 酶液，反应 10min 形成了 60μmol 苹果酸。以每分钟转化 1μmol 富马酸的酶量为一个活力单位。①计算该酶液的蛋白含量及比活力；②计算总活力及最大反应速度（以 100mL 酶液计）。

第七章

生物氧化

生物氧化是在生物体内，从代谢物上脱下的氢及电子，通过一系列酶促反应与氧化合成水，并释放能量的过程。也指物质在生物体内的一系列氧化过程。主要为机体提供可利用的能量。本章主要介绍了与能量有关的基础概念、生物氧化中 CO_2 和 H_2O 的生成、氧化磷酸化作用和其他末端氧化酶等内容。重点为以下几个内容：①生物氧化中 CO_2 生成的基本方式——底物脱羧基作用；②线粒体上两条重要的电子传递链（呼吸链）的组成及电子传递过程；③电子传递链抑制剂；④氧化磷酸化偶联机制。

　　能量是所有生物体进行生命活动所必需的，这些能量的产生主要依赖于生物体内的糖、脂肪、蛋白质等有机物质的氧化作用。有机物质在生物体活细胞内氧化分解、产生 CO_2 和 H_2O 并释放能量的过程称为生物氧化。高等动物通过肺部进行呼吸，吸入 O_2，排出 CO_2，吸入 O_2 用以氧化摄入体内的营养物质获得能量，故生物氧化也叫呼吸作用；微生物则以细胞直接进行呼吸，故称为细胞呼吸。

　　在体内发生的生物氧化与体外非生物氧化或燃烧的化学本质是相同的，都是脱氢、失去电子或与氧直接化合的过程，两过程中释放出相等的能量。例如 1mol 葡萄糖在体内氧化和在体外燃烧最终都产生 CO_2 和 H_2O，释放的总能量均为 2 867.5kJ。但是，生物氧化与非生物氧化所进行的方式及条件却大不相同，生物氧化有其自身的特点。

　　生物氧化是在细胞内进行的，在常温、常压、近于中性及有水环境中进行，是在一系列酶、辅酶及中间传递体的作用下逐步进行的。体内氧化所产生的能量是逐步发生、分次释放的，这样不会因氧化过程中能量的骤然释放引起体温的突然升高而损害机体，同时也有利于机体对能量的截获和有效利用。生物氧化过程所释放的能量先转移到一些特殊的高能中间化合物（如 ATP、GTP）中，再由这些高能中间化合物把能量转移给需要能量的反应和部位。

　　生物氧化作用的关键是：①代谢分子中的碳如何转变成 CO_2；②代谢物分子中的氢如

何能与分子氧结合生成水并释放能量。

第一节 自由能与高能化合物

为了说明生物体内能量产生和利用的问题，有必要先弄清有关自由能和氧化还原电位的要领以及两者的相互关系。

一、自由能的概念

自由能是化合物分子结构中所固有的能量，是一种能在恒温恒压条件下做功的能量。根据热力学原理，自由能可表示为：

$$G = H-TS$$

式中　G——自由能；

　　　H——焓（拓展 7-1）；

　　　T——热力学温度；

　　　S——熵（拓展 7-2）。

拓展 7-1　拓展 7-2

在反应 A ⇌ B 中，产物 B 与反应物 A 的自由能差 G_B-G_A，称为自由能变化 ΔG。

$$G_B-G_A=（H_B-H_A）-T（S_B-S_A）$$

即

$$\Delta G=\Delta H-T\Delta S$$

式中　ΔG——自由能变化；

　　　ΔH——焓变化；

　　　ΔS——熵变化。

G_A 和 G_B 不能用实验方法测定，而 ΔG 是指物质 A 转变为物质 B 时所得到的最大的可利用能量，是可以测定的。从生物能量学的观点来看，ΔG 是很重要的物理量，对预测某一过程能否自发进行有重要意义。

当 $\Delta G < 0$ 时，即 $G_B < G_A$，表示自由能释放，反应能自发进行；

当 $\Delta G > 0$ 时，即 $G_B > G_A$，表示自由能输入，只有在输入必要的能量后，反应才能进行；

当 $\Delta G=0$ 时，即 $G_B=G_A$，表示反应处于平衡状态，意味着该反应可逆。

反应的 ΔG 仅取决于反应物（初始状态）的自由能与产物（最终状态）的自由能，而与反应途径、反应机理无关。例如，葡萄糖氧化生成 CO_2 和 H_2O，无论是在体外燃烧，还是在细胞内经一系列酶催化而反应，其 ΔG 都是相同的。

在压力为 $1.013×10^5\,Pa$、温度为 25℃（即 298K）及 pH=0 的条件下，浓度为 1mol/L 的物质发生反应，其自由能的变化称为标准自由能变化，用 $\Delta G^{\ominus}$ 表示。机体内的生化反应一般是在 pH=7 的条件下进行的，在这一条件下的标准自由能变化，以 $\Delta G^{\ominus'}$ 表示。

在反应 A ⇌ B 中，自由能变化是标准自由能变化 $\Delta G^{\ominus}$ 和平衡常数的函数，其关系为：

$$\Delta G=\Delta G^{\ominus}+RT\ln\{[B]/[A]\}$$

式中　R——摩尔气体常数，8.314 J/（mol·K）；

　　　T——绝对温度，K；

[A]、[B]——分别表示物质 A 和 B 的浓度，mol/L。

当反应达到平衡时，$\Delta G'=0$，即无自由能变化，此时 [B] / [A] $=K'_{eq}$，K'_{eq} 表示上述特定条件下，生化反应的平衡常数，因此

$$\Delta G^{\ominus'}=-RT\ln K'_{eq}$$

转换成常用对数，则

$$\Delta G^{\ominus'}=-2.303RT\lg K'_{eq}$$

将 R、T 值代入，则

$$\Delta G^{\ominus'}=-2.303\times8.314\times（25+273）\lg K'_{eq}$$
$$=-5706\lg K'_{eq}（J/mol）\tag{7-1}$$

如果已知一个生化反应的平衡常数，就可利用式（7-1）计算其标准自由能变化。K'_{eq} 与 $\Delta G^{\ominus'}$ 的数值关系见表 7-1。根据 $\Delta G^{\ominus'}$，可以判断化学反应进行的方向，标准状态下，K'_{eq}、$\Delta G^{\ominus'}$ 及化学反应方向的关系见表 7-2。

表 7-1　K'_{eq} 与 $\Delta G^{\ominus'}$ 的数值关系

K'_{eq}	$\Delta G^{\ominus'}$ /（J/mol）
10^{-3}	17 118
10^{-2}	11 412
10^{-1}	5 706
1	0
10	−5 706
10^2	−11 412
10^3	−17 118

注：压力为 1.013×10^5Pa，温度为 25℃，pH=7。

表 7-2　K'_{eq}、$\Delta G^{\ominus'}$ 和化学反应方向的关系

K'_{eq}	$\Delta G^{\ominus'}$ /（J/mol）	反应方向
> 1.0	< 0	向正反应方向进行
=1.0	=0	处于化学平衡状态
< 1.0	> 0	向逆反应方向进行

注：压力为 1.013×10^5Pa，温度为 25℃ ,pH=7。

对于一个反应序列来说，自由能的总变化等于每一步反应的自由能变化之和。例如：

$$A \longrightarrow B \longrightarrow C \longrightarrow D$$
$$\Delta G^{\ominus'}_{A\text{-}D}=\Delta G^{\ominus'}_{A\text{-}B}+\Delta G^{\ominus'}_{B\text{-}C}+\Delta G^{\ominus'}_{C\text{-}D}$$

即使反应序列中某一步反应的自由能变化为正值，只要沿整个途径的自由能变化的总和为负值，则该反应序列仍可自发进行。

[例]

$$\text{磷酸二羟丙酮} \xrightarrow{\text{磷酸丙糖异构酶}} \text{3-磷酸甘油醛}$$

在压力为 1.013×10^5 Pa、温度为25℃及pH=7.0的条件下，当反应达到平衡时，3-磷酸甘油醛与磷酸二羟丙酮的浓度比为0.0475。若3-磷酸甘油醛的浓度为 3×10^{-6} mol/L，磷酸二羟丙酮的浓度为 2×10^{-4} mol/L，判断反应应向哪个方向进行。

解：根据公式

$\Delta G^{\ominus \prime} = -2.303 RT \lg K'_{eq}$，得

$\Delta G^{\ominus \prime} = -2.303 \times 8.314 \times 10^{-3} \times (25 + 273) \times \lg 0.0475$

$\quad\quad = 7.55$（kJ/mol）

再由 $\Delta G^{\ominus \prime}$ 值求出 ΔG 值：

$\Delta G = \Delta G^{\ominus \prime} + 2.303 RT \lg$（[3-磷酸甘油醛] / [磷酸二羟丙酮]）

$\quad = 7.55 + 2.303 \times 8.314 \times 10^{-3} \times (25 + 273) \times \lg (3 \times 10^{-6} / 2 \times 10^{-4})$

$\quad = 7.55 - 10.407 = -2.857$（kJ/moL）

$\Delta G < 0$

因此，在上述条件下，反应是由磷酸二羟丙酮向3-磷酸甘油醛自发进行。

二、氧化还原电位

生物氧化是发生在生物体内的氧化还原反应。在氧化还原反应中，一个氧化还原对，失去电子或得到电子的倾向，称为氧化还原电位（用 E 表示）。它的大小是可以测量的。在标准条件下（25℃、pH=0、1.013×10^5 Pa及所有反应物、产物的浓度均为1 mol/L），半反应的电极电位称为标准氧化还原电位（用 $E^{\ominus}$ 表示）。一般规定标准氢的电极电位为零，也就是标准氢的氧化还原电位为零，即 $E^{\ominus} = 0$。将任何一个氧化还原对所组成的半电池与标准氢半电池相连构成原电池，都可以测定其标准氧化还原电位。但是，生物体内的氧化还原反应是在生理pH下进行的，为此，规定生物体内的标准氧化还原电位除pH取生理上7外，其他都取标准条件，这种条件下的标准氧化还原电位用 $E^{\ominus \prime}$ 表示，它的标准氧化还原电位变化则以 $\Delta E^{\ominus \prime}$ 表示，即

$$\Delta E^{\ominus \prime} = E^{\ominus \prime}_{\text{氧化电极}} - E^{\ominus \prime}_{\text{还原电极}}$$

表7-3按照标准氧化还原电位增高的顺序列出了生物体中一些重要的氧化还原系统。$\Delta E^{\ominus}$ 值越小，供电子的倾向越大，即还原能力越强；$\Delta E^{\ominus}$ 值越大，得电子的倾向越大，即氧化能力越强。因而，电子总是从低的氧化还原电位向高的氧化还原电位流动。

表7-3　生物体中一些氧化还原系统的标准氧化还原电位

还原剂	氧化剂	转移电子数 n	$\Delta E^{\ominus} / V$
α-酮戊二酸	琥珀酸 + CO_2	2	−0.67
乙醛	乙酸	2	−0.60
含铁氧化还原蛋白（还原型）	含铁氧化还原蛋白（氧化型）	1	−0.43
H_2	$2H^+$	2	−0.42
NADH+H^+	NAD^+	2	−0.32
NADPH+H^+	$NADP^+$	2	−0.32
硫辛酸（还原型）	硫辛酸（氧化型）	2	−0.29

还原剂	氧化剂	转移电子数 n	$\Delta E^{\ominus\prime}/V$
乙醇	乙醛	2	−0.20
乳酸	丙酮酸	2	−0.19
$FADH_2$	FAD	2	−0.18
琥珀酸	延胡索酸	2	−0.03
细胞色素 b（Fe^{2+}）	细胞色素 b（Fe^{3+}）	1	+0.07
抗坏血酸	脱氢抗坏血酸	2	+0.08
CoQ（还原型）	CoQ（氧化型）	2	+0.045
细胞色素 c（Fe^{2+}）	细胞色素 c（Fe^{3+}）	1	+0.22
细胞色素 a（Fe^{2+}）	细胞色素 a（Fe^{3+}）	1	+0.29
H_2O	$1/2O_2+2H^+$	2	+0.82

三、氧化还原电位与自由能的关系

在标准条件下，电子从低氧化还原电位流向高氧化还原电位的倾向是自由能降低的结果，电子总是向反应系统中自由能降低的方向流动。当电子在两个氧化还原对之间转移时，其标准氧化还原电位的差值越大，自由能就下降得越大。标准自由能变化 $\Delta G^{\ominus\prime}$ 与标准氧化还原电位变化 $\Delta E^{\ominus\prime}$ 之间有如下的关系：

$$\Delta G^{\ominus\prime}=-nF\Delta E^{\ominus\prime}$$

式中　　n—转移电子数；

　　　　F—法拉第常数，96.5 kJ/（V·mol）。

从反应物的氧化还原电位 $\Delta E^{\ominus\prime}$ 可以计算出化学反应自由能的变化 $\Delta G^{\ominus\prime}$。

[例] NADH 氧化并生成 H_2O 的反应：

$$1/2O_2+NADH+H^+ \Longleftrightarrow H_2O+NAD^+$$

两个半反应分别是：

$$NAD^+/NADH：NAD^++2H^++2e \Longleftrightarrow NADH+H^+ \quad E_1^{\ominus\prime}=-0.32V \quad (7-2)$$

$$1/2O_2/H_2O：1/2O_2+2H^++2e \Longleftrightarrow H_2O \quad E_2^{\ominus\prime}=+0.82V \quad (7-3)$$

由式（7-3）−（7-2）得：$\Delta E^{\ominus\prime}=0.82-(-0.32)=1.14$（V）

根据公式，其标准自由能变化是：

$\Delta G^{\ominus\prime}=-nF\Delta E^{\ominus\prime}=-2\times96.5\times1.14=-220.02$（kJ/mol）

四、高能磷酸化合物

（一）高能磷酸化合物的概念

生物体内有一些磷酸化合物随其磷酸基团的水解和转移，可释放出大量的自由能，因此统称为高能磷酸化合物，三磷酸腺苷（ATP）就是其中的典型代表。这类化合物水解时一般释放 20.92 kJ/mol 以上的自由能。高能化合物与低能化合物是相对而言的。凡是随着高能磷酸化合物的水解或基团转移而释放出大量自由能的键，称为高能键，以"～"表示。生物化学中的高能键具有特殊的含义，即在水解反应或基团转移反应中释放大量自由能的键，水解时释放的自由能越多，这个键就越不稳定，越容易水解而断裂，因此高能键是不稳定的键。

（二）高能化合物的类型

根据生物体中高能化合物的键型特点，可将其分为不同类型，如表 7-4 所示。

表 7-4　常见的高能化合物类型

高能键型		高能化合物举例	水解时释放的 $\Delta G^{\ominus}$ /（kJ/mol）
磷氧键型 — O～P	酰基磷酸化合物 O ‖ — C — O～P	氨甲酰磷酸 O ‖ H₂N — C — O～P — OH | OH	−51.4
	烯醇式磷酸化合物 — C = CH — O～P	磷酸烯醇丙酮酸 COOH　O |　　‖ C — O～P — OH ‖　　| CH₂　OH	−61.9
	焦磷酸化合物 —P — O～P	三磷酸腺苷 O　　O　　O ‖　　‖　　‖ 腺苷 — O～P ～ O～P ～ O～P — OH |　　|　　| OH　OH　OH	−30.5
磷氮键型 — N～P	胍基磷酸化合物 — N～P | C = NH | HN |	磷酸肌酸 — N～Ⓟ | C = NH | N — CH₃ | CH₂COOH	−43.1
硫碳键型 — C～S	硫酯键化合物 O ‖ — C～S	乙酰辅酶 A O ‖ CH₃ — C～SCoA	−31.4
	甲硫键化合物 CH₃～S⁺ — |	S- 腺苷甲硫氨酸 CH₃～S⁺ — CH₂CH₂CH — COOH |　　　　　| 腺苷　　　　　NH₃⁺	−41.8

注：表中 P 表示磷酸残基，～代表高能键。

（三）ATP 在能量转换中的作用

生物体中高能磷酸化合物的典型代表是 ATP，生物体能量的释放、储存及利用都以 ATP

为中心，ATP 可看作是生物体内的能量"通币"。

　　在细胞内多数酶催化的磷酸基团转移反应中，ATP 是一个共同的中间产物，即 ADP 能够从含自由能更高的分子中（见表 7-5）接受 1 个磷酸基团，形成 ATP，而 ATP 又能将磷酸基团转移到自由能较低的分子中，所以，ATP 起着磷酸基团中间传递体的作用。例如，1，3-二磷酸甘油酸和磷酸烯醇丙酮酸是糖酵解途径中产生的高能磷酸化合物，在细胞内，这两个化合物并不直接水解，而是经特殊激酶的作用，以转移磷酸基团的形式将捕获的自由能传递给 ADP 形成 ATP，ATP 又可将磷酸基团转移，将磷酸酐键的大部分自由能传递给磷酸的受体分子（比如葡萄糖和甘油），从而形成 6-磷酸葡萄糖和 3-磷酸甘油，使这些代谢物活化，以利于酶促反应的进行。

　　在生物体内，ATP 处于不断消耗和不断补充的动态平衡中，活细胞在生命活动中，无时无刻不需要能量的供应。经定量测定表明，细胞内 ATP 的含量是比较平稳的，因此严格说来，ATP 不是能量的储存者，而是能量的携带者和传递者。为了维持 ATP 的动态平衡，必须有一种便于利用的储能物质，以高能磷酸形式储能的物质统称为磷酸原，包括磷酸肌酸、磷酸精氨酸等。磷酸肌酸（拓展 7-3）存在于肌肉、脑及神经组织中，它可与 ATP 相互转化：ATP 增多时，以磷酸肌酸的形式储能；ATP 不足时，磷酸肌酸转化为 ATP。肌肉中磷酸肌酸的含量比 ATP 高 3～4 倍，足以维持 ATP 的恒定水平，因而可认为磷酸肌酸是 ATP 的储存库。磷酸精氨酸是无脊椎动物肌肉中的储能物质，它的作用和磷酸肌酸完全相同，都能在一定时间内向激烈活动的肌肉细胞提供能量，并维持 ATP 于一定的水平。对植物来说，目前认为可能是"能荷"（见本章第三节第五小节）起着储能作用。

拓展 7-3

表 7-5　常见的磷酸化合物水解的标准自由能变化 $\Delta G^{\ominus}$

化合物	$\Delta G^{\ominus}$ /（kJ/mol）	磷酸基团转移势能 /（kJ/mol）
磷酸烯醇丙酮酸	−61.9	61.9
1，3-二磷酸甘油酸	−49.3	49.3
磷酸肌酸	−43.1	43.1
乙酰磷酸	−42.3	42.3
乙酰 CoA	−32.2	32.2
ATP（ADP+Pi）	−30.5	30.5
ADP（AMP+Pi）	−30.5	30.5
1-磷酸葡萄糖	−20.9	20.9
6-磷酸果糖	−15.9	15.9
6-磷酸葡萄糖	−13.8	13.8
3-磷酸甘油	−9.2	9.2

（四）生物氧化的生物学意义

　　生物机体是一个开放体系，不断地有物质和能量的流动。机体与外界不断进行的物质和能量的交换，促使这个开放体系远离其平衡态而保持稳定态。而稳定态的维持需要有能量和物质的不断供应，也就是说要消耗能量和物质。所有生物都必须通过生物氧化释放的能量来维持其生命活动，生物氧化产生的 ATP 实现了生物体内能量的释放、储存及利用，ATP 可再转化为生物所需的机械能（运动）、化学能（生物合成）、渗透能（分泌、吸收）、电能（生物电）、热能（维持体温）及光能（生物发光）等。

除了在能量代谢上的功能外，生物氧化过程中产生的中间代谢物还广泛地参与生物合成和代谢调节。此外，一些与 ATP 合成无关的生物氧化，如本章将要介绍的其他末端氧化酶系统，在生物的解毒、抗衰老、抗逆性等方面均具有十分重要的意义。

ATP 既可接受能量又可提供能量，其转换关系如图 7-1 所示。

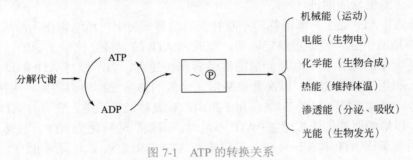

图 7-1　ATP 的转换关系

第二节　生物氧化中 CO_2 和 H_2O 的生成

一、生物氧化中 CO_2 的生成

有机物在空气中燃烧时，生成 CO_2 和 H_2O 的是空气中氧直接与碳、氢原子结合的产物；而在生物氧化中，CO_2 的生成并非是氧和碳的直接化合，它是在酶的催化下，代谢物（糖、脂肪及蛋白质等）经一系列脱氢、水合等反应，转变成含有羧基的化合物，然后经脱羧反应生成 CO_2。脱羧反应包括直接脱羧和氧化脱羧两种类型。

1. 直接脱羧

由特殊脱羧酶催化，例如：

$$\text{H}^+ + \begin{array}{c}\text{COO}^-\\ | \\ \text{C}=\text{O} \\ | \\ \text{CH}_3\end{array} \xrightarrow{\text{丙酮酸脱羧酶}} \begin{array}{c}\text{CHO}\\ | \\ \text{CH}_3\end{array} + \text{CO}_2$$

丙酮酸　　　　　　　　　　　　　　乙醛

$$\begin{array}{c}\text{COOH}\\ | \\ \text{C}=\text{O} \\ | \\ \text{CH}_2 \\ | \\ \boxed{\text{COOH}}\end{array} \underset{\text{丙酮酸羧化酶}}{\rightleftharpoons} \begin{array}{c}\text{COOH}\\ | \\ \text{C}=\text{O} \\ | \\ \text{CH}_3\end{array} + \text{CO}_2$$

草酰乙酸　　　　　　　　　　　　　丙酮酸

2. 氧化脱羧

在脱羧过程中同时伴随着氧化（脱氢）反应，例如：

$$\underset{\text{丙酮酸}}{\underset{\mid}{\overset{\mid}{\underset{CH_3}{\overset{COOH}{\overset{\mid}{C=O}}}}}} + HS-CoA \xrightarrow[\underset{NAD^+ \quad NADH+H^+}{}]{\text{丙酮酸脱氢酶系}} \underset{\text{乙酰CoA}}{CH_3\overset{O}{\overset{\|}{C}}\sim S-CoA} + CO_2$$

$$\underset{\text{苹果酸}}{\underset{\boxed{COOH}}{\underset{\mid}{\underset{CH_2}{\overset{\mid}{\underset{\mid}{\boxed{H}-C-O\boxed{H}}}}}}} \xrightarrow[\underset{NADP^+ \quad NADPH+H^+}{}]{\text{苹果酸酶}} \underset{\text{丙酮酸}}{\underset{\mid}{\underset{CH_3}{\overset{COOH}{\overset{\mid}{C=O}}}}} + CO_2$$

二、生物氧化中 H_2O 的生成

生物氧化中生成的水是代谢物脱下的氢经生物氧化作用与吸入的氧结合形成的。糖、脂肪、氨基酸等代谢物所含的氢，在一般情况下是不活泼的，必须通过相应的脱氢酶将氢激活后才能脱落。进入体内的氧也必须经过氧化酶激活后才能变为活性很高的氧。但激活的氧在一般情况下，尚不能直接氧化由脱氢酶激活而脱落的氢，两者之间尚需传递体才能结合生成水。所以，生物氧化中产生的水主要是通过由脱氢酶、传递体、氧化酶所组成的生物氧化体系的作用而生成的。

（一）电子传递链

1．概念

在生物氧化过程中，从代谢物上脱下的氢由一系列传递体依次传递，最后与氧结合形成水的整个体系称为呼吸链。在传递过程中，很多部位的氢原子实际上以质子（H^+）形式进入基质，仅仅发生电子转移，因此呼吸链又称为电子传递链。在具有线粒体的生物中，典型的电子传递链有两种，即 NADH 电子传递链与 $FADH_2$ 电子传递链，这是根据接受代谢物脱下来的氢的初始受体不同而区分的。NADH 电子传递链分布最广，糖、脂肪及蛋白质这三大物质分解代谢中的脱氢氧化反应，绝大部分是通过 NADH 呼吸链完成的；$FADH_2$ 电子传递链中的黄酶只能催化某些代谢物脱氢，不能催化 NADH 或 NADPH 脱氢。在生物体内电子传递链有多种形式，有的是中间传递体的组成不同，例如某些细菌中（如分枝杆菌）的维生素 K 代替了通常电子传递链中的 CoQ，形式差异虽大，但电子传递链传递电子的顺序基本上是一致的。生物进化愈高级，呼吸链也就愈完善。

2．电子传递链的组成

电子传递链是一系列电子传递体按其对电子亲和力逐渐升高的顺序组成的电子传递系统，所有组成成分都嵌于线粒体的内膜。电子传递链的主要组分包括烟酰胺脱氢酶类、黄素蛋白、铁硫蛋白、泛醌以及细胞色素类。

（1）烟酰胺脱氢酶类

烟酰胺脱氢酶类以 NAD^+ 或 $NADP^+$ 为辅酶，其中烟酰胺部分是接收电子的部位。此类酶催化脱氢时，其辅酶 NAD^+ 或 $NADP^+$ 先和酶的活性中心结合，然后再脱下来。NAD^+ 或 $NADP^+$ 与代谢物脱下的氢结合而还原成 NADH 和 NADPH，当有氢受体存在时，NADH 或 NADPH 上的氢可被脱下而氧化为 NAD^+ 或 $NADP^+$。

$$NAD^+ + 2H \ (2H^+ + 2e) \rightleftharpoons NADH + H^+$$
$$NADP^+ + 2H \ (2H^+ + 2e) \rightleftharpoons NADPH + H^+$$

因为大多数脱氢酶以 NAD^+ 作为辅酶，所以从不同底物上脱下的电子都可以集中到同一分子 NAD^+ 上，然后以还原型（NADH）的形式进入呼吸链。

（2）黄素蛋白

有多种需要黄素核苷酸（FMN 或 FAD）作为辅基的酶参与了电子传递，这类酶叫做黄素蛋白或黄酶。黄素核苷酸与酶蛋白的结合是较牢固的，故称之为辅基。这类酶催化脱氢时是将代谢物上的一对氢原子直接传给 FMN 或 FAD 异咯嗪基而形成 $FMNH_2$ 或 $FADH_2$。

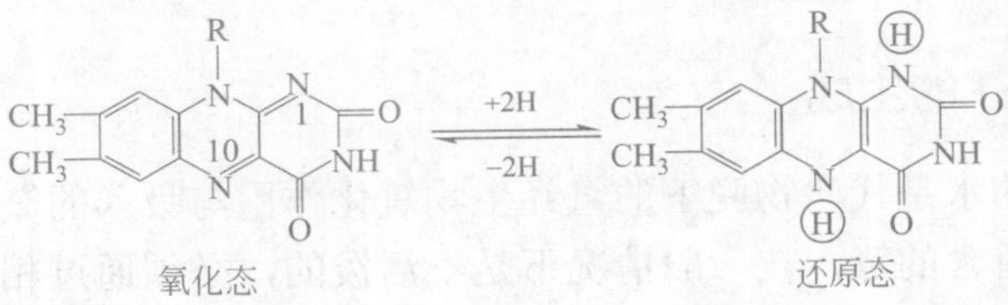

氧化态　　　　　　　　　还原态

（3）铁硫蛋白

铁硫蛋白是一类复杂的蛋白质，它的最主要特征是在酸化时释放 H_2S，同时除去铁。它的分子中含有非卟啉铁（非血红蛋白铁）和对酸不稳定的硫，通常结合到蛋白质的半胱氨酸残基上的铁和硫都是以等物质的量存在（以 Fe_2-S_2 和 Fe_4-S_4 形式最为普遍）的。铁硫蛋白在呼吸链上利用铁的化合价的改变来传递电子，每次只传递 1 个电子。

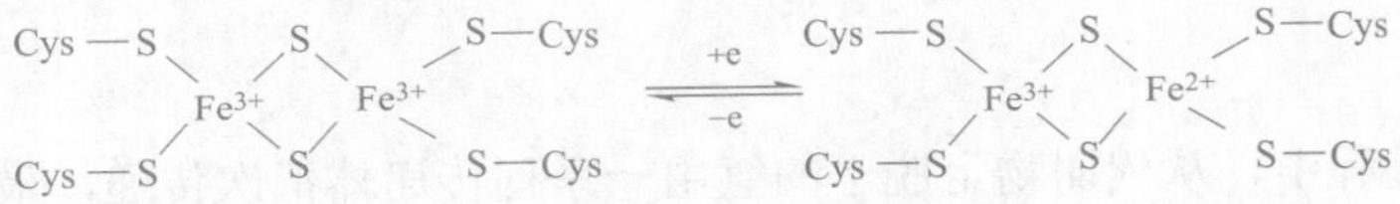

（4）泛醌

泛醌又称辅酶 Q（CoQ），是一种脂溶性的醌类化合物，是电子传递链中唯一的非蛋白质组分，其结构如下：

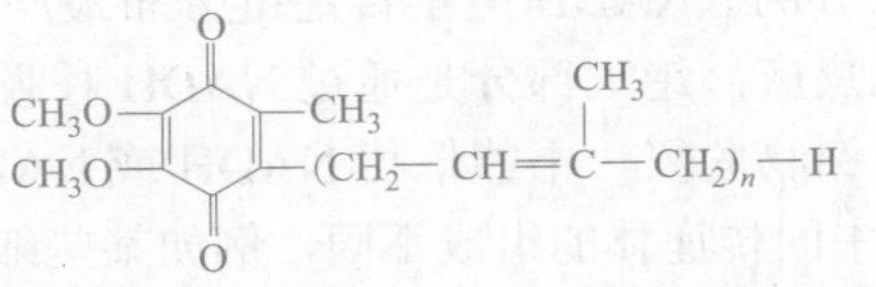

不同来源的 CoQ 的侧链长度不同，其异戊二烯基的 n 值在 $6 \sim 10$。分子中苯醌结构能可逆地加氧还原而形成对苯二酚衍生物，在呼吸链中通过醌/酚结构互变进行电子或氢的传递。CoQ 含有一个长的异戊二烯基侧链，使它具有高度的疏水性，能在线粒体内膜的疏水区中迅速扩散。

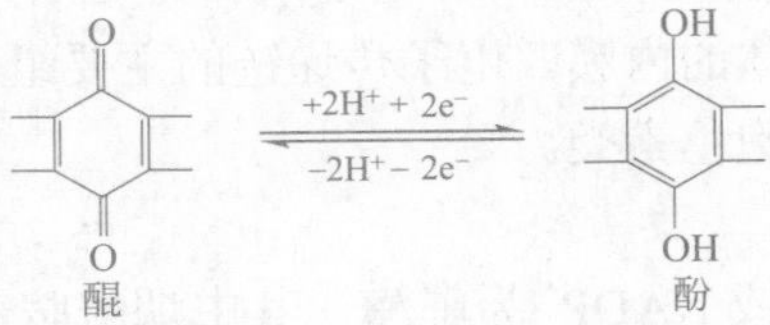

醌　　　　　　　　　酚

（5）细胞色素（Cyt）

细胞色素是一类以铁卟啉为辅基的色素蛋白，在呼吸链中通过铁卟啉中铁离子价的可逆变化进行电子传递。目前已知呼吸链中的细胞色素至少有细胞色素 a、细胞色素 a_3、细胞色素 b、细胞色素 c、细胞色素 c_1 5 种，细胞色素 b、细胞色素 c 和细胞色素 c_1 中的铁卟啉都是铁原卟啉Ⅸ，而细胞色素 a 和细胞色素 a_3 中的铁卟啉与铁原卟啉Ⅸ不同，它在铁卟啉的 C2 位上以 17 个碳的疏水侧链代替了铁原卟啉Ⅸ中的乙烯基，C8 上以甲酰基代替铁原卟啉Ⅸ中的甲基。细胞色素 c 的结构如图 7-2 所示。细胞色素 aa_3 以复合物形式存在，细胞色素 aa_3 中除含 2 个血红蛋白 A 外，还含 2 个铜离子，在电子传递过程中，铜离子的价态也发生变化（$Cu^+ - e \rightleftharpoons Cu^{2+}$），除 $Cytaa_3$ 外，其余细胞色素中的铁原子均与卟啉环和蛋白质形成 6 个共价键或配位键，因此不能再与其他的分子和基团如 O_2、CO、CN^- 等结合，唯有 $Cytaa_3$ 的铁原子只形成 5 个配位键，还保留 1 个配价位，能与 O_2、CO、CN^- 等结合。

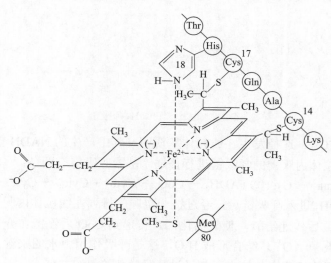

图 7-2 细胞色素 c 的结构示意图

在电子传递中，还原型 CoQ（$CoQH_2$）将电子传给氧化型细胞色素 b，使之变为还原型 Cytb，质子（H^+）留在溶液中；还原型 Cytb 将电子传递给铁-硫中心，再依次传给 $Cytc_1$、Cytc 及 $Cytaa_3$；$Cytaa_3$ 接受电子后成为还原型，它再将电子传给分子氧使之活化，因此 $Cytaa_3$ 又称为细胞色素氧化酶，由于它又处于电子传递链的最末端，故也称为末端氧化酶；活化的氧（O^{2-}）再与活化氢（H^+）结合成水。由细胞色素 b 到 O^{2-} 与 H^+ 结合成水的过程中只传递电子，可简示如下：

$$CoQH_2 \xrightarrow{2e} Cytb \xrightarrow{2e} Fe\text{-}S \xrightarrow{2e} Cytc_1 \xrightarrow{2e} Cytc \xrightarrow{2e} Cytaa_3 \xrightarrow{2e} O_2 \xrightarrow{2H^+} H_2O$$

3. 电子传递链的组织结构

电子传递链按一定顺序排列在线粒体内膜上。在电子传递链中，电子的流动方向总是从标准氧化还原电位较低的传递体依次流向标准氧化还原电位较高的传递体，最后流向氧分子，而且这种流向有着严格的顺序，传递体的成员不能缺少，顺序不可颠倒。这表明电子传递链中的传递体在膜结构上有着严格的组织顺序和定位关系。

可以根据各种电子传递体标准氧化还原电位（$E^\ominus$）的数值，利用双光束分光光度计测定游离线粒体中各组分吸收光谱的差异，从而判断它们在呼吸链上的位置；也可以利用某些特异的呼吸链抑制剂切断其中的电子流后，再测定电子传递链中各组分的氧化还原状态。除此之外，还常采用电子传递链组分的分离纯化、动力学分析、体外重新组成呼吸链等方法。通过这些方法的相互补充和彼此验证，现在已知的电子传递链中各传递体的排列顺序如图 7-3 所示。

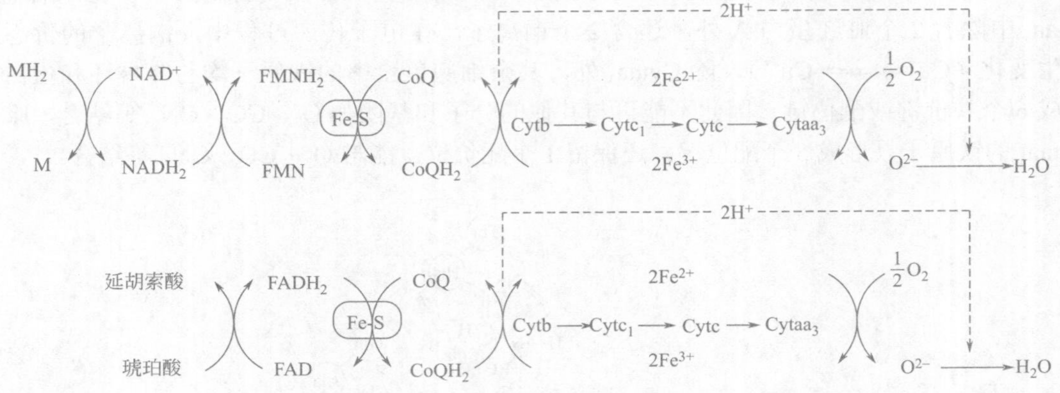

图 7-3　NADH、FADH$_2$ 呼吸链

三羧酸循环（TCA）途径发生在线粒体基质中，其中产生的 NADH 把电子和 H 交给按一定顺序排列在线粒体内膜上的呼吸链进行传递。基本呼吸链有两条：① NADH → CoQ → Cytb → Cytc$_1$ → Cytaa$_3$ → O$_2$；② FADH$_2$ → CoQ → Cytb → Cytc$_1$ → Cytc → Cytaa$_3$ → O$_2$。电子从 NADH 或 FADH$_2$ 进入呼吸链后，经过按一定顺序排列在线粒体内膜上的酶、辅酶及中间传递体的传递，最后传递给氧，使氧活化；H$^+$ 传递到 CoQ 后停留在介质中，不再沿呼吸链传递，而且与活化氧（O^{2-}）结合形成 H$_2$O，这是呼吸作用中水的来源。氧是电子的最终受体，体内所有有机物氧化产生的电子都经过呼吸链传给氧。

上述电子传递链的组分除 NADH、CoQ 和细胞色素 c 外，其余组分形成嵌入内膜的结构化超分子复合物，每个复合物都含有不止一种成分，这些复合物的情况如下：

（1）复合物 Ⅰ

呼吸链中从 NADH 到 CoQ 这一段组分称为复合物 Ⅰ，也称 NADH 脱氢酶复合物或 NADH-Q 还原酶复合物。其分子量为 70 万～ 90 万，含有 25 种不同的蛋白质，包括以 FMN 为辅基的黄素蛋白和铁 - 硫蛋白。在该酶复合物的催化下，NADH 脱氢氧化，脱下的 H$^+$ 和 2 个电子被黄素蛋白中的 FMN 接受，生成 FMNH$_2$，FMNH$_2$ 中的电子通过铁 - 硫中心传递，传给 CoQ，CoQ 在接受电子的同时还从基质吸取 2 个 H$^+$，形成还原型 CoQ（CoQH$_2$）。

（2）复合物 Ⅱ

从琥珀酸到 CoQ 这一段组分称为复合物 Ⅱ，也称琥珀酸脱氢酶复合物或琥珀酸 -Q 还原酶复合物。其分子量约 14 万，含有 4 ～ 5 种不同的蛋白质，包括以 FAD 为辅基的黄素蛋白、铁 - 硫蛋白和细胞色素 b。琥珀酸脱氢酶以 FAD 为辅基，催化琥珀酸氧化成延胡索酸，同时使 FAD 还原成 FADH$_2$，由 FADH$_2$ 的氢放出的电子通过铁 - 硫蛋白传递给 CoQ 而进入呼吸链。

（3）复合物 Ⅲ

从 CoQ 到细胞色素 c 这段组分称为复合物 Ⅲ，也称 CoQ- 细胞色素 c 还原酶复合物或细胞色素 bc$_1$ 复合物。其分子量约为 25 万，含有 9 ～ 10 种不同的蛋白质，包括细胞色素 b、c$_1$ 和铁 - 硫蛋白。该复合物将还原型 CoQ 氧化，并将电子通过细胞色素 b、铁 - 硫蛋白及细胞色素 c$_1$ 传送给细胞色素 c。

（4）复合物Ⅳ

从细胞色素 c 到分子氧这段组分称为复合物Ⅳ，也称为细胞色素 c 氧化酶复合物。其分子量为 16 万～17 万，哺乳动物线粒体的细胞色素 c 氧化酶至少含有 13 种不同的蛋白质，包括细胞色素 aa_3 和含铜蛋白，它能催化电子从还原型细胞色素 c 传递给分子氧。1 分子氧还原成水实际上是 4 个电子转移的过程。

$$O_2 + 4H^+ + 4e^- \longrightarrow 2H_2O$$

NADH、CoQ 及细胞色素 c 在这几种复合物之间起桥梁作用。

4. 电子传递链抑制剂

能够阻断呼吸链中某一特定部位电子传递的物质称为电子传递链抑制剂（拓展 7-4）。电子传递链抑制剂常用于研究电子传递链的顺序，现介绍几种常见的电子传递链抑制剂，其抑制作用部位如图 7-4 所示。

① 鱼藤酮　是一种毒性极强的植物毒素，常用作杀虫剂。它能专一地阻断电子由 NADH 向 CoQ 的传递。与鱼藤酮作用部位相同的抑制剂还有安密妥、杀粉蝶菌素 A 等。

② 抗霉素 A　是从灰色链球菌分离出的一种抗生素，能抑制电子从细胞色素 b 向细胞色素 c_1 传递。

③ 氰化物、叠氮化物、CO 及 H_2S　这些抑制剂均能阻断电子由细胞色素 aa_3 向氧的传递。

$$\text{鱼藤酮} \qquad\qquad \text{抗霉素A} \qquad\qquad\qquad \text{氰化物等}$$
$$NADH_2 \longrightarrow FMN \dashrightarrow CoQ \longrightarrow Cytb \dashrightarrow Cytc_1 \longrightarrow Cytc \longrightarrow Cytaa_3 \dashrightarrow O_2$$

图 7-4　电子传递链抑制剂的作用部位

第三节　氧化磷酸化作用

一、氧化磷酸化作用的概念和类型

生物体通过生物氧化产生的能量，大部分可以通过磷酸化作用转移至高能磷酸化合物（如 ATP）中，而生物也只能利用高能磷酸化合物水解时释放的能量，满足其生长发育所需。因此，利用生物氧化过程释放出的自由能驱动 ADP 磷酸化形成 ATP 的过程，称为氧化磷酸化作用。根据生物氧化的方式，可将氧化作用分为底物水平磷酸化和电子传递链的磷酸化。通常所说的氧化磷酸化是指电子传递链的磷酸化。

（一）底物水平磷酸化

在底物氧化过程中，形成某些高能中间产物或某种高能状态，再通过酶的作用促使其将能量转给 ADP 生成 ATP，称为底物水平磷酸化。

$$X \sim P + ADP \longrightarrow ATP + X$$

式中的 $X \sim P$ 代表底物在氧化过程中形成的高能中间化合物或某种高能状态，例如糖酵解中生成 1，3- 二磷酸甘油酸和磷酸烯醇丙酮酸以及三羧酸循环中的琥珀酰 CoA。

底物水平磷酸化的能量来自底物分子中能量的重新分布与集中，这也是捕获能量的一种方式，在糖酵解过程中，它是进行生物氧化取得能量的唯一方式。底物水平磷酸化与氧是否存在无关。

（二）电子传递链的磷酸化

电子从 NADH 或 FADH$_2$ 经过电子传递链传递给分子氧时，将所释放的能量转移给 ADP，形成 ATP，称为电子传递链的磷酸化。这是需氧生物合成 ATP 的一种主要方式，因此通常情况下氧化磷酸化是指电子传递磷酸化。

二、氧化磷酸化的偶联部位

电子沿电子传递链由低电位流向高电位是个逐步释放能量的过程，释放的自由能可驱动 ADP 磷酸化合成 ATP，已通过下列方法确定。

（一）测定磷 - 氧比（P/O）

相同数量的电子通过不同呼吸链产生的 ATP 的数量是不同的。为了定量地表示每个被利用的氧原子所产生的 ATP 的个数，通常采用 P/O 比。所谓 P/O 比是指每消耗 1 摩尔氧原子时消耗无机磷酸的物质的量，由此可间接测出 ATP 的生成量。原核细胞中当 1 对电子从 NADH 传递到氧时产生 3 分子 ATP，P/O 比就是 3，表明在电子由 NADH 传递到氧的途径中有 3 个传递位点与 ATP 的形成有关。若用铁氰化物（含 Fe^{3+}）作为人工电子受体，加入抗霉素 A 阻断电子从 CoQ 传递到细胞色素 c，这时测得 NADH 氧化的 P/O 比为 1，从而证实了电子传递链中的 NADH 与 CoQ 之间是生成 ATP 的能量位点 I；用类似的方法可证明 Cytb 与 Cytc 之间是生成 ATP 的能量位点 II；Cytaa$_3$ 与 O$_2$ 之间是生成 ATP 的能量位点 III。原核细胞中，某些代谢物，如 FADH$_2$、琥珀酸、各种脂酰 CoA 和磷酸甘油等的电子也沿着由 CoQ 到氧的电子传递链进行传递，但绕过了部位 I，因此每还原 1 个氧原子只形成 2 分子 ATP（在部位 II 和部位 III，P/O=2）。

（二）根据呼吸链中各电子传递体的氧化还原电位差进行判断

电子在两个传递体间传递转移时，氧化还原电位差（$\Delta E^{\ominus'}$）与自由能的变化（$\Delta G^{\ominus'}$）之间的关系为：

$$\Delta G^{\ominus'} = -nF\Delta E^{\ominus'}$$

实验测得呼吸链各载体的氧化还原电位如下：

NADH$_2$	FMN	CoQ	Cytb	Cytc$_1$	Cytc	Cyta	Cyta$_3$	O$_2$
-0.32	-0.30	-0.052	0.05	0.22	0.25	0.28	0.39	0.817

由 ADP 磷酸化形成 ATP 至少需要 30.54 kJ/mol 的能量，根据 NADH 电子传递链中 3 个部位的氧化还原电位，计算出所产生的自由能均超过此值，均可提供足够的能量推动 ADP 生成 ATP。计算如下：

总反应：NADH+H$^+$+3ADP+3Pi+1/2O$_2$ ⟶ NAD$^+$+4H$_2$O+3ATP

$$\Delta E^{\ominus'} = 0.82 - (-0.32) = 1.14（V）$$

$$\Delta G^{\ominus'} = -nF\Delta E^{\ominus'} = -2 \times 96.5 \times 1.14 = -220.02（kJ/mol）$$

$$反应1：NADH \longrightarrow CoQ$$
$$\Delta E_1^{\ominus'} = -0.052 - (-0.32) = 0.268（V）$$
$$\Delta G_1^{\ominus'} = -2 \times 96.5 \times 0.268 = -51.7（kJ/mol）$$
$$反应2：Cytb \longrightarrow Cytc$$
$$\Delta E_2^{\ominus'} = 0.25 - 0.05 = 0.20（V）$$
$$\Delta G_2^{\ominus'} = -2 \times 96.5 \times 0.20 = -38.6（kJ/mol）$$
$$反应3：Cyta \longrightarrow 1/2O_2$$
$$\Delta E_3^{\ominus'} = 0.817 - 0.28 = 0.537（V）$$
$$\Delta G_3^{\ominus'} = -2 \times 96.5 \times 0.537 = -103.6（kJ/mol）$$

根据总反应可推算出 NADH 经电子传递链传递时，氧化磷酸化的储能效率：

$$储能效率 = \frac{30.54 \times 3}{220.02} = 41.64\%$$

即 3 分子 ATP 的形成捕获了电子传递链中电子由 NADH 传递到氧所产生的全部自由能的 41.64%。

三、氧化磷酸化的偶联机理

虽然我们已经知道氧化磷酸化生成 ATP 与电子传递相偶联这一事实，但是，关于传递链中的电子怎样从一个中间载体传递到另一个中间载体的过程中促使 ATP 生成，以及这种电子传递与 ATP 生成之间的偶联方式仍然是有争议的，是尚未完全解决的问题。迄今有 3 种假说来解释氧化磷酸化的机理：化学偶联假说、构象偶联假说及化学渗透假说，其中得到较多支持的是化学渗透假说。

化学渗透假说于 1961 年由 P. Mitchell 首先提出，并因此获得 1978 年的诺贝尔化学奖。该假说认为，在电子的传递和 ATP 的合成之间，起偶联作用的既不是中间络合物，也不是蛋白质的高能构象，而是质子电化学梯度。其基本观点如下：

① 呼吸链中的电子传递体在线粒体内膜中有着特定的、不对称的分布，氢传递体和电子传递体是间隔交替排列的，催化反应是定向的。

② 电子在进行传递过程中，电子传递复合体起质子泵作用，将 H^+ 从线粒体内膜基质侧，定向地泵至内外膜间空隙侧，而将电子（2e）传给其后的电子传递体，如图 7-5（a）所示。

③ 线粒体内膜对质子具有不透性，泵到内膜外侧的 H^+ 不能自由返回到膜内侧，因而使线粒体内膜外侧的 H^+ 浓度高于内侧，在内膜两侧就建立起质子浓度梯度，形成膜电位。这种跨膜的质子电化学梯度就是推动 ATP 合成的原动力，称为质子动力（PMF）。

④ ATP 合酶位于线粒体内膜上，当存在足够高的跨膜质子梯度时，强大的质子流通过 ATP 酶进入线粒体基质时，释放的自由能推动 ADP 与 Pi 合成 ATP，如图 7-5（b）所示，详细内容可参见 ATP 生成的结构基础（拓展 7-5）。

拓展 7-5

化学渗透假说已被大量的实验结果验证，但目前也遇到了严峻的挑战，成为生物能研究中大家关注的问题。

四、线粒体穿梭系统

生物氧化和氧化磷酸化主要在线粒体内进行，因此在细胞液内生成的 NADH（例如真核生物通过糖酵解途径产生的 NADH）必须通过特殊的穿梭机制才能进入线粒体。已知生物体中存在两种穿梭机制：① α- 磷酸甘油穿梭系统；② 苹果酸穿梭系统。

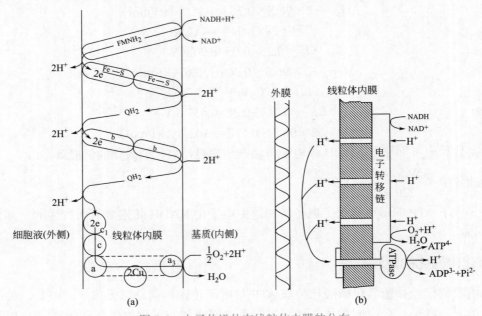

图 7-5　电子传递体在线粒体内膜的分布

(a) 呼吸链中电子传递示意图；(b) 电子传递过程中，H⁺ 被泵到线粒体内膜外侧及回流产生 ATP

（一）α- 磷酸甘油穿梭

α- 磷酸甘油穿梭是最早发现的，它主要存在于肌肉细胞中。细胞质中的 α- 磷酸甘油脱氢酶先催化 NADH，将其中的 H 转移给磷酸二羟丙酮形成 α- 磷酸甘油，后者扩散至线粒体内膜与外膜之间，然后在内膜的 α- 磷酸甘油脱氢酶的作用下，将 H 转移至内膜的 FAD 上，并通过呼吸链进行氧化，同时生成的磷酸二羟丙酮再返回到细胞液中，参与下一轮穿梭反应，如图 7-6 所示。$FADH_2$ 将氢传递给 CoQ，进入呼吸链氧化，这样只能产生 2 分子 ATP。

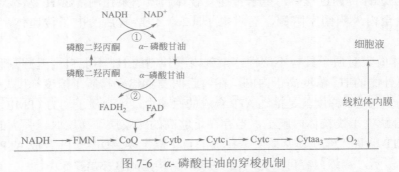

图 7-6　α- 磷酸甘油的穿梭机制

① 胞质 α- 磷酸甘油脱氢酶；② 线粒体内膜 α- 磷酸甘油脱氢酶

（二）苹果酸穿梭

苹果酸穿梭主要存在于肝细胞中，它需要 2 种苹果酸脱氢酶、2 种谷草转氨酶和一系列专一的转位因子（也称透性酶）参与作用。转运过程是：细胞质中的 NADH 首先在苹果酸脱氢酶催化下将草酰乙酸还原形成苹果酸；苹果酸在转位因子的参与下，与谷氨酸交换，转入线粒体，而谷氨酸被运出线粒体；转入的苹果酸经线粒体基质中的苹果酸脱氢酶氧化，生成 NADH 和草酰乙酸；NADH 进入电子传递链进行氧化磷酸化，而草酰乙酸则在基质中的谷草转氨酶的催化下形成天冬氨酸，同时将 α- 酮戊二酸变为谷氨酸；天冬氨酸在另一种转位因子的参与下与 α- 酮戊二酸交换，转出线粒体，而 α- 酮戊二酸进入线粒体；进入细胞质的天冬氨酸再由谷草转氨酶催化，通过转氨反应变为草酰乙酸，进行下一轮穿梭运转，如图 7-7 所示。

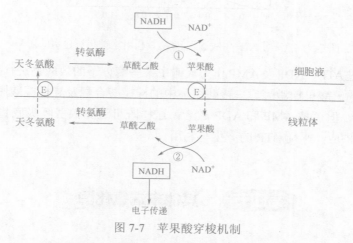

图 7-7　苹果酸穿梭机制

① 苹果酸脱氢酶（胞液）；② 苹果酸脱氢酶（线粒体）；E 转位因子

五、能荷

生物体不断合成 ATP，也不断消耗利用 ATP。在细胞中存在着 3 种腺苷酸：ATP、ADP 及 AMP，统称为腺苷酸库。ATP、ADP 及 AMP 在某一段时间的相对数量控制着细胞的代谢活动。为了从量上表示细胞内 ATP-ADP-AMP 的存在状况，1968 年 Atkinson 提出了能荷的概念。能荷的定义为：在总的腺苷酸系统中（ATP、ADP 及 AMP 浓度之和）所负荷的高能磷酸基数量，可以用下式表示：

$$能荷 = \frac{[ATP] + 0.5[ADP]}{[ATP] + [ADP] + [AMP]}$$

能荷的大小决定于 ATP 和 ADP 的多少：当细胞内全部腺苷酸均以 ATP 形式存在时，能荷最大，能荷值为 1.0；当全以 AMP 形式存在时，能荷值为零；当全以 ADP 形式存在时，能荷值为 0.5（由于 AMP 激酶催化 2 分子 ADP 转化为 1 分子 ATP 和 1 分子 AMP，所以，ADP 只相当于 0.5ATP）。三者并存时，能荷随三者的比例而变化，范围是 0～1.0。通常细胞内处于 0.8 的能荷状态。

在某些条件下，能荷可作为细胞产能和需能代谢过程中变构调节的信号。能荷高时，抑制生物体内 ATP 的生成，分解代谢减弱但促进 ATP 的利用，如图 7-8 所示；能荷低时，生成 ATP 的速率提高，生物可以通过燃料（糖、蛋白质及脂肪等）分子的分解代谢产生能量。这说明生物体内 ATP 的利用和形成有自我调节和控制机制。根据测定，大多数细胞中的能荷为 0.8～0.9。

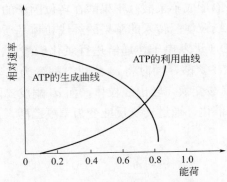

图 7-8　能荷对 ATP 生成途径和 ATP 利用途径相对速率的影响

能荷调节通过 ATP、ADP 及 AMP 作为代谢中某些酶分子的效应物进行别构调节来实现。例如，糖酵解中的磷酸果糖激酶、三羧酸循环中的柠檬酸合酶及异柠檬酸脱氢酶等，它们均受到 ATP 的抑制，但可被 AMP 和 ADP 激活，这样既可避免浪费呼吸底物，又可保证细胞获得必需的 ATP 供应，平衡 ATP 的产生与利用。

第四节　其他末端氧化酶

通过细胞色素进行氧化的体系是一切动物、植物及微生物的主要氧化途径，它与 ATP 的生成密切相关。除了细胞色素系统外，还有一些氧化体系，称为非线粒体氧化体系，它们与 ATP 的生成无关。从底物脱氢到 H_2O 的形成是由其他末端氧化酶系完成的，它们还具有其他重要的生理功能。

一、多酚氧化酶

多酚氧化酶存在于微粒体中，是含铜的末端氧化酶，也称儿茶酚氧化酶，由脱氢酶、醌还原酶及酚氧化酶组成，催化多酚类（如对苯二酚、邻苯二酚及邻苯三酚等）的氧化，其作用如下：

多酚氧化酶在植物体内普遍存在，马铃薯块茎、苹果的果实以及茶叶中都富含这种酶。块茎、果实及茶叶切口后的褐变都是多酚氧化酶作用的结果。在制作红茶时，细胞被揉破，多酚氧化酶将茶叶的儿茶酚和鞣质氧化并聚合成红褐色的色素；而在制作绿茶时，将新采的茶叶立即焙火杀青，破坏了多酚氧化酶的活性，使茶叶保持绿色。另外，有些植物（如马铃薯）的酚被氧化成醌，具有较强的杀菌作用。

二、抗坏血酸氧化酶

抗坏血酸氧化酶是一种含铜的氧化酶，广泛分布于植物（特别是黄瓜、南瓜等）中，在有氧的条件下，催化抗坏血酸的氧化反应如下：

$$抗坏血酸 + \frac{1}{2}O_2 \longrightarrow 脱氢抗坏血酸 + H_2O$$

这种反应还可以与其他氧化酶系统相偶联，例如与谷胱甘肽还原酶和 NADPH 脱氢酶偶联，起到末端氧化酶的作用。

抗坏血酸酶系统可以防止含巯基蛋白质的氧化，延缓衰老的进程。

三、黄素蛋白氧化酶

黄素蛋白氧化酶存在于微体之中，其催化特点是：不需细胞色素或其他传递体，可将脱下的氢直接转移给 O_2 生成 H_2O_2。

四、超氧化物歧化酶和过氧化氢酶

在许多酶促反应和非酶反应中，或在某些环境因素（如逆境、电离辐射、强光等）的影响下，生物体内产生了更活跃的含氧物质，如 H_2O_2、$\cdot O_2$、脂质过氧化中间产物等，统称为活性氧。蛋白质、膜质等生物大分子极易受到活性氧的攻击，损伤严重时势必导致代谢紊乱和产生疾病。在长期进化过程中，生物体内形成了一套能及时、有效地清除活性氧的机制，使活性氧的生成与清除保持动态平衡。超氧化物歧化酶和过氧化氢酶就是这个清除体系中的重要成员。

超氧化物歧化酶（SOD）是存在于动植物和微生物细胞中最重要的清除活性氧的酶之一，它有 3 种主要形式：Cu、Zn-SOD；Mn-SOD；Fe-SOD。Cu、Zn-SOD 主要分布于高等植物的叶绿体和细胞质中；Mn-SOD 主要分布于真核生物线粒体中；Fe-SOD 主要分布于细菌中。它们在清除活性氧（$\cdot O_2$）时形成 H_2O_2，而 H_2O_2 的清除由过氧化氢酶完成。过氧化氢酶（CAT）是含有血红蛋白辅基的酶，催化 H_2O_2 形成 H_2O 和 O_2。因此，这两种酶共同作用，可以解除超氧离子和过氧化氢对细胞的危害，它们的催化反应如下：

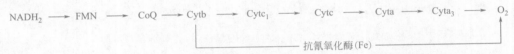

五、抗氰氧化酶

抗氰氧化酶是一种非血红蛋白铁蛋白，它不受氰或氰化物的抑制，但特别容易受氧肟酸类如水杨酰氧肟酸、苯基氧肟酸等的抑制。在某些高等植物（例如玉米、豌豆、绿豆的种子及马铃薯的块茎）中，都含有抗氰氧化酶。这些植物在用 KCN、NaN$_3$、CO 处理时，呼吸作用并未被完全抑制，仍表现为有一定程度的氧呼吸，这是因为电子的传递并不经过细胞色素氧化酶系统，而是通过对氰化物不敏感的抗氰氧化系统传给氧，这种呼吸称为抗氰呼吸。现已证明，抗氰呼吸过程中的电子传递是在正常的呼吸链中，电子从细胞色素 b 中分出来传给氧的。

$$NADH_2 \longrightarrow FMN \longrightarrow CoQ \longrightarrow Cytb \longrightarrow Cytc_1 \longrightarrow Cytc \longrightarrow Cyta \longrightarrow Cyta_3 \longrightarrow O_2$$

抗氰氧化酶(Fe)

抗氰呼吸是放热反应，有利于低温沼泽地区植物的开花，也有利于种子的早期发芽。

本章小结

有机物质在生物体细胞内氧化分解产生二氧化碳、水，并释放出大量能量的过程称为生物氧化。生物氧化通常需要消耗氧，又称细胞呼吸或组织呼吸。

生物氧化中 CO$_2$ 的生成是代谢中有机酸的脱羧反应所致。有直接脱羧和氧化脱羧两种类型。

代谢物上的氢原子被脱氢酶激活脱落后，经过一系列的传递体，最后与激活的氧结合生成水，此过程与细胞呼吸有关，所以将此传递链称为呼吸链或电子传递链。

在呼吸链中，酶和辅酶按一定顺序排列在线粒体内膜上。其中传递氢的酶或辅酶称为递氢体，传递电子的酶或辅酶称为电子传递体。递氢体和电子传递体都起着传递电子的作用。

生物体内的呼吸链有多种型式。真核细胞线粒体内最重要的有两条，即 NADH 氧化呼吸链和琥珀酸氧化呼吸链（FADH$_2$ 氧化呼吸链）。

组成呼吸链的成分已发现 20 余种，分为 5 大类，即烟酰胺脱氢酶类，黄素蛋白（递氢体），铁硫蛋白，泛醌（又名辅酶 Q）（递氢体），细胞色素类。

电子由 NADH 的传递到氧分子通过 3 个大的蛋白质复合物，即 NADH 脱氢酶、细胞色素 bc$_1$ 复合体和细胞色素 c 氧化酶到氧（又称复合物 I、III、IV）。电子从 FADH$_2$ 的传递是通过琥珀酸－辅酶 Q 还原酶（复合物 II）经辅酶 Q，复合物 III、IV 到氧。

生物氧化和氧化磷酸化主要在线粒体内进行，在细胞液内生成的 NADH 主要通过 α-磷酸甘油穿梭系统和苹果酸穿梭系统向线粒体内转移以实现彻底氧化。

ATP 是生物体内最重要的能荷物质，在生物氧化中伴随着 ATP 生成。ATP 生成方式有两种，一种是底物水平磷酸化，另一种是氧化磷酸化，生物体内 95% 的 ATP 来自氧化磷酸化。

1961 年，英国学者 Peter Mitchell 提出化学渗透假说，说明了电子传递释出的能量用于形成一种跨线粒体内膜的质子梯度（H$^+$ 梯度），这种梯度驱动了 ATP 的合成。

多种抑制剂可以阻断电子传递和磷酸化的偶联作用。这些抑制剂可分为呼吸链抑制剂、解偶联剂、磷酸化抑制剂等。

思考题

1. 名词解释。
   生物氧化　氧化磷酸化　磷－氧比（P/O）　能荷　解偶联细胞色素氧化酶
2. 电子传递体在传递链中的排列顺序及其依据是什么？
3. 什么是电子传递链抑制剂？常用的抑制剂有哪些？指出它们的抑制部位。
4. 化学渗透假说的主要内容是什么？
5. 写出 NADH 氧化呼吸链的排列顺序，并标出产能部位。

第八章

糖代谢

本章导读

　　糖是一类化学本质为多羟醛或多羟酮及其衍生物的有机化合物，糖代谢包括糖的合成代谢和分解代谢，是葡萄糖、糖原、淀粉等在体内进行合成或分解的一系列复杂化学反应过程。糖在人体内的主要形式是葡萄糖及糖原。本章重点介绍了以下几个内容：①糖的消化、吸收、转运及储存；②糖的分解代谢及其调控，重点包括糖的无氧酵解、糖的有氧氧化、乙醛酸循环、磷酸戊糖代谢途径等；③糖的合成代谢，重点包括糖异生途径及其调节、糖原合成及其代谢调控等。

　　糖类在自然界分布广泛，尤以植物中含量最多。植物通过光合作用将水和二氧化碳合成糖，动物则直接或间接利用植物中的糖，作为机体生命活动的碳源和能源。人体所需能量的50%～70%来自糖。糖类也是生物体的结构成分：糖与非糖物质共价结合形成的糖复合物是构成机体的重要结构成分；蛋白聚糖和糖蛋白是构成结缔组织、软骨和骨的基质；糖蛋白和糖脂是细胞膜的组成成分。

　　糖类物质在生物体内的代谢包括分解代谢和合成代谢：糖的分解代谢是指糖类由大分子经酶促降解，生成小分子物质，并进一步分解成水和二氧化碳，同时释放能量的化学过程；糖的合成代谢是指动物或人利用葡萄糖合成糖原，或利用非糖物质合成糖的过程。

第一节　糖的消化、吸收、转运及储存

　　食物中的糖主要为淀粉，此外还有少量的低聚糖和单糖。单糖可直接吸收，多糖和低聚糖均需水解为单糖才能被机体吸收利用。

一、糖的消化

　　口腔中含有唾液腺分泌的 α- 淀粉酶，可水解淀粉中的 α-1，4 糖苷键（最适 pH 为 6～7）。由于食物在口腔中停留的时间很短，仅有一小部分淀粉、麦芽糖被分解。食物进入胃后，在胃内酸性环境中（pH 为 1～2）淀粉酶很快失活，淀粉的消化停止。小肠中含有胰腺分泌的 α- 淀粉酶及合适的 pH 环境（pH 为 6.7～7.2），成为淀粉消化的主要场所。α- 淀粉酶能够水解淀粉分子内部的 α-1，4 糖苷键，产物为麦芽糖、麦芽三糖、α- 糊精及少量葡萄糖。小肠黏膜的刷状缘上的 α- 糊精酶，可水解 α- 糊精的 α-1，4 糖苷键和 α-1，6 糖苷键，最终产物为葡萄糖，其分解过程如图 8-1 所示。另外，小肠黏膜上还有蔗糖酶和乳糖酶，可分别水解蔗糖和乳糖，生成相应的单糖。

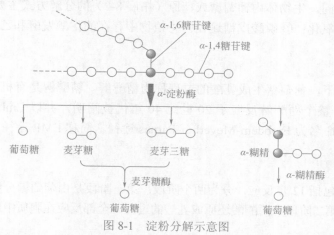

图 8-1　淀粉分解示意图

　　纤维素是由葡萄糖通过 β-1，4 糖苷键连接而成的多糖，其性质与淀粉显著不同。人和单胃动物不能水解纤维素，但是有些微生物和反刍动物瘤胃能产生纤维素酶，分解纤维素。纤维素酶是水解纤维素的一类酶的总称，包括破坏纤维素晶状结构的 C_1 酶，水解游离纤维素分子的 C_x 酶和水解纤维二糖的 β- 葡萄糖苷酶。纤维素尽管不能被人体分解利用，但有刺激胃肠蠕动的作用，因此，食物中的纤维素也是维持健康所必需的。

二、糖的吸收、转运及储存

（一）吸收

　　糖的吸收主要在小肠上段完成。戊糖靠被动扩散吸收，己糖尤其是葡萄糖和半乳糖则是通过特定载体的主动耗能方式吸收。目前认为，这种主动吸收是通过 Na^+ 依赖型葡萄糖转运体（SGLT）（拓展 8-1）完成的。这种载体主要存在于小肠黏膜和肾小管的上皮细胞中。

拓展 8-1

（二）转运

　　各种单糖在小肠吸收后，经门静脉进入肝脏，在正常情况下，出肝血液中仅含葡萄糖。葡萄糖进入细胞是通过细胞膜上的一类葡萄糖转运体（GLUT）实现的，目前知道有 5 种 GLUT，它们存在于不同的组织细胞，如 GLUT-1 主要存在于红细胞，而 GLUT-4 主要存在于脂肪和肌肉组织。

（三）储存

在肝脏、肌肉等组织中，葡萄糖经酶催化合成糖原储存，多余的葡萄糖则被转运到脂肪组织，转化为脂肪储存起来。

第二节　糖的分解代谢

糖的分解代谢本质上是糖的氧化作用，在不同的供氧条件下，分解代谢的方式不同。生物体内葡萄糖或糖原（拓展 8-2）的分解方式主要有：①无氧酵解；②有氧氧化；③磷酸戊糖途径；④植物中存在的生醇发酵和乙醛酸循环。

一、糖的无氧酵解

在缺氧的条件下，葡萄糖生成乳酸的过程称为糖酵解。糖酵解是有机体中普遍存在的葡萄糖降解的途径，整个糖酵解反应于 20 世纪 40 年代被阐明，并以 Embdem，Meyerhof 和 Parnas 等人的名字命名为 Embdem-Meyerhof-Parnas 途径，简称 EMP 途径。

（一）无氧酵解的反应过程

糖酵解全过程包括 12 步反应，分为两个阶段：第一阶段是由葡萄糖分解成丙酮酸的过程，称之为酵解途径；第二阶段为丙酮酸还原成乳酸的过程。全部反应在胞质中进行，现分述如下。

1．葡萄糖分解生成丙酮酸

① 葡萄糖磷酸化成 6- 磷酸葡萄糖（G-6-P）　葡萄糖进入细胞后，首先进行磷酸化反应。磷酸化后的葡萄糖不能自由进出细胞膜。反应由己糖激酶（HK）催化，需 Mg^{2+} 参与。己糖激酶广泛存在于各组织细胞中，并有多种同工酶（Ⅰ～Ⅳ）。在肝细胞中存在的是Ⅳ型同工酶，也称葡萄糖激酶（拓展 8-3），此酶对葡萄糖的亲和力很低，并受激素调控，这些特性使其在维持血糖水平和糖代谢中起重要的生理作用。

$$葡萄糖 + ATP \xrightarrow[\text{Mg}^{2+}]{\text{己糖激酶}\atop\text{葡萄糖激酶(肝)}} 6\text{-磷酸葡萄糖} + ADP$$

② 6- 磷酸葡萄糖转变为 6- 磷酸果糖（F-6-P）　这是由磷酸己糖异构酶催化的醛糖与酮糖间的可逆的异构反应，反应需 Mg^{2+} 参与。

$$6\text{-磷酸葡萄糖} \underset{\text{Mg}^{2+}}{\overset{\text{磷酸己糖异构酶}}{\rightleftharpoons}} 6\text{-磷酸果糖}$$

③ 6- 磷酸果糖转变为 1，6- 二磷酸果糖（F-1,6-2P） 这是第二个磷酸化反应，需 ATP 和 Mg^{2+} 参与。反应由 6- 磷酸果糖激酶 1 催化，该酶是酵解过程的主要限速酶之一，其催化的反应倾向于生成 1，6- 二磷酸果糖。

$$\text{6-磷酸果糖} + ATP \xrightarrow[Mg^{2+}]{\text{6-磷酸果糖激酶1}} \text{1,6-二磷酸果糖} + ADP$$

④ 磷酸丙糖的生成 在醛缩酶的催化下，1，6- 二磷酸果糖分子在 C3 与 C4 之间断裂为 2 个三碳化合物，即磷酸二羟丙酮和 3- 磷酸甘油醛。

$$\text{1,6-二磷酸果糖} \underset{\text{醛缩酶}}{\rightleftharpoons} \text{磷酸二羟丙酮} + \text{3-磷酸甘油醛}$$

醛缩酶催化的是可逆反应，在标准条件下，反应倾向于缩合；而在细胞内，由于磷酸丙糖被不断移走，使平衡朝分解方向进行。

⑤ 磷酸丙糖的同分异构化 3- 磷酸甘油醛和磷酸二羟丙酮是同分异构体，在磷酸丙糖异构酶的催化下互相转变。当 3- 磷酸甘油醛被移走后，磷酸二羟丙酮迅速转变为 3- 磷酸甘油醛，继续进行酵解。

$$\text{磷酸二羟丙酮(96\%)} \underset{\text{磷酸丙糖异构酶}}{\rightleftharpoons} \text{3-磷酸甘油醛(4\%)}$$

上述五步反应为酵解途径中的耗能阶段，1 分子葡萄糖消耗 2 分子 ATP，产生了 2 分子 3- 磷酸甘油醛。而以后的反应则为能量的释放和储存阶段，总共生成 4 分子 ATP。

⑥ 3- 磷酸甘油醛氧化为 1，3- 二磷酸甘油酸 3- 磷酸甘油醛的氧化是酵解过程中首次遇到的氧化作用，生物体通过此反应可以获得能量。反应由 3- 磷酸甘油醛脱氢酶催化，反应中同时进行脱氢和磷酸化反应，并引起分子内部能量的重新分配，生成高能磷酸化合物，脱下的氢和电子被辅酶 NAD^+ 接受。

$$\text{3-磷酸甘油醛} + NAD^+ + H_3PO_4 \underset{\text{3-磷酸甘油醛脱氢酶}}{\rightleftharpoons} \text{1,3-二磷酸甘油酸} + NADH + H^+$$

$$\Delta G^{\ominus\prime} = -61.9 kJ / mol$$

⑦ 1，3- 二磷酸甘油酸转变成 3- 磷酸甘油酸 反应由磷酸甘油酸激酶催化，需要 Mg^{2+}

参与。这是糖酵解过程中第一个产生 ATP 的反应。底物中的高能磷酸基被直接转移给 ADP 生成 ATP，这种底物反应直接与 ADP（或其他核苷二磷酸）的磷酸化反应相偶联的反应过程，被称为底物水平磷酸化作用。

$$O = C - O \sim \textcircled{P}$$
$$| \quad CH - OH \quad +ADP \xrightarrow[Mg^{2+}]{\text{磷酸甘油酸激酶}} \quad O = C - O^-$$
$$| \quad CH_2O - \textcircled{P} \quad\quad CH - OH \quad +ATP$$
$$CH_2O - \textcircled{P}$$

1,3-二磷酸甘油酸   3-磷酸甘油酸

⑧ 3- 磷酸甘油酸转变为 2- 磷酸甘油酸　磷酸甘油酸变位酶催化磷酸基从 3- 磷酸甘油酸的 C3 位转移到 C2 位，这步反应是可逆的，在催化反应中 Mg^{2+} 是必需的。

$$O = C - O^-$$
$$| \quad CH - OH \xrightarrow[Mg^{2+}]{\text{磷酸甘油酸变位酶}} \quad O = C - O^-$$
$$| \quad CH_2O - \textcircled{P} \quad\quad CH - O\textcircled{P}$$
$$CH_2OH$$

3-磷酸甘油酸   2-磷酸甘油酸

⑨ 2- 磷酸甘油酸转变成磷酸烯醇丙酮酸　烯醇化酶催化 2- 磷酸甘油酸脱水生成磷酸烯醇丙酮酸（PEP）。尽管这个反应的标准自由能改变较小，但反应时可引起分子内部的电子重排和能量的重新分布，产生高能磷酸化合物——磷酸烯醇丙酮酸。反应需要 Mg^{2+} 作为激活剂。

$$COO^-$$
$$| \quad CH - O\textcircled{P} \xrightarrow[Mg^{2+}]{\text{烯醇化酶}} \quad COO^-$$
$$| \quad CH_2OH \quad\quad C - O \sim \textcircled{P} \quad +H_2O$$
$$\quad\quad\quad CH_2$$

2-磷酸甘油酸   磷酸烯醇丙酮酸

⑩ 磷酸烯醇丙酮酸转变成烯醇丙酮酸　这是一步由丙酮酸激酶催化的不可逆反应，需要 K^+ 和 Mg^{2+} 参与。反应中，磷酸烯醇丙酮酸的 C2 上的磷酰基团转移到 ADP 上，形成一个 ATP，这和反应⑦相似，也属于底物水平磷酸化作用。丙酮酸激酶也是酵解过程的限速酶。

$$COO^-$$
$$| \quad C - O \sim \textcircled{P} \quad +ADP \xrightarrow[K^+, Mg^{2+}]{\text{丙酮酸激酶}} \quad COO^-$$
$$\| \quad CH_2 \quad\quad C - OH \quad +ATP$$
$$\quad\quad\quad CH_2$$

磷酸烯醇丙酮酸   烯醇丙酮酸

⑪ 丙酮酸的生成　这一步反应不需要酶催化，因为烯醇丙酮酸极不稳定，可迅速非酶促转变为酮式，生成比较稳定的丙酮酸。

$$COO^-$$
$$| \quad C - OH \Longleftrightarrow \quad COO^-$$
$$\| \quad CH_2 \quad\quad C = O$$
$$\quad\quad\quad CH_3$$

烯醇丙酮酸   丙酮酸

2．丙酮酸还原成乳酸

丙酮酸在乳酸脱氢酶的催化下还原为乳酸，反应中所需的氢原子由 NADH＋H$^+$ 提供，它来自上述 3- 磷酸甘油醛的脱氢反应。在缺氧情况下，NAD$^+$ 的再生是由这步反应实现的。乳酸是酵解的最终产物。

$$
\begin{array}{c}
COO^- \\
| \\
C = O \\
| \\
CH_3 \\
\text{丙酮酸}
\end{array}
+ NADH + H^+
\xrightleftharpoons{\text{乳酸脱氢酶}}
\begin{array}{c}
COO^- \\
| \\
CHOH \\
| \\
CH_3 \\
\text{乳酸}
\end{array}
+ NAD^+
$$

在生醇发酵中，丙酮酸在脱羧酶催化下生成乙醛并产生 CO_2。乙醛接受 3- 磷酸甘油醛脱下的氢被还原生成乙醇，反应由乙醇脱氢酶催化。

$$
\begin{array}{c}
COO^- \\
| \\
C = O \\
| \\
CH_3 \\
\text{丙酮酸}
\end{array}
\xrightarrow{\text{脱羧酶}}
\begin{array}{c}
CHO \\
| \\
CH_3 \\
\text{乙醛}
\end{array}
+ CO_2
$$

$$
\begin{array}{c}
CHO \\
| \\
CH_3 \\
\text{乙醛}
\end{array}
+ NADH + H^+
\xrightarrow{\text{乙醇脱氢酶}}
\begin{array}{c}
CH_2OH \\
| \\
CH_3 \\
\text{乙醇}
\end{array}
+ NAD^+
$$

糖酵解的全部反应中，1 分子葡萄糖可以转变为 2 分子乳酸，净产生 2 分子 ATP。整个过程无氧参与，故称无氧酵解。除葡萄糖外，其他单糖可以转变为磷酸己糖进入酵解途径，如，果糖经己糖激酶催化可转变成 6- 磷酸果糖；半乳糖经半乳糖激酶催化生成 1- 磷酸半乳糖，继而转变成 1- 磷酸葡萄糖，后者经变位酶作用生成 6- 磷酸葡萄糖；甘露糖则可先由己糖激酶催化形成 6- 磷酸甘露糖，再经异构酶作用转变为 6- 磷酸果糖。

糖原中约 95% 的葡萄糖残基经磷酸化酶催化生成 1- 磷酸葡萄糖，再经磷酸葡萄糖变位酶作用转变为 6- 磷酸葡萄糖，其余 5% 的葡萄糖残基经去分支酶的作用，直接生成葡萄糖。糖酵解的全部相关反应归纳为图 8-2。

（二）糖酵解过程的能量变化

糖酵解是一个放能过程。在体外反应中，1 mol 葡萄糖分解生成 2 mol 乳酸，$\Delta G^{\ominus'}=-196$ kJ/mol；糖原中 1 个葡萄糖残基分解生成乳酸，$\Delta G^{\ominus'}=-183$ kJ/mol。在体内反应中，部分能量以 ATP 的方式被利用，$\Delta G^{\ominus'}=-30.514$ kJ/mol，剩下的以热能形式释放。

因此，葡萄糖酵解获能效率 $=\dfrac{2\times(-30.514)}{(-196)}\times100\%=31\%$

糖原酵解获能效率 $=\dfrac{3\times(-30.514)}{(-183)}\times100\%=50\%$

（三）糖酵解的调控

糖酵解过程在生物界普遍存在，其主要生理意义是在供氧不足时，迅速提供能量；对于机体特殊的细胞，如红细胞，因无线粒体，以糖酵解作为唯一的取能方式；糖酵解中的中间产物可为机体提供碳骨架。此外，糖酵解途径也是有氧氧化的前段过程。

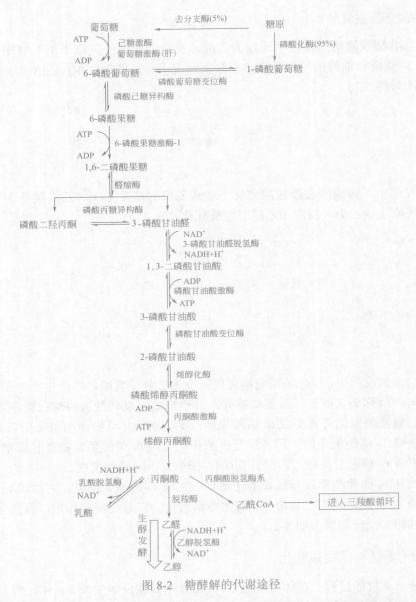

图 8-2　糖酵解的代谢途径

糖酵解过程中 3 个酶（己糖激酶、6- 磷酸果糖激酶 -1、丙酮酸激酶）催化的反应，是酵解途径重要的调节点。其中以 6- 磷酸果糖激酶 -1 催化的反应最为重要。

1．6- 磷酸果糖激酶 -1 的调节

6- 磷酸果糖激酶 -1 是糖酵解中最重要的调节酶，该酶属别构酶，由 4 个亚基组成，受多种代谢物的调节。

① ATP/AMP 比值（拓展 8-4）　当 ATP 浓度较高时，该酶受到抑制，糖酵解作用减弱；当 AMP 积累，ATP 减少时，酶活性恢复，糖酵解作用增强。

② 柠檬酸　柠檬酸可抑制 6- 磷酸果糖激酶 -1 的活性。在细胞内，柠檬酸是三羧酸循环的起始物。高浓度的柠檬酸意味着三羧酸循环的原料丰富，不需增加葡萄糖分解。

拓展 8-4

③ H⁺ H⁺ 可抑制 6- 磷酸果糖激酶 -1 的活性，因此当 pH 降低时，糖酵解受到抑制。这可防止肌肉组织在无氧条件下形成过量的乳酸，造成血液酸化（酸中毒）。

④ 1，6- 二磷酸果糖和 2，6- 二磷酸果糖 1，6- 二磷酸果糖是 6- 磷酸果糖激酶 -1 的反应产物，也是该酶的别构激活剂，这种产物的正反馈作用比较少见，它有利于糖的分解。2，6- 二磷酸果糖是在 6- 磷酸果糖激酶 -2 催化下，由 6- 磷酸果糖转变来的，它可以消除 ATP 对 6- 磷酸果糖激酶 -1 的抑制效应。

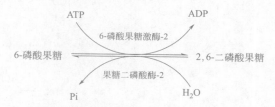

6- 磷酸果糖激酶 -2 是由一条多肽链组成（分子质量为 55 000 Da）的双功能酶。当细胞内 cAMP 的浓度升高，该酶磷酸化，此时酶的磷酸水解活性增强，即表现为果糖二磷酸酶 -2 的活性增强，2，6- 二磷酸果糖浓度下降；反之，当 cAMP 浓度下降，该双功能酶去磷酸化，则激酶活性增强，表现出 6- 磷酸果糖激酶 -2 的活性，2，6- 二磷酸果糖浓度上升，激活 6- 磷酸果糖激酶 -1，从而促进糖酵解。

2. 己糖激酶的调节

己糖激酶也是别构酶，其活性受 6- 磷酸葡萄糖的抑制，当上述各因素抑制 6- 磷酸果糖激酶 -1 时，必然导致 6- 磷酸果糖和 6- 磷酸葡萄糖的积累，从而导致己糖激酶被抑制。但肝内葡萄糖激酶无 6- 磷酸葡萄糖的别构部位，所以不受 6- 磷酸葡萄糖的抑制，这对血糖浓度升高时，保证肝糖原的顺利合成有重要的作用。

3. 丙酮酸激酶的调节

丙酮酸激酶是第三个重要的调节点，1，6- 二磷酸果糖是其别构激活剂，ATP、乙酰 CoA、丙氨酸及游离长链脂肪酸可抑制该酶的活性。

二、糖的有氧氧化

糖的有氧氧化是葡萄糖在有氧条件下，通过丙酮酸生成乙酰 CoA，再经三羧酸循环氧化成水和二氧化碳的过程。

$$葡萄糖 \longrightarrow 丙酮酸 \longrightarrow 乙酰CoA \xrightarrow{三羧酸循环} CO_2 + H_2O$$

有氧氧化分为三个阶段：①葡萄糖→丙酮酸，与糖酵解过程相同；②丙酮酸→乙酰 CoA；③三羧酸循环及氧化磷酸化。

（一）丙酮酸氧化脱羧生成乙酰 CoA

在有氧条件下，丙酮酸进入线粒体，在丙酮酸脱氢酶系（拓展 8-5）催化下脱氢脱羧，反应不可逆。丙酮酸脱氢酶系由 3 种酶组成，即丙酮酸脱羧酶、硫辛酸乙酰转移酶、二氢硫辛酸脱氢酶；另外还有 5 种辅酶参与反应，即 NAD⁺、FAD、硫辛酸、TPP 和 CoA。氧化脱羧反应式如下：

拓展 8-5

$$CH_3COCOOH+HS–CoA+NAD^+ \xrightarrow{\text{丙酮酸脱氢酶系}} CH_3CO — SCoA+CO_2+NADH+H^+$$

参与反应的各种酶以乙酰转移酶为核心，依次进行紧密相关的连锁反应，使丙酮酸脱羧、脱氢及形成高能硫酯键等反应迅速完成，提高了催化效率，反应机制如图 8-3 所示。

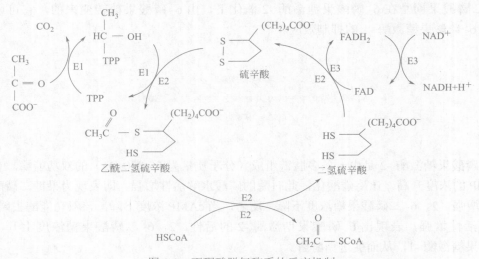

图 8-3　丙酮酸脱氢酶系的反应机制

E1—丙酮酸脱羧酶；E2—硫辛酸乙酰转移酶；E3—二氢硫辛酸脱氢酶

（二）三羧酸循环途径

拓展 8-6

三羧酸循环（TCA cycle）是 H. Krebs 于 1937 年发现的（拓展 8-6），故又称为 Krebs 循环，因为循环中第一个中间产物是柠檬酸，故又称为柠檬酸循环。三羧酸循环不仅是糖有氧分解的代谢途径，也是机体内一切有机物碳骨架氧化为 CO_2 的必经途径，它包括一系列酶促反应，现分述如下。

1. 乙酰辅酶 A 与草酰乙酸缩合成柠檬酸

反应由柠檬酸合酶催化，所需能量来自乙酰 CoA 的高能硫酯键。反应不可逆，它是三羧酸循环的重要调节点。

乙酰辅酶A　草酰乙酸　　　　　柠檬酸合酶　　　柠檬酸　　辅酶A

2. 异柠檬酸的生成

柠檬酸脱水生成顺乌头酸，然后加水生成异柠檬酸。

柠檬酸　　　　　　顺乌头酸酶　　　顺乌头酸

$$\begin{array}{l}\text{CHCOOH}\\ \|\\ \text{C—COOH}\\ |\\ \text{CH}_2\text{COOH}\end{array}\ \text{顺乌头酸}\quad +\quad \text{H}_2\text{O}\quad \underset{}{\overset{\text{顺乌头酸酶}}{\rightleftharpoons}}\quad \begin{array}{l}\text{HO—CHCOOH}\\ |\\ \text{CH—COOH}\\ |\\ \text{CH}_2\text{COOH}\end{array}\ \text{异柠檬酸}$$

3. 异柠檬酸氧化脱羧生成 α-酮戊二酸

反应分两步：首先异柠檬酸在异柠檬酸脱氢酶的催化下脱去 2 个 H，生成中间产物草酰琥珀酸；随后草酰琥珀酸在同一酶催化下迅速脱羧生成 α-酮戊二酸。

$$\begin{array}{l}\text{HO—CHCOOH}\\ |\\ \text{CH—COOH}\\ |\\ \text{CH}_2\text{COOH}\end{array}\ \text{异柠檬酸}\ +\ \begin{array}{c}\text{NAD}^+\\ (\text{NADP}^+)\end{array}\ \underset{\text{Mn}^{2+}}{\overset{\text{异柠檬酸脱氢酶}}{\rightleftharpoons}}\ \begin{array}{l}\text{O=CCOOH}\\ |\\ \text{CH—COOH}\\ |\\ \text{CH}_2\text{COOH}\end{array}\ \text{草酰琥珀酸}\ +\ \begin{array}{c}\text{NADH}\ +\ \text{H}^+\\ (\text{NADPH})\end{array}$$

$$\begin{array}{l}\text{O=CCOOH}\\ |\\ \text{CH—COOH}\\ |\\ \text{CH}_2\text{COOH}\end{array}\ \text{草酰琥珀酸}\ \underset{\text{Mn}^{2+}}{\overset{\text{异柠檬酸脱氢酶}}{\rightleftharpoons}}\ \begin{array}{l}\text{O=CCOOH}\\ |\\ \text{CH}_2\\ |\\ \text{CH}_2\text{COOH}\end{array}\ \text{α-酮戊二酸}\ +\ \text{CO}_2$$

已发现有两种异柠檬酸脱氢酶：一种以 NAD^+ 和 Mn^{2+} 为辅酶，存在于线粒体中，其主要功能是参与三羧酸循环；另一种以 $NADP^+$ 和 Mn^{2+} 为辅酶，存在于线粒体和胞质中，其主要功能是提供还原剂 NADPH。

4. α-酮戊二酸的脱羧反应

这是三羧酸循环中第二次氧化脱羧。α-酮戊二酸脱氢酶系也是多酶复合物，其组成和反应方式都与丙酮酸脱氢酶系相似。组成复合体的三种酶分别是：α-酮戊二酸脱氢酶（需 TPP）、硫辛酸琥珀酰基转移酶（需硫辛酸和 CoA）和二氢硫辛酸脱氢酶（需 FAD 和 NAD^+）。

$$\begin{array}{l}\text{O=CCOOH}\\ |\\ \text{CH}_2\\ |\\ \text{CH}_2\text{COOH}\end{array}\ \text{α-酮戊二酸}\ +\ \text{NAD}^+ +\ \text{CoASH}\ \underset{\text{FAD, Mg}^{2+}\text{, TPP, 硫辛酸}}{\overset{\text{α-酮戊二酸脱氢酶系}}{\longrightarrow}}\ \begin{array}{l}\overset{\text{O}}{\overset{\|}{}}\\ \text{CH}_2\text{—C}\sim\text{SCoA}+\text{CO}_2+\text{NADH}+\text{H}^+\\ |\\ \text{CH}_2\text{COOH}\end{array}\ \text{琥珀酰CoA}$$

在反应中，琥珀酰 CoA 分子内部的能量重排，形成一个高能硫酯键。此反应不可逆，并且是三羧酸循环中的重要调节点。

5. 琥珀酰 CoA 生成琥珀酸

此反应是循环中唯一直接产生 ATP 的反应。

$$\begin{array}{l}\overset{\text{O}}{\overset{\|}{}}\\ \text{CH}_2\text{—C}\sim\text{SCoA}\\ |\\ \text{CH}_2\text{COOH}\end{array}\ \text{琥珀酰辅酶A}\ +\ \text{H}_3\text{PO}_4\ +\ \text{GDP}\ \underset{\text{Mg}^{2+}}{\overset{\text{琥珀酸硫激酶}}{\rightleftharpoons}}\ \begin{array}{l}\text{CH}_2\text{COOH}\\ |\\ \text{CH}_2\text{COOH}\end{array}\ \text{琥珀酸}\ +\ \text{GTP}\ +\ \text{CoASH}$$

$$\text{GTP}\ +\ \text{ADP}\ \rightleftharpoons\ \text{ATP}\ +\ \text{GDP}$$

6. 琥珀酸被氧化成延胡索酸

琥珀酸脱氢酶是一种黄素蛋白，辅基是 FAD。

$$\begin{array}{c} CH_2COOH \\ | \\ CH_2COOH \\ \text{琥珀酸} \end{array} + FAD \xrightleftharpoons[]{\text{琥珀酸脱氢酶}} \begin{array}{c} CHCOOH \\ \| \\ CHCOOH \\ \text{延胡索酸} \end{array} + FADH_2$$

7. 延胡索酸加水生成苹果酸

$$\begin{array}{c} CHCOOH \\ \| \\ CHCOOH \\ \text{延胡索酸} \end{array} + H_2O \xrightleftharpoons[]{\text{延胡索酸酶}} \begin{array}{c} HO-CHCOOH \\ | \\ CH_2COOH \\ \text{苹果酸} \end{array}$$

8. 苹果酸被氧化成草酰乙酸

苹果酸脱氢酶催化苹果酸脱氢生成草酰乙酸，该酶的辅酶是 NAD^+。这步反应可逆。

$$\begin{array}{c} HO-CHCOOH \\ | \\ CH_2COOH \\ \text{苹果酸} \end{array} + NAD^+ \xrightleftharpoons[]{\text{苹果酸脱氢酶}} \begin{array}{c} O=CCOOH \\ | \\ CH_2COOH \\ \text{草酰乙酸} \end{array} + NADH + H^+$$

至此，草酰乙酸重新生成。在循环中，草酰乙酸既是起始物，又是终产物，其本身并无量的变化，但是它的含量直接影响乙酰基进入三羧酸循环的多少。在体内，草酰乙酸主要来自丙酮酸的羧化，生物素是丙酮酸羧化酶的辅基。

$$\begin{array}{c} COOH \\ | \\ C=O \\ | \\ CH_3 \\ \text{丙酮酸} \end{array} + CO_2 + ATP \xrightarrow[\text{生物素}]{\text{丙酮酸羧化酶}} \begin{array}{c} O=CCOOH \\ | \\ CH_2COOH \\ \text{草酰乙酸} \end{array} + ADP + H_3PO_4$$

三羧酸循环过程总共有 4 次脱氢，2 次脱羧，并有 1 次底物水平磷酸化。脱氢反应脱下的氢，3 次由 NAD^+ 接受，1 次由 FAD 接受，并经呼吸链氧化成水。每对氢原子通过 NAD^+ 传递，氧化后生成 3 分子 ATP；通过 FAD 传递，则氧化生成 2 分子 ATP。因此每次三羧酸循环，消耗 1 分子乙酰基，共生成 12 分子 ATP（$3×3 + 2 + 1 = 12$）。

三羧酸循环的总反应如图 8-4 所示。

三羧酸循环在线粒体中进行，循环中多步反应是可逆的，但由于柠檬酸的合成和 α- 酮戊二酸的氧化脱羧是不可逆反应，因此循环单方向进行。

（三）三羧酸循环的生物学意义

现在知道，在动物、植物和微生物中普遍存在三羧酸循环途径。

三羧酸循环是三大营养素的最终代谢通路。糖、脂肪、氨基酸在体内进行生物氧化都将产生乙酰 CoA，然后进入三羧酸循环进行降解。通过三羧酸循环的有氧分解代谢是机体获能的最有效方式。

通过三羧酸循环使糖、脂肪、氨基酸代谢相互联系，并产生多种重要的中间产物，对其他化合物的生物合成也有重要意义。如糖代谢产生的乙酰 CoA 在线粒体内需先合成柠檬酸，再通过载体转运至胞质，用于合成脂酸；许多氨基酸的碳架是三羧酸循环的中间产物，通过草酰乙酸可转变为葡萄糖（参见糖异生途径），反之，由葡萄糖提供的丙酮酸转变成的草酰乙酸及三羧酸循环中的其他二羧酸则可用于合成一些非必需氨基酸，如天冬氨酸、谷氨酸等；琥珀酰 CoA 可与甘氨酸合成血红蛋白；乙酰 CoA 又是合成胆固醇的原料。

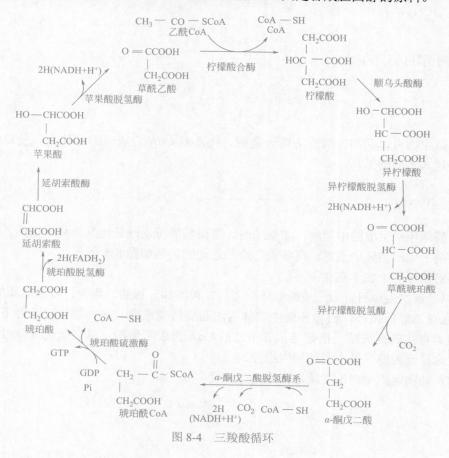

图 8-4 三羧酸循环

（四）三羧酸循环的代谢调节

三羧酸循环受三种酶活性的调节：柠檬酸合酶是该途径关键的限速酶，其活性受 ATP、NADH、琥珀酰 CoA 的抑制，草酰乙酸和乙酰 CoA 的浓度较高时，可激活该酶；异柠檬酸脱氢酶和 α- 酮戊二酸脱氢酶系是另外两种限速酶，它们的活性受 ATP、NADH 的抑制，ADP 是异柠檬酸脱氢酶的激活剂。

三、乙醛酸循环

乙醛酸循环是植物和微生物体内存在的一条代谢途径，循环中需要 2 种特异的酶，即异柠檬酸裂解酶和苹果酸合成酶。

异柠檬酸裂解酶催化异柠檬酸裂解，生成琥珀酸和乙醛酸。

苹果酸合成酶催化乙醛酸与乙酰 CoA 合成苹果酸。

$$\underset{\text{乙醛酸}}{\overset{\displaystyle CHO}{\underset{\displaystyle COOH}{|}}} + \underset{\text{乙酰CoA}}{\overset{\displaystyle CH_3}{\underset{\displaystyle CO-SCoA}{|}}} + H_2O \xrightarrow{\text{苹果酸合成酶}} \underset{\text{苹果酸}}{\overset{\displaystyle HO-CHCOOH}{\underset{\displaystyle CH_2COOH}{|}}} + \underset{\text{CoA}}{CoA-SH}$$

乙醛酸循环的总反应如下：

$$2CH_3CO-SCoA + 2H_2O + NAD^+ \longrightarrow \overset{\displaystyle CH_2COOH}{\underset{\displaystyle CH_2COOH}{|}} + 2CoA-SH + NADH+H^+$$

有些微生物可以利用乙酸作为唯一碳源，在乙酰 CoA 合成酶的催化下，使乙酸生成乙酰 CoA，进入乙醛酸循环。

$$CH_3COOH + CoA-SH + ATP \xrightarrow{\text{乙酰CoA合成酶}} CH_3CO-SCoA + H_2O + AMP + PPi$$

乙醛酸循环中生成的中间物，如琥珀酸、苹果酸等可返回三羧酸循环，因此乙醛酸循环可以看作是三羧酸循环的支路。两条循环途径之间的关系如图 8-5 所示。

乙醛酸循环的生物学意义：

① 以二碳物为原料合成三羧酸循环所需的二羧酸和三羧酸，作为三羧酸循环的补充。

② 通过乙醛酸循环，植物和微生物体内的脂肪转变成糖。在一般生理条件下，大量脂类物质较难直接转变成糖，而是通过 2 个乙酰 CoA 合成苹果酸，继而氧化成草酰乙酸，再经糖异生途径合成糖（见本章糖异生途径）。

目前在动物组织中尚未发现乙醛酸循环。

图 8-5　乙醛酸循环与三羧酸循环的关系
①异柠檬酸裂解酶；②苹果酸合成酶

四、磷酸戊糖途径

磷酸戊糖途径也称磷酸己糖旁路，它是葡萄糖氧化分解的又一途径。在动物体内的多种组织，如肝脏、脂肪组织、泌乳期的乳腺、肾上腺皮质、性腺及红细胞等中都存在这一途径。植物组织也普遍能进行此种氧化方式。

（一）磷酸戊糖途径的化学反应过程

1. 第一阶段

6-磷酸葡萄糖生成 5-磷酸核糖，同时生成 2 分子 NADPH 及 1 分子 CO_2。

6-磷酸葡萄糖在 6-磷酸葡萄糖脱氢酶催化下脱氢生成 6-磷酸葡萄糖酸内酯，$NADP^+$ 作为受氢体，平衡趋向于生成 NADPH 方向，反应需 Mg^{2+} 参与。

6-磷酸葡萄糖酸内酯在内酯酶的作用下水解为 6-磷酸葡萄糖酸。

6-磷酸葡萄糖酸在 6-磷酸葡萄糖酸脱氢酶的作用下，再次脱氢并自发脱羧而转变为 5-磷酸核酮糖，同时生成 NADPH 及 CO_2。

5-磷酸核酮糖在异构酶的作用下，转变为 5-磷酸核糖；或者在差向异构酶的作用下，转变为 5-磷酸木酮糖。

第一阶段中脱氢两次，故每分子葡萄糖转变为磷酸戊糖的过程中生成 2 分子 NADPH。

2. 第二阶段

基团转移反应。在上述反应中生成的磷酸戊糖主要用于合成核苷酸，而生成的 NADPH 则可用于许多化合物的合成代谢。但细胞中合成代谢消耗的 NADPH 远大于磷酸戊糖的消耗，因此，葡萄糖经此途径生成多余的磷酸戊糖。第二阶段反应的意义就在于通过一系列基团转移反应，将核糖转变成 6- 磷酸果糖和 3- 磷酸甘油醛而进入酵解途径。

如下所示，这些反应的结果可概括为：3 分子磷酸戊糖转变成 2 分子磷酸己糖和 1 分子磷酸丙糖。这些基团转移反应可分为两类：一类是转酮醇酶反应，转移二碳单位的酮醇基团；另一类是转醛醇酶反应，转移三碳单位，接受体都是醛糖。现分述如下。

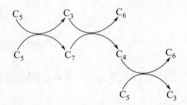

① 由转酮醇酶催化，将 5- 磷酸木酮糖的一个二碳单位（羟乙醛）转移给 5- 磷酸核糖，产生 7- 磷酸景天糖和 3- 磷酸甘油醛，反应需 TPP 作为辅酶，并需 Mg^{2+} 参与。

② 由转醛醇酶催化，将 7- 磷酸景天糖的二羟丙酮基转移给 3- 磷酸甘油醛，生成 4- 磷酸赤藓糖和 6- 磷酸果糖。

③ 4- 磷酸赤藓糖在转酮醇酶催化下，接受来自 5- 磷酸木酮糖的羟乙醛基，生成 6- 磷酸果糖和 3- 磷酸甘油醛。后者可进入酵解途径，参与代谢。

磷酸戊糖之间的相互转变由相应的异构酶、差向异构酶催化，这些反应均为可逆反应。磷酸戊糖途径的反应可归纳为图 8-6。

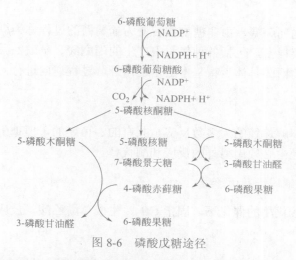

图 8-6 磷酸戊糖途径

磷酸戊糖途径的主要特点是葡萄糖直接脱氢和脱羧，不必经过糖酵解途径，也不必经过三羧酸循环；整个反应中，脱氢酶的辅酶是 $NADP^+$ 而不是 NAD^+。

（二）磷酸戊糖途径的生物学意义

磷酸戊糖途径是普遍存在的糖代谢的一种方式，在不同的生物以及生物的不同组织器官所占的比例不同。该代谢途径生成的 NADPH 作为供氢体参与多种代谢反应，如参与脂肪酸、胆固醇的合成以及用于维持谷胱甘肽的还原状态；保护一些含—SH 基的蛋白质或酶免受氧化剂（尤其是过氧化物）的损害；在红细胞中还原型谷胱甘肽更具有重要作用，它可以保护红细胞膜蛋白的完整性。

磷酸戊糖途径同时也为核酸的生物合成提供核糖。核糖是核酸生物合成的必需原料，体内的核糖并不依赖于从食物中输入，可以经葡萄糖通过磷酸戊糖途径生成。葡萄糖既可经磷酸戊糖途径产生磷酸核糖，也可通过酵解途径的中间产物 3- 磷酸甘油醛和 6- 磷酸果糖经过前述的基团转移反应而生成磷酸核糖。这两种方式的相对重要性因不同动物而异：人类主要通过前一种方式生成核糖；肌肉组织缺乏 6- 磷酸葡萄糖脱氢酶，磷酸核糖靠基团转移反应生成。

磷酸戊糖途径与糖的有氧、无氧分解途径相关联，3- 磷酸甘油醛是糖分解的 3 种途径的枢纽点，如果磷酸戊糖途径由于某种因素的影响，而出现代谢受阻，可通过 3- 磷酸甘油醛这一枢纽点进入无氧或有氧代谢途径，以保证糖的分解仍能继续进行。这从代谢的角度反映出生物对环境的适应性。

第三节　糖的合成代谢

自然界糖的合成基本来源于绿色植物及光能细菌的光合作用，异养生物不能将无机物合成糖，只能以其他小分子有机化合物为原料，通过不同方式合成单糖、二糖和多糖。

一、单糖的生物合成

单糖的主要代表是葡萄糖，由非糖物质转变为葡萄糖的过程称为糖异生作用或葡萄糖异生作用。非糖物质种类很多，包括各种代谢中产生的丙酮酸、草酰乙酸、乳酸和甘油等。这些非糖物质转变成葡萄糖的具体步骤基本上是遵循酵解过程逆向进行。

（一）糖异生途径

糖异生途径和糖酵解途径的大多数反应是共有的、可逆的，但糖酵解途径中有三个不可逆反应，在糖异生途径中必须由另外的反应和酶代替。

1. 丙酮酸转变成磷酸烯醇丙酮酸

丙酮酸在丙酮酸羧化酶的催化下，固定 CO_2，生成草酰乙酸，反应需消耗 1 分子 ATP。

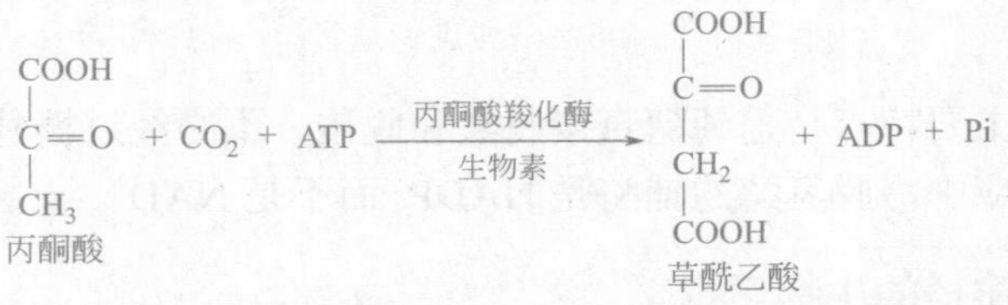

草酰乙酸在磷酸烯醇丙酮酸羧激酶的催化下转变成磷酸烯醇丙酮酸，反应中消耗 1 个高能磷酸键，同时脱羧。

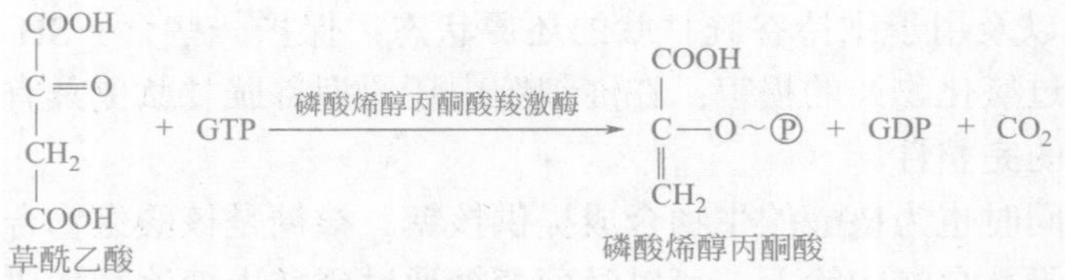

上述两步反应共消耗 2 个 ATP。由于丙酮酸羧化酶仅存在于线粒体内，故胞液中的丙酮酸必须进入线粒体，才能羧化生成草酰乙酸。而磷酸烯醇丙酮酸羧激酶在线粒体和胞液中都存在，因此草酰乙酸可在线粒体中直接转变为磷酸烯醇丙酮酸再进入胞液，也可在胞液中被转变为磷酸烯醇丙酮酸。但是，草酰乙酸不能直接透过线粒体膜，需借助两种方式将其转运至胞液：①经苹果酸脱氢酶作用，将其还原成苹果酸，然后通过线粒体膜进入胞液，再由胞液中的苹果酸脱氢酶将苹果酸脱氢氧化为草酰乙酸而进入糖异生途径。②经谷草转氨酶的作用，生成天冬氨酸后，再逸出线粒体，进入胞液中的天冬氨酸经胞液中谷草转氨酶的催化而恢复生成草酰乙酸，从而进入糖异生途径。

2．1,6- 二磷酸果糖转变为 6- 磷酸果糖

反应由果糖二磷酸（酯）酶 -1 催化，该酶水解 C1 位的磷酸。该水解反应是放能反应，但并不生成 ATP。

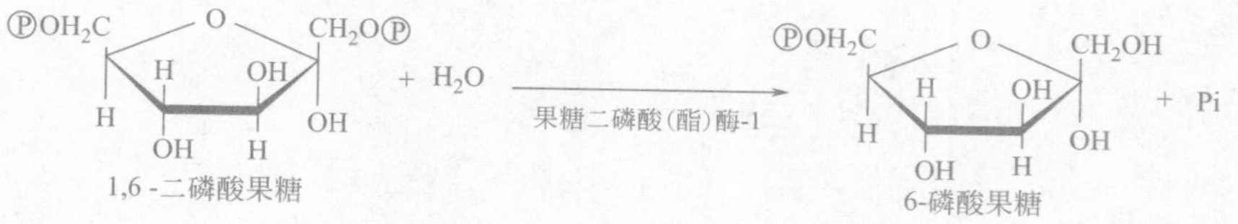

3．6- 磷酸葡萄糖水解为葡萄糖

反应由葡萄糖 -6- 磷酸酶催化。同样，由于不生成 ATP，因此不是葡萄糖激酶的逆反应，热力学上是可行的。

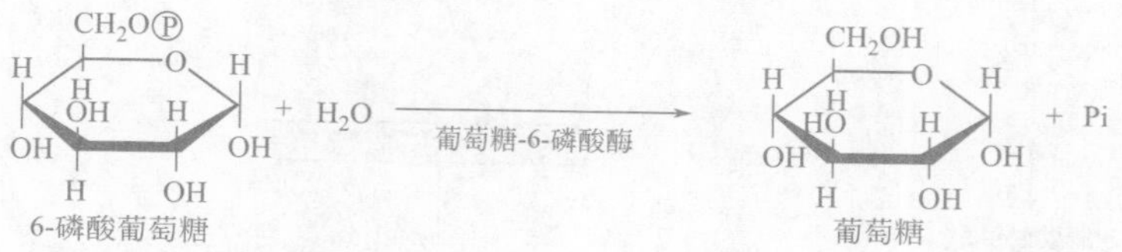

糖异生途径可归纳为图 8-7。

（二）糖异生的调节

酵解途径与糖异生途径是方向相反的两条代谢途径，若使丙酮酸进行有效的糖异生途径，就必须抑制酵解途径，以防止葡萄糖又重新分解成丙酮酸，反之亦然。因此，这两条代谢途径必须协调、统一。糖异生途径的主要调节点位于丙酮酸羧化酶和果糖二磷酸酶 -1。

1．丙酮酸羧化酶活性的调节

这是糖异生途径中第一个调节点。该酶是一种别构酶，其活性受 ADP 抑制，受 ATP、乙酰 CoA 的激活。当机体能量缺乏，ADP 浓度较高时，该酶受到抑制，丙酮酸生成乙酰 CoA，经三羧酸循环分解供能；而当机体能量充足，ATP 浓度较高时，该酶激活，丙酮酸则生成草酰乙酸，经糖异生途径合成葡萄糖或糖原。

2．果糖二磷酸酶 -1 的调节

该酶是糖异生途径的关键酶。2，6- 二磷酸果糖及 AMP 抑制果糖二磷酸酶 -1 的活性；而 ATP 和柠檬酸则激活该酶。在调节过程中，果糖二磷酸酶 -1 与 6- 磷酸果糖激酶 -1 呈相反的活性变化，使糖异生途径与糖酵解过程相互协调，如图 8-8 所示。

二、二糖和多糖的生物合成

（一）蔗糖的合成

蔗糖在植物界分布广泛，特别是在甘蔗、甜菜、菠萝的汁液中含量很高。蔗糖在植物中的合成主要有两条途径。

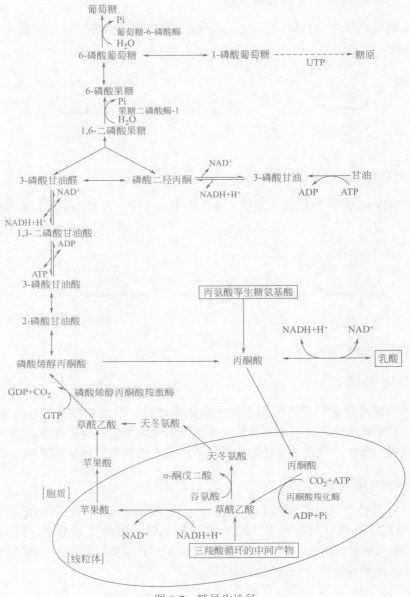

图 8-7　糖异生途径

1. 蔗糖合成酶途径

该途径利用尿苷二磷酸葡萄糖（UDPG）作为葡萄糖供体，与果糖结合生成蔗糖。UDPG 则由 UTP 与 1- 磷酸葡萄糖在 UDPG 焦磷酸化酶的催化下生成。

$$1\text{-磷酸葡萄糖} + UTP \xrightarrow{\text{UDPG焦磷酸化酶}} UDPG + PPi$$

$$PPi + H_2O \longrightarrow 2Pi$$

$$UDPG + \text{果糖} \xrightarrow{\text{蔗糖合成酶}} \text{蔗糖} + UDP$$

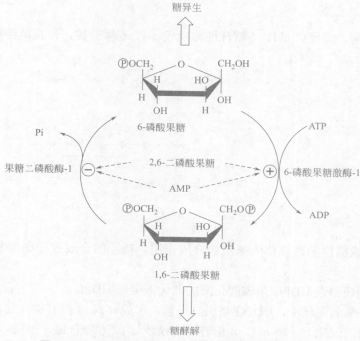

图 8-8 果糖二磷酸酶 -1 和 6- 磷酸果糖激酶 -1 的调节

2. 蔗糖磷酸合成酶途径

该途径也利用 UDPG 作为葡萄糖供体与磷酸果糖结合生成磷酸蔗糖，再经磷酸酯酶催化，脱磷酸形成蔗糖。一般认为此途径是植物合成蔗糖的主要途径。

$$UDPG+6\text{-磷酸果糖} \xrightarrow{\text{磷酸蔗糖合成酶}} \text{磷酸蔗糖}+UDP$$

$$\text{磷酸蔗糖} \xrightarrow{\text{磷酸酯酶}} \text{蔗糖}+Pi$$

（二）淀粉的合成

植物光合作用合成的糖，大部分转化为淀粉，很多高等植物，如谷类、豆类和薯类都含有丰富的淀粉。

1. 直链淀粉的合成

淀粉的合成需要"引物"，引物分子可以是麦芽糖、麦芽三糖或麦芽四糖，甚至是一个淀粉分子，其主要作用是作为 α- 葡萄糖的受体。有引物存在时，UDPG 将葡萄糖转移到引物分子上，通过 α-1，4 糖苷键连接，使引物延长。

$$n\text{UDP-G} \xrightarrow[\text{引物}]{\text{UDPG转葡萄糖苷酶}} n\text{UDP}+ [\alpha\text{-1，4 葡萄糖}]_n$$

近年来认为高等植物合成淀粉的主要途径是 ADPG 转葡萄糖苷酶途径。

$$n\text{ADP-G} \xrightarrow[\text{引物}]{\text{ADPG转葡萄糖苷酶}} n\text{ADP}+ [\alpha\text{-1，4 葡萄糖}]_n$$

2. 支链淀粉的合成

植物中有 Q 酶，能催化 α-1，4 糖苷键转换成 α-1，6 糖苷键，使直链淀粉转化为支链淀粉，如图 8-9 所示。

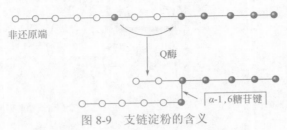

图 8-9　支链淀粉的含义

（三）糖原的合成

由葡萄糖合成糖原的过程称为糖原的合成作用。糖原的合成过程如图 8-10 所示，可概括如下。

① 1-磷酸葡萄糖在 UDPG 焦磷酸化酶的催化下生成 UDPG。

② 在糖原合酶的催化下，UDPG 与引物连接，形成 α-1，4 糖苷键，使糖链延长。

③ 在分支酶的催化下，将 α-1，4 糖苷键转换成 α-1，6 糖苷键，形成有分支的糖原。

当体内能量充足时，葡萄糖转变成糖原储存能量；当能量供应不足时，糖原分解释放能量。糖原合成与分解的协调控制对维持血糖水平的恒定具有重要意义。

拓展 8-7

调节糖原合成与分解的关键酶是磷酸化酶和糖原合酶。这两种酶的活性受磷酸化和脱磷酸化共价修饰（拓展 8-7）的调节：磷酸化酶经磷酸化后被激活，脱磷酸后失活；而糖原合酶则相反，经磷酸化后失活，脱磷酸后被激活。

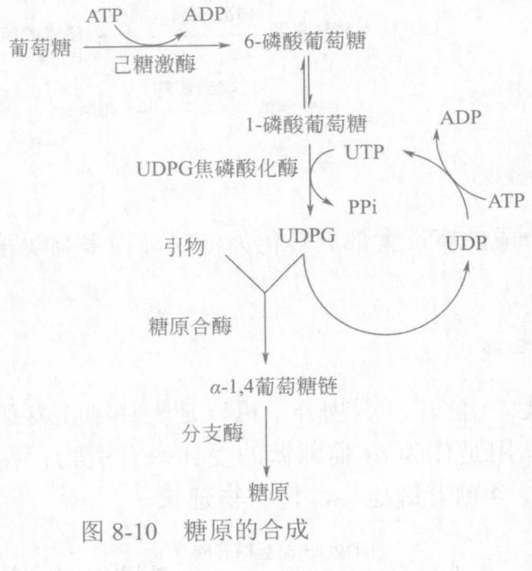

图 8-10　糖原的合成

 人类食物中的糖类主要包括植物淀粉、动物糖原、麦芽糖、蔗糖、乳糖和葡萄糖等，食物中的糖一般以淀粉为主。淀粉的消化主要在小肠内进行。在胰液的 α-淀粉酶作用下，淀粉被水解为麦芽糖、麦芽三糖及含分支的异麦芽糖等。寡糖的进一步消化在小肠黏膜刷状缘，由刷状缘酶水解进行。糖被消化成单糖后才能在小肠被吸收，再经门静脉进入肝脏。葡萄糖的吸收是逆浓度梯度进行的主动转运过程，是通过 Na^+ 依赖型葡萄糖转运体（SGLT）完成的。食物中含有大量的纤维素也是糖类的一种，纤维素需要 β-糖苷酶的水解，而人体内没有 β-糖苷酶，使得摄入的纤维素不能被消化吸收。但由于纤维素能起到平衡菌群、刺激肠蠕动等作用，也是维持健康所必需的糖类，因而日益受到重视。

 在缺氧的条件下，葡萄糖生成乳酸的过程称为糖酵解。糖酵解简称 EMP 途径，是有机体中普遍存在的葡萄糖降解的途径。糖酵解全过程包括12步反应，分为两个阶段：第一阶段是由葡萄糖分解成丙酮酸的过程，称之为酵解途径；第二阶段为丙酮酸转变成乳酸的过程。糖酵解全部反应在胞质中进行，其反应特点可归纳为以下几个方面：一次氧化过程（由 3-磷酸甘油醛脱氢酶催化）、两次底物水平磷酸化（分别由磷酸甘油酸激酶和丙酮酸激酶催化）、三个不可逆反应步骤（分别由己糖激酶、6-磷酸果糖激酶 -1 和丙酮酸激酶催化）。糖酵解过程是受到严格调控的，该途径中催化三个不可逆反应步骤的酶是重要的调节点。其中 6-磷酸果糖激酶 -1 是该途径的限速酶，最为重要。ATP、柠檬酸、H^+ 对该酶有抑制作用，AMP、2，6-二磷酸果糖对该酶有激活作用。

 在有氧条件下，葡萄糖通过丙酮酸生成乙酰 CoA，再经三羧酸循环氧化成水和二氧化碳的过程称为糖的有氧氧化。糖有氧氧化分为三个阶段：①葡萄糖→丙酮酸，与糖酵解过程相同；②丙酮酸→乙酰 CoA；③三羧酸循环及氧化磷酸化。其中，第二阶段由丙酮酸脱氢酶系催化完成。丙酮酸脱氢酶系是包括三种不同酶的多酶复合物（丙酮酸脱羧酶、硫辛酸乙酰转移酶、二氢硫辛酸脱氢酶）。多酶复合物的优越性是所有的中间产物都不需要离开酶的复合物，所有的反应都在组织严密的体系中有秩序地进行。除丙酮酸脱氢酶系外，还有 α-酮戊二酸脱氢酶系等都是包括三种酶的复合物，而且都包括 5 种辅助因子（NAD^+、FAD、硫辛酸、TPP 和 CoA）。参加柠檬酸循环的酶共有 8 种（含 1 个酶系），循环特点可概括为：一次底物水平磷酸化、两次脱羧、三个不可逆反应步骤、四次氧化过程。从乙酰 CoA 进入柠檬酸循环开始，每一次循环最终可产生 12 个 ATP 分子，然而该循环本身只产生一个 ATP（GTP），其他 11 个 ATP 分子是由 3 个 NADH 和 1 个 $FADH_2$ 通过电子传递和氧化磷酸化生成的。三羧酸循环受三种酶活性的调节，其中柠檬酸合酶是该途径关键的限速酶，其活性受 ATP、NADH、琥珀酰 CoA 的抑制，草酰乙酸和乙酰 CoA 的浓度较高时，可激活该酶；异柠檬酸脱氢酶和 α-酮戊二酸脱氢酶系是另外两种调节酶，它们的活性受 ATP、NADH 的抑制，ADP 是异柠檬酸脱氢酶的激活剂。

 乙醛酸循环是存在植物和微生物体内乙醛酸循环体中的一条代谢途径，循环中

需要 2 种特异的酶，即异柠檬酸裂解酶和苹果酸合成酶。该代谢途径的产物虽然可作为三羧酸循环的补充，但更是植物和微生物体内的脂肪转变成糖的重要方式。

磷酸戊糖途径也称磷酸己糖旁路，其主要作用是形成 NADPH 和 5- 磷酸核糖，有关作用的酶都存在于细胞溶胶中。NADPH 在脂肪酸、固醇、谷胱甘肽等还原性物质生物合成中提供还原力，而 5- 磷酸核糖及其衍生物则用于合成 RNA、DNA、NAD^+、FAD、ATP 和辅酶 A 等重要生物分子。磷酸戊糖途径和糖酵解途径之间有着紧密联系，机体通过这两条代谢途径的穿插作用，使得体内的 NADPH、ATP、5- 磷酸核糖以及丙酮酸等物质可以根据需要保持合理的水平。

糖异生作用指的是由非糖物质例如乳酸等有机酸、氨基酸、甘油等作为原料合成葡萄糖的代谢过程。糖异生作用对于机体饥饿时和剧烈运动时不断提供葡萄糖以维持血糖水平是非常重要的，脑和红细胞几乎全部依赖血糖提供能源。糖异生作用的绝大多数酶是细胞溶胶酶，只有丙酮酸羧化酶和葡萄糖 -6- 磷酸酶除外，前者位于线粒体基质，后者结合在光面内质网上。

糖异生作用的主要起点物质可认为是丙酮酸。所有糖酵解过程中的可逆反应都能被糖异生作用利用，但遇到糖酵解途径中的不可逆反应则必须绕道而行。以生物素为辅基的丙酮酸羧化酶和由 GTP 供能的磷酸烯醇丙酮酸羧激酶催化的反应绕过了丙酮酸激酶催化的不可逆反应；果糖二磷酸（酯）酶 -1 绕过了 6- 磷酸果糖激酶 -1 催化的不可逆反应；葡萄糖 -6- 磷酸酶绕过了己糖激酶催化的反应。糖酵解过程发生于机体的所有细胞，而葡萄糖异生作用则主要发生在肝脏，其次是肾脏。在线粒体中丙酮酸羧化为草酰乙酸，在细胞溶胶中草酰乙酸又脱羧并磷酸化为磷酸烯醇丙酮酸，在这些反应中共用去两个高能磷酸键。

糖异生作用和糖酵解作用是相互协调的。当一条途径活跃时，另一条途径的活性就相应降低，6- 磷酸果糖激酶 -1 和果糖二磷酸（酯）酶 -1 是起调控作用的关键酶。当葡萄糖供应丰富时，果糖 -2，6- 二磷酸作为细胞类的分子信号也处于高水平，它活化糖酵解作用并抑制糖异生途径；果糖 -2，6- 二磷酸受到破坏则引起果糖二磷酸（酯）酶 -1 活性加强，从而加速糖异生作用。胰高血糖素 / 胰岛素比值升高，也促进糖异生作用加快。丙酮酸激酶和丙酮酸羧化酶所受到的调节使他们同时都不处于最活跃的状态，别构调节和可逆磷酸化作用都是迅速的。这类调节为转录调节。

糖原主要是肝脏和骨骼肌作为容易动员的能量贮藏物质。肌肉中糖原的作用，主要是供给其连续收缩时能量的不断需要，而肝脏中的糖原主要用于维持血液中葡萄糖的稳定水平。糖原的降解主要由糖原磷酸化酶和糖原分支酶联合作用。而糖原合酶则是利用 UDPG 作为底物合成糖原。糖原的降解和合成是完全不相同的两条途径，他们都受到严格而复杂的别构调节和激素调节。

✎ **思考题**

1. 什么是糖酵解？有何生理意义？写出酵解过程的酶促反应方程式。
2. 何谓有氧氧化？有氧氧化主要分为几个阶段？有何生理意义？
3. 何谓三羧酸循环？说明其生理意义。
4. 什么是磷酸戊糖途径？该途径的代谢特点和生理意义是什么？
5. 什么是乙醛酸循环？写出其关键反应，并说明该循环的生理意义。
6. 什么是糖异生途径？其生理意义是什么？
7. 试述丙酮酸异生成糖的过程。
8. 糖原是如何合成和分解的？机体如何调节糖原的合成与分解？

第九章

脂代谢

本章导读

　　脂类是人及其它哺乳类动物的重要营养素，在机体的物质和能量代谢中具有重要作用。本章介绍了脂类物质在体内的代谢过程，包括食物中脂质的消化、吸收、转移及储存的概况，以及三酰甘油、磷脂、胆固醇等脂质的分解代谢与合成代谢。在三酰甘油的代谢中，重点介绍了脂肪酸的 β 氧化、脂肪酸的生物合成过程、酮体的生成和利用。在磷脂的代谢中，介绍了磷脂的合成代谢和分解代谢的途径。在胆固醇代谢中介绍了胆固醇的生物合成及转化利用与排泄。

　　脂类是生物体内一大类重要的有机化合物，其共性是不溶于水而溶于有机溶剂。常见的脂类物质根据结构的差别，分为脂肪和类脂。脂肪也称三酰甘油（或称甘油三酯），其主要生理功能是储存能量和氧化供能。类脂主要作为结构脂，参与膜的构成，常见的包括：固醇及其酯、磷脂及糖脂等。

　　脂肪酸是组成脂类物质的重要成分，它有多种类型，主要分为：饱和脂肪酸、单不饱和脂肪酸及多不饱和脂肪酸。其中一些多不饱和脂肪酸是维持正常生理功能所需的，但又不能在体内合成，需要从食物中摄取，称为必需脂肪酸，如亚油酸、亚麻酸等，它们是体内多种生理活性物质（如前列腺素、血栓素、白三烯等）的前体。

　　脂代谢包括脂类物质的合成代谢与分解代谢。脂代谢与机体的糖代谢和蛋白质代谢密切相关，在全身的物质和能量代谢中占据重要地位。脂代谢的异常或代谢紊乱与当今许多严重威胁人类健康的慢性代谢性疾病密切相关，如心血管疾病、糖尿病、脂肪肝、肥胖等。本章将重点讨论三酰甘油、磷脂和胆固醇的体内代谢。

第一节　脂类的消化、吸收、转移及储存

　　动物的小肠以及动植物细胞内都含有不同种类的脂类水解酶，脂类在机体中，存在酶催的水解作用。食物中的脂类物质在动物的肠道经过各种脂酶的水解，吸收进入肠黏膜细胞内，进一步加工转化及转运到全身组织细胞，以脂肪的形式储存起来或供机体代谢所需。

一、脂肪的消化及酶促水解

　　食物中脂肪的消化（水解）主要在动物和人的小肠中进行。消化脂肪的酶主要是胰脏分泌的胰脂肪酶（也称胰脂酶），胰脂酶在水解脂肪时，需要胆汁酸盐和辅脂肪酶（也称共脂肪酶）的协同作用。胆汁酸盐乳化油脂形成水溶性的脂肪微团。而胰脂酶必须吸附在乳化脂肪微团的水油界面上才能作用于微团内的脂肪（拓展 9-1）。共脂肪酶是分子质量为 10 000 Da 的蛋白质，在胰液中，它能与胰脂酶形成 1∶1 的复合物，并能与胆汁酸盐及胰脂酶结合，促进胰脂酶吸附在微团的水油界面上，因而增加胰脂酶的活性，促进脂肪的水解。胰脂酶催化的消化反应如图 9-1。

拓展 9-1

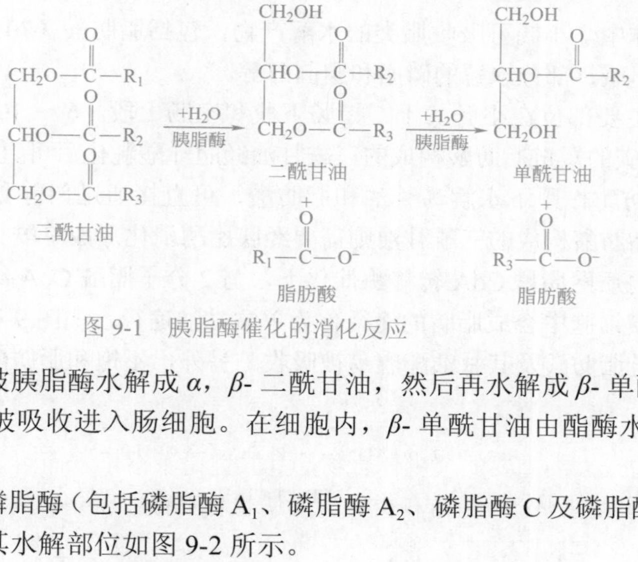

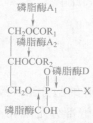

图 9-1　胰脂酶催化的消化反应

　　三酰甘油首先被胰脂酶水解成 α，β- 二酰甘油，然后再水解成 β- 单酰甘油。β- 单酰甘油可直接被吸收进入肠细胞。在细胞内，β- 单酰甘油由酯酶水解成脂肪酸和甘油。

　　磷脂的水解由磷脂酶（包括磷脂酶 A_1、磷脂酶 A_2、磷脂酶 C 及磷脂酶 D 等）（拓展 9-2）催化，其水解部位如图 9-2 所示。

拓展 9-2

$$
\begin{array}{l}
\text{磷脂酶}A_1 \\
\quad| \\
CH_2OCOR_1 \\
\text{磷脂酶}A_2 \\
\quad| \\
CHOCOR_2 \\
\qquad\quad O\ \text{磷脂酶}D \\
\quad|\qquad\| \\
CH_2O—P—O—X \\
\qquad\quad| \\
\text{磷脂酶C}\ OH
\end{array}
$$

图 9-2　磷脂酶的水解部位

　　胆固醇酯可以在胆固醇酯酶的作用下水解生成胆固醇和脂肪酸。胆固醇酯酶属于酯酶的一种。酯酶（拓展 9-3）是一类以脂肪酸与一元醇构成的酯为底物

拓展 9-3

的酶。类似的酯酶如胆碱酯酶。如图 9-3 所示。

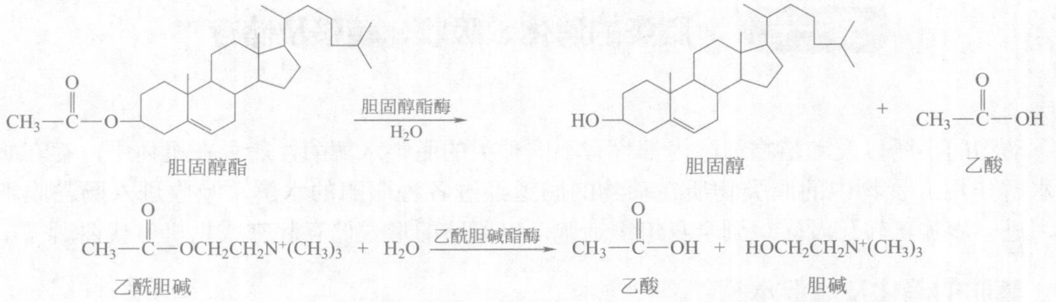

图 9-3　胆固醇酯酶和胆碱酯酶催化的反应

二、人体和动物体的脂类吸收、转移和储存

各种脂类的消化产物主要是在小肠被吸收进入肠上皮细胞。在细胞内，吸收的脂质经重新酯化后与载脂蛋白结合，分泌至淋巴液，经淋巴系统进入血液循环，供全身组织细胞摄取利用或储存于脂肪组织。

1. 吸收与转移

在人体和动物体中，小肠可吸收脂类的水解产物，包括脂肪酸（70%）、甘油、β- 单酰甘油（25%）以及胆碱、部分水解的磷脂和胆固醇等。

脂类被吸收的主要部位在小肠的十二指肠下段和空肠上段。6 ～ 10 个碳原子的中链脂肪酸，以及 2～4 个碳的短链脂肪酸构成的三酰甘油经胆汁酸乳化后可直接被吸收进入细胞，在肠黏膜细胞内脂肪酶作用下水解为甘油和脂肪酸，可直接通过门静脉进入血液循环。而由 12 ～ 18 个碳的脂肪酸构成的三酰甘油则需要经胰脂酶消化形成单酰甘油后被吸收进入肠细胞，然后在光面内质网脂酰 CoA 转移酶催化下，与 2 分子脂酰 CoA 结合，重新形成三酰甘油。上述在肠黏膜细胞中合成脂肪的途径称为单酰甘油途径，如图 9-4 所示。中短链脂肪酸及其甘油酯比长链脂肪酸及其甘油酯容易被吸收。另外，不饱和脂肪酸比饱和脂肪酸易被吸收。

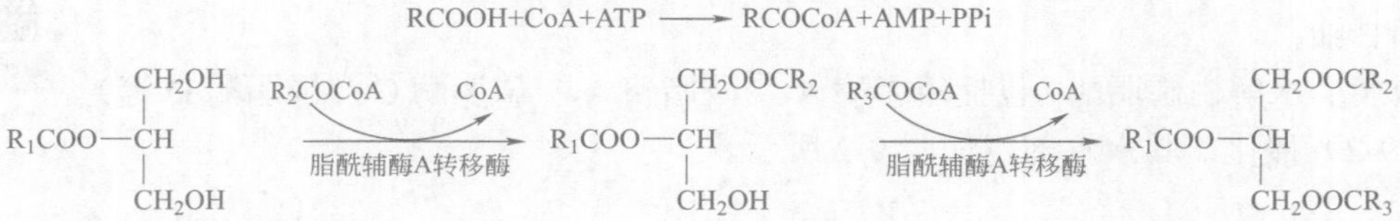

图 9-4　肠黏膜细胞中合成脂肪的途径（单酰甘油途径）

肠道的胆固醇有两个主要来源：食物和肝细胞分泌（经胆汁进入肠道）。由胆汁来的胆固醇是游离的，而食物中的胆固醇部分是酯化的。酯化的胆固醇必须在肠腔中经消化液中的胆固醇酯酶的作用，水解为游离胆固醇后才能被吸收（拓展 9-4）。游离的胆固醇在小肠上部经特定的胆固醇转运蛋白介导被吸收。被吸收的胆固醇大部分在小肠黏膜细胞中又重新酯化，生成胆固醇酯，最后与载脂蛋白一起

组成乳糜微粒经由淋巴系统进入血液循环。

胆汁酸盐为表面活性物质，能使脂肪乳化，同时又可促进胰脂酶的活力，能促进脂肪和胆固醇的吸收。

小肠黏膜细胞内新合成的脂肪与载脂蛋白（apolipoprotein，Apo）B48、C、AI等结合，并加入磷脂、胆固醇（酯）形成乳糜微粒（CM），然后从细胞内分泌到细胞外液，再从细胞外液进入乳糜管和淋巴，最后进入血液。乳糜微粒在血液中留存的时间很短，很快被组织吸收。不被吸收的脂类则进入大肠被细菌分解。

脂类在血液中主要以脂蛋白的形式运输（拓展9-5）。血浆脂蛋白根据密度分为4类：乳糜微粒（CM）、极低密度脂蛋白（VLDL）、低密度脂蛋白（LDL）和高密度脂蛋白（HDL）。不同脂蛋白中所含脂类物质的种类和比例不同，所含载脂蛋白的种类和比例也有差别，因此它们在体内脂质代谢中的作用不同。

拓展 9-5

2. 储存

脂类在动物和人体内以体脂的形式储存。体脂分为两大类：①组织脂，是细胞结构的组成成分，磷脂和少量的胆固醇酯都属此类。组织脂的含量是比较恒定的，不受食物的影响。②储脂，是储存备用的脂质。储脂的主要组分为油酸、棕榈酸和硬脂酸组成的三酰甘油，随食物的组成和人体的营养情况而变动，是不断更新的脂类物质。这些都与植物组织的脂质储存不同（拓展9-6）。

拓展 9-6

动物储存脂肪的组织主要为：皮下组织；大网膜、肠系膜；肌间结缔组织等。

各种动物的储脂各有特征：猪油主要为油酸三酰甘油，而牛、羊脂则主要为硬脂酸三酰甘油。但这也不是一成不变的，饲料也可以改变储脂成分。

第二节 脂肪的分解代谢

脂肪是体内脂质的主要储存形式，是机体能量的重要来源。脂肪分解为甘油和脂肪酸，甘油基本依糖代谢途径进行分解，脂肪酸则经β氧化生成乙酰CoA，再进入三羧酸循环，氧化分解并产生能量。

一、甘油的分解代谢

由于脂肪细胞缺乏甘油激酶，因此脂肪组织分解产生的甘油不能直接被利用，必须通过血液，运至肝脏进行代谢。在肝细胞中，甘油在甘油激酶的催化下形成3-磷酸甘油（α-磷酸甘油），然而在磷酸甘油脱氢酶作用下生成磷酸二羟丙酮，后者可转变成3-磷酸甘油醛进入酵解或糖异生途径。

$$
\begin{array}{ccccc}
\text{CH}_2\text{OH} & & \text{CH}_2\text{OH} & & \text{CH}_2\text{OH} \\
| & \text{ATP} \quad \text{ADP} & | & \text{NAD}^+ \quad \text{NADH+H}^+ & | \\
\text{HO---CH} & \xrightarrow{\text{甘油激酶}} & \text{HO---CH} & \xrightarrow{\text{磷酸甘油脱氢酶}} & \text{C=O} \\
| & \text{磷酸酶} & | & & | \\
\text{CH}_2\text{OH} & & \text{CH}_2\text{---P} & & \text{CH}_2\text{---P} \\
\text{甘油} & & \text{3-磷酸甘油} & & \text{磷酸二羟丙酮}
\end{array}
$$

二、脂肪酸的分解代谢

脂肪酸的分解代谢比较复杂，不同类型的脂肪酸或不同生物的脂肪酸均会存在差异，例如饱和脂肪酸与不饱和脂肪酸之间、奇数碳原子脂肪酸与偶数碳原子脂肪酸之间、动物与植物及微生物脂肪酸之间等。人与动物体内脂肪酸氧化的主要途径是 β 氧化。催化脂肪酸 β 氧化反应的酶系主要存在于细胞的线粒体内，因此进入线粒体成为脂肪酸 β 氧化分解的重要控制环节。

（一）脂肪酸的转运

1. 组织间的转运

游离的脂肪酸穿越脂肪细胞膜和毛细血管的内皮细胞，与血浆中的清蛋白结合，通过血液循环，到达体内其他组织中，以扩散的方式将脂肪酸由血浆移入组织，进入细胞氧化。

2. 进入线粒体的转运

拓展 9-7

脂肪酸氧化分解的酶系位于细胞的线粒体基质内，由于长链脂肪酸不能穿越线粒体内膜，因此需要肉碱（carnitine）（一种由赖氨酸衍生的兼性化合物）（拓展 9-7）进行转运，才能进入线粒体内进行氧化分解。但转运前首先需要活化。

（1）脂肪酸的活化

被吸收进入细胞的脂肪酸在脂酰 CoA 合成酶（硫激酶）的催化下，由 ATP 提供能量，活化形成脂酰 CoA。

$$R—\overset{O}{\overset{\|}{C}}—O^- + ATP + HS—CoA \underset{\xrightarrow{硫激酶}}{\rightleftharpoons} R—\overset{O}{\overset{\|}{C}}—S—CoA + AMP + PPi$$

脂肪酸　　　　　　　　　　　　　脂酰CoA

（2）转运机制

拓展 9-8

活化的脂酰 CoA 先在位于线粒体内膜外侧的肉毒碱脂酰转移酶 I （拓展 9-8）的作用下，与肉碱结合生成脂酰肉碱，然后在移位酶的作用下穿越线粒体内膜进入线粒体。在线粒体内膜内侧，脂酰肉碱在肉毒碱脂酰转移酶 II 的作用下，再次形成脂酰 CoA，释放出的肉碱返回至外侧，进行下一轮转运，如图 9-5 所示。

脂酰 CoA 从线粒体外到线粒体内的转运过程是脂肪酸分解代谢的限速步骤。肉毒碱脂酰转移酶 I 的活性直接调节控制脂肪酸的转运速度，进而影响脂肪酸的氧化速度，它可以决定脂肪酸是走向脂质合成还是走向氧化降解，是调节脂肪酸代谢的关键酶之一。

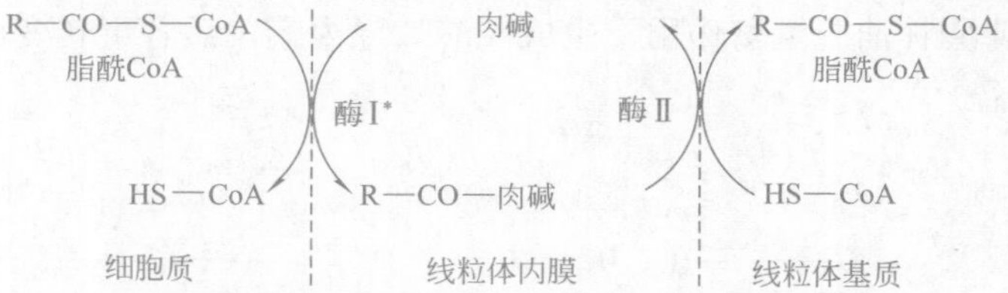

R—CO—S—CoA　　　　　肉碱　　　　　　　　R—CO—S—CoA
脂酰CoA　　　　　　　　　　　　　　　　　　　脂酰CoA

酶 I*　　　　　　酶 II

HS—CoA　　　R—CO—肉碱　　　　HS—CoA

细胞质　　　　　　　线粒体内膜　　　　　线粒体基质

图 9-5　脂酰 CoA 进入线粒体的过程

*—关键酶

（二）饱和脂肪酸的 β 氧化

进入线粒体的脂酰 CoA 在酶的作用下，从脂肪酸的 β 碳原子开始，依次以 2 个碳原子为分解单位进行水解，这一过程称为 β 氧化。

1. β 氧化的反应步骤

β 氧化主要包括以下 4 个步骤。

（1）脱氢

脂酰 CoA 在脂酰 CoA 脱氢酶的作用下，在 C2 和 C3（即 α 和 β 位）之间脱氢，生成 Δ^2- 反烯脂酰 CoA。脱氢酶的辅基是 FAD，反应后生成 $FADH_2$。

$$R-CH_2-CH_2-CH_2-\overset{O}{\overset{\|}{C}}-S-CoA \xrightarrow[\text{脂酰CoA脱氢酶}]{FAD \quad FADH_2} R-CH_2-\overset{H}{\underset{\|}{C}}=\overset{H}{\underset{}{C}}-\overset{O}{\overset{\|}{C}}-S-CoA$$

脂酰CoA　　　　　　　　　　　　　　　　　　　　Δ^2-反烯脂酰CoA

（2）水化

Δ^2- 反烯脂酰 CoA 在烯脂酰 CoA 水化酶的作用下水化，生成 L-β- 羟脂酰 CoA。

$$R-CH_2-\overset{H}{\underset{H}{C}}=\overset{}{\underset{}{C}}-\overset{O}{\overset{\|}{C}}-S-CoA+H_2O \xrightarrow[]{\text{烯脂酰CoA水化酶}} R-CH_2-\overset{OH}{\underset{H}{C}}-\overset{H}{\underset{H}{C}}-\overset{O}{\overset{\|}{C}}-S-CoA$$

$\triangle^2$-反烯脂酰CoA　　　　　　　　　　　　　　　　　L-β-羟脂酰CoA

烯脂酰 CoA 水化酶具有立体异构专一性，只催化 Δ^2- 不饱和脂酰 CoA 的水化，作用于反式双键生成 L-β- 羟脂酰 CoA，作用于顺式双键则生成 D-β- 羟脂酰 CoA。

（3）再脱氢

L-β- 羟脂酰 CoA 在 L-β- 羟脂酰 CoA 脱氢酶的作用下，C3 位脱氢，生成 L-β- 酮脂酰 CoA。

$$R-CH_2-\overset{OH}{\underset{H}{C}}-\overset{H}{\underset{H}{C}}-\overset{O}{\overset{\|}{C}}-S-CoA \xrightarrow[\text{1-}\beta\text{-羟脂酰CoA脱氢酶}]{NAD^+ \quad NADH+H^+} R-CH_2-\overset{O}{\overset{\|}{C}}-CH_2-\overset{O}{\overset{\|}{C}}-S-CoA$$

L-β-羟脂酰CoA　　　　　　　　　　　　　　　　　L-β-酮脂酰CoA

L-β- 羟脂酰 CoA 脱氢酶的辅酶为 NAD^+，具有高度立体异构专一性，只催化 L 型羟脂酰 CoA 的脱氢反应。

（4）硫解

β- 酮脂酰 CoA 在硫解酶的作用下，裂解为乙酰 CoA 和比原来少了 2 个碳原子的脂酰 CoA。

$$R-CH_2-\overset{O}{\overset{\|}{C}}-CH_2-\overset{O}{\overset{\|}{C}}-S-CoA+CoASH \xrightarrow[]{\text{硫解酶}} R-CH_2-\overset{O}{\overset{\|}{C}}-S-CoA + CH_3-\overset{O}{\overset{\|}{C}}-S-CoA$$

β-酮脂酰CoA(nC)　　　　　　　　　　　脂酰CoA[(n-2)C]　　　　乙酰CoA

由于此步反应高度放能，因此整个反应趋于裂解方向。少了 2 个碳原子的脂酰 CoA 继续重复以上 4 步反应，如此循环往复，直至全部氧化成乙酰 CoA，如图 9-6 所示。

2.β氧化过程中能量的变化

β氧化过程的总反应平衡式（以16个碳原子的软脂酸为例）如下：

软脂酰CoA + 7HS–CoA + 7FAD + 7NAD$^+$ + 7H$_2$O $\longrightarrow$ 8乙酰CoA + 7FADH$_2$ + 7NADH + 7H$^+$

1 mol软脂酸彻底氧化需经7次循环，产生8个乙酰CoA，每摩尔乙酰CoA进入三羧酸循环产生12 mol ATP，这样共产生96 mol ATP（12×8）；7 mol FADH$_2$进入电子传递链共产生14 mol ATP（2×7）；7 mol NADH进入电子传递链共产生21 mol ATP（3×7）；脂肪酸的活化需消耗2个高能磷酸键。这样彻底氧化1 mol软脂酸净产生129 mol ATP（96+14+21-2），折合能量为3934.5kJ/mol（129×30.5），如表9-1所示。根据1mol软脂酸在体内彻底氧化成H$_2$O和CO$_2$产生自由能9791kJ，计算其在体内氧化的能量利用效率为：129×30.5/9791=40.2%。剩余能量以热能形式散失。因此，脂肪酸也是机体重要的能量来源，而且单位质量的产能比葡萄糖高2.39倍。

表 9-1　软脂酸与葡萄糖在体内氧化产生 ATP 的比较

项目	软脂酸	葡萄糖
以 1mol 计	129ATP	38ATP
以 100g 计	50.4ATP	21.1ATP
能量利用效率	40.2%（129×30.5/9791）	40.4%（38×30.5/2870）

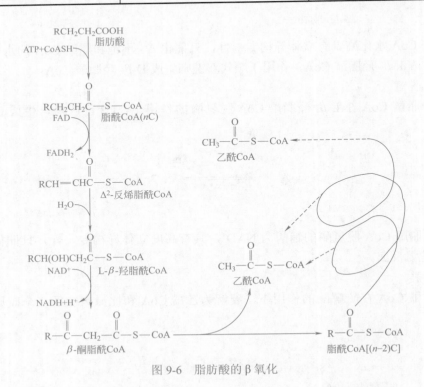

图 9-6　脂肪酸的 β 氧化

3. 奇数碳脂肪酸的氧化

上面所述的脂酸 β 氧化途径是对偶数碳脂肪酸而言的。某些植物、海洋生物等体内还含有奇数碳脂肪酸，这些为数很少的奇数碳脂肪酸也可经 β 氧化途径进行代谢，所不同的是，最后一轮 β 氧化中，偶数碳脂肪酸氧化的产物为 2 分子乙酰 CoA，而奇数碳脂肪酸的氧化产物为 1 分子丙酰 CoA 和 1 分子乙酰 CoA，乙酰 CoA 氧化后进入三羧酸循环，而丙酰 CoA 则转变为琥珀酰 CoA 后，进入三羧酸循环。

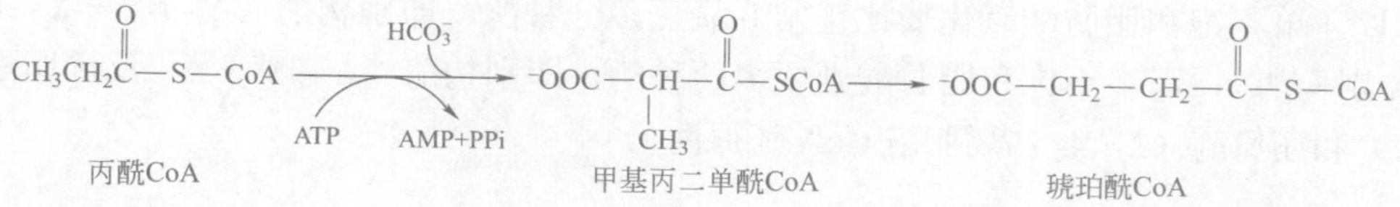

$$CH_3CH_2\overset{\displaystyle O}{\overset{\|}{C}}-S-CoA \xrightarrow[\text{ATP} \quad \text{AMP+PPi}]{HCO_3^-} {}^-OOC-\underset{\underset{CH_3}{|}}{CH}-\overset{\displaystyle O}{\overset{\|}{C}}-SCoA \longrightarrow {}^-OOC-CH_2-CH_2-\overset{\displaystyle O}{\overset{\|}{C}}-S-CoA$$

丙酰CoA　　　　　　　　　　　　　　甲基丙二单酰CoA　　　　　　　　　琥珀酰CoA

4. 过氧化酶体脂肪酸氧化

除线粒体外，过氧化物酶体（peroxisome）中也存在脂肪酸的 β 氧化酶系，它能使超长链脂肪酸（如二十碳，二十二碳）氧化成较短链脂肪酸（对较短链脂肪酸无效）。其生理功能主要是使不能进入线粒体的二十碳、二十二碳脂肪酸先氧化成较短链脂肪酸，以便能进入线粒体内分解氧化。

（三）不饱和脂肪酸的氧化

不饱和脂肪酸的氧化途径与饱和脂肪酸基本相同，但由于自然界中的不饱和脂肪酸为顺式双键，且多在 C9 位，而烯脂酰 CoA 水化酶和羟脂酰 CoA 脱氢酶又具高度立体异构专一性，所以不饱和脂肪酸的氧化除 β 氧化的全部酶外，还需别构酶和还原酶的参与。现分别以棕榈油酸（16：1Δ^9）和亚油酸（18：2$\Delta^{9,12}$）为例进行介绍。

1. 单不饱和脂肪酸的氧化

棕榈油酸（十六碳 -Δ^9- 顺单烯脂酸）经过 3 次 β 氧化后，C9 位顺式双键转变为 C3 位顺式双键，由于 C3 位双键不是水化酶的正常底物，必须在别构酶（Δ^3- 顺→Δ^2- 反烯脂酰 CoA 别构酶）的作用下，再次被转变为 C2 位反式双键后才能继续进行 β 氧化，如图 9-7 所示。

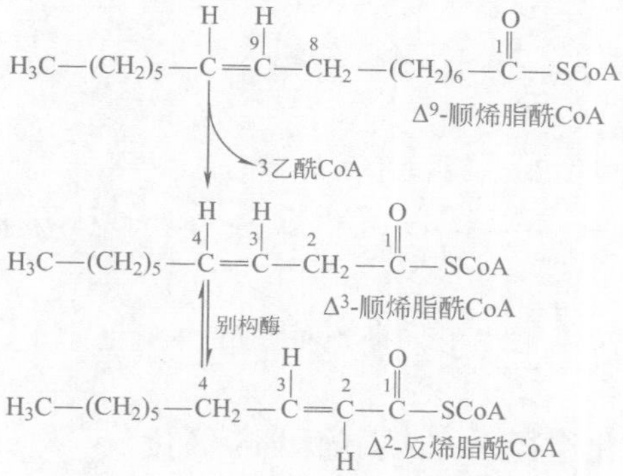

$$H_3C-(CH_2)_5-\overset{\overset{\displaystyle H}{|}}{\underset{9}{C}}=\overset{\overset{\displaystyle H}{|}}{\underset{8}{C}}-CH_2-(CH_2)_6-\overset{\displaystyle O}{\overset{\|}{\underset{1}{C}}}-SCoA$$

Δ^9-顺烯脂酰CoA

↓ 3乙酰CoA

$$H_3C-(CH_2)_5-\overset{\overset{\displaystyle H}{|}}{C}=\overset{\overset{\displaystyle H}{|}}{C}-CH_2-\overset{\displaystyle O}{\overset{\|}{C}}-SCoA$$

Δ^3-顺烯脂酰CoA

↕ 别构酶

$$H_3C-(CH_2)_5-\underset{4}{CH_2}-\overset{\overset{\displaystyle H}{|}}{\underset{3}{C}}=\overset{\underset{\displaystyle H}{|}}{\underset{2}{C}}-\overset{\displaystyle O}{\overset{\|}{\underset{1}{C}}}-SCoA$$

Δ^2-反烯脂酰CoA

图 9-7 棕榈油酸的氧化

2. 多不饱和脂肪酸的氧化

亚油酸（十八碳 -Δ^9- 顺，Δ^{12}- 顺 - 二烯酸）经过 3 次 β 氧化后形成十二碳 -Δ^3- 顺，Δ^6- 顺二烯脂酰 CoA；在别构酶的催化下，C3 位顺式双键转变为 C2 位反式双键后继续进行

β 氧化，当释放出 1 分子乙酰 CoA 后，C6 位双键转变为 C4 位顺式双键；在脂酰 CoA 脱氢酶的作用下形成 Δ^2- 反 -Δ^4- 顺二烯酯酰 CoA；接着又在 Δ^2- 反 -Δ^4- 顺二烯酯酰 CoA 还原酶的作用下转变为 C3 位顺式双键；再被别构酶催化生成 Δ^2- 反烯脂酰 CoA，然后继续进行 β 氧化，如图 9-8 所示。

所以，单不饱和脂肪酸氧化要比正常 β 氧化多一种酶，即别构酶（Δ^3- 顺 → Δ^2- 反烯脂酰 CoA 别构酶），而多不饱和脂肪酸则要多两种酶，即别构酶（Δ^3- 顺 → Δ^2- 反烯脂酰 CoA 别构酶）和还原酶（2，4- 二烯脂酰 CoA 还原酶）。

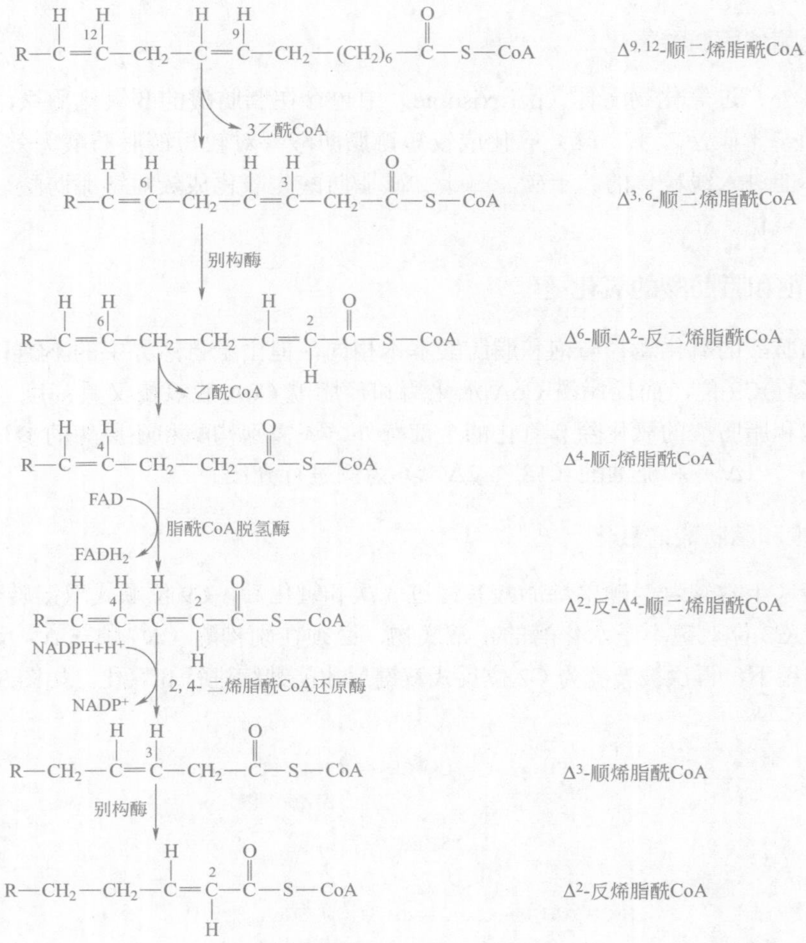

图 9-8　多不饱和脂肪酸的氧化

（四）脂肪酸的其他氧化途径——α 氧化和 ω 氧化

脂肪酸的氧化除 β 氧化外，还有其他氧化方式，如 α 氧化和 ω 氧化等。植物及微生物可能还有其他另外的氧化途径。

1. α 氧化

在植物种子萌发时，脂肪酸的 C_α 被氧化成羟基，产生 α- 羟脂酸。α- 羟脂酸可进一步脱羧，氧化转变为少 1 个碳原子的脂肪酸。这两种反应都由单氧化酶催化，需要 O_2、Fe^{2+} 及抗坏血酸参加。

α 氧化在植物组织、动物的脑和神经细胞的微粒体中都有发现。

$$RCH_2COOH \xrightarrow{\text{单加氧酶}} RCH(OH)COOH \xrightarrow{\text{脱氢酶}} RCOCOOH \xrightarrow{\text{脱羧酶}} RCOOH + CO_2$$

脂肪酸   α-羟脂酸   α-酮酸   脂肪酸(少1个碳原子)

2. ω 氧化

在动物体中，10 个和 11 个碳原子脂肪酸可在碳链烷基端碳位（C_ω）上氧化成二羧酸，所产生的二羧酸在两端继续进行 β 氧化，最后余下琥珀酰 CoA 可直接进入三羧酸循环途径。细胞色素在此反应中作为电子载体参加作用。

$$CH_3(CH_2)_nCOOH \xrightarrow{\omega\text{氧化}} HOOC(CH_2)_nCOOH \longrightarrow \beta\text{氧化}$$

这两种氧化方式都使脂肪酸分子的碳链缩短，是脂肪酸分解的辅助途径。

三、酮体的代谢

（一）酮体的生成

脂肪酸在肝脏中氧化后可产生酮体（包括乙酰乙酸、β- 羟丁酸和丙酮），酮体形成的主要途径如图 9-9 所示。

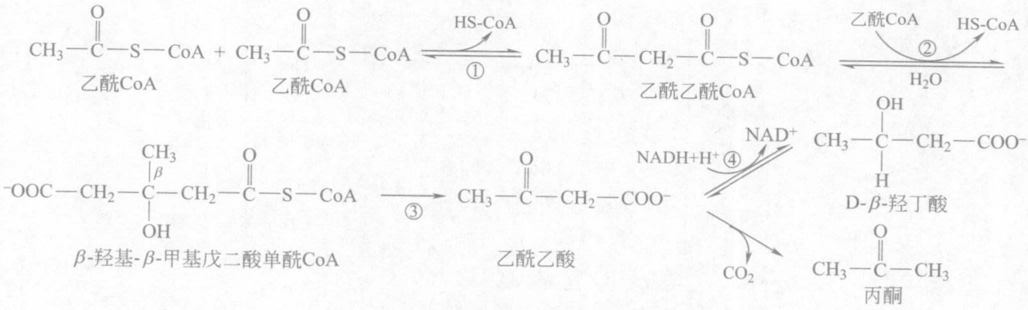

图 9-9 酮体的生成途径

① 乙酰 CoA 酰基转移酶（乙酰乙酰 CoA 硫解酶）；② HMG-CoA 合酶；③ HMG-CoA 裂解酶；④ β- 羟丁酸脱氢酶

首先乙酰 CoA 缩合成乙酰乙酰 CoA，乙酰乙酰 CoA 再由肝脏 HMG-CoA 合酶作用生成中间产物 β- 羟基 -β- 甲基戊二酸单酰 CoA（HMG-CoA），随之后者变为乙酰乙酸，最后乙酰乙酸还原成 β- 羟丁酸或脱羧形成丙酮。

在正常的生理情况下，乙酰 CoA 顺利进入三羧酸循环，脂肪酸的合成作用也正常进行（合成脂肪酸时需消耗乙酰 CoA），因而肝脏中的乙酰 CoA 浓度不会增高，形成乙酰乙酸及其他酮体的趋势不大，所以肝中累积的酮体很少。但当膳食中脂肪过多、缺少糖类，或糖、脂代谢紊乱（如糖尿病）时，肝脏中的酮体就会增高。这是因为摄食大量脂肪后，脂肪的分解代谢随之增加，产生较多的乙酰 CoA，缺糖或糖、脂代谢发生紊乱，就不可能有效地氧化糖和脂肪。当机体缺糖或不能有效地氧化糖时（如糖尿病患者），机体一方面必须增加脂肪分解以补充维持生命所必需的能量；另一方面，因糖代谢受阻，脂肪酸的合成随之降低，氧化酮体的能力也随之下降，这些都会使肝中乙酰 CoA 的浓度增加，并生成乙酰乙酸，从而进一步产生其他酮体，使之在肝及血液中积累较多，形成酮尿症或酮血症。

酮体中的乙酰乙酸和 β- 羟丁酸皆为酸性，因此，患酮血症的病人常有酸中毒的危险。

另外还必须指出：在正常的生理情况下，NADPH 一般用来参加脂肪酸合成，但当糖分解代谢受阻或饥饿时，脂肪酸合成减少，NADPH 即被用来还原乙酰乙酰 CoA，而生成 β- 羟丁酰 CoA。

（二）酮体的分解

酮体在肝脏中产生，但肝脏不能分解酮体，酮体的分解在肝外组织中进行。

乙酰乙酸必须先变为乙酰乙酰 CoA，然后裂解成乙酰 -CoA，才能进入三羧酸循环彻底氧化。肝脏中缺少使乙酰乙酸变成乙酰乙酰 CoA 的酰基化酶，而所含的乙酰乙酰 CoA 脱酰基酶的活力又强，而且脱酰基反应是不可逆的，故在肝脏中，只能生成酮体而不能氧化酮体；肝外组织则相反，它能将从肝脏传来的乙酰乙酸转变为乙酰乙酰 CoA，并进一步裂解成乙酰 CoA，然后进入三羧酸循环完成氧化，如图 9-10 所示。

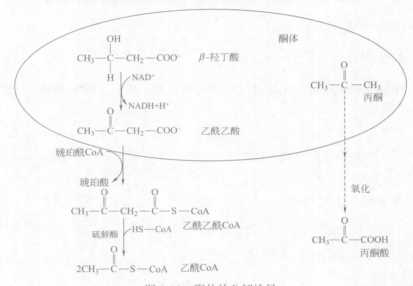

图 9-10　酮体的分解途径

β- 羟丁酸的分解是通过乙酰乙酸的氧化途径完成的。

丙酮可氧化成丙酮酸，也可分解为一碳、二碳化合物。一碳化合物可形成甲硫氨酸和胆碱的甲基碳，或形成 L- 丝氨酸的 C_β。

第三节　脂肪的合成代谢

脂肪由甘油与脂肪酸构成，但脂肪的合成不是甘油与脂肪酸直接反应的结果，而是由它们的活化形式：α- 甘油磷酸和脂酰 CoA，通过一系列反应合成。甘油分子较小，体内的转化相对简单，而脂肪酸由于链长，体内合成较为复杂。它们的合成与糖代谢、氨基酸代谢有密切关系。

一、α- 甘油磷酸的生物合成

合成脂肪所需的 L-α- 甘油磷酸可由糖酵解产生的磷酸二羟丙酮还原而成，亦可由脂肪水解产生的甘油与 ATP 作用而成：

$$\begin{array}{l}
CH_2O\!\!-\!\!\textcircled{P}\\
|\\
C\!\!=\!\!O\\
|\\
CH_2OH
\end{array}
\quad\xrightarrow[\text{磷酸甘油脱氢酶}]{NADH+H^+ \quad NAD^+}\quad
\begin{array}{l}
CH_2O\!\!-\!\!\textcircled{P}\\
|\\
CH\!\!-\!\!OH\\
|\\
CH_2OH
\end{array}$$

磷酸二羟丙酮 　　　　　　　　　　　　　α-甘油磷酸

$$\begin{array}{l}
CH_2OH\\
|\\
CH\!\!-\!\!OH\\
|\\
CH_2OH
\end{array}
\quad\xrightarrow{ATP \quad ADP}\quad
\begin{array}{l}
CH_2O\!\!-\!\!\textcircled{P}\\
|\\
CH\!\!-\!\!OH\\
|\\
CH_2OH
\end{array}$$

甘油 　　　　　　　　　　　　　　　　α-甘油磷酸

二、脂肪酸的生物合成

（一）饱和脂肪酸的合成

高等动物脂肪酸最活跃的合成部位是脂肪组织、肝脏和小肠。脂肪酸合成的起始原料乙酰 CoA 主要来自糖酵解产物丙酮酸，合成的部位在细胞质内，并需载体蛋白参加。脂肪酸的合成途径与分解途径完全不同。

1. 乙酰 CoA 的转运

脂肪酸的合成是在细胞质中进行的，而合成脂肪酸所需的原料乙酰 CoA 主要集中在线粒体内，它们不能任意穿过线粒体膜，扩散到细胞质中去，必须通过特殊的转运机制进入细胞质，如图 9-11 所示。

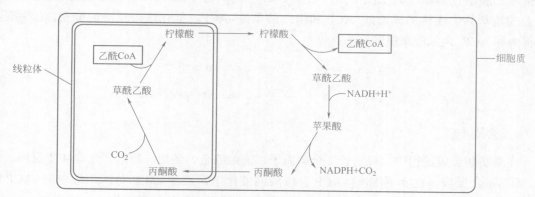

图 9-11　乙酰 CoA 从线粒体进入细胞质的机制

线粒体中的乙酰 CoA 与草酰乙酸在柠檬酸合酶的作用下合成柠檬酸，柠檬酸可穿过线粒体膜进入细胞质，然后在柠檬酸裂解酶的作用下释放出乙酰 CoA，使之进入脂肪酸合成途径；草酰乙酸在苹果酸脱氢酶的作用下还原为苹果酸，苹果酸酶又进一步催化苹果酸氧化，脱羧生成丙酮酸，丙酮酸可穿越线粒体膜返回到线粒体中，在丙酮酸羧化酶的作用下再形成草酰乙酸，进行下一次转运。这样循环一次，从线粒体向细胞质转移 1 mol 乙酰 CoA，同时生成 1 mol NADPH，供脂肪酸合成需要。

2. 丙二酸单酰 CoA 的合成

脂肪酸合成是二碳单位的延长过程，增加的二碳单位并不是直接来源于乙酰 CoA，而是来源于乙酰 CoA 的羧化产物丙二酸单酰 CoA。

$$CH_3-C-SCoA + CO_2 \xrightarrow[ATP, Mn^{2+}, 生物素]{乙酰CoA羧化酶} \begin{array}{c} COO^- \\ | \\ CH_2 \\ | \\ COSCoA \end{array}$$

乙酸CoA　　　　　　　　　　　　　　　　丙二酸单酰CoA

此反应为脂肪酸合成的限速步骤，催化这一反应的酶是乙酰 CoA 羧化酶，其辅酶为生物素。乙酸 CoA 羧化酶（拓展 9-9）严格控制着脂肪酸合成的速度：当酶的活性升高时，将产生大量的丙二酸单酰 CoA，为脂肪酸合成提供充足的原料，使脂肪酸合成更加旺盛；与此同时，丙二酸单酰 CoA 可抑制肉碱酰基转移酶 I 的活性，阻碍其转运脂肪酸进入线粒体，使脂肪酸的氧化分解停止。

3. 乙酰 -ACP 和丙二酸单酰 -ACP 的合成

在脂肪酸合成过程中，不同长度的脂肪酸中间产物是在酰基载体蛋白质（ACP）的携带下进行逐步延长的。

$$HS-CH_2-CH_2-\overset{H}{N}-C-CH_2-CH_2-\overset{H}{N}-C-\overset{OH}{\underset{H}{C}}-\overset{CH_3}{\underset{CH_3}{C}}-CH_2-O-\overset{O}{\underset{OH}{P}}-O-CH_2-Ser-ACP$$

───磷酸泛酰巯基乙胺───

酰基载体蛋白质ACP的活性基团

ACP 的分子量约为 1 万，不同来源的 ACP 其氨基酸组成有所不同，但都有一个磷酸泛酰巯基乙胺活性基团，如上图所示。乙酰 CoA 和丙二酸单酰 CoA 首先分别与 ACP 活性基团上的巯基共价连接形成乙酰 -ACP 和丙二酸单酰 -ACP，催化这一反应的酶是 ACP-酰基转移酶和 ACP-丙二酸单酰转移酶。

$$乙酰 CoA + ACP \longrightarrow 乙酰 -ACP + CoA-SH$$

$$丙二酸单酰 CoA + ACP \longrightarrow 丙二酸单酰 -ACP + CoA-SH$$

4. 合成步骤

在脂肪酸合成过程中，每延长 2 个碳原子，需经缩合、还原、脱水、还原 4 步反应。

① 缩合反应　在 β- 酮脂酰 -ACP 合成酶的催化下，乙酰 -ACP 与丙二酸单酰 -ACP 缩合生成乙酰乙酰 -ACP，同时释放出 1 分子 CO_2，脱羧时产生的能量供缩合反应需要。

$$CH_3COS-ACP + \begin{array}{c} COO^- \\ | \\ CH_2 \\ | \\ COS-ACP \end{array} \xrightarrow{\beta-酮脂酰-ACP合成酶} CH_3COCH_2COS-ACP + CO_2 + ACP-SH$$

乙酰-ACP　丙二酸单酰-ACP　　　　　　　　　　　　乙酰乙酰-ACP

② 第一次还原　乙酰乙酰 -ACP 在 β- 酮脂酰 -ACP 还原酶的作用下还原为 D-β- 羟丁酰 -ACP。

$$\text{CH}_3\text{COCH}_2\text{COS–ACP} + \text{NADPH+H}^+ \xrightarrow{\ \beta\text{-酮脂酰-ACP还原酶}\ } \text{CH}_3\text{CHOHCH}_2\text{COS–ACP} + \text{NADP}^+$$

乙酰乙酰-ACP $\qquad\qquad\qquad\qquad\qquad\qquad\qquad$ β-羟丁酰-ACP

③ 脱水反应 β- 羟丁酰 -ACP 在羟脂酰 -ACP 脱水酶的作用下形成 β- 烯丁酰 -ACP。

$$\text{CH}_3\text{CHOHCH}_2\text{COS–ACP} \xrightarrow{\ \beta\text{-羟脂酰-ACP脱水酶}\ } \text{CH}_3\text{CH}=\text{CHCOS–ACP} + \text{H}_2\text{O}$$

β-羟丁酰-ACP $\qquad\qquad\qquad\qquad\qquad\qquad$ β-烯丁酰-ACP

④ 第二次还原 在烯脂酰 -ACP 还原酶的作用下，烯丁酰 -ACP 被还原为丁酰 -ACP。

$$\text{CH}_3\text{CH}=\text{CHCOS–ACP} + \text{NADPH+H}^+ \xrightarrow{\ \text{烯脂酰–ACP还原酶}\ } \text{CH}_3\text{CH}_2\text{CH}_2\text{COS–ACP} + \text{NADP}^+$$

β-烯丁酰-ACP $\qquad\qquad\qquad\qquad\qquad\qquad$ 丁酰-ACP

丁酰 -ACP 的合成完成了脂肪酸合成的第一次循环，第二次循环是丁酰 -ACP 与丙二酸单酰 -ACP 进行缩合，依此类推，每次延长 2 个碳原子。每合成 1 分子软脂酰 -ACP 需循环 7 次，最后形成的软脂酰 -ACP 在硫酯酶的作用下，水解释放出游离脂肪酸。

奇数碳脂肪酸以相同的步骤进行合成，但起始物为 2 个丙二酸单酰 -ACP。

合成 l mol 软脂酸（16 个碳原子）的总反应平衡式为：

$$8\ \text{乙酰 CoA} + 14\text{NADPH} + 6\text{H}^+ + 7\text{ATP} \longrightarrow \text{软脂酸} + 8\text{CoA–SH} + 14\text{NADP}^+ + 7\text{ADP} + 7\text{Pi} + 6\text{H}_2\text{O}$$

脂肪酸合成途径总图见 9-12。

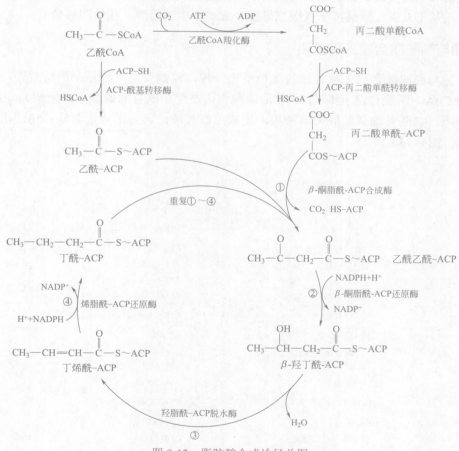

图 9-12 脂肪酸合成途径总图

①缩合反应；②第一次还原反应；③脱水反应；④第二次还原反应

5. 脂肪酸的延长

在真核生物中，β- 酮脂酰 -ACP 合成酶对链长有专一性，它接受十四碳酰基的活力最强，所以在大多数情况下仅限于合成软脂酸。另外软脂酰 CoA 对脂肪酸的合成也有反馈抑制作用。十六碳以上的饱和脂肪酸和不饱和脂肪酸是通过进一步的延长反应合成的。生物体脂肪酸延长酶系位于内质网膜（也称微粒体体系）的胞质一侧，延长途径与胞质中脂肪酸的合成途径相同，只是酰基载体为 CoA，而不是 ACP，顺序延长的二碳单位来自丙二酸单酰 CoA。

（二）不饱和脂肪酸的生物合成

许多生物体能使饱和脂肪酸的 C9 和 C10 之间脱氢，形成一个双键而成为不饱和脂肪酸，例如硬脂酸脱氢即成油酸。只有植物和某些微生物才能使 C12 和 C13 间脱氢形成双键，例如从油酸（十八碳一烯酸）合成亚油酸（十八碳二烯酸）。

某些微生物，如大肠杆菌、部分酵母和霉菌能合成含 2 个、3 个、4 个甚至更多双键的不饱和脂肪酸。人体及有些高等动物（哺乳类）不能合成或不能合成足够维持其健康的十八碳二烯酸（亚油酸）和十八碳三烯酸（亚麻酸），必须从食物中摄取，因此，这些不饱和脂肪酸对人类和哺乳类动物来说是必需脂肪酸（essential fatty acid）。但动物能用脱饱和及延长碳链的方法从十八碳二烯酸或十八碳三烯酸合成二十碳四烯酸（花生四烯酸）。

三、甘油与脂肪酸合成三酰甘油

由甘油与脂肪酸合成三酰甘油的途径不止一种，较重要的一种是：脂肪酸先与 CoA 结合成脂酰 CoA，脂酰 CoA 随即与 α- 甘油磷酸作用产生二酰甘油磷酸（磷脂酸），在磷酸酯酶的作用下，二酰甘油磷酸脱去磷酸根，生成二酰甘油，再与 1 分子脂酰 CoA 作用，生成三酰甘油（图 9-13）。

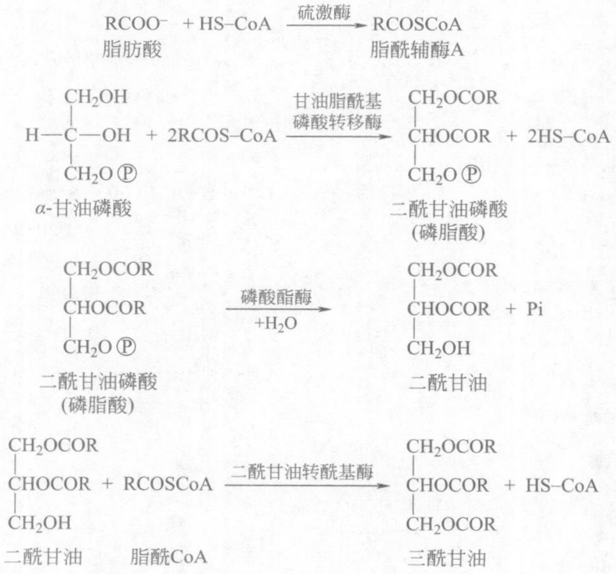

图9-13 甘油与脂肪酸合成三酰甘油的途径

上述各反应是被简化的甘油三酯生物合成反应，实际上由 α- 甘油磷酸生成二酰甘油磷酸（磷脂酸）是两个步骤，即先生成 1- 脂酰 -3- 磷酸甘油（溶血磷脂酸），再经第二次酰基化变成磷脂酸。

第四节　磷脂的代谢

磷脂广泛存在于生物体内，是一类非常重要的脂质。虽然磷脂种类繁多，但他们具有共同的结构特征，即都是具有亲水性和疏水性的兼性分子，都含有甘油、磷酸、脂肪酸和一个含氮化合物。磷脂的主要生理功能：作为生物膜的主要成分，构成各种细胞膜结构；参与构成血浆脂蛋白颗粒，运输脂质。此外，近年来发现有些磷脂或其衍生物参与细胞信号传导，如肌醇三磷酸（IP3）作为胞内信使分子具有重要的生理调节作用。

一、磷脂的分解代谢

磷脂在磷脂酶的作用下进行分解，主要的磷脂酶有磷脂酶 A_1、磷脂酶 A_2、磷脂酶 C 和磷脂酶 D，其水解部位如图 9-2 所示。通常脂肪酸 R_1 为饱和脂肪酸，R_2 为不饱和脂肪酸，X 为取代基。

以磷脂酰胆碱（卵磷脂）为例（图 9-14），其水解产物分别为：磷脂酶 A_1 的水解产物为溶血卵磷脂和脂肪酸 R_1；磷脂酶 A_2 的水解产物为溶血卵磷脂和脂肪酸 R_2；磷脂酶 C 水解产物为二酰甘油和磷酰胆碱；磷脂酶 D 的水解产物为磷脂酸和胆碱。磷脂的水解产物脂肪酸可以进入 β 氧化或被再利用合成脂肪；甘油可进入酵解或糖异生途径；磷酸可进入钙、磷代谢；含氮化合物则可分别进入自己的代谢途径或合成新的磷脂。

二、磷脂的合成代谢

（1）以 CDP- 二酰甘油为活性中间体合成磷脂酰丝氨酸和磷脂酰肌醇

细胞内磷脂的合成在内质网进行，合成的原料有：饱和 / 不饱和脂肪酸（活性形式是脂酰 CoA）、甘油（活性形式是 α- 磷酸甘油）以及 CTP、ATP 等辅助成分。反应首先合成磷脂酸，反应式如下。

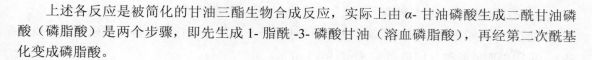

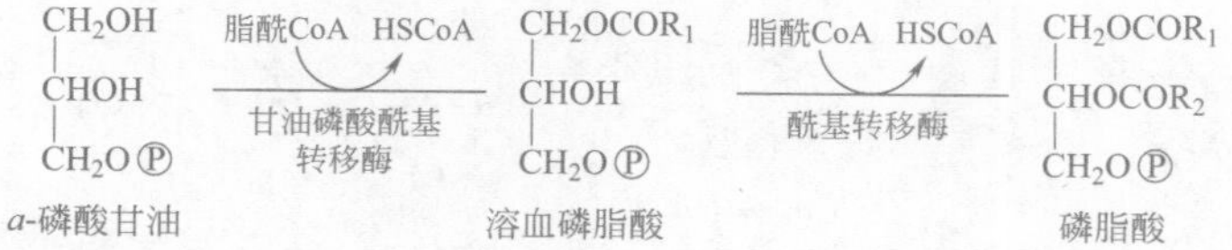

然后以磷脂酸为前体，与 CTP 反应生成 CDP- 二酰甘油，然后以 CDP- 二酰甘油为活性中间体，与丝氨酸作用，生成磷脂酰丝氨酸，与肌醇作用生成磷脂酰肌醇，如图 9-15 所示。

（2）以二酰甘油为前体分别与 CDP- 乙醇胺和 CDP- 胆碱作用生成磷脂酰乙醇胺和磷脂酰胆碱

如图 9-16 所示，在这一反应中，活性中间体是 CDP- 胆碱和 CDP- 乙醇胺，它们分别由磷酸胆碱和磷酸乙醇胺与 CTP 反应生成。

（3）不同磷脂间可相互转变

磷脂酰丝氨酸脱羧生成磷脂酰乙醇胺（脑磷脂），再经甲基化（S-腺苷甲硫氨酸提供甲基），生成磷脂酰胆碱（卵磷脂）。如图 9-17 所示。

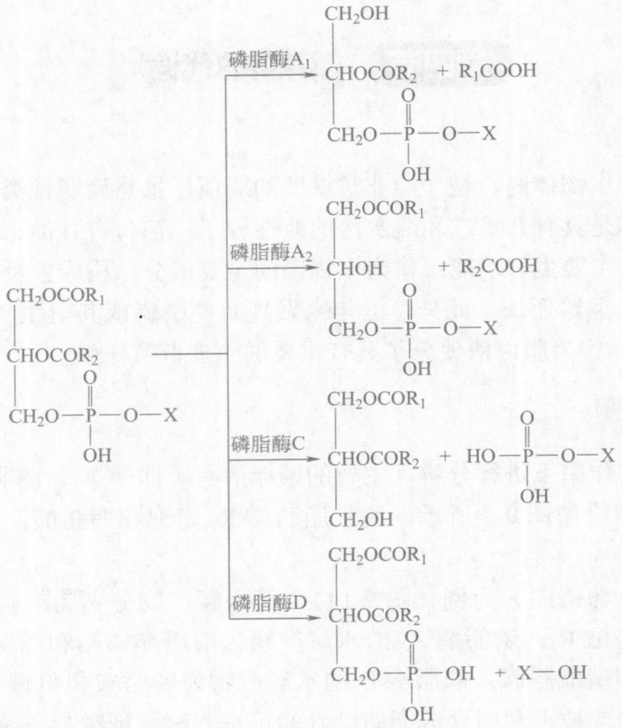

图 9-14　磷脂酰胆碱的水解产物

$$X—-CH_2CH_2N^+(CH_3)_3(\text{胆碱})$$

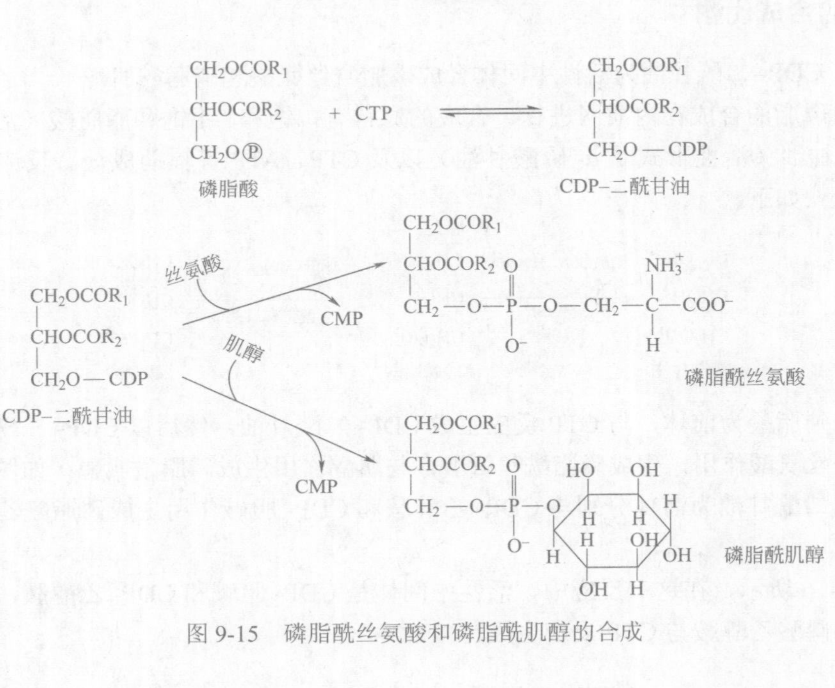

图 9-15　磷脂酰丝氨酸和磷脂酰肌醇的合成

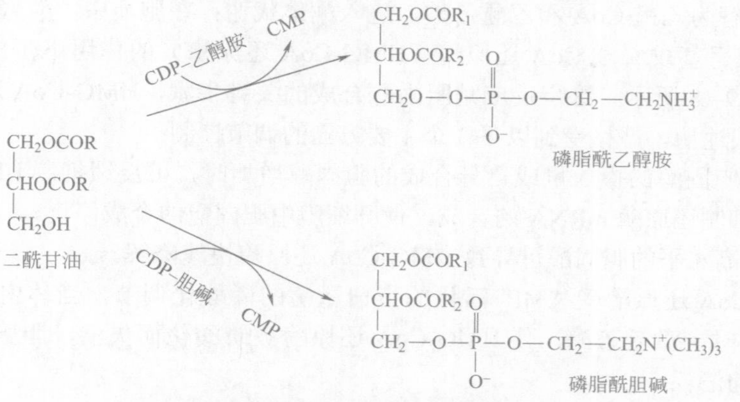

图 9-16 磷脂酰乙醇胺和磷脂酰胆碱的合成

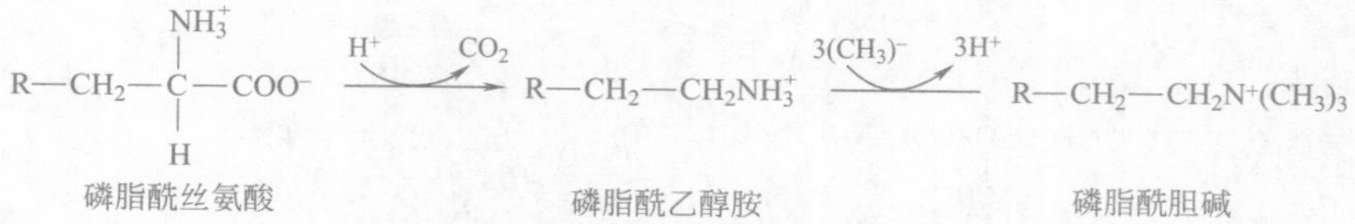

图 9-17 不同磷脂间的相互转变

第五节 胆固醇的代谢

胆固醇是脊椎动物细胞膜的重要成分，也是脂蛋白的组成成分；胆固醇的衍生物胆酸盐在脂类消化中起重要作用；维生素 D 和类固醇激素对动物的生长、发育及成熟等都具有重要的生理作用。体内的胆固醇来源于两个方面：自身合成；从外界摄入。膳食中摄入的胆固醇被小肠吸收后，通过血液循环进入肝脏代谢。当外源胆固醇的摄入量增高时，就会抑制肝内胆固醇的合成，所以在正常情况下，体内的胆固醇含量维持动态平衡。各种因素引起的胆固醇代谢紊乱，都可使血液中胆固醇水平增高，从而引起动脉粥样硬化。因此高胆固醇血症患者应注意控制膳食中胆固醇的摄入量。

一、胆固醇的生物合成

肝脏是人体自身合成胆固醇的主要场所，小肠、皮肤、肾上腺皮质、性腺及动脉血管壁也能合成少量胆固醇。正常的成年人在低胆固醇饮食后，每天可合成 800mg 左右的胆固醇。胆固醇的合成可概括为 4 个阶段：

$$乙酰 CoA \longrightarrow 二羟甲基戊酸 \longrightarrow 异戊烯醇焦磷酸酯 \longrightarrow 鲨烯 \longrightarrow 胆固醇$$
$$（2C）\qquad（6C）\qquad（5C）\qquad（30C）\qquad（27C）$$

本节只学习其中的主要步骤。

1. 二羟甲基戊酸的生成

首先由乙酰 CoA 和乙酰乙酰 CoA 在 β-羟甲基戊二酰 CoA 合成酶（HMG-CoA 合酶）的催化下合成 β-羟基-β-甲基戊二酰 CoA（HMG-CoA）。在线粒体中，β-羟基-β-甲基戊二酰 CoA 被裂解为乙酰 CoA 和乙酰乙酸，进入酮体代谢；在胞质中，β- 羟基 -β- 甲基戊二酰 CoA 在 β- 羟甲基戊二酰 CoA 还原酶（HMG-CoA 还原酶）的作用下生成二羟甲基戊酸（MVA），如图 9-18 所示。这步反应是胆固醇合成的关键步骤，HMG-CoA 还原酶是胆固醇合成途径中的限速酶，严格受到以下 3 个主要方面的调节控制：

① 当外源胆固醇的摄入量或自身合成的胆固醇增加时，可反馈抑制 HMG-CoA 还原酶的活性，同时抑制还原酶 mRNA 的合成，使肝细胞中胆固醇的合成停止。

② 细胞内高水平的胆固醇可导致 HMG-CoA 还原酶快速降解。

③ HMG-CoA 还原酶受 AMP- 活化的蛋白激酶的磷酸化调节，当体内 ATP 水平降低，AMP 水平升高时，激活该酶，使 HMG-CoA 还原酶被磷酸化而失活，胆固醇的合成停止，从而减少能量的消耗。

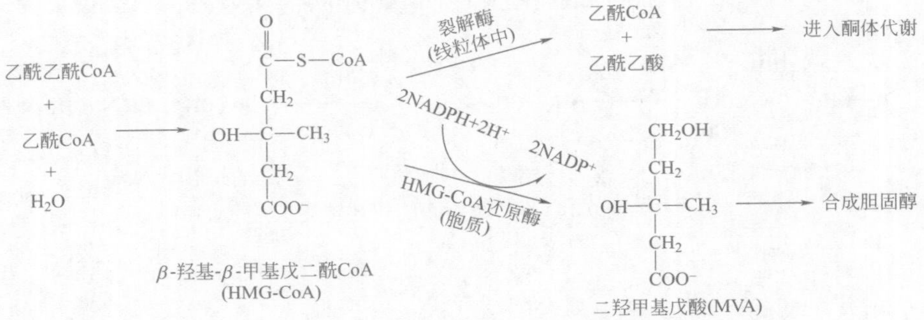

图 9-18　HMG-CoA 的合成和转运

研究发现，还原酶特异性抑制剂可有效控制胆固醇的合成，使其既能满足机体正常生理功能的需要，又能避免过量时造成的危害。

2. 异戊烯醇焦磷酸酯的生成

二羟甲基戊酸经 2 次磷酸化和脱羧反应生成异戊烯醇焦磷酸酯（IPP），IPP 可互变异构为二甲基丙烯焦磷酸酯（DPP），如图 9-19 所示。

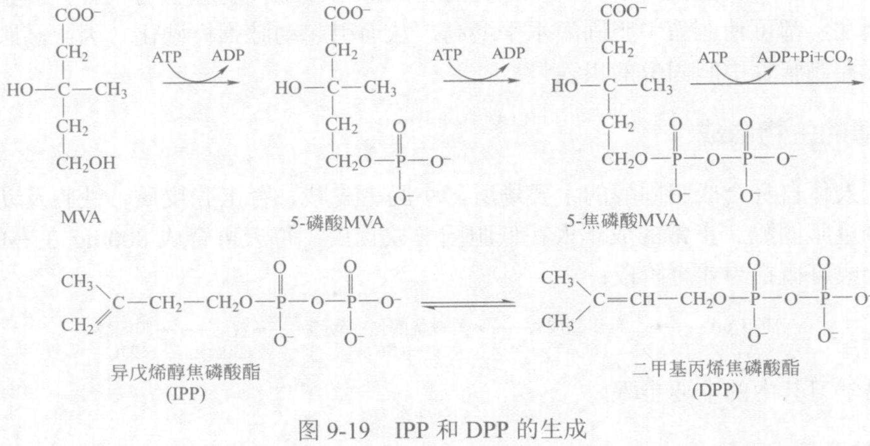

图 9-19　IPP 和 DPP 的生成

3. 胆固醇的合成

1 分子二甲基丙烯焦磷酸酯（DPP）与 2 分子异戊烯醇焦磷酸酯（IPP）首尾缩合，形成焦磷酸法尼酯，2 分子焦磷酸法尼酯进一步尾尾缩合形成鲨烯，再经环化、双键还原、去甲基等一系列反应生成胆固醇，如图 9-20 所示。

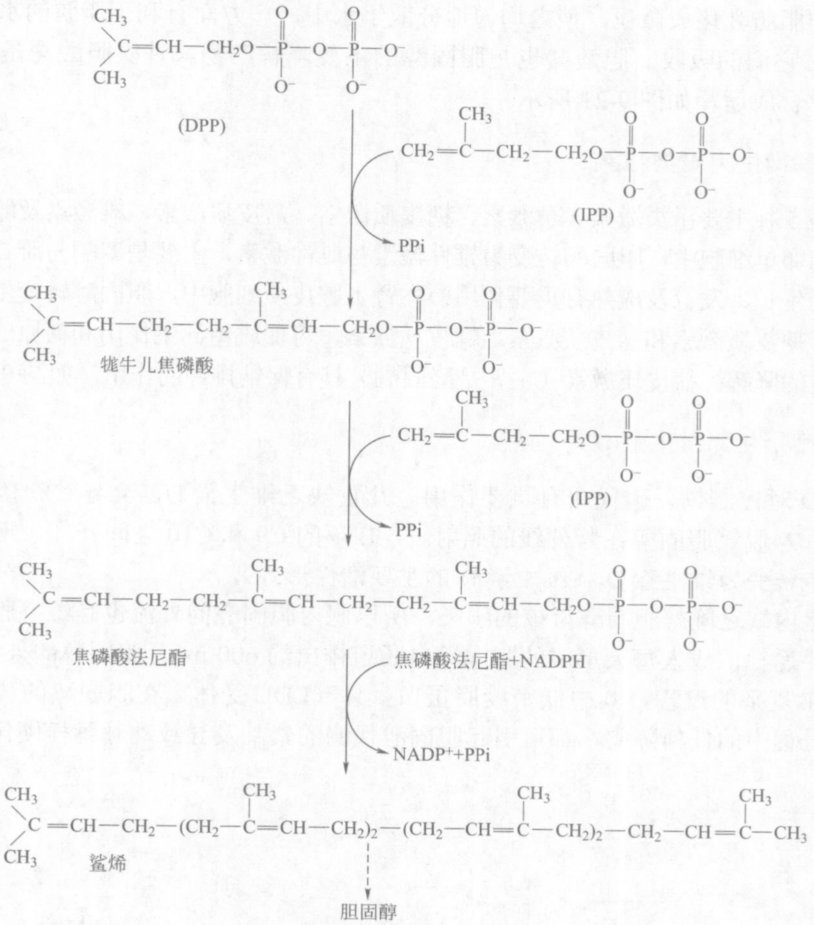

图 9-20 胆固醇的合成

二、胆固醇的去路

胆固醇在体内除作为各组织细胞的膜结构成分以外，并不会被代谢分解为二氧化碳和水，也不会产生能量，而是转变为一些重要的固醇类化合物（如转变为皮质激素、性激素和维生素 D 等），发挥相应的生理调节作用。其中转变生成的胆酸，随胆汁进入肠道，发挥对脂类的乳化作用，协助脂类消化吸收后被排泄。尽管大部分胆汁酸盐通过肠 - 肝循环被机体重吸收而再次利用，但通过肠道粪便排泄的胆汁酸盐仍占人每天排泄胆固醇量的一半以上，因此通过胆汁酸的肠道排出是胆固醇主要的代谢排泄途径。此外，也有部分胆固醇被直接分泌进入胆汁中，之后进入肠道，受肠道细菌作用，还原成粪固醇排泄。

1. 胆固醇合成胆汁酸

在肝脏中胆固醇转变成胆汁酸和胆酸盐后，通过肝总管，进入胆囊中储存和浓缩，然后经胆总管释放至小肠，促进脂肪的消化和脂溶性维生素的吸收。

人体中的胆汁酸主要有胆酸、脱氧胆酸、鹅胆酸等以及它们与牛磺酸或甘氨酸结合形成的牛磺胆酸盐和甘氨胆酸盐等。胆酸盐分子中的极性基团位于类固醇环的一侧，非极性基团位于环的另一侧，这样，分子既有极性面，又有非极性面，成为很好的乳化剂。在小肠中胆酸盐将食入的脂肪乳化成微粒，使之均匀地分散于水中，一方面有利于脂肪的水解，另一方面促进小肠对它们的吸收。胆酸盐也是胆固醇的主要降解产物。甘氨胆酸盐是主要的胆酸盐，它的简单合成途径如图 9-21 所示。

2. 胆固醇衍生为甾类激素

胆固醇是 5 种主要甾类激素（孕激素、糖皮质激素、盐皮质激素、雄激素及雌激素）的前体。在睾丸和卵巢细胞中，胆固醇转变为雄性激素与雌性激素，主要是睾酮与雌二醇，这些性激素对动物的生长、发育及成熟有重要作用；在肾上腺皮质细胞中，胆固醇转变生成肾上腺皮质激素，包括糖皮质激素和盐皮质激素。糖皮质激素，可促进糖异生作用和糖原的合成，促进脂肪和蛋白质的降解；盐皮质激素（主要是醛固酮）具有保钠排钾的作用，如图 9-21 所示。

3. 胆固醇衍生为维生素 D

维生素 D 对控制钙、磷代谢有重要作用。儿童缺乏维生素 D，会导致佝偻病。在皮下组织细胞中，7- 脱氢胆固醇在紫外线的照射下，B 环的 C9 和 C10 之间开环，形成前维生素 D_3，再进一步转变为维生素 D_3（维生素 D 的主要活性形式）。

由于细胞内缺乏降解胆固醇母核的酶类，所以胞内胆固醇的外流也是维持胆固醇代谢动态平衡的重要途径，成人每天形成的胆固醇自肠道排出约 600 mg。胆固醇的外流（逆转运）也是一个非常复杂的过程，其中低密度脂蛋白受体（LDL 受体）在胆固醇的代谢中起重要作用。这一过程中的任何障碍，都可引起胆固醇代谢的紊乱及导致动脉粥样硬化的形成。

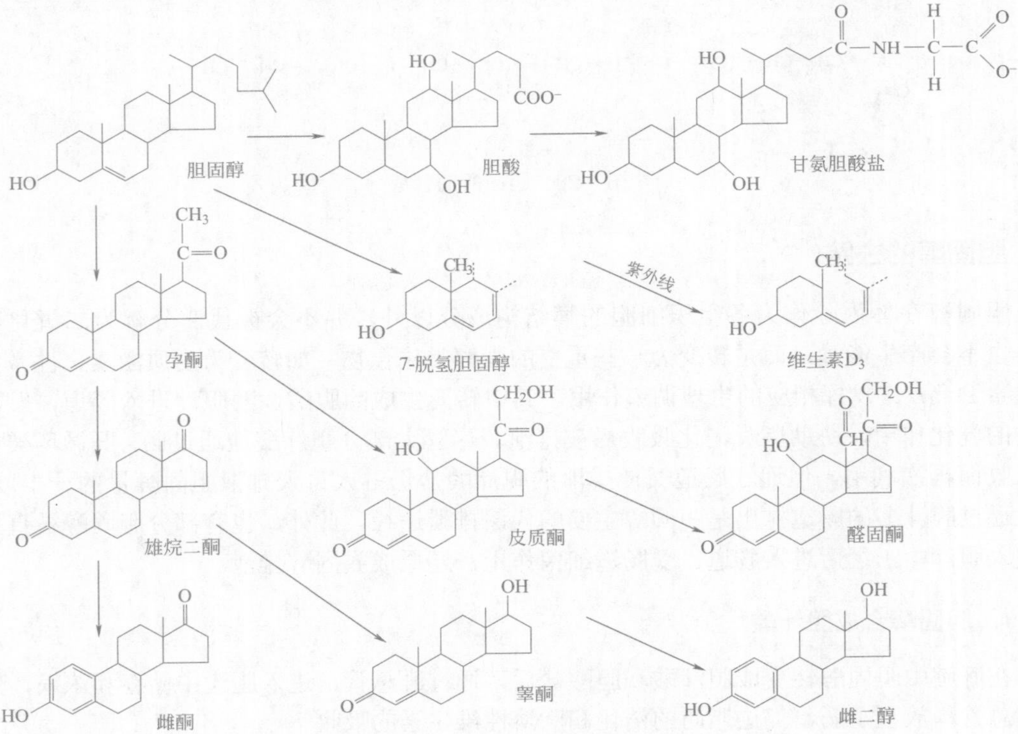

图 9-21　胆固醇的去路

本章小结

脂类是人及其它哺乳类动物的重要营养素，分为脂肪（三酰甘油）和类脂（磷脂、胆固醇等）。食物中脂类物质进入机体，经消化、吸收及转运进入细胞进行合成代谢或分解代谢。脂类的消化主要在小肠上段，需要胆汁酸盐协助，由脂酶（或酯酶）催化水解。主要水解产物为脂肪酸、甘油等，在空肠吸收进入细胞。吸收的中短链脂肪酸和甘油可直接经门静脉进入血液循环，长链脂肪酸则需要在肠细胞中重新合成三酰甘油，与载脂蛋白 B48 等结合形成乳糜微粒（CM）分泌进入淋巴液，再进入血液循环。

脂肪是体内脂质的主要储存形式，是机体能量的重要来源。脂肪的分解代谢由脂肪中的甘油和脂肪酸各自分别代谢。在肝细胞中，甘油在甘油激酶的催化下形成 3-磷酸甘油（α-磷酸甘油），经转变为磷酸二羟丙酮及 3-磷酸甘油醛后进入糖酵解途径或糖异生途径。脂肪酸分解代谢的主要途径是 β 氧化，其主要反应步骤为：活化，进入线粒体，β 氧化循环（脱氢、水化、再脱氢、硫解等步骤）。由于催化 β 氧化反应的酶系主要存在于细胞的线粒体内，因此进入线粒体成为脂肪酸 β 氧化分解的限速步骤和重要控制环节。不饱和脂肪酸的 β 氧化与饱和脂肪酸基本相同，但额外需要 2 个酶（Δ^3-顺→Δ^2-反烯脂酰 CoA 别构酶和 2，4-二烯脂酰 CoA 还原酶）协助。脂肪酸除 β 氧化外，还有其他氧化方式，如 α 氧化和 ω 氧化等。植物及微生物可能还有其他的氧化途径。

酮体是脂肪酸在肝脏中氧化后产生的小分子能量物质，包括：乙酰乙酸、β-羟丁酸和丙酮。肝脏虽能合成酮体，但却不能分解利用，酮体主要由肝外组织摄取利用。

脂肪酸合成代谢最活跃的是脂肪组织、肝脏和小肠。脂肪酸的合成途径与分解途径由不同的酶系完成。合成反应在细胞质中进行，由脂肪酸合成酶系催化，并需要脂酰基载体蛋白（ACP）参加。脂肪酸合成的起始原料是乙酰 CoA（主要来自糖酵解产物丙酮酸）。合成是一个循环过程，每个循环延长一个二碳单位，它由乙酰 CoA 的羧化产物丙二酰 CoA 提供。脂肪酸合成反应需要消耗 ATP，并需要 NADPH 作供氢体，最终合成十六碳软脂酸。更长链的脂肪酸合成主要在肝细胞内质网膜，以软脂酸为基础，延长生成。不饱和脂肪酸的生物合成在不同生物差别很大。人及有些哺乳类动物能使饱和脂肪酸的 C9 和 C10 之间脱氢，形成一个双键的不饱和脂肪酸，但不能合成十八碳二烯酸（亚油酸）和十八碳三烯酸（亚麻酸）。某些微生物，如大肠杆菌、部分酵母和霉菌能合成含 2 个、3 个、4 个甚至更多双键的不饱和脂肪酸。

甘油与脂肪酸合成三酰甘油。主要途径是脂肪酸与 CoA 结合成脂酰 CoA，脂酰 CoA 随后与 α-甘油磷酸作用产生二酰甘油磷酸（磷脂酸），在磷酸酯酶的作用下，脱去磷酸根，生成二酰甘油，再结合 1 分子脂酰 CoA，生成三酰甘油。

磷脂的分解代谢由磷脂酶催化。主要的磷脂酶有磷脂酶 A_1、磷脂酶 A_2、磷脂酶 C 和磷脂酶 D，其水解部位各不相同，产生不同产物。磷脂的水解产物脂肪酸可以进入 β 氧化或被再利用合成脂肪；甘油可进入糖酵解途径或糖异生途径代谢；磷酸可

进入钙、磷代谢；含氮化合物则可分别进入各自的代谢途径或合成新的磷脂。

细胞内磷脂的合成在内质网进行，合成的原料有：饱和／不饱和脂肪酸（活性形式是脂酰 CoA）、甘油（活性形式是 α-磷酸甘油）以及 CTP、ATP 等辅助成分。反应以 CDP-二酰甘油为活性中间体，与丝氨酸作用，生成磷脂酰丝氨酸；或以 CDP-乙醇胺和 CDP-胆碱为活性中间体，与三酰甘油作用，生成磷脂酰乙醇胺和胆碱。此外，不同磷脂间可相互转变：磷脂酰丝氨酸可脱羧生成磷脂酰乙醇胺，再经甲基化（S-腺苷甲硫氨酸提供甲基），生成磷脂酰胆碱。

体内的胆固醇来源于两个方面：自身合成；从外界摄入。膳食中摄入的胆固醇被小肠吸收后，通过血液循环进入肝脏代谢。当外源胆固醇的摄入量增加时，就会抑制肝内胆固醇的合成，所以在正常情况下，体内的胆固醇含量维持动态平衡。

肝脏和小肠是人体自身合成胆固醇的主要场所，皮肤、肾上腺皮质、性腺及动脉血管壁也能合成少量胆固醇。正常的成年人在低胆固醇饮食后，每天可合成800mg左右的胆固醇。胆固醇在体内并不会被代谢分解为二氧化碳和水，也不会产生能量，其主要作用是作为细胞的膜结构成分，以及转变为一些重要的固醇类化合物，包括：皮质激素、性激素和维生素 D 等，发挥相应的生理调节作用。其中转变生成的胆酸，随胆汁进入肠道，协助脂类消化吸收。大部分胆汁酸盐可在肠道被机体重吸收而再次利用，但通过肠道粪便排泄的胆汁酸盐仍占人每天排泄胆固醇量的一半以上，是胆固醇代谢排泄主要途径。此外，也有部分胆固醇被直接分泌进入胆汁中，之后进入肠道，受肠道细菌作用，还原成粪固醇排泄。

📝 **思考题**

1. 脂肪水解产物甘油是如何转变为丙酮酸的？（拓展 9-10）
2. 写出脂肪酸氧化和脂肪酸合成的反应步骤。
3. 脂肪酸的氧化和脂肪酸的合成是如何协同调控的？
4. 比较脂肪酸的氧化和脂肪酸的合成有哪些异同点。
5. 酮体是怎么产生的？酮体可以被利用吗？
6. 磷脂酶 A_1、磷脂酶 A_2、磷脂酶 C 及磷脂酶 D 的作用产物是什么？
7. 胆固醇合成的关键酶是什么？如何调控？
8. 1 mol 软脂酸彻底氧化产生多少 ATP？

拓展 9-10

第十章
蛋白质酶促降解与氨基酸代谢

本章导读

蛋白质是生命活动的物质基础，氨基酸是蛋白质的基本组成单位。蛋白质在体内首先分解为氨基酸再进一步代谢，故氨基酸代谢是蛋白质分解代谢的核心内容。本章介绍了蛋白质的生理功能与营养作用，反映机体蛋白质代谢动态的氮平衡概念及机体表现、必需氨基酸的概念与种类；在蛋白质的消化与吸收中介绍了各种蛋白质水解酶的作用、氨基酸吸收方式；在氨基酸的一般代谢部分概述了蛋白质和氨基酸的主要代谢途径，重点介绍了氨基酸的脱氨基代谢的几种方式，包括氧化脱氨、脱酰胺基作用、转氨作用、联合脱氨等，介绍了脱氨基产物氨及 α- 酮酸的代谢去向，着重介绍了氨基氮的排泄，包括氨的转运及尿素的合成，还介绍了氨基酸的脱羧基代谢；在氨基酸的合成代谢概况中介绍了氨基酸的生物合成类型、氨基酸衍生的其他重要物质，包括一碳单位、儿茶酚胺等生物活性物质的功能及代谢意义。

蛋白质的代谢主要是讨论生物机体内氨基酸和蛋白质的合成、分解及转变的化学过程，及其与生理功能之间的关系。由于氨基酸是蛋白质分解的产物，因此氨基酸代谢是蛋白质分解代谢的中心内容。氨基酸代谢包括合成代谢和分解代谢两方面，本章重点讨论分解代谢。体内蛋白质主要来自食物的消化与吸收，为此，在讨论氨基酸代谢之前，首先介绍蛋白质的营养作用及消化、吸收问题。

第一节　蛋白质的生理功能与营养作用

一、蛋白质的生理功能

生命是物质运动的高级形式，这种运动形式是通过蛋白质来实现的，因此，蛋白质具有重要的生理功能。不同的蛋白质功能不同，具体表现为以下 8 种形式：

1. 催化功能

新陈代谢是生命活动的基本特征之一，而构成新陈代谢的所有化学反应，几乎都是在酶的催化下进行的，目前已发现的酶绝大多数都是蛋白质。

2. 调节功能

生物体的一切生物化学反应能有条不紊地进行，是由于有调节蛋白在起作用，调节蛋白有：激素、受体、毒蛋白等。

3. 结构功能

蛋白质是一切生物体的细胞和组织的主要组成成分，也是生物体形态结构的物质基础。体表和机体构架部分还具有保护和支持功能。

4. 运输功能

体内许多小分子和离子是由蛋白质来输送和传递的，如 O_2 的运输由红细胞中的血红蛋白来完成；脂质的运输由载脂蛋白来完成；铁离子由运铁蛋白运输等。

5. 免疫功能

生物机体产生的用以防御致病微生物或病毒的抗体，就是一种高度专一的免疫蛋白，它能识别并结合外源性物质，起到防御作用。

6. 运动功能

肌肉收缩和舒张是由肌动蛋白和肌球蛋白的相对运动来实现的，如草履虫、绿眼虫的运动由纤毛和鞭毛完成，纤毛和鞭毛都是蛋白质。

7. 储存功能

乳液中的酪蛋白、蛋类中的卵清蛋白、植物种子中的醇溶蛋白等，它们有储存氨基酸，以备机体及其胚胎或幼体生长发育需要的作用。

8. 生物膜的功能

生物膜的通透性、信号的传递、遗传的控制、生理的识别、动物的记忆与思维等多方面的功能都是由蛋白质参加完成的。

二、蛋白质的营养功能

蛋白质是机体的重要物质基础，机体的每一个细胞和所有重要组成部分都要有蛋白质参与组成。概括起来，食品中的蛋白质对人体的营养功能有以下几个方面。

1. 为机体提供氮源

蛋白质分子中含有碳、氢、氧、氮，另外还可能有硫、磷等元素，而糖类和脂肪分子中只含有碳、氢、氧元素，并不含氮元素，所以糖类和脂肪不能代替蛋白质。

2. 维持体内酸碱平衡、水分的正常分布、遗传信息的传递

蛋白质是体内重要的缓冲物质，对酸碱平衡具有缓冲作用；它的胶体渗透压作用使体内的水分能够正常分布；遗传信息 RNA、DNA 的合成需要蛋白质参与。

3. 蛋白质可以氧化供能

氧化 1g 蛋白质可产生 17.1kJ 的热能，人体每天所需的热能有 14% 来自蛋白质，但其主要功能并非氧化供能。蛋白质作为人体的热能来源是不经济的。应当摄取足够的糖类和脂肪来提供人体需要的能量。

除上述营养功能外，最近研究结果表明，蛋白质还具有抗癌、抗冻、抗菌、增加食欲、降低血清胆固醇等功能，如英国科学家最近发现一种能控制食欲的蛋白质，它存在于动物大脑中，利用它有望在 10 年内制成特效减肥药物或减肥食品；存在于大豆中的大豆球蛋白能促进肠内胆固醇物质的排泄，阻碍胆固醇物质的吸收，具有降低血清胆固醇的作用。

食品中的多肽及体内消化的肽也具有某些营养功能。现代食品工业已把活性肽作为营养食品的强化剂添加到食品中去，如酪蛋白磷肽能促进钙的吸收，有利于贫血病人的恢复。低聚肽具有易消化吸收的特点，特别适合在下列情况下作为蛋白营养源：①因高温、过度劳累等引起的胃肠功能降低；②手术后特别是消化道手术的康复期；③婴幼儿和高龄人消化功能减弱期；④高负荷运动需补充蛋白质却又不得使肠胃负担过重时。

6 到 12 个氨基酸残基组成的短肽通过抑制血管紧张素转换酶的活性而具有降血压作用，适合高血压患者食用，这些短肽大多为食品蛋白质经蛋白酶水解而得。谷胱甘肽能将机体内氧化反应生成的自由基消除，与过氧化物酶共同作用能将体内过氧化氢或过氧化脂质还原，保护生物体膜，从而延缓机体的衰老和预防动脉硬化。

三、氮平衡

体内蛋白质也在不断更新，旧的蛋白不断分解，产生的氨基酸可被再利用，成为新蛋白合成的原料，可以进一步氧化供能。在正常情况下，人体蛋白质的合成与分解处于动态平衡，每天从食物中以蛋白质形式摄入的总氮量与排出氮的量相当，基本上没有氨基酸和蛋白质的储存，这种收支平衡的现象被称为"氮平衡"。正在成长的儿童和处于病后恢复期的患者，体内蛋白质的合成量大于分解量，这时外源氮的摄入量大于排泄量，说明一部分氮被保留在体内构成组织，这种状态称为"正氮平衡"。反之，长期饥饿或患有消耗性疾病的患者，由于食物蛋白质的摄入量不足或组织蛋白质的分解过盛，使排出的氮量大于摄入的氮量，这种状态称为"负氮平衡"。

当摄入蛋白质不足时，蛋白质更新越快的组织越易受到影响，肠黏膜及分泌消化液的腺体首先受到影响，结果引起消化不良，导致腹泻，引起人体失水、失盐，这是蛋白质营养不良的早期表现；继而，肝脏受到影响，表现为脂肪浸润，不能合成血浆蛋白，从而使血浆蛋白含量下降，尤其是白蛋白含量下降，最后导致水肿；进一步发展则为骨骼肌不能维持正常结构，肌肉萎缩以及红细胞和血红蛋白缺乏而导致贫血；结缔组织，中枢神经系统受影响较小，但对处于旺盛生长期的婴幼儿，若蛋白质严重缺乏，可以引起智力障碍。

长期蛋白质摄入不足，首先出现负氮平衡，组织蛋白破坏。幼儿及青少年表现为生长发育迟缓、消瘦、体重过轻、毛发干枯易脱落，甚至智力发育出现障碍；成人则易出现疲倦、体重减轻、贫血、血浆白蛋白降低，甚至可出现营养性水肿；妇女可出现月经障碍、乳汁分泌减少。此外，也会导致各种酶活性下降，免疫功能及应激能力降低、伤口不易愈合、生殖功能障碍等。

蛋白质严重营养不良时，在临床上可能出现恶性营养不良症，或称加西卡病；蛋白质和热能同时严重缺乏时，可能出现干瘦型营养不良症，这种情况多发生在某些发展中国家人群，特别是 1 岁以下的儿童。

四、必需氨基酸

人和动物体的蛋白质主要由 20 种常见氨基酸组成，它们是合成体内蛋白质不可缺少的物质。这些氨基酸可分为两大类：①人或动物机体自身不能合成，必须由食物提供的氨基酸，称为必需氨基酸；②人或动物机体能够自身合成的氨基酸，称为非必需氨基酸。

动物种类不同，所需的必需氨基酸也不同。对人而言，必需氨基酸有 8 种，即赖氨酸、色氨酸、缬氨酸、亮氨酸、异亮氨酸、苏氨酸、甲硫氨酸和苯丙氨酸。对婴幼儿来说，由于体内精氨酸和组氨酸的合成速度较慢，常常不能满足机体组织构建的需要，因此精氨酸和组氨酸也是必需氨基酸或称半必需氨基酸。

蛋白质营养价值的高低，主要取决于所含必需氨基酸的种类、含量及其比例是否与人体所需要的接近。

第二节　蛋白质的消化和吸收

一、蛋白质的消化

各种生物体都有其特殊的蛋白质，这些蛋白质皆是利用氨基酸来合成的。动物能够利用食物蛋白质的氨基酸，但蛋白质不能直接进入细胞组织，必须在消化道中经蛋白水解酶水解成氨基酸（一部分成小肽）才能通过肠膜进入组织，供合成蛋白质所用。植物虽不从体外吸取氨基酸以合成蛋白质，但当植物生长及种子萌发时，部分蛋白质仍需要水解成氨基酸，才能转变成其他物质。所以在动植物体内蛋白质均需要水解。

动物蛋白水解酶的作用在于使肽键破坏，可分为肽链内切酶、肽链外切酶和二肽酶 3 类：肽链内切酶能水解肽链内部的肽键，肽链外切酶则水解肽链两端氨基酸形成的肽键，二肽酶只能水解二肽。这些蛋白酶的特异性归纳如下：

1. 肽链内切酶

① 胃蛋白酶　水解由芳香族氨基酸（苯丙氨酸、酪氨酸）的氨基形成的肽键。
② 胰蛋白酶　水解由碱性氨基酸（赖氨酸、精氨酸）的羧基形成的肽键。
③ 胰凝乳蛋白酶　水解由芳香族氨基酸的羧基形成的肽键。
这 3 种酶的水解产物为小肽。

胃蛋白酶由胃细胞分泌，胰蛋白酶和胰凝乳蛋白酶由胰腺细胞分泌，这 3 种酶在泌出时皆无活性，是酶原状态。胃蛋白酶原遇胃酸（HCl）可被激活；胰蛋白酶原则需用肠激酶激活；胰凝乳蛋白酶原可由胰蛋白酶激活。

2．肽链外切酶

① 氨肽酶 水解靠近肽链 N 端的肽键。
② 羧肽酶 水解靠近肽链 C 端的肽键。

这 2 种酶的水解产物为游离氨基酸。

肽链外切酶一般为金属酶，金属离子可能是连接底物肽链与酶之间的媒介。

3．二肽酶

二肽酶水解二肽分子中的肽键，产生两个游离的氨基酸。

此外还有一种脯肽酶专门水解与脯氨酸的 N 原子连接的肽键。

高等植物体中亦含有蛋白酶类，例如种子及幼苗内皆含有活性蛋白酶，叶和幼芽中含有肽酶。木瓜中有木瓜蛋白酶，其他植物中亦含有木瓜蛋白酶型的酶类，如菠萝中的菠萝蛋白酶，无花果中的无花果蛋白酶等，皆可使有关蛋白质水解。

植物组织中蛋白质的酶水解作用，以种子萌芽时最为旺盛。发芽时种子中储存的蛋白质水解成氨基酸，释放出的氨基酸可被利用来重新合成植物的蛋白质。

拓展 10-1

微生物也含蛋白酶（拓展 10-1），能将蛋白质水解为氨基酸，游离的氨基酸进一步脱氨，最后生成氨。

二、蛋白质的吸收

蛋白质水解产生的氨基酸由小肠黏膜细胞吸收，这种吸收是一个需能耗氧的主动运输过程。主动运输过程是由肠黏膜细胞上的需钠氨基酸载体来完成的，该载体是一种受 Na^+ 调节的活性膜蛋白。不同氨基酸的吸收由不同的载体完成。

1．中性氨基酸载体

这类载体可转运芳香族氨基酸、脂肪族氨基酸、含硫氨基酸、组氨酸、谷氨酰胺以及天冬酰胺等，并且转运速度很快。这类载体所转运的氨基酸主要是人和动物必需的氨基酸。

2．碱性氨基酸载体

这类载体转运赖氨酸和精氨酸，但转运速度较慢。

3．酸性氨基酸载体

这类载体转运两种酸性氨基酸，即谷氨酸和天冬氨酸。

4．亚氨基酸及甘氨酸载体

这类载体转运脯氨酸、羟脯氨酸及甘氨酸，转运速度很慢。

拓展 10-2

由肠壁细胞吸收的氨基酸（拓展 10-2），通过毛细血管经肝脏门静脉进入肝脏，有小部分从乳糜管经淋巴系统进入血液循环，在肝脏中消耗一部分，发生分解并释放能量，其余绝大部分随血液循环运往外周组织参与组织蛋白的更新。

第三节　氨基酸的一般代谢

一、蛋白质和氨基酸的主要代谢途径概述

同位素示踪实验的结果证明活体组织的蛋白质是在不断更新的，也就是说在不断地合成和分解。生物体合成蛋白质需要以氨基酸为原料，动物所需的氨基酸主要从食物取得，植物则直接利用氨及硝酸盐（某些植物还能利用空气中的氮）合成氨基酸，从而合成蛋白质。

蛋白质在被生物利用时，一般需先分解为氨基酸，氨基酸再分解成 α-酮酸和氨。氨可被生物以酰胺形式储存起来，或转变为其他含氮物质。酮酸可再变为氨基酸及糖、脂和其他物质，最终通过三羧酸循环进行氧化。

吸收到体内的氨基酸在机体（可以是细胞、组织或个体）中累积起来，形成氨基酸代谢库，供必要时使用。

所谓代谢库是指机体（细胞、组织或个体）中储存的某一代谢物质的总量。这些物质的总量可以因吸收或合成而增加，也可因代谢需要而减少，处于动态变化中。

蛋白质的主要代谢途径如图 10-1 所示。

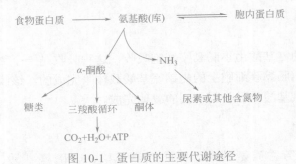

图 10-1　蛋白质的主要代谢途径

二、氨基酸的共同分解反应

（一）脱氨基作用

氨基酸的脱氨基作用主要包括氧化脱氨作用，微生物的非氧化脱氨，脱酰胺基作用，转氨基作用（简称转氨作用）和联合脱氨作用。

1. 氧化脱氨作用

氨基酸的氧化脱氨作用是由 L-氨基酸脱氢酶催化的，反应分两个步骤进行：第一步脱氢，第二步加水和脱氨。

催化反应的 L-氨基酸脱氢酶为黄素蛋白。

此种氧化脱氨方法不适用于甘氨酸和羟基氨基酸（如 L- 丝氨酸及 L- 苏氨酸）、二羧基氨基酸（如 L- 谷氨酸及 L- 天冬氨酸）及二氨基 - 羧基氨基酸（如赖氨酸、精氨酸、鸟氨酸）。甘氨酸的脱氨需要专一性的甘氨酸氧化酶（辅酶为 FAD）；L- 谷氨酸的脱氨需要 L- 谷氨酸脱氢酶（以 NAD^+ 或 $NADP^+$ 为辅酶时，不需要氧的脱氢酶）；L- 丝氨酸和 L- 苏氨酸的脱氨是由脱水酶来完成的。

从粗链孢霉菌中取得的 L- 氨基酸脱氢酶可使赖氨酸及鸟氨酸脱氨；从变形杆菌中制得的 L- 氨基酸脱氢酶则可使精氨酸脱氨。

氧化脱氨反应是动植物体中比较普遍的脱氨作用；微生物还有非氧化脱氨，如还原脱氨、水解脱氨等。

$$还原脱氨：RCHNH_2COOH + 2H^+ \longrightarrow RCH_2COOH + NH_3$$
$$水解脱氨：RCHNH_2COOH + H_2O \longrightarrow RCHOHCOOH + NH_3$$

2．脱酰胺基作用

天冬酰胺和谷氨酰胺的脱酰胺基也可视为脱氨的一种类型，这是由酰胺酶催化的水解脱酰胺作用。

3．转氨基作用（转氨作用）

一种氨基酸的氨基经转氨酶催化转移给 α- 酮酸的作用，称为转氨基作用，又称氨基移换作用。例如 L- 谷氨酸的氨基可转移给丙酮酸。

同样，L- 谷氨酸与草酰乙酸经谷草转氨酶作用亦进行转氨作用，产生 α- 酮戊二酸及 L- 天冬氨酸。

转氨酶的辅酶为吡哆醛磷酸，其功能为携带氨基，此时吡哆醛的醛基变为氨基。

　　氨基酸的转氨作用在生物体内极为普遍，用含 ^{15}N 的氨基酸做实验，结果证明除甘氨酸、苏氨酸、赖氨酸、脯氨酸和羟脯氨酸外，其他各种氨基酸都可参加转氨作用。用肝脏转氨酶进行实验的结果也指出：除甘氨酸、苏氨酸和赖氨酸外，谷氨酸的氨基能够转移给其余一切天然氨基酸的酮酸。

$$\underset{\text{L-谷氨酸}}{\begin{array}{c}COO^-\\|\\CH_2\\|\\CH_2\\|\\CHNH_3^+\\|\\COO^-\end{array}} + \underset{\text{草酰乙酸}}{\begin{array}{c}COO^-\\|\\CH_2\\|\\C=O\\|\\COO^-\end{array}} \xrightleftharpoons[]{\text{谷草转氨酶}} \underset{\alpha\text{-酮戊二酸}}{\begin{array}{c}COO^-\\|\\CH_2\\|\\CH_2\\|\\C=O\\|\\COO^-\end{array}} + \underset{\text{L-天冬氨酸}}{\begin{array}{c}COO^-\\|\\CH_2\\|\\CHNH_3^+\\|\\COO^-\end{array}}$$

　　转氨酶存在于一切动物组织中，心肌、脑、肝、肾、睾丸组织中含量较高。

　　谷氨酸和天冬氨酸与酮酸所起的转氨作用在生物体中特别重要，因为通过转氨作用可促进氨基酸的分解和合成新的氨基酸。转氨作用可使由糖代谢产生的丙酮酸，α-酮戊二酸、草酰乙酸变为氨基酸，因此，对糖和蛋白质代谢产物的相互转变有极其重要的作用。

拓展 10-3

　　由于生物组织中普遍存在转氨酶（拓展 10-3），而且转氨酶的活性较强，故转氨作用是氨基酸脱氨的主要方式。转氨作用的另一个重要性是因肝炎病人血清的转氨酶活性有显著增加，测定病人血清的转氨酶含量有助于肝炎病情的诊断。

4. 联合脱氨作用

　　联合脱氨的过程是 α-氨基酸先与 α-酮戊二酸起转氨基作用，形成谷氨酸，谷氨酸再脱氨。鉴于体内一般 L-氨基酸氧化酶的分布不广，活性弱，而转氨酶活性强，L-谷氨酸脱氢酶的分布广，因此推想到体内的氨基酸，可能是通过间接脱氨方式脱氨的。实验证明，组织中 L-氨基酸（除 L-谷氨酸）的脱氨作用非常缓慢，如果加入少量 α-酮戊二酸，则脱氨作用显著增加，显然，L-氨基酸（除 L-谷氨酸）的脱氨作用是通过转氨作用来完成的。

$$\underset{\substack{\text{氨基酸}}}{\begin{array}{c}R\\|\\CH-NH_3^+\\|\\COO^-\end{array}} \quad \underset{\alpha\text{-酮戊二酸}}{\begin{array}{c}COO^-\\|\\CH_2\\|\\CH_2\\|\\C=O\\|\\COO^-\end{array}} \quad \overset{\text{L-谷氨酸脱氢酶}}{\underset{\quad}{\begin{array}{c}NH_4^++NADH+H^+\text{或}NADPH+H^+\\\\\\NAD^+\text{或}NADP^++H_2O\end{array}}}$$

转氨酶

$$\underset{\alpha\text{-酮酸}}{\begin{array}{c}R\\|\\C=O\\|\\COO^-\end{array}} \quad \underset{\text{L-谷氨酸}}{\begin{array}{c}COO^-\\|\\CH_2\\|\\CH_2\\|\\CHNH_3^+\\|\\COO^-\end{array}}$$

　　20 世纪 70 年代，有人提出嘌呤核苷酸循环，并认为是氨基酸脱氨的主要方式，如图 10-2 所示。

　　实验表明，骨骼肌、心肌、肝脏和脑组织是以嘌呤核苷酸循环为主要脱氨方式的。

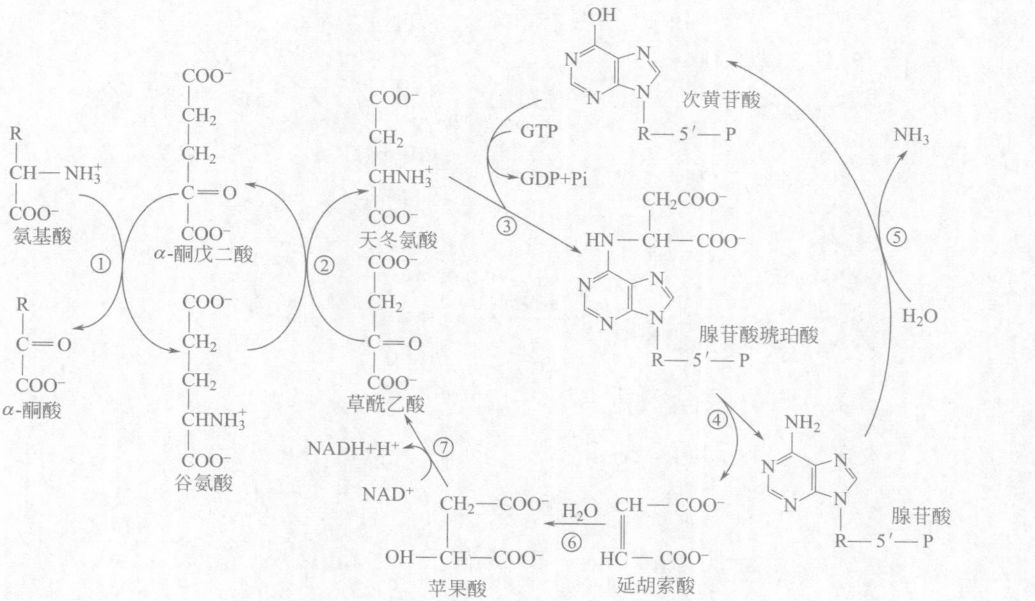

图 10-2　嘌呤核苷酸循环

① 转氨酶；② 谷草转氨酶；③ 腺苷酸琥珀酸合成酶；④ 腺苷酸琥珀酸裂解酶；⑤ 腺苷酸脱氢酶；⑥ 延胡索酸酶；⑦ 苹果酸脱氢酶

（二）脱羧基作用

氨基酸的脱羧作用在组织内和组织外（如动物肠道内）皆有。组织内的脱羧作用是氨基酸分解代谢的正常过程，其氨基酸脱羧酶的专一性很高，除个别脱羧酶外，一种氨基酸脱羧酶一般只对一种 L- 氨基酸或其衍生物起脱羧作用。氨基酸脱羧酶中除组氨酸脱羧酶不需任何辅酶外，其余各氨基酸脱羧酶皆需要吡哆醛磷酸为辅酶。氨基酸脱羧酶可使氨基酸脱羧产生胺，其反应可以下式表示：

$$
\underset{\substack{|\\ NH_3^+\\ \text{氨基酸}}}{R-CH-COO^-} \xrightarrow{\text{脱羧酶}} \underset{\text{胺}}{R-CH_2-NH_2} + CO_2
$$

吡哆醛磷酸的作用是以其醛基与氨基酸的氨基结合成中间产物醛亚胺，而后经脱羧、水解产生一级胺，同时释出吡哆醛磷酸。

氨基酸的脱羧反应，不仅在微生物体中发生，在高等动植物组织中也有发生，但不是氨基酸代谢的主要方式。

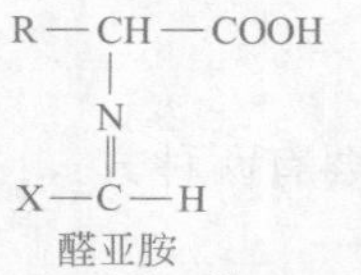

$$
\underset{\substack{|\\ N\\ \|\\ X-C-H\\ \text{醛亚胺}\\ \text{(Schiff碱的一种)}}}{R-CH-COOH}
$$

人体及动物的肝、肾、脑中皆有氨基酸脱羧酶，例如，脑组织中的氨基酸脱羧酶能使 L- 组氨酸脱羧生成组胺，L- 丝氨酸脱羧成胆胺，L- 谷氨酸脱羧成 γ- 氨基丁酸，酪氨酸脱羧生成酪胺，L- 色氨酸氧化脱羧生成 5- 羟色胺等。

$$\text{谷氨酸} \xrightarrow{\text{脱羧酶}} \gamma\text{-氨基丁酸} + CO_2$$

$$\text{天冬氨酸} \xrightarrow{\text{脱羧酶}} \beta\text{-丙氨酸} + CO_2$$

$$\text{组氨酸} \xrightarrow{\text{脱羧酶}} \text{组胺} + CO_2$$

脱羧作用产生的胺类中有些有生理作用，例如，组胺可使血管舒张，降低血压；酪胺、5-羟色胺则使血压升高。体内生成的大量的胺类会对机体产生毒性作用，但在体内，胺氧化酶能将胺类物质氧化成醛和氨，醛可再经氧化生成脂肪酸，氨则可被机体用来合成尿素、酰胺及新的氨基酸，或变成铵盐直接排出体外。

$$RCH_2NH_2 + O_2 + H_2O \xrightarrow{\text{胺氧化酶}} RCHO + H_2O_2 + NH_3$$

$$RCHO + \frac{1}{2}O_2 \longrightarrow RCOO^- + H^+$$

人和动物肠道中的细菌酶亦可使食物中的氨基酸脱羧成多种胺类，对机体影响较大的有组胺、酪胺、色胺、尸胺（由赖氨酸脱羧生成）、腐胺（由鸟氨酸脱羧）。胺类如被吸收过多，不能及时被胺氧化酶氧化，则可能引起身体不适。

三、氨基氮的排泄

拓展 10-4

氨（拓展 10-4）对人体是有毒的，正常人血清中氨的浓度很低，血液中的含氨总量仅为数毫克。氨对大脑功能的影响最明显，当血氨浓度增高时即可引起大脑功能障碍，甚至昏迷或死亡，所以氨不能在体内积累。氨基酸脱掉的氨除一小部分被用于合成含氮化合物外，大部分氨需经特殊的转运方式运到肝脏，在肝脏合成尿素后随尿排出体外。

（一）氨的转运

肝外组织产生的氨向肝内转运主要有两种方式：①以谷氨酰胺的形式转运；②以丙氨酸的形式转运。

1. 以谷氨酰胺的形式转运

在谷氨酰胺合成酶的作用下，氨与谷氨酸合成谷氨酰胺，谷氨酰胺是中性无毒物质，由血液运至肝脏后又在谷氨酰胺酶的作用下分解为谷氨酸和氨，氨进入尿素合成途径。

$$\begin{matrix} COO^- \\ | \\ CH_2 \\ | \\ CH_2 \\ | \\ CHNH_3^+ \\ | \\ COO^- \end{matrix} \quad + NH_4^+ + ATP \quad \xrightarrow[\substack{谷氨酰胺\\合成酶}]{Mg^{2+}} \quad \begin{matrix} CONH_2 \\ | \\ CH_2 \\ | \\ CH_2 \\ | \\ CHNH_3^+ \\ | \\ COO^- \end{matrix} \quad + ADP + Pi$$

谷氨酸 谷氨酰胺

这一反应需要消耗 ATP。谷氨酰胺合成酶存在于所有组织中，在氮代谢的控制中起重要作用。谷氨酰胺除负责氨的转运外，还为各种生物合成反应提供氨基。

2. 以丙氨酸的形式转运

虽然谷氨酰胺是氨的主要运输方式，但在肌肉中可利用丙氨酸将氨转运至肝脏。在肌肉中由酵解产生的丙酮酸在转氨酶的作用下，接受其他氨基酸的氨基形成丙氨酸，丙氨酸是中性无毒物质，通过血液到达肝脏，在谷氨酸 - 丙酮酸氨基转移酶（简称谷丙转氨酶）的作用下，将氨基移交 α- 酮戊二酸生成丙酮酸和谷氨酸，而谷氨酸在谷氨酸脱氢酶的作用下脱去氨基，氨进入尿素合成途径。丙酮酸在肝细胞中经糖异生途径转化为葡萄糖，再运回至肌肉氧化供能。这样转运 1 分子丙氨酸相当于将 1 分子氨和 1 分子丙酮酸从肌肉带至肝脏，既清除了肌肉中的氨，又避免了丙酮酸或乳酸在肌肉中的堆积。所以在肌肉和肝脏之间形成的葡萄糖 - 丙氨酸循环，收到一举两得的功效，有重要的生理意义，如图 10-3 所示。

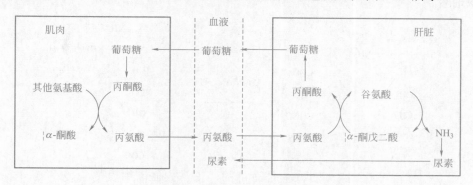

图 10-3 葡萄糖 - 丙氨酸循环

（二）尿素的合成——尿素循环

不同动物氨的排泄方式不同：鸟类以尿酸的形式排出，一些鱼类和两栖类可直接将氨排出体外，人类及其他哺乳动物则是以尿素的形式排泄。

尿素是在肝脏合成的，尿素的合成途径是 Hans Krebs 在 1932 年发现的第一条环状代谢途径，也称尿素循环（拓展 10-5）。尿素合成步骤如下：

拓展 10-5

1. 氨甲酰磷酸的合成

氨甲酰磷酸是在线粒体中合成的。催化此步反应的酶是氨甲酰磷酸合成酶 I，存在于线粒体中。氨甲酰磷酸合成酶 I 是一个调节酶，N- 乙酰谷氨酸是它的正调节剂。由于反应消耗了两个高能磷酸键，所以是不可逆反应。

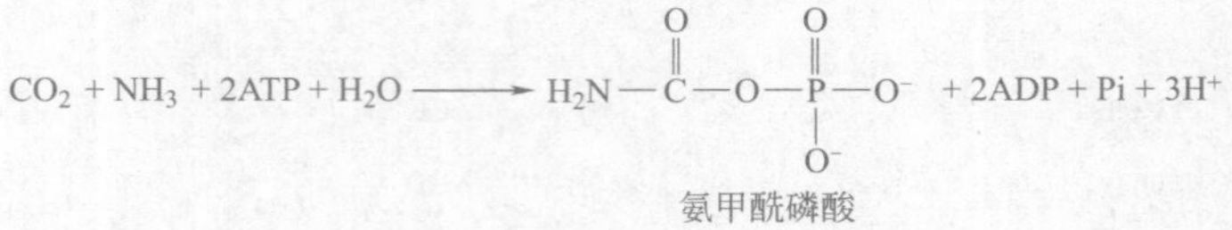

$$CO_2 + NH_3 + 2ATP + H_2O \longrightarrow H_2N-\underset{O}{\overset{O}{C}}-O-\underset{O^-}{\overset{O}{P}}-O^- + 2ADP + Pi + 3H^+$$

氨甲酰磷酸

2. 瓜氨酸的合成

由于酸酐键的存在，氨甲酰磷酸具有很高的转移势能，在鸟氨酸转氨甲酰酶的作用下，氨甲酰基被转移至鸟氨酸形成瓜氨酸。

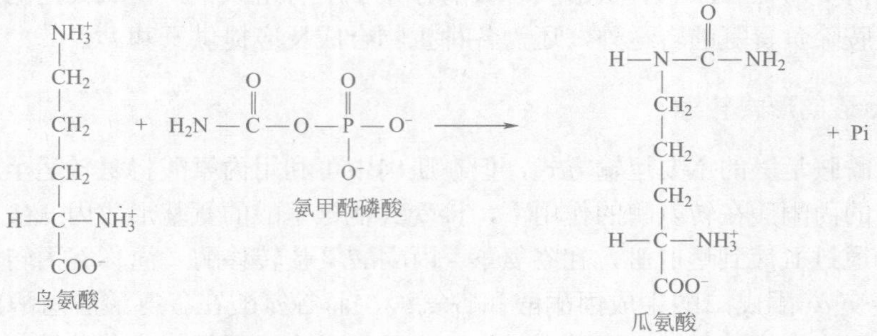

鸟氨酸 + 氨甲酰磷酸 → 瓜氨酸 + Pi

3. 精氨琥珀酸的合成

瓜氨酸合成后离开线粒体进入细胞液，在精氨琥珀酸合成酶的作用下与天冬氨酸结合形成精氨琥珀酸。

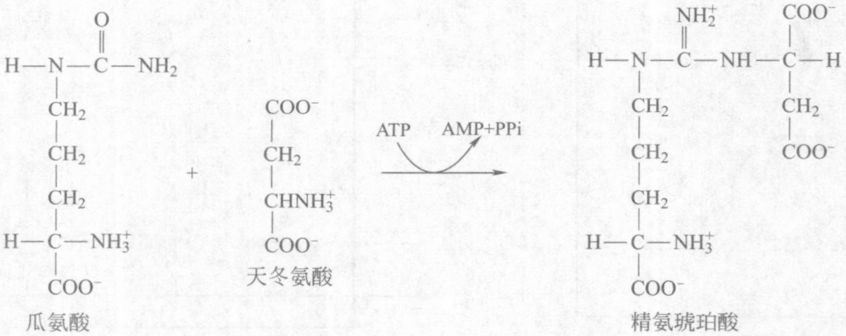

瓜氨酸 + 天冬氨酸 → 精氨琥珀酸

4. 精氨琥珀酸的裂解

精氨琥珀酸在精氨琥珀酸酶的作用下，裂解为精氨酸和延胡索酸，延胡索酸可进入柠檬酸循环进一步代谢。

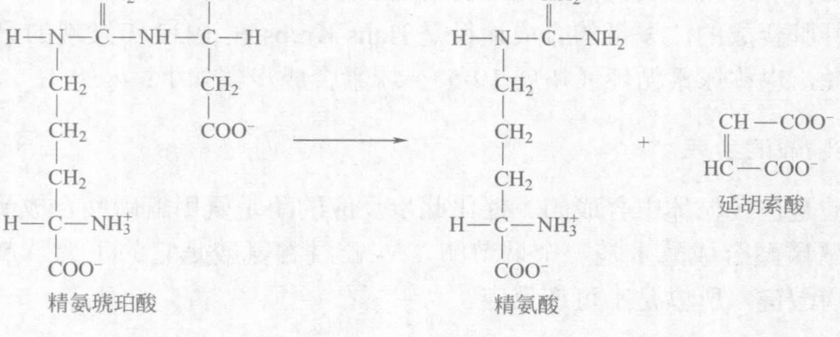

精氨琥珀酸 → 精氨酸 + 延胡索酸

5. 尿素的形成

在精氨酸酶的作用下，精氨酸水解为尿素和鸟氨酸，尿素进入血液，通过肾脏随尿排出体外，鸟氨酸进入下一循环，所以尿素循环也称鸟氨酸循环。尿素循环的全过程如图 10-4 所示。

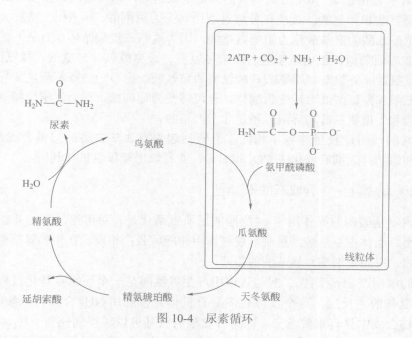

图 10-4 尿素循环

6. 尿素循环小结

尿素循环的总反应平衡式如下：

$$NH_3 + CO_2 + 3ATP + 天冬氨酸 + 2H_2O \longrightarrow 尿素 + 延胡索酸 + 2ADP + AMP + 4Pi$$

① 从上式可知，合成尿素是一个耗能过程，合成 1 mol 尿素需消耗 4 个高能磷酸键。

② 合成 1 mol 尿素可从体内清除掉 2 mol NH_3 和 1 mol CO_2。

③ 尿素合成过程的前两步，即氨甲酰磷酸和瓜氨酸的合成是在线粒体中完成的，这样有利于将 NH_3 严格控制在线粒体中，防止其扩散进入血液引起氨中毒。

④ 尿素循环中形成的延胡索酸使尿素循环和三羧酸循环密切地联系在一起。精氨琥珀酸裂解生成的延胡索酸可转变为苹果酸，苹果酸进一步氧化生成草酰乙酸，草酰乙酸既可进

入三羧酸循环，也可经转氨作用再形成天冬氨酸进入尿素循环，这样又将尿素循环和柠檬酸循环密切地联系在一起。

⑤ 尿素循环的调节：a. 在高蛋白饮食后或严重饥饿情况下，尿素循环中的 5 个酶合成速度增加；而低蛋白或高碳水化合物饮食后，尿素循环酶水平降低。b. N- 乙酰谷氨酸可经别构调节方式激活氨甲酰磷酸合成酶。

拓展 10-6

尿素循环是氨排泄的主要途径。各种因素（包括酶的遗传缺陷等）导致尿素循环途径障碍时，都可使血液中氨浓度升高，引起高血氨症（拓展 10-6），出现昏迷现象。

四、α- 酮酸的代谢转变

氨基酸氧化脱氨或经过复杂的降解过程后，生成多种不同的 α- 酮酸。

根据氨基酸降解产物的不同，可分为生糖氨基酸和生酮氨基酸。凡能在分解过程中转变为乙酰 CoA 和乙酰乙酰 CoA 的氨基酸称为生酮氨基酸，因为这两种物质在肝脏中可转变为酮体，如亮氨酸和赖氨酸；凡能在分解过程中转变为丙酮酸、α- 酮戊二酸、琥珀酰 CoA、延胡索酸和草酰乙酸的氨基酸称为生糖氨基酸，因为这些三羧酸循环（TCA）的中间物和丙酮酸都可转变为葡萄糖，生糖氨基酸有：天冬氨酸、天冬酰胺、甘氨酸、丝氨酸、丙氨酸、苏氨酸、半胱氨酸、谷氨酸、组氨酸、脯氨酸和精氨酸；也有一些氨基酸，如异亮氨酸、苯丙氨酸、色氨酸和酪氨酸既可转变为酮体，也可转变为葡萄糖，称为生酮生糖氨基酸。实际上生酮氨基酸和生糖氨基酸的界限并不是非常严格的。

这些酮酸的代谢途径虽然各不相同，但概括起来有 3 条去路：①再合成新的氨基酸；②转变为糖和脂肪；③彻底氧化成 CO_2 和 H_2O，并释放出能量供机体利用。

（一）还原氨基化——合成新的氨基酸

生物体内氨基酸的脱氨作用与 α- 酮酸的还原氨基化是一对可逆反应，并在生理条件下处于动态平衡。当体内氨基酸过剩时，脱氨作用相应增强；相反，在需要氨基酸时，氨基化作用又会增强，以满足细胞对氨基酸的需要。

糖代谢的中间产物 α- 酮戊二酸与氨作用产生谷氨酸是一个还原氨基化过程，也就是谷氨酸氧化脱氨基的逆反应。这个反应是多数有机体直接利用 NH_3 合成谷氨酸的主要途径，在氨基酸生物合成中具有重要意义，因为谷氨酸的氨基可以转移到任何一种 α- 酮酸分子上形成相应的氨基酸，例如，谷氨酸分别与丙酮酸和草酰乙酸通过转氨基作用合成丙氨酸和天冬氨酸，所以谷氨酸在各种氨基酸转换反应中起着十分重要的作用。

（二）转变为糖和脂肪

当体内不需要将 α- 酮酸再合成氨基酸，并且机体的能量供应充足时，α- 酮酸可以转变为糖和脂肪，这一点已由许多动物实验所证实。

（三）氧化成 CO_2 和 H_2O

当体内需要能量时，氨基酸降解产生的各种酮酸都可以直接或间接进入三羧酸循环，进行氧化分解供能。

各种氨基酸脱氨后生成的 α-酮酸可通过各自特有的代谢途径最终转变成丙酮酸、乙酰CoA、乙酰乙酰 CoA、α-酮戊二酸、琥珀酰 CoA、延胡索酸和草酰乙酸，分别进入糖代谢和脂代谢途径，充分实现了氨基酸代谢、糖代谢和脂代谢的密切联系，如图 10-5 所示。

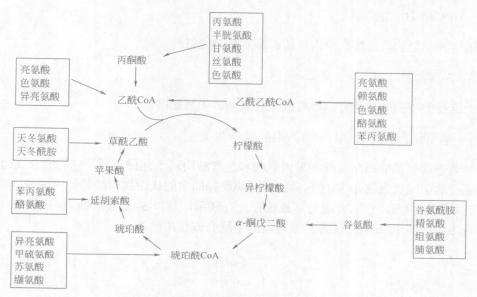

图 10-5　氨基酸进入三羧酸循环的途径

第四节　氨基酸的合成代谢概况

氨基酸代谢的一般规律在上一节已做过介绍。个别氨基酸的代谢有其特殊性，而且内容极其繁杂，本教材不能详细讨论，以下选取重要的予以介绍。

一、氨基酸的生物合成

不同生物合成氨基酸的能力不同，植物和大部分细菌能合成 20 种氨基酸，而人和其他哺乳类动物只能合成部分氨基酸，所以氨基酸分为必需氨基酸和非必需氨基酸。

不同氨基酸的生物合成途径各不相同，但它们都有一个共同的特征，就是大部分氨基酸都不是以 CO_2 和 NH_3 为起始材料从头合成的，而是起始于三羧酸循环、糖酵解途径和磷酸戊糖途径的中间代谢物，所以根据起始物的不同可归纳为五类：

（一）α-酮戊二酸衍生类型

某些氨基酸是由三羧酸循环中间产物 α-酮戊二酸衍生而来的，这类氨基酸有：谷氨酸、谷氨酰胺、脯氨酸和精氨酸。

（二）草酰乙酸衍生类型

某些氨基酸由草酰乙酸衍生而来，这类氨基酸有天冬氨酸、天冬酰胺、甲硫氨酸、苏氨酸、赖氨酸和异亮氨酸。

（三）丙酮酸衍生类型

属于这种类型的氨基酸有：丙氨酸、缬氨酸和亮氨酸。

（四）3-磷酸甘油酸衍生类型

属于这种类型的氨基酸有：丝氨酸、甘氨酸、半胱氨酸。

（五）磷酸烯醇丙酮酸和4-磷酸赤藓糖衍生类型

三种芳香族氨基酸即酪氨酸、苯丙氨酸和色氨酸均属于此种类型，它们的合成起始于磷酸戊糖途径的中间代谢物4-磷酸赤藓糖和酵解途径的中间代谢物磷酸烯醇丙酮酸。

只有组氨酸特殊，它的合成与其他途径没有联系，是以5-磷酸核糖-1-焦磷酸（PRPP）为前体合成的。图10-6示意了各种氨基酸的生物合成代谢路线。

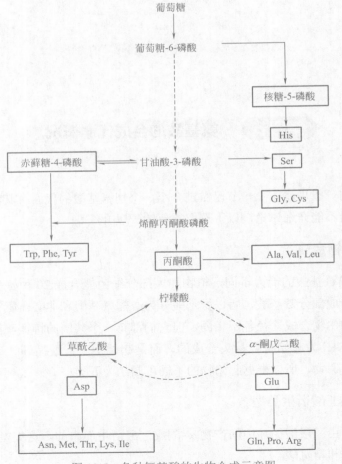

图 10-6 各种氨基酸的生物合成示意图

二、氨基酸衍生的其他重要物质

（一）一碳单位

一碳单位是指仅含有 1 个碳原子的基团，如甲基、亚甲基、羟甲基、甲酰基、亚氨甲基（—CH=NH）等。一碳单位可来源于甘氨酸、苏氨酸、丝氨酸及组氨酸等。在代谢过程中，这些一碳单位不能游离存在，需要在载体四氢叶酸（THF）的携带下，从一种化合物转移到另一种化合物，参与各种生物活性物质的修饰（如甲基化等），参与嘌呤、嘧啶的合成等。

一碳单位结合在 THF 的 N5 和 N10 上。当进行甲基化修饰时，由于 THF 的转移势能不够高，不能将甲基直接转移到甲基受体分子上，而是将甲基转移给同型半胱氨酸（高半胱氨酸）形成甲硫氨酸，再经 ATP 进一步活化，形成 S-腺苷甲硫氨酸后才能将甲基转移至甲基受体分子上，转移过程如图 10-7 所示。

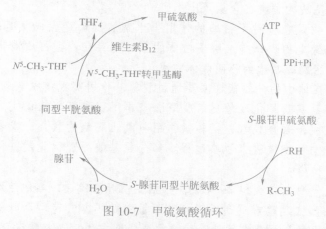

图 10-7　甲硫氨酸循环

上述反应构成一个循环，称为甲硫氨酸循环（拓展 10-7）。其生理意义在于由 N^5-CH$_3$- THF 提供甲基，合成甲硫氨酸，再通过此循环的 S-腺苷甲硫氨酸提供甲基，以进行体内广泛存在的甲基化反应，由此，N^5-甲基-THF 可看成是体内甲基的间接供体。

拓展 10-7

（二）由氨基酸衍生的生物活性物质

一些氨基酸本身具有生物活性，如谷氨酸、天冬氨酸在神经活动中起重要作用，是脑和脊髓中广泛存在的具有兴奋作用的神经介质，甘氨酸是抑制性神经介质。

有些氨基酸可脱羧衍生为生物活性物质（拓展 10-8），如组氨酸脱羧生成组胺，而组胺具有扩张血管的作用，在神经组织中是感觉神经递质，与外周神经的感觉传导有关；5′-羟色胺是脊椎动物的一种神经递质，也是一种高效血管收缩剂；γ-氨基丁酸是脑组织中具有抑制作用的神经递质。酪氨酸（拓展 10-9）可转变为儿茶酚胺类物质（包括肾上腺素、去甲肾上腺素、多巴和多巴胺）。儿茶酚胺为一类重要神经介质，对神经活动、行为、睡眠等起重要作用。精氨酸在一氧化氮合酶的作用下生成瓜氨酸和一氧化氮，一氧化氮是重要的生物信使分子，可促进血管平滑肌的松弛，在神经系统中也有重要功能。

拓展 10-8

拓展 10-9

色氨酸 → 5′-羟色氨

本章小结

蛋白质是生命活动的物质基础，其生理功能体现在可实现机体的催化、调节、运输、免疫、运动、储存、结构及生物膜等各项功能。食物蛋白质对人体的营养作用不言而喻。

人体蛋白质的代谢动态可用氮平衡来反映，氮平衡存在三种情况：总氮平衡、正氮平衡和负氮平衡。蛋白质的基本单位是 α-氨基酸，自然界所含的 20 中 α-氨基酸中有 8 种是人体不能合成，必须由食物供应的必需氨基酸，食物蛋白质的营养价值取决于必需氨基酸的种类、含量及比例。

蛋白质的消化是在多种蛋白酶的作用下水解肽键最终生成氨基酸或小分子肽，动物、植物以及微生物均含有水解蛋白质的蛋白酶存在。蛋白质消化产物氨基酸的吸收主要通过小肠黏膜细胞的不同载体完成。

大多氨基酸在体内的分解代谢主要通过脱氨基作用实现。脱氨基作用主要包括：氧化脱氨，需要氨基酸氧化酶催化；脱酰胺基作用需酰胺酶催化完成；转氨作用则需转氨酶催化完成；联合脱氨包括转氨作用与氧化脱氨的联合，或者在某些组织中通过嘌呤核苷酸循环完成联合脱氨过程。部分氨基酸可进行脱羧基代谢，需要脱羧酶催化，生成胺和 CO_2。

氨基酸脱氨代谢生成氨和 α-酮酸，氨主要在肝内代谢，其他组织代谢生成的氨可通过谷氨酰胺形式运输或通过葡萄糖-丙氨酸循环方式转运至肝脏。在肝内氨通过鸟氨酸循环生成尿素，是机体清除氨的主要代谢方式。鸟氨酸循环包括四个步骤，分别在线粒体和胞质中完成。体内生成的 α-酮酸可被再利用合成氨基酸，转变为糖或脂肪，亦可彻底氧化供能。

氨基酸的生物合成途径虽各不相同，但起始物均来自三羧酸循环、糖酵解途径和磷酸戊糖途径的中间代谢物。

氨基酸代谢过程中还可衍生出一些重要物质，如部分氨基酸可代谢生成一碳单位，参与核苷酸的合成，并为体内甲基化反应提供甲基；由氨基酸衍生的生物活性物质还包括多种神经递质，如 γ-氨基丁酸、儿茶酚胺等。

思考题

1. 氨基酸的代谢与酮体和糖的产生有何关系？哪些氨基酸可转变为丙酮酸？哪些氨基酸可转变为乙酰 CoA？
2. 什么是联合脱氨基作用？

3. 为什么转氨基作用常以 α-酮戊二酸为氨基受体？

4. 各种物质甲基化时，甲基的直接供体是什么？

5. 氨基酸分解后产生的氨是如何排出体外的？

6. 合成 1 mol 尿素消耗多少高能磷酸键？

7. 氨基酸的碳骨架是如何进行氧化的？

8. 什么是必需氨基酸？什么是非必需氨基酸？

第十一章

核苷酸代谢

本章导读

  核苷酸是核酸的基本结构单位，在机体的物质代谢和能量代谢中具有重要作用。本章主要介绍了核苷酸在体内的合成途径和代谢过程。重点介绍了嘌呤核苷酸和嘧啶核苷酸的从头合成途径和补救合成途径。在分解代谢中介绍了嘌呤核苷酸和嘧啶核苷酸的分解途径和代谢产物。

  核苷酸（nucleotide）是核酸的基本结构单位。核苷酸在体内分布广泛，在细胞中主要以 5′- 核苷酸的形式存在。一般认为，细胞中核糖核苷酸的浓度远高于脱氧核糖核苷酸。在细胞分裂周期中，脱氧核糖核苷酸含量波动范围较大，而核糖核苷酸浓度相对稳定。食物中的核苷酸主要以其结合状态的形式存在，通过核酸与蛋白质结合形成核蛋白。核蛋白在胃中受胃酸的分解作用，产生核酸与蛋白质。当核酸进入小肠后，受胰液和肠液中的核酸水解酶的作用逐步分解，产生单核苷酸而被细胞吸收。吸收进入肠黏膜细胞内的单核苷酸还可以进一步分解产生戊糖、嘌呤和嘧啶，如图 11-1。戊糖可参加戊糖代谢过程，而嘌呤和嘧啶则主要被分解后排出体外。因此，食物来源的嘌呤和嘧啶很少被机体利用（拓展 11-1）。

拓展 11-1

  核苷酸有多种生物学功能：①作为合成 DNA 和 RNA 的基本原料。②体内能量的利用形式（能量货币），ATP 是细胞内能量的主要形式，GTP 也参与能量的利用。③活化代谢物，UDP- 葡萄糖是合成糖原的活化形式，CDP- 二酰基甘油是合成磷酸甘油酯的活化形式，S- 腺苷甲硫氨酸是活性甲基的载体等。④组成辅酶，腺嘌呤核苷酸是许多重要辅酶如 NAD^+、$NADP^+$、FAD 和 CoA 的组成部分。⑤代谢调节剂，cAMP、cGMP 是许多激素作用的媒介，被称为第二信使。一些核苷酸类似物是重要的药物，在治疗癌症、病毒感染、自身免疫疾病以及遗传性疾病等方面有独特的作用。

  本章重点介绍核苷酸和脱氧核苷酸的生物合成与降解途径以及它们在代谢过程中的作用。

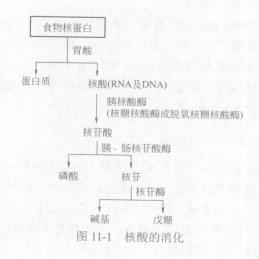

图 11-1　核酸的消化

第一节　核苷酸的合成代谢

核苷酸的生物合成对所有细胞来说都是极其重要的过程，主要是以氨基酸、核糖磷酸、一碳单位及 CO_2 等为原料，经过一系列酶促反应，合成嘌呤核苷酸的从头合成途径（*de novo* synthesis pathway），其次是利用细胞内的游离碱基或核苷，经过简单的反应合成嘌呤核苷酸的补救合成途径（salvage synthesis pathway）。

一、嘌呤核苷酸的从头合成途径

嘌呤核苷酸生物合成的途径是在 20 世纪 50 年代由 John Buchanan 和 Robert Greenberg 等阐明的（拓展 11-2）。

拓展 11-2

早期对核苷酸的研究是通过用同位素碳或氮标记的化合物饲喂鸽子，每次只标记一种物质，然后测定鸽子排泄的尿酸中各元素的放射性。尿酸经纯化并降解，对降解产物进行放射性检测，以此来确定尿酸的嘌呤环中各元素的来源。在这些实验中使用鸟类做实验是因为它们以尿酸的形式排泄氮。

同位素示踪实验证实嘌呤环的前身均为简单物质，如氨基酸、CO_2 等。嘌呤环中各原子的来源如图 11-2 所示。

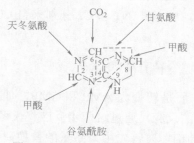

图 11-2　嘌呤环中各原子的来源

嘌呤和嘧啶核苷酸的从头合成途径在几乎所有的生物体中都是相同的。出乎意料的是，游离的碱基（腺嘌呤、鸟嘌呤、胞嘧啶、尿嘧啶和胸腺嘧啶）并不是代谢中间物。也就是说，碱基不是先合成后再加到核糖上的，而是在磷酸核糖上进行合成的。

核苷酸的磷酸核糖部分来自 5- 磷酸核糖 -1- 焦磷酸（PRPP），这是一个关键性物质，它是嘌呤核苷酸和嘧啶核苷酸从头合成途径、嘌呤核苷酸补救合成途径以及微生物体中组氨酸和色氨酸合成途径中的第一个中间产物。

（一）5- 磷酸核糖 -1- 焦磷酸的合成

5- 磷酸核糖 -1- 焦磷酸是由 ATP 和 5- 磷酸核糖（主要由磷酸戊糖途径产生）合成的，由 5- 磷酸核糖焦磷酸激酶（也叫 PRPP 合成酶）催化。这是一个特殊的激酶，因为被转移的不是磷酰基团而是焦磷酰基团，形成的 PRPP 具有 α 构型。由于这步反应为多种生物合成途径所共有，因此它的活力受到许多代谢物的调节。无机磷酸和 Mg^{2+} 是激活剂，ADP、AMP、GMP、IMP 和 2,3- 二磷酸甘油是抑制剂。

5-磷酸核糖　→（ATP　PRPP合成酶　AMP）→　5-磷酸核糖-1-焦磷酸(PRPP)

（二）次黄嘌呤核苷酸的合成

嘌呤核苷酸中的嘌呤环是在磷酸核糖上进行组装的。首先合成出来的是次黄嘌呤核苷酸（IMP），然后再由 IMP 合成腺嘌呤核苷酸（AMP）和鸟嘌呤核苷酸（GMP）。从 PRPP 到第一个完整的嘌呤核苷酸——次黄嘌呤核苷酸的途径包括 10 个酶促反应步骤，如图 11-3 所示。催化这些反应的酶存在于细胞液中。

第一步是嘌呤核苷酸合成的关键步骤，是由 PRPP 和谷氨酰胺在谷氨酰胺磷酸核糖焦磷酸转酰胺基酶催化下形成 5- 磷酸核糖胺。在这个反应里，C1 从 α 构型转变为 β 构型，由此形成的 C—N 糖苷键具有天然核苷酸所特有的 β 构型。

接下来，甘氨酸在合成酶的作用下连接在 5- 磷酸核糖胺的氨基上，产生甘氨酰胺核苷酸。然后甘氨酸残基的 α- 氨基末端被 N^{10}- 甲酰四氢叶酸甲酰化，产生 α-N- 甲酰甘氨酰胺核苷酸。这个化合物的酰胺基在接受来自谷氨酰胺的氨基后转变为脒基。甲酰甘氨脒核苷酸经闭环作用形成 5- 氨基咪唑核苷酸。这个中间产物含有嘌呤骨架的完整五元环。

嘌呤合成的下一个阶段是形成六元环，环内 6 个原子中的 3 个原子已经在 5- 氨基咪唑核苷酸中存在。另外 3 个原子，即 C6、N1 和 C2 分别来自 CO_2、天冬氨酸和 N^{10}- 甲酰四氢叶酸。

（三）腺嘌呤核苷酸和鸟嘌呤核苷酸的合成

IMP 在细胞中不会累积，而是转变为 AMP 和 GMP，如图 11-4 所示。从 IMP 到 AMP 的两步反应途径是具有代表性的反应，通过这两步反应将天冬氨酸中的氨基引入产物。IMP 上的 6- 羟基（6- 酮基的互变异构体）首先由天冬氨酸替换，而得到腺苷酸琥珀酸，然后在腺苷酸琥珀酸裂解酶作用下除去延胡索酸生成腺苷酸（AMP）。从腺苷酸琥珀酸上除去延胡索酸和从 5- 氨基咪唑 -4-N- 琥珀酸氨甲酰核苷酸上除去延胡索酸，这两个反应是由同一种酶催化的。

　　IMP 转变为 GMP 也经过两步反应途径：① IMP 经脱氢作用得到 5′- 黄苷酸（XMP），然后将谷氨酰胺中的酰胺基转移到黄嘌呤环的 C2 上得到 GMP ；② ATP 分解为 AMP 和无机焦磷酸，后者随即通过普遍存在的无机焦磷酸酶在有利于平衡的反应条件下水解为无机磷酸，用以推动 GMP 的合成反应。

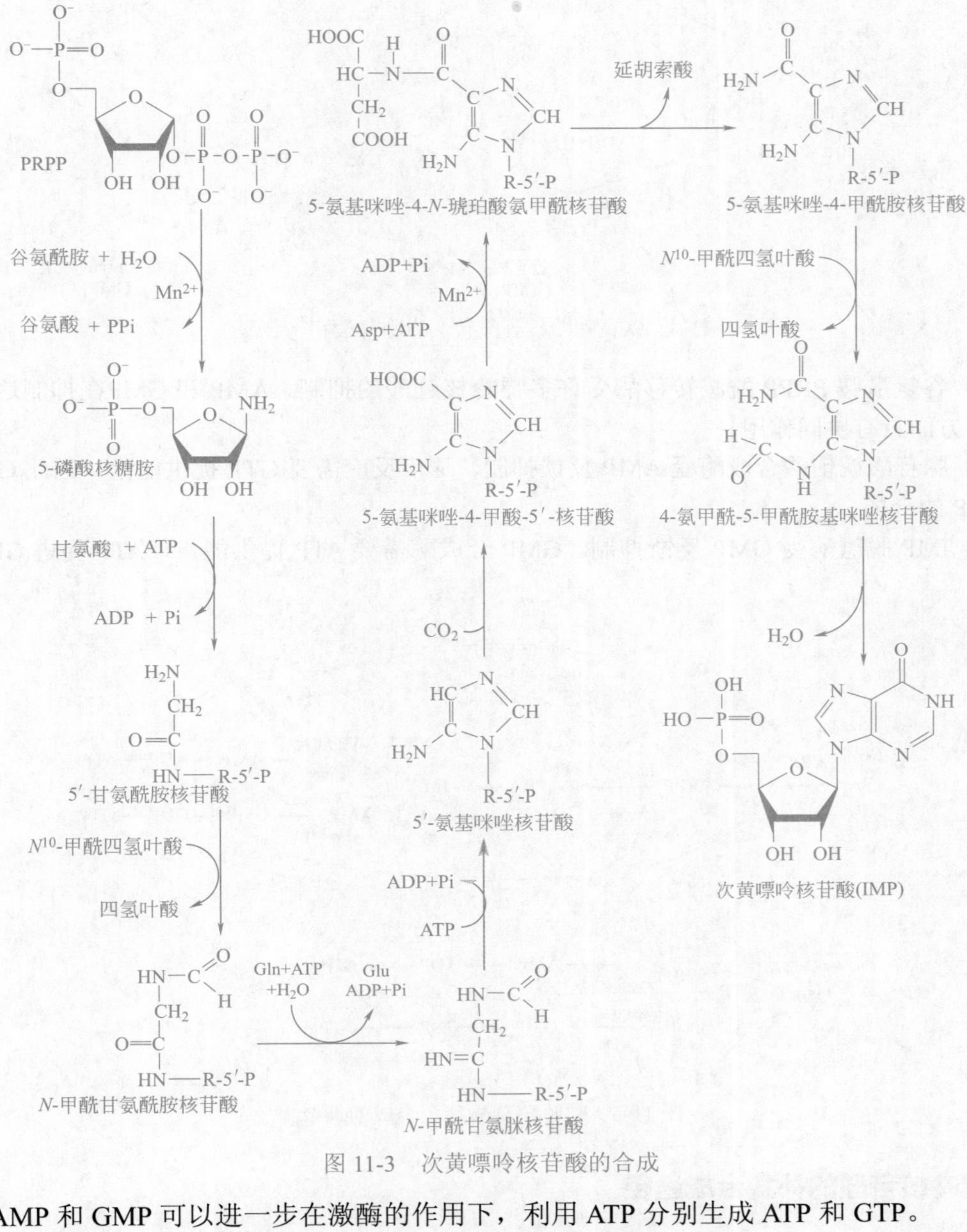

图 11-3　次黄嘌呤核苷酸的合成

AMP 和 GMP 可以进一步在激酶的作用下，利用 ATP 分别生成 ATP 和 GTP。

（四）嘌呤核苷酸合成代谢的调节

嘌呤核苷酸的合成受到反馈调节和交叉调节（如图 11-5 所示），有下列几个调节位点：
① 5- 磷酸核糖 -1- 焦磷酸合成酶受 AMP、GMP 和 IMP 的抑制。

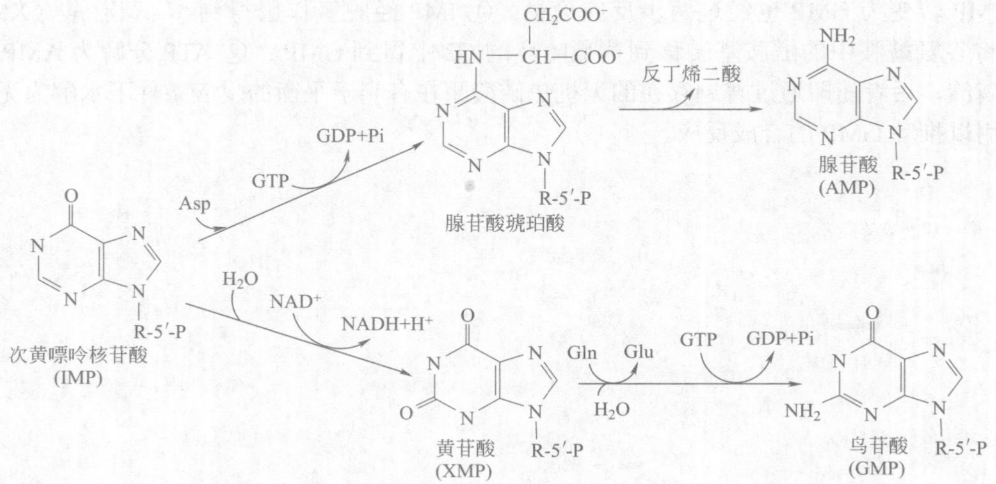

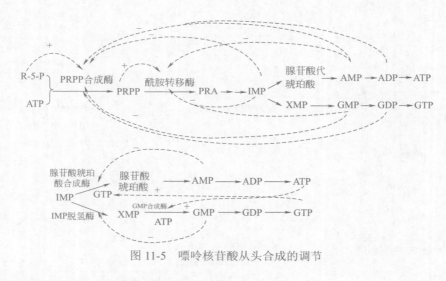

图 11-4 次黄嘌呤核苷酸转变为腺苷酸和鸟苷酸

② 谷氨酰胺 PRPP 酰胺转移酶受许多嘌呤核苷酸的抑制。AMP 和 GMP在抑制这个酶的活力方面具有协同作用。

③ 腺苷酸琥珀酸合成酶受 AMP 反馈抑制，这步反应需要 GTP 提供能量，因此 GTP 促进 AMP 的合成。

④ IMP 脱氢酶受 GMP 反馈抑制。GMP 合成酶需要 ATP 提供能量，ATP 促进 GMP 的合成。

图 11-5 嘌呤核苷酸从头合成的调节

二、嘌呤核苷酸的补救合成途径

利用游离的嘌呤碱基来合成嘌呤核苷酸称为嘌呤核苷酸的补救合成，游离的嘌呤碱基是由核酸和核苷酸经过水解形成的，补救途径在哺乳动物和微生物体中都广泛存在。在补救反应里，PRPP 的核糖磷酸部分转移给嘌呤，形成相应的核苷酸。此途径有两种补救酶，它们具有不同的专一性：腺嘌呤磷酸核糖基转移酶（adenine phosphoribosyl transferase,

APRT）催化腺苷酸的合成；而次黄嘌呤 - 鸟嘌呤磷酸核糖基转移酶（hypoxanthine-guanine phosphoribosyl transferase，HGPRT）催化次黄嘌呤核苷酸和鸟嘌呤核苷酸的合成。

$$\text{腺嘌呤} + \text{PRPP} \xrightarrow{\text{APRT}} \text{AMP} + \text{PPi}$$

$$\text{鸟嘌呤(或次黄嘌呤)} + \text{PRPP} \xrightarrow{\text{HGPRT}} \text{GMP(IMP)} + \text{PPi}$$

该反应的平衡有利于核苷酸的形成，因为所释放出的焦磷酸迅速被焦磷酸酶水解。

另外，人体内可通过腺苷激酶催化的磷酸化反应，使腺嘌呤核苷磷酸化生成腺嘌呤核苷酸，而重新利用。

$$\text{腺嘌呤核苷} \xrightarrow[\substack{\text{腺苷激酶}\\ \text{ATP}\quad\text{ADP}}]{} \text{AMP}$$

嘌呤核苷酸补救合成的生理意义（拓展 11-3）：①可以节省核苷酸合成时能量和一些氨基酸的消耗。②体内某些组织器官，如脑、骨髓等缺乏从头合成途径的酶系，只能通过补救合成补充嘌呤核苷酸。在这些组织中补救合成途径具有更为重要的意义。例如，在儿童中发现的一种称为自毁容貌综合征的精神失常疾病，说明了嘌呤核苷酸补救合成途径的重要性，这种疾病是由次黄嘌呤 - 鸟嘌呤磷酸核糖基转移酶基因缺陷所造成的。在正常的脑组织中，嘌呤核苷酸的合成主要依赖于补救合成途径；而这种病人的脑组织中缺乏补救合成所需的次黄嘌呤 - 鸟嘌呤磷酸核糖基转移酶，使嘌呤核苷酸的合成不足，患者常出现一系列的神经系统损伤表现，如行为反常、智力迟钝、痉挛性大脑麻痹及自我毁伤等。一些嘌呤核苷酸的类似物及抗代谢物可用于嘌呤代谢相关的疾病的治疗（拓展 11-4）。

拓展 11-3

拓展 11-4

三、脱氧（核糖）核苷酸的生物合成

脱氧核苷酸是 DNA 的组成成分，脱氧核苷酸（包括嘌呤脱氧核苷酸和嘧啶脱氧核苷酸）是通过相应的核苷酸还原而成的，并且主要在二磷酸核苷（NDP）水平上（这里 N 代表 A、G、U、C 等碱基）由核苷二磷酸直接还原而成。反应如下：

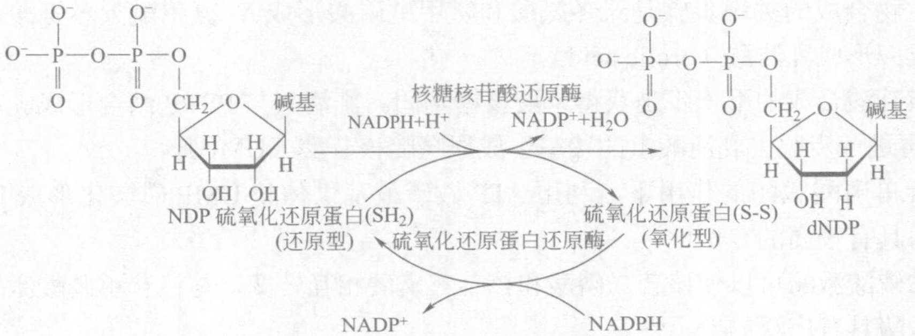

这一反应过程比较复杂，催化核苷酸还原的酶系包括核糖核苷酸还原酶、硫氧化还原蛋白和硫氧化还原蛋白还原酶等。核糖核苷酸还原酶催化核苷二磷酸的直接还原，氢来自酶催化部位的巯基，被氧化后的巯基通过一个类似于电子传递链的系统从 NADPH 中获得电子而被重新还原。

四、嘧啶核苷酸的从头合成途径

嘧啶核苷酸与嘌呤核苷酸一样，也存在从头合成途径和补救合成途径。与嘌呤核苷酸从头合成的反应顺序不同，嘧啶核苷酸的从头合成是首先形成嘧啶环，然后再与磷酸核糖相连接。同位素示踪实验证明，嘧啶合成的原料来自谷氨酰胺、CO_2 和天冬氨酸。

1. 尿嘧啶核苷酸（尿苷酸）的合成

嘧啶环的合成开始于氨甲酰磷酸的生成，如图 11-6 所示。氨甲酰磷酸也是尿素合成的重要中间产物，但它是由位于真核细胞线粒体中的氨甲酰磷酸合成酶 Ⅰ 催化的，氮的供体是 NH_3；而嘧啶合成所用的氨甲酰磷酸是由胞液中的氨甲酰磷酸合成酶 Ⅱ 催化生成的，氮的供体是谷氨酰胺。

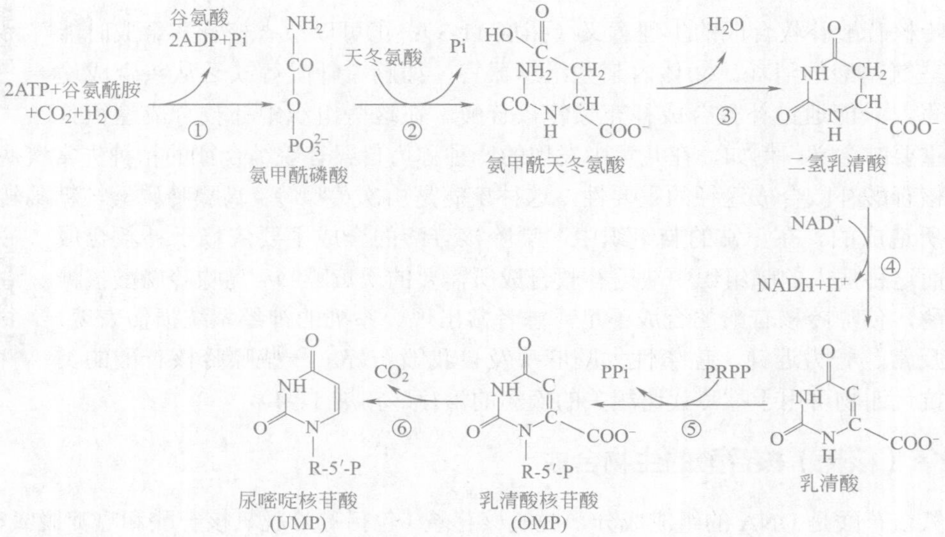

图 11-6　尿苷酸的合成

①氨甲酰磷酸合成酶Ⅱ；②天冬氨酸氨基甲酰转移酶；③二氢乳清酸酶；④脱氢酶；⑤磷酸核糖转移酶；⑥脱羧酶

嘧啶生物合成的关键步骤是天冬氨酸和氨甲酰磷酸形成 *N*-氨甲酰天冬氨酸，后者经脱水、脱氢反应形成乳清酸（orotic acid）。

嘧啶核苷酸合成的下一步是获得磷酸核糖基团。乳清酸与 PRPP 结合形成乳清酸核苷酸（OMP），再进一步脱去乳清酸上的羧基生成尿嘧啶核苷酸（UMP）。

在核苷单磷酸激酶的作用下，利用 ATP 做磷酰基供体使 UMP 磷酸化形成 UDP。核苷单磷酸激酶具有较高的专一性。

核苷二磷酸激酶可以使核苷二磷酸和核苷三磷酸相互转变，与核苷单磷酸激酶相比，核苷二磷酸激酶具有广泛的专一性。

2. 胞苷三磷酸的合成

胞嘧啶核苷三磷酸（CTP）是由尿嘧啶核苷三磷酸（UTP）转变而来的。在哺乳动物中，UTP 接受谷氨酰胺的侧链氨基转变为 CTP；而在大肠杆菌中，胺化反应利用的是 NH_4^+。这两个氨基化反应都消耗一个 ATP。

3. 脱氧胸腺嘧啶核苷酸的合成

脱氧胸腺嘧啶核苷酸（dTMP 或 TMP）不能由二磷酸胸腺嘧啶核苷酸还原生成，它只能由尿嘧啶脱氧核苷酸（dUMP）甲基化产生（dUMP 是由 dUDP 脱磷酸和 dCMP 脱氨基生成的）。催化胸腺嘧啶核苷酸合成的酶是胸腺嘧啶核苷酸合成酶，由 N^5, N^{10}- 亚甲基四氢叶酸提供甲基，如图 11-7。

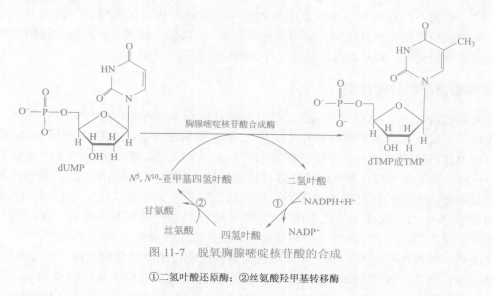

图 11-7　脱氧胸腺嘧啶核苷酸的合成

①二氢叶酸还原酶；②丝氨酸羟甲基转移酶

4. 嘧啶核苷酸生物合成的调节

大肠杆菌嘧啶核苷酸合成的关键步骤是天冬氨酸和氨甲酰磷酸形成 N- 氨甲酰天冬氨酸，反应由天冬氨酸氨基甲酰转移酶催化，该酶受 CTP 反馈抑制。在哺乳动物中，嘧啶核苷酸合成的调节酶主要是氨甲酰磷酸合成酶Ⅱ，它受 UMP 抑制。这两种酶均受反馈机制的调节。同位素实验证明，嘧啶和嘌呤的合成有着协调控制关系，二者的合成速度是平行的。由于 PRPP 合成酶是嘧啶核苷酸和嘌呤核苷酸合成过程中共同需要的酶，因此，它可同时受到二者的反馈抑制调节。

五、嘧啶核苷酸的补救合成途径

嘧啶核苷酸的补救合成途径主要由嘧啶磷酸核糖转移酶催化。

$$嘧啶 + PRPP \xrightarrow{\text{嘧啶磷酸核糖转移酶}} 嘧啶核苷酸 + PPi$$

尿苷激酶也是一种补救合成酶，它催化的反应如下：

$$尿嘧啶核苷 + ATP \xrightarrow{\text{尿苷激酶}} UMP + ADP$$

脱氧胸苷可通过胸苷激酶催化而生成 TMP。此酶在正常肝中活性很低，而在再生肝中活性升高，在恶性肿瘤中的活性升高明显，并与恶性程度有关。一些嘧啶核苷酸的抗代谢物可用于这些疾病的治疗（拓展 11-5）。

拓展 11-5

拓展 11-6

第二节　核苷酸的分解代谢

　　用同位素标记核酸的实验表明（拓展 11-6），生物体摄入核酸中的嘌呤和嘧啶只有小部分用于组织中核酸的合成，而大部分碱基已被分解。核酸在核酸酶作用下被水解为核苷酸，核苷酸在核苷酸酶的作用下可被水解为碱基和核糖-5-磷酸，同时也可以在核苷酸酶的作用下水解为核苷和磷酸。生物体中广泛存在的核苷磷酸化酶可催化核苷磷酸分解为碱基和核糖-1-磷酸。核酸水解产生的核糖可经磷酸戊糖途径进一步代谢，碱基则可经补救途径再利用或者进一步分解。

一、嘌呤核苷酸的分解代谢

　　在大多数情况下，AMP 首先被 5′-核苷酸酶作用而水解形成腺嘌呤核苷；然后，在脱氨酶的作用下脱氨形成次黄嘌呤核苷（肌苷）。而在肌肉细胞中，AMP 首先由 AMP 脱氨酶催化形成 IMP，接着 IMP 在 5′-核苷酸酶作用下水解生成次黄嘌呤核苷，GMP 水解后形成鸟嘌呤核苷；次黄嘌呤核苷和鸟嘌呤核苷分别被迅速地水解（或磷酸解）成次黄嘌呤和鸟嘌呤；次黄嘌呤在黄嘌呤氧化酶的作用下被氧化成黄嘌呤，黄嘌呤氧化酶含有钼、FAD 和两种不同的 Fe-S 中心，它催化的反应产生 O_2^- 和 H_2O_2；鸟嘌呤被氨基水解酶（脱氨酶）作用脱去氨基形成黄嘌呤，黄嘌呤进一步被氧化成尿酸，此过程如图 11-8 所示。

　　痛风是一种相当普遍的（0.3%）嘌呤代谢紊乱疾病。嘌呤碱分解代谢产生过多的尿酸，由于其溶解性很差，易形成尿酸钠结晶，沉积于男性的关节部位引起疼痛或灼痛。次黄嘌呤-鸟嘌呤磷酸核糖基转移酶（HGPRT）的缺陷使其缺少补救途径合成嘌呤核苷酸，PRPP促进嘌呤碱的全程合成途径，导致大量尿酸积累，引起肾结石和痛风。痛风的治疗可以采用别嘌呤醇，其结构如图 11-9 所示，它是次黄嘌呤的异构体，可以抑制黄嘌呤氧化酶的活性，从而逐步减少尿和血中的尿酸含量。

　　不同种类的生物分解嘌呤的能力不同，嘌呤分解代谢的最终产物也有所不同。人类和排尿酸动物（如鸟类和昆虫）体内缺乏尿酸酶，不能将尿酸进一步氧化，所以尿酸是嘌呤代谢的最终产物；灵长类以外的哺乳动物都会分泌尿囊素，它是尿酸氧化形成的；硬骨鱼类分泌尿囊酸，它是由尿囊素经水合作用形成的；在两栖类和多数鱼类中，降解作用还向前进一步，尿囊酸水解为两分子尿素和一分子乙醛酸；而氨和 CO_2 是海洋无脊椎动物体内嘌呤代谢的最终产物，这些动物体内的脲酶可将尿素分解。

尿酸(酮式)　——尿酸氧化酶→　尿囊素　——尿囊素酶/H_2O→　尿囊酸

尿囊酸　——尿囊酸酶→　乙醛酸　+　$2H_2N—\underset{O}{\overset{}{C}}—NH_2$（尿素）　——脲酶/$2H_2O$→　$2CO_2+4NH_3$

植物和微生物体内嘌呤的代谢与动物体相似，尿囊素酶、尿囊酸酶和脲酶在植物体内广泛存在；微生物一般将嘌呤类物质降解为氨、二氧化碳和有机酸。

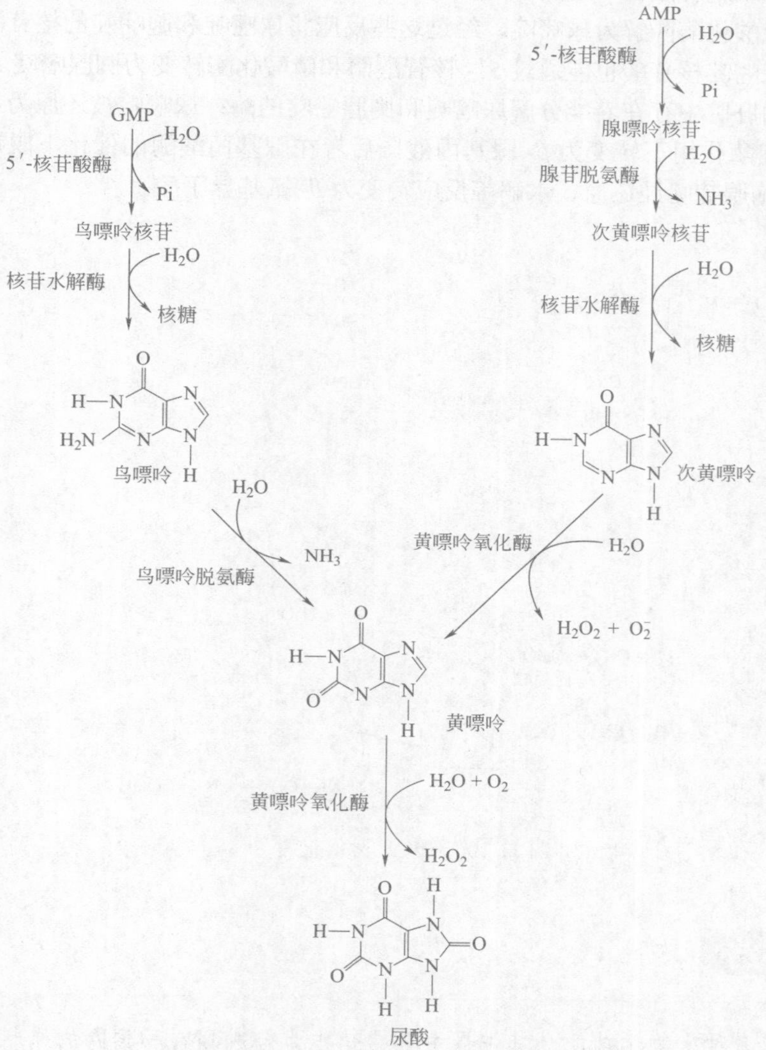

图 11-8　嘌呤分解成尿酸的过程

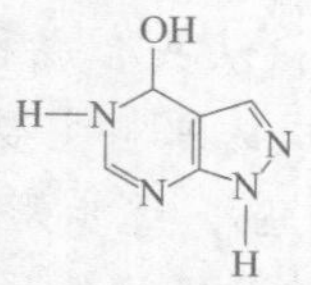

图 11-9　别嘌呤醇结构

二、嘧啶核苷酸的分解代谢

不同生物的嘧啶碱的分解过程不一样，一般情况下降解后生成 β- 丙氨酸和 β- 氨基异丁酸，如图 11-10 所示。这两种物质可以分别进一步转化为乙酰 CoA 和琥珀酰 CoA。含氨基的嘧啶要先水解脱去氨基，脱氨基也可以在核苷或核苷酸水平上进行。

胞嘧啶、胞苷或胞苷酸在一些脱氨酶作用下生成相应的尿嘧啶衍生物。生成的尿苷和脱氧尿苷能被尿苷磷酸化酶降解为尿嘧啶，经过这些反应将尿嘧啶和胞嘧啶的核苷酸转变为尿嘧啶。同样，胸腺嘧啶核苷酸也能通过 5′- 核苷酸酶和磷酸化酶转变为胸腺嘧啶。

在哺乳动物的肝脏中存在着能分解尿嘧啶和胸腺嘧啶的酶：尿嘧啶被还原为二氢尿嘧啶后，在二氢尿嘧啶酶作用下转变为 β- 脲基丙酸，后者在脲基丙酸酶的催化下脱羧、脱氨转变为 β- 丙氨酸；胸腺嘧啶经还原、水解等反应转变为 β- 氨基异丁酸。

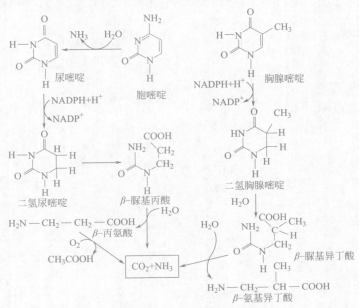

图 11-10　嘧啶的分解代谢

本章小结

核苷酸有多种生物学功能，其中最主要的是作为合成 DNA 和 RNA 的原料。此外，还参与细胞的能量代谢（ATP、GTP 等），物质活化转运载体（如 UDP- 葡萄糖、CDP- 二酰基甘油、S- 腺苷甲硫氨酸等）以及组成辅酶（如 NAD$^+$、NADP$^+$、FAD 和 CoA 的组成部分），参与代谢调节（如 cAMP、cGMP 被称为第二信使）。

核苷酸的生物合成有两条途径：从头合成和补救合成。从头合成主要在肝脏，其次是小肠。嘌呤核苷酸的从头合成的原料主要是氨基酸、核糖磷酸、一碳单位及 CO_2 等简单物质，经过一系列酶促反应，逐步形成嘌呤环，形成重要中间产物 IMP，然后转变为 AMP 和 GMP。合成过程受到精确的反馈调节和交叉调节。与嘌呤核苷酸从头合成的反应顺序不同，嘧啶核苷酸的从头合成是首先形成嘧啶环，然后再与磷酸核糖相连接。嘧啶合成的原料来自谷氨酰胺、CO_2 和天冬氨酸。补救合成主要在脑和骨髓，它主要利用细胞内现存的碱基或核苷，同样具有重要的生理意义。

脱氧核苷酸是 DNA 的组成成分，脱氧核苷酸是通过核糖核苷酸还原酶催化二磷酸核苷（NDP）直接还原而成。脱氧胸腺嘧啶核苷酸不能由二磷酸胸腺嘧啶核苷酸还原生成，它只能由尿嘧啶脱氧核苷酸（dUMP）甲基化产生，反应由胸腺嘧啶核苷酸合成酶催化，需要由 N^5，N^{10}- 亚甲基四氢叶酸提供甲基。

嘌呤在人体内分解代谢的终产物是尿酸，黄嘌呤氧化酶是尿酸生成的关键酶。尿酸生成过多等嘌呤代谢异常可导致痛风症。嘧啶分解后产生的 β 氨基酸可随尿液排出体外或进一步代谢。

思考题

1. 嘌呤代谢的最终产物是什么？对于不同的生物体有无区别？为什么？
2. 别嘌呤醇有何作用？
3. 嘌呤和嘧啶的从头合成需要哪些物质？
4. 脱氧核苷酸是如何合成的？

第十二章

物质代谢的相互联系及其调节

本章导读

　　生物体内的代谢过程不是孤立的、互不影响的，各代谢途径之间是相互联系、相互制约、彼此交织在一起的，可以通过一些关键物质互通有无，构成一个协调统一的整体。本章介绍了物质代谢间的相互联系及物质代谢的调节。在物质代谢间的相互联系中，介绍了糖、脂、蛋白质在能量代谢上的相互联系和糖、脂、蛋白质及核酸物质代谢之间的相互联系；在物质代谢的调节中，介绍了高等生物分别在细胞水平、激素水平及神经水平的调节。

　　前面的章节中，分别研究了糖、脂肪、氨基酸和核酸的代谢，但是这样分类是人为的，只是为了便于问题的叙述。生物体内的代谢过程不是孤立的、互不影响的。各代谢途径之间是相互联系、相互制约、彼此交织在一起的，可以通过一些关键物质互通有无，从而构成一个协调统一的整体。如果这些代谢途径之间的协调关系受到破坏，便会发生代谢紊乱，甚至引起疾病。机体在正常的情况下，既不会引起某些代谢产物的不足或过剩，也不会造成某些原料的缺乏或积聚，这主要是由于机体内有一套精确而有效的代谢调节网络，以保证各种代谢井然有序、有条不紊地进行。本章介绍生物体内物质代谢之间的相互联系和调节控制。

第一节　物质代谢的相互联系

　　在生物体内，各类物质代谢相互联系、相互制约，在一定条件下，各类物质又可相互转化，互通有无。如糖、脂、蛋白质均可以氧化供能，又可部分相互转化，适应机体在不同条件下的代谢需要。

一、糖、脂、蛋白质在能量代谢上的相互联系

糖类、脂类及蛋白质都是能源物质，均可在体内氧化供能。尽管三大营养物质在体内氧化分解的代谢途径各不相同，但乙酰 CoA 是它们代谢的共同中间产物，三羧酸循环（TCA 循环）和氧化磷酸化是它们代谢的共同途径，而且都能生成可利用的生物能 ATP，如图 12-1 所示。从能量供给的角度来看，三大营养物质的利用可相互替代，并互相制约。

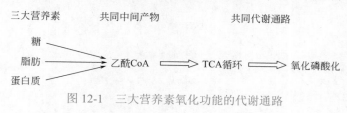

图 12-1 三大营养素氧化功能的代谢通路

一般情况下，供能以糖、脂为主，并尽量节约蛋白质的消耗。由于糖、脂、蛋白质分解代谢有共同的代谢途径，从而限制了进入该代谢途径的代谢物的总量。而各营养物质的氧化分解又相互制约，并根据机体的不同状态来调整各营养物质氧化分解的速度以适应机体的需要。若任一种供能物质的分解代谢增强，通常能代谢调节抑制和节约其它供能物质的降解。在正常情况下，机体主要依赖葡萄糖氧化供能，而脂肪的分解代谢及蛋白质的氧化分解往往受到抑制；在饥饿状态时，由于糖供应不足，则需动用脂肪或动用蛋白质而获得能量。

二、糖、脂、蛋白质及核酸物质代谢之间的相互联系

体内糖、脂、蛋白质及核酸的代谢是相互影响、相互转化的，其中三羧酸循环不仅是三大营养物质代谢的共同途径，也是三大营养物质相互联系、相互转变的枢纽（图 12-2）。同时，一种代谢途径的改变必然影响其他代谢途径的相应变化，当糖代谢失调时会立即影响到蛋白质代谢和脂类代谢。

（一）糖代谢与脂代谢的相互联系

糖可以转变为脂肪，这一代谢转化过程在植物、动物和微生物中普遍存在。油料作物种子中脂肪的积累；用含糖多的饲料喂养家禽家畜，可以获得育肥的效果；某些酵母，在含糖的培养基中培养，其合成的脂肪可达干重的 40%。机体摄入的糖过多而超过体内能量的消耗时，除合成糖原储存在肝脏和肌肉组织外，可大量转变为脂肪贮存起来。

糖和脂类都是以碳氢元素为主的化合物，它们在代谢关系上十分密切。一般来说，糖转变为脂肪的大致步骤为：糖经酵解产生磷酸二羟丙酮和 3- 磷酸甘油醛，其中磷酸二羟丙酮可以还原为甘油；而 3- 磷酸甘油醛能继续通过糖酵解途径形成丙酮酸，丙酮酸氧化脱羧后转变成乙酰辅酶 A，乙酰辅酶 A 可用来合成脂肪酸，最后由甘油和脂肪酸合成脂肪。此外，糖的分解代谢增强不仅为脂肪合成提供了大量的原料，而且其生成的 ATP 及柠檬酸是乙酰 CoA 羧化酶的别构激活剂，促使大量的乙酰 CoA 羧化为丙二酸单酰 CoA 进而合成脂肪酸及脂肪在脂肪组织储存。脂肪分解成甘油和脂肪酸，其中甘油可经磷酸化生成 α- 磷酸甘油，再转变为磷酸二羟丙酮，然后经糖异生的途径可变为葡萄糖；而脂肪酸部分在动物体内不能转变为糖。相比而言，甘油占脂肪的量很少，其生成的糖量相当有限，因此，脂肪绝大部分

不能在体内转变为糖。

脂肪分解代谢的强度及代谢过程能否顺利进行与糖代谢密切相关。三羧酸循环的正常运转有赖于糖代谢产生的中间产物草酰乙酸来维持，当饥饿或糖供给不足或糖尿病糖代谢障碍时，引起脂肪动员加快，脂肪酸在肝内经 β 氧化生成酮体的量增多，其原因是糖代谢的障碍而致草酰乙酸相对不足，生成的酮体不能及时通过三羧酸循环氧化，而造成血酮体升高。

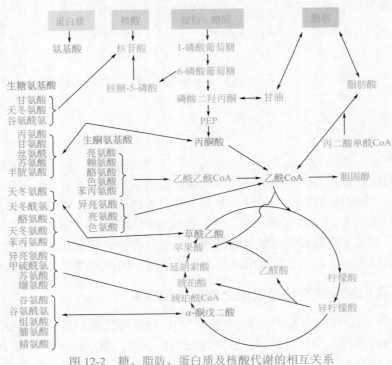

图 12-2　糖、脂肪、蛋白质及核酸代谢的相互关系

（二）糖代谢与氨基酸代谢的相互联系

某些氨基酸相对应的 α- 酮酸可来自糖代谢的中间产物。如由糖分解代谢产生的丙酮酸、草酰乙酸、α- 酮戊二酸经转氨作用可分别转变为丙氨酸、天冬氨酸和谷氨酸。谷氨酸可进一步转变成脯氨酸、羟脯氨酸、组氨酸和精氨酸等其它氨基酸。对于哺乳动物，糖代谢的中间产物可氨基化生成 12 种非必需氨基酸，8 种必需氨基酸必须由食物提供。故食物中的糖是不能替代蛋白质的。

组成蛋白质常见的 20 种氨基酸，除亮氨酸和赖氨酸这两种生酮氨基酸外，其他均可通过脱氨基作用生成相应的 α- 酮酸，而这些 α- 酮酸可作为糖代谢的中间产物或转化为糖代谢的中间产物。生物体在不需要能量的情况下，各种 α- 酮酸可通过三羧酸循环途径转化为草酰乙酸，再异生为糖。

（三）脂类代谢与氨基酸代谢的相互联系

脂肪水解成甘油和脂肪酸以后，变成丙酮酸和其它一些 α- 酮酸，所以它和糖一样，可以转变成各种非必需氨基酸。脂肪酸经 β 氧化作用生成乙酰 CoA，乙酰 CoA 经三羧酸循环与草酰乙酸生成 α- 酮戊二酸，α- 酮戊二酸转变成谷氨酸后，再转变成其它氨基酸。由于产

生 α- 酮戊二酸的过程需要草酰乙酸，而草酰乙酸是由蛋白质与糖所产生的，所以脂肪转变成氨基酸的数量是有限的。植物种子萌发时，脂肪转变成氨基酸较多。

组成蛋白质的所有氨基酸均可在动物体内转变成脂肪。生酮氨基酸在代谢中先生成乙酰CoA，然后再合成脂肪酸；生糖氨基酸可直接或间接生成丙酮酸，丙酮酸不但可变成甘油，也可以氧化脱羧生成乙酰 CoA 后合成脂肪酸，进一步合成脂肪。此外，乙酰 CoA 还是合成胆固醇的原料。丝氨酸脱羧生成乙醇胺，经甲基化形成胆碱，而丝氨酸、乙醇胺和胆碱分别是合成磷脂酰丝氨酸、脑磷脂及卵磷脂的原料。糖、脂、氨基酸代谢途径间的相互关系见图 12-3。

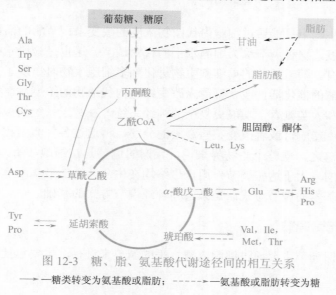

图 12-3　糖、脂、氨基酸代谢途径间的相互关系
——糖类转变为氨基酸或脂肪；------氨基酸或脂肪转变为糖

（四）核酸与氨基酸代谢及糖代谢的相互关系

核酸是细胞中重要的遗传物质，它通过控制蛋白质的合成，影响细胞的组成和代谢类型。核酸不是重要的供能物质，但是许多核苷酸在代谢中起重要作用。如 ATP 是能量生成、利用和储存的中心物质，UTP 参与糖原的合成，CTP 参与卵磷脂的合成，GTP 参与蛋白质合成及糖异生。此外，许多重要辅酶也是核苷酸的衍生物，如辅酶 A 、NAD$^+$、NADP$^+$、FAD 等。另外，核酸或核苷酸本身的合成，又受到其他物质特别是蛋白质的影响。如甘氨酸、天冬氨酸、谷氨酰胺及一碳单位（是由部分氨基酸代谢产生的）是核苷酸合成的原料，参与嘌呤和嘧啶环的合成；核苷酸合成需要酶和多种蛋白因子的参与；合成核苷酸所需的磷酸核糖来自糖代谢中的磷酸戊糖途径等。反过来，蛋白质是以 DNA 为基因、mRNA 为模板，在 tRNA 和 rRNA 的共同参与下以各种氨基酸为原料合成的，且蛋白质的合成过程必须有 GTP 供应能量。因此，核酸对蛋白质的代谢有重要的作用。

第二节　物质代谢的调节

前面叙述了生物体内存在的相互联系而又错综复杂的代谢过程。机体必须对这些代谢过程及它们之间的相互关系进行全面调节，以使这些代谢过程是根据机体的需求来进行，使生物体处在正常的生理状态。生物体的代谢过程和其所处的环境密不可分，生物体具有应答细胞内外信号和环境变化的能力。因此，代谢调节是研究生物体内的生命物质相互转化、相互制约、彼此协调及其控制规律的科学。它的主要内容是揭示各类型调节的分子基础，并阐明调节过程与机能相联系的机制。

在生物的进化过程中，代谢调节是生物在长期进化过程中，为适应环境需要而形成的一种生理机能，进化程度愈高的生物其调节方式就愈复杂。就整个生物界而言，代谢调节普遍存在，并在三个不同水平上进行，这三个水平分别为细胞水平的代谢调节、激素水平的调节和神经水平的调节。

在单细胞的微生物中只能通过细胞内代谢物浓度的改变来调节酶的活性及含量，从而影响某些酶促反应速度，这种调节称为细胞水平的代谢调节。这也是最原始的调节方式，为动植物和微生物所共有。随着低等的单细胞生物进化到多细胞生物时出现了激素调节，激素能改变靶细胞的某些酶的催化活性或含量，来改变细胞内代谢物的浓度从而实现对代谢途径的调节。而高等生物和人类则有了功能更复杂的神经系统，在神经系统的控制下，机体通过神经递质对效应器发生影响，或者改变某些激素的分泌，再通过各种激素相互协调，对整体代谢进行综合调节。总之，就整个生物界来说，代谢的调节是在细胞（酶）、激素和神经这三个不同水平上进行的。由于这些调节作用点最终均在生命活动的最基本单位细胞中，所以细胞水平的调节是最基本的调节方式，是激素和神经调节方式的基础。

一、细胞水平的代谢调节

细胞水平的代谢调节主要通过细胞内酶水平的调节来进行，主要包括酶的分布、酶的活性和酶的含量等。

（一）细胞内酶的区室化分布

细胞是生物体结构和功能的基本单位。细胞内存在由膜系统分开的区域，使各类反应在细胞中有各自的空间分布，称为区室化（compartmentation）。尤其是真核生物细胞呈现更高度的区室化，由膜包围的多种细胞器分布在细胞质内，如细胞核、线粒体、溶酶体、高尔基体等（拓展 12-1）。代谢上相关的酶常常组成一个多酶体系（multienzyme system）或多酶复合物（multienzyme complex），分布在细胞的某一特定区域，执行着特定的代谢功能。例如糖酵解、糖原合成与分解、磷酸戊糖途径和脂肪酸合成的酶系存在于细胞质中；三羧酸循环、脂肪酸 β 氧化和氧化磷酸化的酶系存在于线粒体中；核酸合成的酶系大部分在细胞核中；水解酶系在溶酶体中（表 12-1）。即使在同一细胞器内，酶系分布也有一定的区室化。例如在线粒体内，在外膜、内膜、膜间空间以及内部基质的酶系是不同的：细胞色素和氧化磷酸化的酶分布在内膜上，而三羧酸循环的酶则主要是在基质中。

表 12-1　主要代谢途径多酶体系在细胞内的分布

多酶体系	细胞内分布
三羧酸循环	线粒体
氧化磷酸化	线粒体
糖酵解	胞液

多酶体系	细胞内分布
磷酸戊糖途径	胞液
糖异生	胞液和线粒体
糖原合成	胞液
脂肪酸 β 氧化	线粒体
脂肪酸合成	胞液
胆固醇合成	内质网和胞液
磷脂合成	内质网
DNA、RNA 合成	细胞核
蛋白质合成	内质网、胞液
多种水解酶	溶酶体
尿素合成	线粒体、胞液
血红蛋白合成	线粒体、胞液

　　这种细胞内酶的区室化分布对物质代谢及调节有重要的意义：①使得在同一代谢途径中的酶互相联系、密切配合，同时将酶、辅酶和底物高度浓缩，使同一代谢途径一系列酶促反应连续进行，提高反应速度；②使得不同代谢途径隔离分布，各自行使不同功能，互不干扰，使整个细胞的代谢得以顺利进行；③使得某一代谢途径产生代谢产物在不同细胞器呈区室化分布，而形成局部高代谢物浓度，有利于其对相关代谢途径的特异调节。此外，一些代谢中间产物在亚细胞结构之间还存在着穿梭（拓展12-2），从而组成生物体内复杂的代谢与调节网络。因此，酶在细胞内的区室化分布也是物质代谢调节的一种重要方式。

拓展 12-2

（二）代谢调节作用点——关键酶、限速酶

　　代谢途径包含一系列催化化学反应的酶，其中有一个或几个酶能影响整个代谢途径的反应速度和方向，这些具有调节代谢作用的酶称为关键酶（key enzyme）或调节酶（regulatory enzyme，一般为别构酶）。在代谢途径的酶系中，关键酶一般具有以下的特点：①常催化不可逆的非平衡反应，因此能决定整个代谢途径的方向；②酶的活性较低，其所催化的化学反应速度较慢，故又称限速酶（rate-limiting enzyme）（拓展12-3），因此它的活性能决定整个代谢途径的总速度；③酶活性受底物、多种代谢产物及效应剂的调节，因此它是细胞水平的代谢调节的作用点；④某一途径如果有多种限速酶，最关键的通常是催化本途径第一步反应的酶。例如己糖激酶、磷酸果糖激酶 -1 和丙酮酸激酶均为糖酵解途径的关键酶，但是己糖激酶催化的反应为糖酵解和 HMP 途径所共有，所以糖酵解途径最关键的限速酶为磷酸果糖激酶 -1，HMP 途径最关键的限速酶为葡萄糖 -6- 磷酸脱氢酶。

拓展 12-3

　　关键酶催化的反应途径决定着生物体内代谢的方向。相互拮抗的两种途径，一种活跃，另外一种必然被抑制。比如催化葡萄糖分解的糖酵解途径和糖合成的糖异生途径互为拮抗，糖酵解途径三种限速酶中磷酸果糖激酶 -1 的活性最低，它通过催化果糖 -6- 磷酸转变为果糖 -1，6- 二磷酸控制糖酵解途径的速度。而果糖 -1，6- 二磷酸酶则通过催化果糖 -1，6- 二

磷酸转变为果糖 -6- 磷酸作为糖异生途径的关键酶之一。因此，这些关键酶的活性决定体内糖的分解或糖异生。当细胞内能量不足时，AMP 含量升高，可激活磷酸果糖激酶 -1 而抑制果糖 -1，6- 二磷酸酶，使葡萄糖分解代谢途径增强而产生能量。相反，当细胞内能量充足，ATP 含量升高时，抑制磷酸果糖激酶 -1，则葡萄糖异生途径增强。

（三）关键酶活性调节的方式——别构调节和共价调节

细胞水平的代谢调节主要是通过对关键酶活性的调节实现的，而酶活性调节主要通过改变现有酶的结构与含量。故关键酶的调节方式可分两类：一类是通过改变酶的分子结构而改变细胞现有酶的活性来调节酶促反应的速度，如酶的"别构调节"与"化学修饰调节"（拓展 12-4）。这种调节一般在数秒或数分钟内即可完成，是一种快速调节。另一类是改变酶的含量，即调节酶蛋白的合成或降解来改变细胞内酶的含量，从而调节酶促反应速度。这种调节一般需要数小时才能完成，因此是一种迟缓调节。

代谢途径中第一个不可逆反应常是重要的控制步骤，催化这些关键步骤的酶属于别构酶。这类酶是结构复杂的寡聚蛋白质，它们除含催化部位外，还含有调节部位，并且通常位于不同的亚基上。一定的效应物与调节部位结合后可改变酶分子的构象，进而影响其催化活性。对酶的催化活性起激活作用的效应物称作正效应物，起抑制作用的为负效应物。效应物可以是底物、产物、代谢途径的终产物、ATP 等核苷酸类化合物。别构调节是最迅速的代谢调节方式，其中以终产物对代谢系列反应中早期步骤的抑制作用（反馈抑制，feedback inhibition）最为常见。如脂肪酸生物合成的关键酶乙酰 CoA 羧化酶被终产物长链脂酰 CoA 抑制；胆固醇对胆固醇从头合成途径的限速酶 HMG-CoA 还原酶的反馈抑制；与产能相关的分解代谢途径的别构酶可被正效应物 ADP 或 AMP 激活而被负效应物 ATP 抑制。代谢终产物对反应途径中酶的反馈抑制，使代谢物不致生成过多，也使能量得以有效利用，不致浪费，并使不同的代谢途径相互协调。

对酶分子的化学结构进行修饰也可影响酶的催化活性，其中最重要的是侧链羟基的磷酸化。例如，在糖原降解代谢中很重要的糖原磷酸化酶有 a、b 两种类型。a 型有充分的催化活性，b 型几乎没有催化活性。b 型酶经蛋白激酶的作用在酶分子中某一特定的丝氨酸羟基上引入一个磷酸基，就转变为 a 型。a 型经蛋白磷酸酶水解脱去磷酸基团又可恢复成低活性的 b 型（图 12-4）。

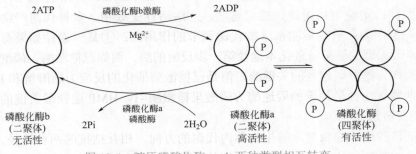

图 12-4　糖原磷酸化酶 a、b 两种类型相互转变

生物可通过蛋白激酶和磷酸酶的作用影响磷酸化酶的活性，进而调节糖原的降解，蛋白激酶的活化又要经过几个步骤。所以，这种调节方式有放大效应，十分敏感；很少的信号

物质便可产生迅速而巨大的效应。例如肾上腺素引起糖原分解过程中的一系列磷酸化激活步骤，其结果将激素的信号逐级放大了约 300 万倍。同一个酶可以同时受别构调节和化学修饰调节。

（四）酶含量的调节

生物体除通过直接改变酶的活性来调节代谢速度以外，还可通过改变细胞内酶的绝对含量来调节代谢速度。酶含量的调节可通过影响酶的合成与降解速度来实现。由于酶的合成或降解耗时较长，故此调节方式为迟缓调节，常是酶活性快速调节的重要补充。

1. 酶蛋白合成的诱导与阻遏

绝大多数酶的化学本质是蛋白质，酶的合成也就是蛋白质的合成。生物体内有些酶的含量相当稳定，通常不受代谢状态的影响，比如和葡萄糖分解代谢有关的糖酵解和 TCA 循环的多种酶，这些酶称为组成酶。组成酶的表达为组成型表达（constitutive expression），基因称为管家基因。但有些酶，其含量是不稳定的，许多因素如酶的底物、产物、激素或药物等都可以影响酶蛋白的合成。一般将增加酶蛋白合成的化合物称为诱导剂（inducer），减少酶蛋白合成的化合物称为阻遏物（repressor）。诱导酶和阻遏酶的表达为可调型表达（adaptive expression），基因为可调基因。诱导剂或阻遏物可在转录水平和翻译水平影响酶蛋白的合成，但以转录水平较常见。

诱导酶通常与分解代谢有关。如降解乳糖的酶系（拓展 12-5），正常情况下，酶的含量极少（1 ～ 5 个 / 细胞），在以乳糖为唯一碳源时，大肠杆菌（*E. coli*）细胞受乳糖的诱导，其量可成千倍地增长（5 000 个 / 细胞），这类酶称为诱导酶。阻遏酶通常与合成代谢有关。如与组氨酸合成有关的酶系，正常情况下，大量合成，在有组氨酸存在下，酶蛋白的合成受到抑制。

拓展 12-5

（1）原核生物酶蛋白合成的调控

① 酶合成的诱导　大肠杆菌可以利用葡萄糖、乳糖、麦芽糖、阿拉伯糖等作为碳源而生长繁殖。当培养基中含有葡萄糖和乳糖时，细菌优先利用葡萄糖，当葡萄糖耗尽，细菌停止生长，经过短时间的适应，就能利用乳糖，细菌继续呈指数式繁殖增长。这就是葡萄糖效应。

大肠杆菌利用乳糖至少需要两个酶：促使乳糖进入细菌的半乳糖透过酶（galactose permease）和催化乳糖分解第一步的 *β*- 半乳糖苷酶（*β*-galactosidase）。在有葡萄糖时，这两种酶的活性是很低的，当葡萄糖耗尽时，酶的活性才大大增加，从而使 *E. coli* 有二次生长现象。这种典型的诱导现象，是研究基因表达调控极好的模型。针对大肠杆菌利用乳糖的适应现象，法国的 Jocob 和 Monod 等人做了一系列遗传学和生化学研究实验，于 1961 年提出乳糖操纵子机制。

② 酶合成的阻遏　在合成代谢中，催化氨基酸或其它小分子最终产物合成的酶随时都需要，细胞中的这些酶正常情况下是合成的，所以在这类操纵子中，调节基因的产物——阻遏蛋白是不活泼的，不能和操纵基因结合。当合成途径中的最终产物过量时，终产物就会与阻遏蛋白结合，从而激活阻遏蛋白。激活后的阻遏蛋白就会结合到操纵基因上，阻止 RNA 聚合酶对结构基因的转录，与合成代谢有关的酶就不能被合成。酶合成的阻遏和酶合成的诱导机制恰好相反，即正常情况下，诱导酶的基因是关闭的，阻遏酶的基因是开放的。特殊情

况下，即有诱导物时，诱导酶的基因开放，而终产物过量时，阻遏酶的基因关闭。

（2）真核生物基因表达的调控

真核生物基因组结构复杂，因此其细胞内酶含量受多种因素协同调节控制，是一种多级调控方式。真核生物基因表达调控主要集中在转录水平上的调控，转录调控包括转录激活、转录起始调节、各种顺式调控和反式调控等。

转录前水平的调控是指改变 DNA 序列和染色体结构的过程，包括染色质的丢失、基因扩增、基因重排、基因修饰等。但转录前水平的调控并不是普遍存在的调控方式。例如，染色质的丢失，只在某些低等真核生物中发现。基因转录调控的研究主要集中在顺式作用元件（cis-acting element）和反式作用因子（trans-acting factor）以及它们的相互作用上。

2. 酶分子降解的调节

改变酶分子的降解速度也能调节细胞内酶的含量，从而达到调节酶的总活性。细胞内蛋白质的降解目前发现有两条途径：其一，溶酶体中蛋白水解酶进行非特异降解酶蛋白；其二，泛素 - 蛋白酶体对细胞内酶蛋白的特异降解，且需消耗 ATP。若某些因素能改变或影响这两种蛋白质降解体系，即可间接影响酶蛋白的降解速度，从而调节代谢。

二、激素水平的代谢调节

高等动物通过细胞外信号分子激素来调控体内物质代谢，称为激素水平的代谢调节。激素作用于特定的靶组织或靶细胞（target cell），使得细胞物质代谢沿着一定的方向进行而产生特定生物学效应。激素作用的一个重要特点是不同激素作用于不同的组织或细胞产生不同的生物学效应（也可产生部分相同的生物学效应），表现出较高组织特异性和效应特异性。激素之所以能对特定的组织或细胞发挥作用，是由于该组织或细胞具有能特异识别和结合相应激素的受体（receptor）。按激素受体在细胞的部位不同，可将激素分为膜受体激素和细胞内受体激素。

在生物激素中，动物激素最为重要。植物激素主要为植物生长调节剂。

根据激素的化学结构和调控功能，一般可以分为三类：

① 含氮激素　包括蛋白质激素、多肽激素、氨基酸衍生物激素等。

② 类固醇激素　性腺和肾上腺皮质分泌的激素大多数是类固醇激素。

③ 脂肪酸衍生物激素　主要由生殖系统及其它组织分泌产生。

激素具有以下几个特点：

①含量少，在生物体某特定组织细胞产生。②通过体液的运动被输送到其它组织中发挥作用。③作用很大，效率高，在新陈代谢中起调节控制作用。④在医疗上，激素也是一类重要药物。

三、神经水平的调节

人及高等动物具有高度发达的神经系统，这类生物的各种活动和代谢的调节机制都处于中枢神经系统的控制之下。

中枢神经系统的直接调节是大脑接受某种刺激后直接对有关组织、器官或细胞发出信息，使它们兴奋或抑制以调节代谢。如人在精神紧张或遭意外刺激时，肝糖原即迅速分解使血糖含量增高，这是大脑直接控制的代谢反应。中枢神经系统的间接调控主要是通过对分泌活动的控制而实现的，也就是通过对激素的合成和分泌的调控而发挥其调节作用。在人和动物的生活过程中，不断遇到某些特殊情况，发生内、外环境的变化，这些变化可通过神经体液途径引起一系列激素分泌的改变而进行整体调节，使物质代谢适应环境的变化，从而维持细胞内环境的稳定。而对于所有生物体，酶的调节是最基本的调节方式。正是由于生物体内存在着代谢调节机制，才维持了生命活动的正常进行。

神经系统既直接影响各种酶的合成，又影响内分泌腺分泌激素的种类和水平，所以神经系统的调节具有整体性特点。

神经系统对生命活动的调控在很大程度上是通过调节激素的分泌来实现的。

（一）应激状态下的代谢调节

应激是机体在一些特殊情况下，如严重创伤、感染、寒冷、中毒、剧烈的情绪变化等所作出的应答性反应。在应激状态下，交感神经兴奋，肾上腺皮质及髓质激素分泌增多，血浆胰高血糖素及生长激素水平也增高，而胰岛素水平降低，引起糖代谢、脂代谢及蛋白质代谢发生相应的改变。

1. 血糖浓度升高

应激时，糖代谢的变化主要表现为血糖浓度升高。由于交感神经兴奋引起许多激素分泌增加。肾上腺素及胰高血糖素均可激活磷酸化酶而促进肝糖原分解；糖皮质激素和胰高血糖素可诱导磷酸烯醇丙酮酸羧激酶的表达而促使糖的异生；肾上腺皮质激素生长激素可抑制周围组织对血糖的利用。血糖浓度升高对保证红细胞及脑组织的供能有重要意义。应激时血糖浓度明显升高，如超过肾糖阈 $8.88 \sim 9.99 mmol/L$ 时，部分葡萄糖可随尿液排出而导致应激性糖尿。

2. 脂肪动员增强

应激时，脂代谢化的主要表现变为脂肪动员增加。由于肾上腺素、胰高血糖素、去甲肾上腺素等脂解激素分泌增多，通过提高三酰甘油脂肪酶的活性而促进脂肪分解。血中游离脂肪酸增多，成为心肌、骨骼肌和肾等组织主要能量来源，从而减少对血液中葡萄糖的消耗，进一步保证了脑组织及红细胞的葡萄糖供应。

3. 蛋白质分解加强

应激时，蛋白质代谢主要表现为蛋白质分解加强。肌肉组织蛋白质分解增加，生糖氨基酸及生糖兼生酮氨基酸增多，为肝细胞糖的异生作用提供了原料。同时蛋白质分解增加，尿素的合成增多，出现负氮平衡（negative nitrogen balance）。

总之，应激时，体内三大营养物质代谢的变化均趋向于分解代谢增强，合成代谢受到抑制，最终使血中葡萄糖、脂肪酸、酮体、氨基酸等浓度相应升高，为机体提供足够的能量物质，以帮助机体应付"紧急状态"。若应激状态持续时间较长，可导致机体因消耗过多出现衰竭而危及生命。

（二）饥饿时的代谢调节

饥饿时的代谢活动根据饥饿时间长短有所不同，分为短期饥饿和长期饥饿。

1. 短期饥饿

在不能进食 1～3 天后，肝糖原显著减少，血糖浓度降低。便引起胰岛素分泌减少和胰高血糖素分泌增加，同时也引起糖皮质激素分泌增加，这些激素的改变可引起一系列的代谢变化，主要表现为：

（1）肌蛋白分解增加

肌肉蛋白质分解释放出的氨基酸大部分可转变为丙氨酸和谷氨酰胺，经血液转运到肝脏成为糖异生的原料，蛋白质的降解增多可导致氮的负平衡。

（2）糖异生作用增强

饥饿 2 天后，肝糖异生作用明显增强（占 80%），此外肾脏也有糖异生作用（约占 20%）。氨基酸为糖异生的主要原料，机体通过糖异生作用维持血糖浓度的相对恒定，从而维持某些依赖葡萄糖供能的组织（如脑组织及红细胞）的正常功能。

（3）脂肪动员加强，酮体生成增多

由于脂解激素分泌增加，脂肪动员增强，血液中甘油和游离脂肪酸含量增高，许多组织以摄取利用脂肪酸为主，此外脂肪酸 β 氧化为肝酮体生成提供了大量的原料。而肝脏合成的酮体既为肝外其他组织提供了能量来源，也可成为脑组织的重要能源物质。这使许多组织减少了对葡萄糖的摄取和利用。饥饿时脑组织对葡萄糖利用也有所减少，但饥饿初期的大脑仍主要由葡萄糖供能。

2. 长期饥饿

在较长时间的饥饿状态（一周以上）下，体内的能量代谢将发生进一步变化，此时代谢的变化与短期饥饿不同之处在于：

① 脂肪动员进一步加速，酮体在肝及肾细胞中大量生成，其中肾糖异生的作用明显增强，生成葡萄糖约 40g/d。脑组织利用酮体增加，甚至超过葡萄糖，可占总耗氧的 60%，这对减少糖的利用、维持血糖浓度以及减少组织蛋白质的消耗有一定意义。

② 肌肉优先利用脂肪酸作为能源，以保证脑组织的酮体供应。血中酮体增高直接作用于肌肉，减少肌肉蛋白质的分解，此时肌肉释放氨基酸减少，而乳酸和丙酮酸成为肝中糖异生的主要物质。

③ 肌肉蛋白质分解减少，负氮平衡有所改善，此时尿液中排出尿素减少而氨增加。其原因在于肾小管上皮细胞中谷氨酰胺脱下的酰胺氮，可以氨的形式排入管腔，有利于促进体内 H^+ 的排出，从而改善酮症引起的酸中毒。

本章小结

生物体内各种物质的代谢相互联系、相互制约，构成一个统一的整体。各种代谢途径之间紧密联系，并受到精细而全面的调控，以适应体内外环境的变化。其中糖、脂、蛋白质和核酸之间的相互转化与代谢调节是机体物质与能量代谢的主体，也是本章介绍的主要内容。

糖类、脂类及蛋白质类均可在体内氧化供能，乙酰 CoA 是它们代谢的共同中间产物。由乙酰 CoA 进一步经三羧酸循环和氧化磷酸化，产生 ATP 是它们代谢的共同途径。所以，从供能的角度来看，这三大营养物质是可以相互替代，并互相制约的。

三大营养物质可以不同程度地相互转化。糖可以转变为脂肪，其大致步骤为：糖经酵解产生磷酸二羟丙酮和 3- 磷酸甘油醛。磷酸二羟丙酮可以还原为甘油；而 3- 磷酸甘油醛能继续通过糖酵解途径形成丙酮酸。丙酮酸氧化脱羧后转变成乙酰辅酶A，可用来合成脂肪酸。最后由甘油和脂肪酸合成脂肪。因此，糖的分解代谢不仅为脂肪合成提供原料，而且也提供能量 ATP 和调节剂（如柠檬酸是乙酰 CoA 羧化酶的别构激活剂）。

脂肪可部分转变为糖。脂肪分解产生的甘油可经磷酸化生成 α- 磷酸甘油，再转变为磷酸二羟丙酮，然后经糖异生的途径转变为葡萄糖。但脂肪分解产生的脂肪酸部分在动物体内不能转变为糖。

组成蛋白质常见的 20 种氨基酸中，除亮氨酸和赖氨酸这两种生酮氨基酸外，其他均可通过脱氨，生成相应的 α- 酮酸而作为糖代谢的中间产物，它们在生物体能量充足的情况下，通过三羧酸循环转化为草酰乙酸，再异生为糖。反过来，糖分解代谢可以产生这些 α- 酮酸，如丙酮酸、草酰乙酸、α- 酮戊二酸，它们经转氨作用可分别转变为丙氨酸、天冬氨酸和谷氨酸。谷氨酸可进一步转变成脯氨酸、羟脯氨酸、组氨酸和精氨酸等氨基酸。对于哺乳动物，糖代谢的中间产物可氨基化生成 12 种非必需氨基酸，其余 8 种必需氨基酸必须由食物提供。因此，食物中的糖不能替代蛋白质。

脂肪和糖一样，可以部分转变成各种非必需氨基酸。脂肪酸经 β 氧化生成的乙酰 CoA，与草酰乙酸结合后，经三羧酸循环生成 α- 酮戊二酸。后者转氨生成谷氨酸后，再转变成其它氨基酸。脂肪转变成氨基酸的种类仅限于生酮氨基酸。植物种子萌发时，脂肪转变成氨基酸较多。

组成蛋白质的所有氨基酸均可在动物体内转变成脂肪。生酮氨基酸在代谢中先生成乙酰 CoA，合成脂肪酸；生糖氨基酸可直接或间接生成丙酮酸，而后变成为甘油，也可氧化生成乙酰 CoA 后合成脂肪酸，进一步合成脂肪。此外，乙酰 CoA 还是合成胆固醇的原料。丝氨酸脱羧生成乙醇胺，经甲基化形成胆碱，而丝氨酸、乙醇胺和胆碱分别是合成磷脂酰丝氨酸、脑磷脂及卵磷脂的原料。

物质之间的代谢调节普遍存在，分为细胞（酶）、激素和神经三个层次。其中，细胞水平的调节是最基本的调节方式，是激素和神经调节方式的基础。

细胞内代谢途径具有隔室分布的特点，以保障反应在细胞中各自的空间进行。如糖酵解、糖原合成与分解、磷酸戊糖途径和脂肪酸合成的酶系存在于细胞质中；三羧酸循环、脂肪酸 β 氧化和氧化磷酸化的酶系存在于线粒体中；核酸合成的酶系大部分在细胞核中；水解酶系在溶酶体中。

代谢途径中的调节通常是由关键酶或限速酶控制，它影响整个代谢途径的反应速度和方向。通过对关键酶活性的调节影响代谢的过程。关键酶的调节方式分两类：酶的别构调节与化学修饰调节，它们都属于快速调节。另一类调节方式是改变酶的含量，即调节酶蛋白的合成或降解来改变细胞内酶的含量，从而调节酶促反应速度，这是一种迟缓调节。

高等动物通过细胞外信号分子（激素）来调控体内物质代谢。激素作用于特定的靶组织或靶细胞，其特点是不同激素表现出较高组织特异性和效应特异性。激素通过与靶细胞上相应的激素受体结合发挥作用。

神经系统的调节可通过中枢神经系统（大脑）直接对有关组织、器官或细胞发出信息，促进或抑制代谢过程，也可以通过对激素的合成和分泌的调控而发挥间接调节作用。如应激状态下的代谢调节、饥饿时的代谢调节，都属于间接调节。

思考题

1. 名词解释。
   关键酶　限速酶　酶的别构调节　酶的化学修饰调节　反馈抑制　激素受体
2. 简述糖代谢与脂代谢的相互联系。
3. 简述糖代谢与氨基酸代谢的相互联系。
4. 简述脂类代谢与氨基酸代谢的相互联系。
5. 举例说明细胞内酶系分布的区室化在代谢调节中的作用。
6. 简述酶的活性调节的主要类型和特点。

第十三章
DNA 的生物合成

本章导读

本章导读：生物体内 DNA 生物合成的主要方式包括 DNA 的复制、修复合成和反转录合成 DNA。以亲代 DNA 为模板，合成子代 DNA 的过程称为复制。本章主要介绍 DNA 复制的基本规律；复制的酶学和拓扑学变化；DNA 复制的主要过程，包括：复制的起始、延长、终止；DNA 损伤与修复的机制；反转录合成 DNA 和反转录病毒及其他复制方式。

早在 1909 年，A. E. Garrod 在《先天性代谢差错》（*Inborn Errors of Metabolism*）一书中，就描述了黑尿病基因与尿黑酸氧化酶的关系。1941 年，以红色面包霉（链孢霉）为材料而开创生化遗传学研究的 G. W. Beadle 与 E. L. Tatum 一起提出"一个基因一种酶"的假说，认为基因是通过酶来起作用的。

1947 年，法国科学家 A. Boivin 和 R. Vendrely 就在当年的科学研究性杂志上联名发表了一篇论文，讨论 DNA、RNA 与蛋白质之间可能的信息传递关系。一位不知名的编辑把这篇论文的中心思想理解为 DNA 制造了 RNA，再由 RNA 制造蛋白质。

1955 年，J. Brachet 用洋葱根尖和变形虫为材料进行实验，他用核糖核酸酶（RNA 酶）分解细胞中的核糖核酸（RNA），蛋白质的合成就停止。而如果再加入从酵母中抽提的 RNA，蛋白质的合成就有一定程度的恢复。同年，Goldstein 和 Plaut 观察到用放射性标记的 RNA 从细胞核转移到细胞质。因此，人们猜测 RNA 是 DNA 与蛋白质合成之间的信使。

1957 年 9 月，克里克提交给实验生物学会一篇关于蛋白质合成的论文，发表在该学会的论文集（*Symposium of the Society for Experimental Biology*）中。这篇论文被评价为"遗传学领域最有启发性、思想最解放的论著之一"。在这篇论文中，克里克正式提出遗传信息流的传递方向是 DNA → RNA →蛋白质，后来被学者们称为"中心法则"（拓展 13-1）。

拓展 13-1

1961 年，F. Jacob 和 J. Monod 正式提出"信使核糖核酸"（mRNA）的术语和概念。1964 年 C. Marbaix 从兔的网织红细胞中分离出一种分子量较大而寿命很短的 RNA，被认为是 mRNA。

1970 年 H. M. Temin 和 D. Baltimore 在一些 RNA 致癌病毒中发现它们在宿主细胞中的复制过程是先以病毒的 RNA 分子为模板合成一个 DNA 分子，再以 DNA 分子为模板合成新的病毒 RNA。前一个步骤被称为反向转录，是上述中心法则提出后的新的发现，完善了遗传信息在生物大分子间转移的基本法则。中心法则提出了包含在 DNA 或 RNA 分子中的具有功能意义的核苷酸顺序的遗传信息在核酸和蛋白质分子间的转移方向。

$$\text{复制} \circlearrowleft \text{DNA} \underset{\text{反转录}}{\overset{\text{转录}}{\rightleftarrows}} \underset{\text{复制(病毒)}}{\circlearrowleft} \text{RNA} \overset{\text{翻译}}{\rightarrow} \text{蛋白质}$$

第一节　DNA 半保留复制

DNA 的复制方式为半保留复制。复制时，亲代的双链 DNA 解开成两股单链，各自作为模板指导合成新的子代互补链。子代细胞的 DNA 双链，其中一条单链来自亲代，另一条单链则完全重新合成。由于碱基互补，两个子细胞的 DNA 双链，都和亲代母链 DNA 的碱基序列一致。这种复制方式称为半保留复制。

1953 年，沃森和克里克在提出 DNA 双螺旋结构时，对其互补关系予以很大的重视，而且提出了 DNA 的复制模型。DNA 在进行复制时各以双链中的每一条链作为模板，按照碱基互补配对方式重新形成与这二条单链各自互补的子代双链 DNA。这时所产生的子代双螺旋 DNA 分子的一条链是从亲代原封不动地接受下来的，只有相对的一条链是新合成的，所以把这种复制方式称作半保留复制。

一、DNA 半保留复制的实验依据

半保留复制的设想，在 1958 年由 M. Messelson 和 F. W. Stahl 用实验加以证实。细菌可利用 NH_4Cl 作为氮源合成 DNA。从生长在含 $^{15}NH_4Cl$ 培养液的细菌中分离出的 DNA 是含 ^{15}N 的 DNA，密度比一般含 ^{14}N 的 DNA 高。用密度梯度离心法检测，可以看到 ^{15}N-DNA 形成的致密带位于普通 ^{14}N-DNA 所形成的致密带的下方。

把含 ^{15}N-DNA 的细菌接种到普通的 $^{14}NH_4Cl$ 培养液中培养，在营养条件充足时，细菌 20min 就可繁殖一代。提取子一代的 DNA 再做密度梯度离心分析，发现其致密带介于重带与普通带之间，而看不到有单独的 ^{15}N-DNA 带或普通 DNA 带，如图 13-1 所示。

实验结果说明：子一代 DNA 双链中有一股是 ^{15}N 单链，而另一股是 ^{14}N 单链，前者是从亲代保留下来的，后者则是新合成的。密度梯度离心实验完全支持半保留复制的设想。其他可能的复制形式（如全保留式复制和混合式复制），都可被实验的结果否定。含 ^{15}N-DNA 的细菌在普通培养液中继续培育出子二代，其 DNA 链中则是中等密度的 DNA 与普通 DNA 各占一半，进一步证明了复制是半保留式的。

此后，用多种原核和真核生物复制中的 DNA 做了类似的实验，都证实了 DNA 的半保

留复制的方式，但是这类实验所研究的复制中的 DNA 在提取过程中已被断裂成许多片段，得到的信息只涉及复制前和复制后的状态。1963 年 Cairns 用放射自显影技术第一次观察到完整的大肠杆菌染色体 DNA。他用 ^3H 脱氧胸苷标记大肠杆菌 DNA，然后用溶菌酶把细胞壁消化掉，使完整的染色体释放，在暗室曝光胶片后，置于光学显微镜下观察到大肠杆菌染色体的全貌，曝光后胶片的黑点密度代表了 ^3H 在 DNA 分子中的密度，这种方式阐述了大肠杆菌的染色体 DNA 是一个环状分子，并以半保留的方式进行复制（图 13-2）。

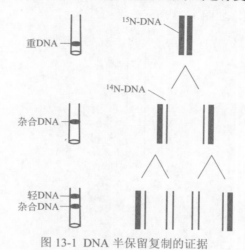

图 13-1 DNA 半保留复制的证据

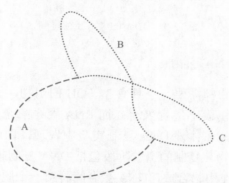

图 13-2 复制中的大肠杆菌染色体放射自显影图

已复制部分由 A 和 B 组成，A 链的两股链都是标记的；B 链为仅一股链是标记的双链 DNA；
非复制链为 C 链，由一股放射链和一股非放射链组成

DNA 的半保留复制机制保障了 DNA 的稳定。经数代复制后的 DNA 仍然可以保证完整性。DNA 的稳定性与其遗传功能相一致。

二、DNA 的复制特点

（一）半不连续复制

DNA 双螺旋的两股链是反向平行的，新合成的两股子链，同样方向相反。那么体内是否存在两种不同方向的 DNA 聚合酶分别催化核苷酸以 $5' \rightarrow 3'$ 方向聚合及以 $3' \rightarrow 5'$ 方向聚合呢？之前研究认为，所有 DNA 聚合酶都只能催化 $5' \rightarrow 3'$ 方向合成。这个问题直到 1968 年冈崎（Okazaki）发现大肠杆菌 DNA 复制过程中出现不连续的片段，才得以解决。在大肠

杆菌DNA的复制过程中，可以观察到一些含1 000～2 000个核苷酸的片段，一旦合成终止，这些片段即连成一条长链。这种小片段被称为冈崎片段。因此，在复制时，以亲代DNA分子中的3′→5′方向的母链作为模板，指导新链以5′→3′方向连续合成，此新链称为前导链；在前导链延长的过程中，另一母链也作为模板，指导新链同样沿5′→3′方向合成1 000～2 000个核苷酸的小片段，这就是冈崎片段，随着链的延长，可以有许多个冈崎片段，这些片段最后都连接起来，形成完整的新链，这条链称为随从链。可见，随从链为不连续复制，所以DNA为半不连续复制，如图13-3所示。

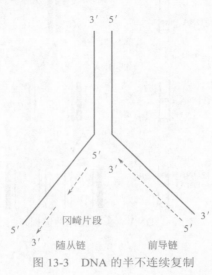

图 13-3　DNA 的半不连续复制

（二）DNA 复制需要 RNA 引物

目前发现的DNA聚合酶都需要一个具有3′—OH的引物，因为DNA聚合酶不能催化两个游离的dNTP在DNA模板上进行聚合；而RNA聚合酶合成新链时不需要引物，能直接催化游离的NTP聚合。在体外DNA复制实验中发现，冈崎片段的5′端都有一小段4～12个核苷酸的RNA引物。复制的引发阶段包括DNA复制起点双链解开，通过转录激活步骤合成RNA分子；RNA引物合成，DNA聚合酶将第一个脱氧核苷酸加到引物RNA的3′—OH末端。复制引发的关键步骤就是前导链DNA的合成，一旦前导链DNA的聚合作用开始，随从链上的DNA合成也随着开始，在所有前导链开始聚合之前有一必需的步骤，就是由RNA聚合酶沿随从链模板转录一短的RNA分子。可见RNA引物为DNA聚合酶催化聚合反应提供所需的3′—OH。

RNA引物形成后，由DNA聚合酶Ⅲ催化将第一个脱氧核苷酸按碱基互补原则加在RNA引物3′—OH端而进入DNA链的延伸阶段。RNA引物最后被DNA聚合酶Ⅰ除去，留下的空隙也由该酶补满，缺口再由DNA连接酶封口。由RNA引物来引发DNA复制的原因是可以尽量减少DNA复制起始处的突变，DNA复制开始处的几个核苷酸最容易出现差错，因此，用RNA引物引发即使出现差错最后也要被DNA聚合酶Ⅰ切除，提高了DNA复制的准确性。

三、参与 DNA 复制的酶和蛋白质

在半保留复制和修复反应这两种途径中可合成DNA，细菌或者真核生物细胞具有多种

不同的 DNA 聚合酶，在细菌中，其中一种 DNA 聚合酶执行半保留复制，其余聚合酶参与修复反应。DNA 聚合酶有多种核酸酶活性并可控制复制保真度。

（一）大肠杆菌的 DNA 聚合酶

1. 大肠杆菌 DNA 聚合酶 I

大肠杆菌 DNA 聚合酶 I（DNA polymerase I，DNA pol I）是 1956 年由 Arthur Kornberg 首先发现的 DNA 聚合酶，又称 Kornberg 酶。此酶研究得清楚而且代表了其他 DNA 聚合酶的基本特点。纯化的 DNA pol I 由一条多肽链组成，约含 1 000 个氨基酸残基，分子质量为 109kDa。分子含有一个二硫键和一个—SH。两个酶分子上的—SH 与 Hg^{2+} 结合产生二聚体，仍有活性。每个酶分子中含有一个 Zn^{2+}，在 DNA 聚合反应中起着很重要的作用。每个大肠杆菌细胞中含有约 400 个分子，每个分子每分钟在 37℃ 下能催化 667 个核苷酸掺入正在生长的 DNA 链。此酶的模板专一性和底物专一性均较差，它可以用人工合成的 RNA 作为模板，也可以用核苷酸为底物。在无模板和引物时还可以从头合成同聚物或异聚物。该酶催化 DNA 合成时需要下列条件：

① 全部 4 种 dNTP（dATP、dGTP、dCTP、dTTP）：4 种 dNTP 在 DNA 合成中作为合成反应的底物。

② Mg^{2+} 的存在：Mg^{2+} 在反应中作为酶的激活剂。

③ 1 个具有 3′-OH 的 RNA 引物或 DNA 的 3′-OH 端：3′-OH 与合成上去的 dNTP 分子 α-磷酸连接成 3′，5′- 磷酸二酯键，合成方向为 5′→ 3′，如图 13-4 所示。

④ DNA 模板：按碱基互补配对的原则指导新链的合成。

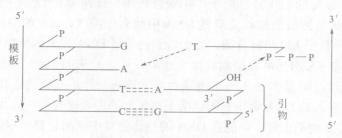

图 13-4　DNA 模板 - 引物模型

DNA 聚合酶 I 具有多种催化功能。若用蛋白酶轻度水解可得 1 个 $68×10^3$ 的大片段和 1 个 $35×10^3$ 的小片段（图 13-5），常将大片段称为 Klenow 片段，此片段具有两种催化活性：① 上述的聚合活性；② 3′→ 5′ 外切酶的活性，即从 3′ 端水解 DNA 链产生 3′- 单核苷酸。这种 3′→ 5′ 外切酶的活性对保证 DNA 复制的真实性具有重要的意义，因为碱基中存在稀少互变异构体，正常碱基与稀少互变异构体碱基的比例为（$10^4 \sim 10^5$）：1，如胞嘧啶 C4 的—NH_2 变成亚氨基，即可与 A 配对，如图 13-6 所示。DNA 聚合酶能够识别这种错配的碱基，并通过 3′→ 5′ 外切酶的活性把配错的碱基切除，从而保证了 DNA 复制的高度真实性，这种功能也称校对功能。DNA 聚合酶 I 的小片段则具有 5′→ 3′ 外切酶的活性，它能从 5′→ 3′ 方向一个挨一个切除，产物为 5′ 单核苷酸，或跨过若干个核苷酸再进行酶解，从 5′ 末端释放 1 个寡核苷酸。这个功能在 DNA 损伤修复中有极其重要的作用。

可见，DNA 聚合酶 I 的 1 条多肽链上具有 3 种酶的活性，是一种多功能酶。

鉴于 Klenow 片段兼有聚合及 3′→ 5′ 外切酶的活性，能非常准确地按模板碱基序列合成

DNA，所以此片段是一种常用的工具酶。

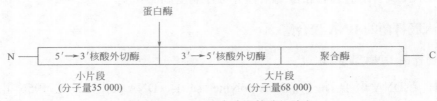

图 13-5　DNA 聚合酶Ⅰ的酶切片段

图 13-6　亚氨基胞嘧啶异构体与腺嘌呤配对

2. 大肠杆菌 DNA 聚合酶Ⅱ

实验发现 DNA 聚合酶Ⅰ有缺陷的突变株仍能生存，这表明不仅仅只存在 DNA pol Ⅰ一种聚合酶。人们开始寻找另外的 DNA 聚合酶，并于 1970 年发现了大肠杆菌 DNA 聚合酶Ⅱ（DNA pol Ⅱ）。此酶分子质量为 120kDa，每个细胞内约有 100 个此酶分子，但活性只有 DNA pol Ⅰ的 5%。该酶的催化特性如下：①聚合作用。该酶催化 DNA 的聚合，但是对模板有特殊的要求。该酶的最适模板是双链 DNA 中间有空隙（void）的单链 DNA 部分，而且该单链空隙部分不长于 100 个核苷酸。对于较长的单链 DNA 模板区该酶的聚合活性很低。但是用单链结合蛋白（SSB）可以提高其聚合速率，可达原来的 50 ~ 100 倍。②该酶也具有 3′→ 5′外切酶活性，但无 5′→ 3′外切酶活性。③该酶对作用底物的选择性较强，一般只能将 2- 脱氧核苷酸掺入到 DNA 链中。④该酶不是复制的主要聚合酶，因为此酶缺陷的大肠杆菌突变株的 DNA 复制都正常。可能在 DNA 的损伤修复中该酶起到一定的作用。

3. 大肠杆菌 DNA 聚合酶Ⅲ

大肠杆菌聚合酶Ⅲ（DNA pol Ⅲ）全酶由多种亚基组成，而且容易分解。大肠杆菌每个细胞中只有 10 ~ 20 个此酶分子，因此不易获得纯品，给研究该酶的各种性质和功能带来了许多困难，每个亚基的具体作用仍不十分清楚。尽管该酶在细胞内存在的数量较少，但催化脱氧核苷酸掺入 DNA 链的速率是 DNA 聚合酶Ⅱ的 15 ~ 30 倍。该酶对模板的要求与 DNA 聚合酶Ⅱ相同，最适模板也是 DNA 链中间有空隙的单链 DNA，单链结合蛋白可以提高该酶催化单链 DNA 模板的 DNA 聚合作用。DNA pol Ⅲ也有 3′→ 5′和 5′→ 3′外切酶活性，但是 3′→ 5′外切酶活性的最适底物是单链 DNA，只产生单核苷酸，不会产生二核苷酸，即每次只能从 3′端开始切除一个核苷酸。5′→ 3′外切酶活性也要求有单链 DNA 为起始作用底物，但一旦开始后，便可作用于双链区。DNA 聚合酶Ⅲ是细胞内 DNA 复制所必需的酶，缺乏该酶的温度突变株在限制温度内是不能生长的，此种突变株的裂解液也不能合成 DNA，但加入 DNA 聚合酶Ⅲ则可以恢复其合成 DNA

拓展 13-2

的能力。大肠杆菌 DNA 聚合酶的基本性质比较见表 13-1（拓展 13-2）。

表 13-1　大肠杆菌三种聚合酶的比较

项目	DNA 聚合酶 I	DNA 聚合酶 II	DNA 聚合酶 III
不同种亚基数	1	≥ 7	≥ 10
分子量	103 000	88 000	830 000
外切酶活性 3′ → 5′	+	+	+
外切酶活性 5′ → 3′	+	−	+
聚合酶活性 5′ → 3′	+	+	+
聚合速度 /（个 /min）	1 000 ～ 1 200	2 400	15 000 ～ 60 000
功能	切除引物，修复	修复	复制

（二）真核生物的 DNA 聚合酶

已发现的真核生物的 DNA 聚合酶至少有 5 种，即 DNA 聚合酶 α、β、γ、δ 和 ε。5 种 DNA 聚合酶的性质和主要功能如下。

① DNA 聚合酶 α 具有聚合活性和 3′ → 5′ 外切酶活性，但不具有 5′ → 3′ 外切酶活性。DNA 聚合酶 α 定位于细胞核，它与引发酶形成复合体，参与 DNA 的复制引发，可以合成约 10 个核糖核苷酸（nucleotide，nt）的 RNA 引物，为随后的 DNA 合成提供游离的 3′ - 羟基。引物合成约 20 个碱基后，后续的延伸过程由 DNA 聚合酶 δ 与 ε 催化。

② DNA 聚合酶 β 定位于细胞核内，具有聚合活性和 5′ → 3′ 外切酶活性。DNA 聚合酶 β 在体外 DNA 聚合反应中单碱基错误掺入率为 1/1000 ～ 1/6600，是复制保真度最低的 DNA 聚合酶，主要参与 DNA 修复。

③ DNA 聚合酶 γ 定位于线粒体，参与线粒体中 DNA 的复制，具有聚合活性和 3′ → 5′ 外切酶活性，不具 5′ → 3′ 外切酶活性。

④ DNA 聚合酶 δ 定位于细胞核，参与 DNA 的复制，具有 3′ → 5′ 外切酶活性，但不具有 5′ → 3′ 外切酶活性。它是真核生物中主要的 DNA 聚合酶。它催化前导链的合成，也催化一些或大部分随从链的合成。体外复制系统的重组实验表明它是 DNA 复制过程中的核心酶。在 DNA 复制过程中，前导链的合成是由 DNA 聚合酶 α 起始的，在 DNA 聚合酶 α- 引物酶等作用下形成引发体，合成 RNA 引物引发复制的起始后，在复制因子 C（RFC）介导下，最终使 DNA 聚合酶 δ 代替 DNA 聚合酶 α。DNA 聚合酶 δ 具有的 3′ → 5′ 核酸外切酶活性，可以切除错配的核苷酸，完成校对功能。体外实验已经证明 DNA 聚合酶 δ 在修复错配的 DNA 时是必需的。

⑤ DNA 聚合酶 ε 定位于细胞核，具有 3′ → 5′ 但不具有 5′ → 3′ 外切酶活性。在 DNA 复制过程中，DNA 聚合酶 α 合成 RNA 引物，DNA 聚合酶 δ 和 DNA 聚合酶 ε 能够利用该引物进行连续的 DNA 合成。另外，DNA 聚合酶 ε 在核苷酸切除修复、碱基切除修复及重组过程中发挥了重要的作用。而且，DNA 聚合酶 ε 许多重要功能并不依赖于它的催化活性，而是依赖于非催化作用的 C 端结构域。

（三）解旋酶类和解链酶类

复制时，DNA 双螺旋要解开形成单链，才能作为模板用于合成新链。在复制过程中，螺旋不断解开，这样在复制前方产生很大的张力，使 DNA 缠结，这要靠拓扑酶等来解决。与解链有关的酶和蛋白质包括：单链结合蛋白，解旋酶，拓扑异构酶 I，拓扑异构酶 II。

1. 解旋酶

解旋也叫解链，指在一定的物理条件或相关酶类的催化作用下，维系 DNA 双链结构的氢键发生断裂使 DNA 双螺旋结构局部解体的现象。DNA 复制时，复制开始部位的 DNA 双螺旋必须解开成单链，模板链上的碱基才能以碱基配对原则指导新链的合成。解开 DNA 双螺旋的酶有多种，称为 DNA 解旋酶，该酶具有 ATP 酶的活性，在 ATP 存在下，能解开 DNA 双链，每解开 1 对碱基消耗 2 个 ATP。DNA 解旋酶通常为流体蛋白环，通过 ATP 水解产生的能量由解旋酶装载器装载到 DNA 单链上，有 $3' \rightarrow 5'$ 或 $5' \rightarrow 3'$ 方向极性，该极性就是它结合的单链的极性。它像 DNA 聚合酶一样具有延伸性。与解旋酶装载器结合，装载到单链 DNA 上之前，DNA 解旋酶是没有活性的，只有解旋酶装载器将它装载到单链 DNA 上，解旋酶装载器自动离开之后，DNA 解旋酶的活性才被激活。直到双链全部解开，运动到单链末端时，它才从单链上离开。DNA 解旋酶结合的是 DNA 单链而不是双链，至于它结合的单链，是由起始子蛋白作用到被称为复制器的 DNA 区段，使该区段发生双链解旋才产生的。

2. DNA 结合蛋白

DNA 结合蛋白，也称单链 DNA 结合蛋白（SSB）。它是解链酶类中的一种类型，发现于原核生物的大肠杆菌细胞内，是由相同亚基组成的四聚体，分子量为 8×10^4，与单键 DNA 亲和力极大，与双链 DNA 结合力较差。因此，当 DNA 发生暂时性熔化时，它与 DNA 单链区结合而促使反应偏向单链的形成，使 DNA 在大大低于 T_m（解链温度）的温度下发生双链的分离，双螺旋则在复制叉的前方分开，并在复制叉处稳定单链结构，阻止再形成双螺旋。大肠杆菌 E. coli 中的 SSB 是由 177 个氨基酸残基组成的同四聚体，能与单链 DNA 中跨度约为 32 个核苷酸单位长度的部位结合，以维持模板处于单链状态，同时保护其不被核酸酶水解。单链 DNA 被 SSB 结合后既避免重新形成双链，又不能自身形成发夹螺旋，也可以降低前端双螺旋的稳定性，易于解链。当 DNA 聚合酶沿模板移动时，SSB 既不断脱离，又不断与新解开的链结合。

3. DNA 拓扑异构酶

拓扑是指物体做弹性移位而又保持物体不变的性质。DNA 拓扑异构酶为催化 DNA 拓扑异构体相互转变的酶之总称。催化 DNA 链断开和结合的偶联反应，为了分析体外反应机制，用环状 DNA 为底物。DNA 拓扑异构酶有两类：①拓扑异构酶 I，它能切断 DNA 双链中的一股，使 DNA 解链旋转时不致缠结，解除张力后又把切口封闭；②拓扑异构酶 II，又称旋转酶，暂时切断 DNA 双链，使另一 DNA 双链经过此切口，随后再封闭切口。

DNA 拓扑异构酶在 DNA 解链时在将要打结或已打结处作切口。下游的 DNA 穿越切口并做一定程度的旋转，把结打开或解松，然后旋转复位连接。这样解链就不因打结的阻绊而继续下去。即使出现打结现象，双链的局部打开，也会导致 DNA 超螺旋的其他部分过度拧转，形成正超螺旋。拓扑酶通过切断、旋转和再连接的作用，实现 DNA 超螺旋的转型，即把正超螺旋变成负超螺旋。

（四）参与 DNA 复制的引发体

引发体是 DNA 复制过程中的一种负责专一性引发的多酶复合物，位于复制叉的前端，能够生成随从链冈崎片段合成必需的 RNA 引物。引发体由多种蛋白质及酶组成，是 DNA 复制开始所必需的。引发体中的某些蛋白质具有一定的功能，如 Dna A 能与 DNA 复制起始部位结合；Dna B 具有解链酶的作用，使起始部位的双链解开。引发体中的引物酶在已解为单链 DNA 的起始部位，按碱基互补规律催化 NTP 聚合，合成一小片段的 RNA，作为 DNA 合成的引物，然后沿此引物 RNA 的 3′-OH 延伸合成 DNA 新链；如图 13-7。引物为什么是 RNA 而不是 DNA？现在的解释是：DNA 聚合酶没有催化 2 个游离 dNTP 聚合的能力，而 RNA 聚合酶则可以催化 NTP 聚合，并能提供 DNA 合成所需的 3′-OH 末端。

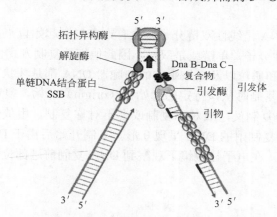

图 13-7　大肠杆菌复制起点在起始阶段的结构模型

（五）DNA 连接酶

DNA 连接酶也称 DNA 黏合酶，可把两条 DNA 黏合成一条。无论是双股或是单股 DNA 的黏合，DNA 连接酶都可催化 DNA 链 3′端游离羟基与 5′端磷酸之间形成磷酸二酯键，使两段 DNA 链连接起来。该连接反应需要能量。

DNA 连接酶是 1967 年在三个实验室同时发现的，最初是在大肠杆菌细胞中发现的。它是一种封闭 DNA 链上缺口酶，借助 ATP 或 NAD 水解提供的能量催化 DNA 链的 5′-PO$_4$ 与另一 DNA 链的 3′-OH 生成磷酸二酯键。但这两条链必须是与同一条互补链配对结合的（T4 DNA 连接酶除外），而且必须是两条紧邻 DNA 链才能被 DNA 连接酶催化成磷酸二酯键。

DNA 连接酶没有连接单独存在的单链 DNA 或 RNA 的能力，只能连接双链 DNA 分子中的单链缺口，或双链 DNA 的双股分子缺口，如 DNA 经核酸限制性内切酶切割后，两个片段的黏性末端或平头末端，都能通过 DNA 连接酶的作用连接起来。在 DNA 复制过程中，当 RNA 引物清除后，靠 DNA 聚合酶Ⅰ填补空缺，冈崎片段之间的缺口靠 DNA 连接酶作用而连成完整的一条新链。DNA 连接酶在 DNA 损伤修复中亦起重要作用，并且是一种重要的工具酶。

拓展 13-3

第二节　DNA 的复制过程

目前知道有关 DNA 复制的知识主要来源于原核生物实验，本节内容也以原核生物的 DNA 复制为主，真核生物的复制过程仅作为对照比较。为方便描述，把整个 DNA 复制（拓展 13-3）过程分为起始、延长和终止三个阶段。

一、复制的起始

基因组独立的复制单位称作复制子，复制时从复制的起始位点进行到复制的终止位点，直到整个复制子复制完成。

DNA 复制在复制叉处两条链解开并合成互补链，在电子显微镜下可观察到环状 DNA 复制时形成的 θ 形结构。

真核生物染色体 DNA 是线性双链分子，含有许多复制起始位点，又称作多复制子。病毒 DNA 有环状或者线性分子，单链或是双链，因此他们的复制方式也多种多样。

原核生物的染色体和质粒以及真核生物的细胞器 DNA 都是环状双链分子，他们有一个固定的复制起始位点，复制时从该特定的起始点（origin）开始，复制方向大多为双向复制（图 13-8），形成反向的复制叉，成对称复制或者不对称复制。用放射性同位素标记 DNA，通过放射自显影观察到复制中的 DNA 呈现 θ 形。复制开始后由于 DNA 双链解开，在两股单链上进行复制。因此，在电子显微镜下观察到 DNA 复制前进部位伸展成叉状，称为复制叉，如图 13-9 所示。

复制起点

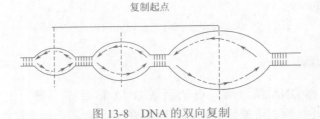

图 13-8　DNA 的双向复制

图 13-9　环状 DNA 复制形成的 θ 结构

真核细胞的 DNA 分子巨大，可以有许多个复制起始点，形成许多复制单位，两个起始点之间的 DNA 片段，称为一个复制子。哺乳动物的细胞有多个复制起始点同时进行复制，形成许多复制单位，在电镜下观察如眼泡状，如图 13-10 所示。

　　复制的起始过程十分复杂，有些细节仍不清楚。目前已知道有多种蛋白参与了复制的起始过程，这些蛋白与 DNA 上特殊的序列结合，形成复合物，引发了复杂的变化。如 *E. coli* 的复制起点 oriC 包含 3 组串联重复序列和 2 对反向重复序列，其跨度为 245 bp，如图 13-11 所示。oriC 能被 Dna A 识别，当 Dna A 与 oriC 结合后，其他蛋白质，如 Dna B（一种解旋酶）和 Dna C 亦参加进去，使双链解开，DNA 结合蛋白便与单链 DNA 结合。接着引物酶按碱基配对原则合成一小段 RNA 引物，此引物的 3′-OH 可供 DNA 聚合酶Ⅲ将第一个 dNTP 加到 3′-OH 上而形成 3′,5′-磷酸二酯键。

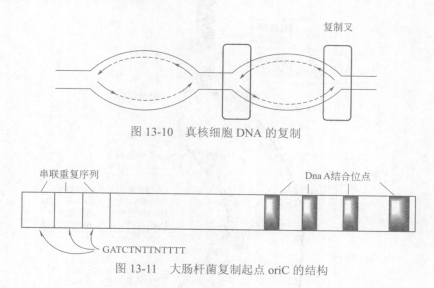

图 13-10　真核细胞 DNA 的复制

图 13-11　大肠杆菌复制起点 oriC 的结构

二、复制的延长

　　原核生物在 DNA 聚合酶Ⅲ的作用下，逐个加入 dNTP，延长 DNA 新链。复制起始时，母链已经解开成单链，两条单链均作为模板，按碱基配对的原则指导 DNA 新链的合成。大肠杆菌的 DNA 聚合酶Ⅲ同时负责连续和不连续的合成；而真核生物的 DNA 聚合酶 δ 则主要参与连续的合成（前导链），DNA 聚合酶 α 参与不连续合成（随从链）。

　　在 DNA 新链的延长过程中，由于拓扑异构酶的作用，可以避免在复制叉前方的 DNA 缠结。同时随着复制叉的移动，其中一条新链进行连续合成形成前导链；而另一条链则是不连续合成的，即先合成冈崎片段，原核生物的冈崎片段大小约为 1 000 至 2 000 个核苷酸，而真核生物只有数百个核苷酸，每一个不连续片段的 5′端都带有一段 RNA 引物，复制完成后，RNA 引物被除去代之以 DNA 片段，复制过程如图 13-12 所示。

　　DNA 的复制速度非常快，以大肠杆菌为例，在营养等生长条件合适时，细菌每 20min 繁殖一代，其染色体 DNA 约为 3 000 kbp。由此推算，每秒钟能催化 2 500 个核苷酸聚合。高等生物的 DNA 复制起点多，尽管单个起点开始的复制速度可能慢些，但整体复制的速度比原核生物要快。

三、复制的终止

　　在 DNA 延长阶段结束后，冈崎片段 5′端的 RNA 引物被细胞内的 RNA 酶水解（也有人认为 DNA 聚合酶Ⅰ参与了 RNA 的切除）。RNA 被水解后，留下的空隙，由 DNA 聚合酶

I 催化填补，即从另一冈崎片段的 3′-OH 端按 5′→3′ 方向合成 DNA 链，填满空隙，最终剩下一个缺口。这个缺口的连接需要 DNA 连接酶，而且是耗能过程。DNA 连接酶的作用是催化两个相邻的核苷酸形成磷酸二酯键，使两条链连起来，成为完整的一条新链。至此，DNA 的复制即完成，如图 13-13 所示。

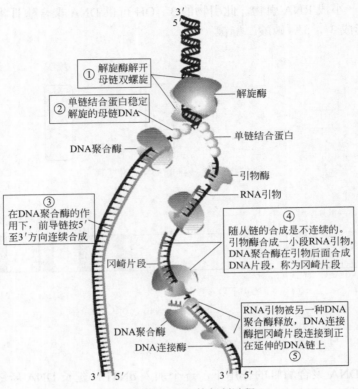

图 13-12　DNA 的复制过程

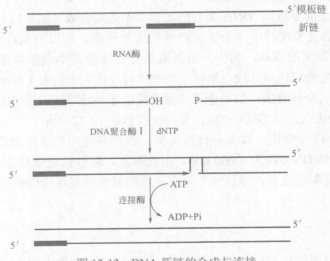

图 13-13　DNA 新链的合成与连接

四、真核生物的端粒和端粒酶

真核生物染色体的 DNA 为线性，按上述 DNA 复制机制新合成子链 5′ 端的那段 RNA 引物被切除后，必留下一个空缺，没法填补。假如每次细胞分裂或 DNA 复制都是如此，那么染色体的两个末端，将会不断缩短，最终导致关键基因的丧失，并危及种系的稳定。但事实并非如此，因此真核生物一定存在着某种阻止 DNA 末端缩短的机制。

真核生物染色体的线性 DNA 分子末端的结构，因其形态上膨大呈粒状，故名端粒。对多种不同生物端粒的 DNA 序列进行分析，发现其共同特点是富含 G、C 的重复序列，如，四膜虫的重复序列为 -GGGGTT-，人的重复序列为 -AGGGTT-。端粒 DNA 序列虽不含功能基因，但对维持染色体的稳定性起着重要作用。如果端粒丧失，染色体之间可能出现端 - 端融合、降解、重排乃至染色体丢失等变化，导致细胞衰亡。

端粒的复制由端粒酶催化，该酶由三部分组成：端粒酶 RNA、端粒酶协同蛋白和端粒酶反转录酶，兼有提供 RNA 模板和催化反转录的功能。端粒酶通过一种称为爬行模型的机制维持染色体的完整，其靠端粒酶 RNA 辨认及结合母链 DNA 并移至 3′ 端，开始反转录复制，延伸足够长度后，端粒酶脱离母链，DNA 聚合酶取而代之，此时 3′ 端折回来，同时起引物和模板的作用，在 DNA 聚合酶催化下完成末端双链的复制，如图 13-14 所示。端粒酶是目前所知唯一携带 RNA 模板的反转录酶，具有种属特异性。

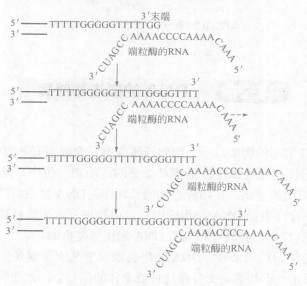

图 13-14　端粒酶的催化作用

稳定染色体末端的结构可防止染色体间末端连接，并可补偿随从链 5′ 末端在消除 RNA 引物后造成的空缺。细胞的组织培养证明，端粒在决定动植物细胞的寿命中起着重要作用，经过多代培养的老化细胞端粒变短，染色体也变得不稳定。细胞分裂次数越多，其端粒磨损越多，寿命越短。通常情况下，运动加速细胞的分裂，运动量越大，细胞分裂次数越多，因此寿命越短，所以体育运动一定要适可而止。

端粒酶的活性在不同的细胞中有所不同：干细胞活性较强，当干细胞分化成为体细胞后，其活性减弱或丧失。端粒长度随每一次细胞分裂而缩短，当缩短到一个临界长度时，细胞染色体便失去稳定性，最终导致细胞衰老或凋亡，这属于正常的生理现象。可见，端粒、端粒酶和细胞的衰老有密切关系。所以有人将端粒称为分子钟或有丝分裂钟。但是，恶性肿瘤细胞的端粒酶活性有所不同，当端粒缩短到某种程度，端粒酶的活性又重新出现，对端粒进行补偿，使之永不衰亡，形成恶性增殖。因此，有人在研究以阻断癌细胞端粒酶的活性作为防止其恶性生长的措施。

五、滚环复制

滚环复制是一些简单低等生物或染色体以外的 DNA 采取的特殊复制方式。复制时环型双链 DNA 先打开一个缺口，该缺口的 5′端向外伸展形成单链，新链以此单链作为模板按 5′→3′方向复制，形成外环的互补链；另一条新链则以完整的内环作为模板，沿着外环的 3′端延伸，合成内环的互补链，最后合成两个环状双链，如图 13-15 所示。

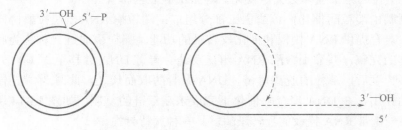

图 13-15　滚环复制
虚线代表复制中的子链；箭头代表复制的方向

第三节　DNA 的损伤与修复

DNA 是储存遗传信息的物质。一个细胞通常含有一套或两套基因组 DNA，从遗传学角度来讲，这对保持遗传信息的稳定性是绝对必要的。动物一生中，从受精卵细胞到个体死亡，DNA 经过了千万次的复制。在物种进化的长河中，DNA 复制的次数更是难以计数，而且生物体内外环境都存在着使 DNA 损伤的因素。由此可见，为维持物种的稳定性，必须保证 DNA 复制的高度真实性，并具有相应的 DNA 损伤修复机制。

然而，从物种进化的观点来看，DNA 的损伤或突变是不可避免的：有利于物种生存的突变被保留，导致进化；不利的突变导致物种或个体的消亡。因此生物的进化可以看成是一种主动的基因改变过程，这是物种多样性的原动力。

一、DNA 损伤的类型

DNA 损伤是复制过程中发生的 DNA 核苷酸序列永久性改变，并导致遗传特征改变的现象。根据 DNA 分子碱基的改变，可把突变分为下面几种类型：

（一）置换

DNA 分子上一个或几个碱基的置换又称点突变，可分为两种类型：①转换，指同型碱基之间的置换，如一种嘌呤代替另一种嘌呤或一种嘧啶代替另一嘧啶。②颠换，指异型碱基之间的置换，即嘌呤变为嘧啶，或嘧啶变为嘌呤。点突变若发生在编码区，可导致氨基酸的改变，如镰刀型贫血；如发生在启动子或剪接信号部位可以影响整个基因的功能。当然也有静止突变，即碱基虽然改变，但编码氨基酸的种类不变。

（二）插入

一个原来没有的碱基或一段原来没有的核苷酸序列插入到 DNA 大分子中去，可能会引起遗传密码解读框架的改变，这种突变称为移码突变。有些芳香族分子，如吖啶嵌入 DNA 双螺旋碱基对中，可导致移码突变。

（三）缺失

一个碱基或一段核苷酸链乃至整个基因，从 DNA 大分子上丢失，这同样可以导致移码突变，如某些地中海贫血，生长激素基因缺失等。

（四）重排

DNA 分子内较大片段的交换，称为重排或重组。如果移位的 DNA 颠倒方向插入，称为倒位。重排也可以发生在染色体之间，产生 DNA 链的交换重组，如由重排导致的地中海贫血。基因重排如图 13-16 所示。

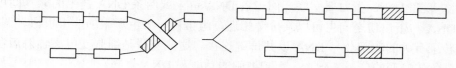

图 13-16　基因重排示意图

二、引起 DNA 损伤的因素

外界环境和生物体内部的因素都经常会导致 DNA 分子的损伤或改变，而与 RNA 及蛋白质在细胞内大量合成的方式不同，在一个原核细胞中仅存在一份 DNA，在真核二倍体细胞中相同的 DNA 仅有一对，如果 DNA 的损伤或遗传信息的改变不能更正，对体细胞而言可能影响其功能或生存，对生殖细胞而言则可能影响到后代。所以在进化过程中生物细胞所获得的修复 DNA 损伤的能力就显得十分重要，也是生物能保持遗传稳定性的主要原因。在细胞中能进行修复的生物大分子也就只有 DNA，反映了 DNA 对生命的重要性。另外，在生物进化中突变又是与遗传相对立统一而普遍存在的现象，DNA 分子的变化并不是全部都能被修复成原样的，正因如此生物才能保证多样性和不断进化。

（一）自发因素

按碱基配对原则进行的 DNA 复制是一个严格而精确的事件，但也有一定概率的错误发生。碱基配对的错误率为 $10^{-1} \sim 10^{-2}$，在 DNA 复制酶的作用下碱基错误配对率可降到 $10^{-5} \sim 10^{-6}$，复制过程中如有碱基错配，DNA 聚合酶会暂停催化作用，以其 $3' \to 5'$ 外切核酸酶的活性切除错配碱基，然后再进行正确的复制，这种校正作用广泛存在于原核和真核的 DNA 聚合酶中，是对 DNA 复制错误的一种修复形式，从而保证了复制的准确性，校正后的错配率仍在 10^{-10} 左右，即每复制 10^{10} 个核苷酸大概会存在一个碱基的错误。

（二）物理因素

1. 紫外线损伤

由于嘌呤环与嘧啶环都含有共轭双键，会因吸收紫外线而引起损伤，在相邻的嘧啶间形成环形丁烷，产生胸腺嘧啶二聚体。相邻的两个 T 或两个 C 或 C 与 T 间都可以环丁基环连成二聚体，其中最容易形成的是 TT 二聚体，如图 13-17 所示。嘧啶碱引起的损伤比嘌呤碱大 10 倍。

2. 电离辐射损伤

X 射线和 γ 射线可以造成碱基的破坏、链的断裂、分子间的交联、碱基的脱落以及核糖的破坏等，这种损伤可能是辐射直接对 DNA 的影响，也可能是周围的溶剂分子吸收了辐射能，再对 DNA 产生损伤作用。电离辐射可导致 DNA 分子的多种变化：①碱基变化，主要是由—OH 自由基引起，包括 DNA 链上的碱基氧化修饰、过氧化物的形成、碱基环的破坏和脱落等，嘧啶比嘌呤更敏感。②脱氧核糖变化，脱氧核糖上的每个碳原子和羟基上的氢能与—OH 反应从而导致脱氧核糖分解。③ DNA 链断裂，这是电离辐射引起的严重损伤事件，断链数随照射剂量增加而增加。射线的直接和间接作用都可能使脱氧核糖破坏或磷酸二酯键断开而致 DNA 链断裂。DNA 双链中一条链断裂称单链断裂，DNA 双链在同一处或相近处断裂称为双链断裂。对单倍体细胞（如细菌）而言一次双链断裂就是致死的。④交联，包括 DNA 链间交联和 DNA-蛋白质交联，同一条 DNA 链上或两条 DNA 链上的碱基间可以共价键结合，DNA 与蛋白质之间也可以共价键相连，组蛋白、染色质中的非组蛋白、调控蛋白、与复制和转录有关的酶都会与 DNA 以共价键连接。这些交联是细胞受电离辐射后在显微镜下看到的染色体畸变的分子基础，会影响细胞的功能和 DNA 复制。

（三）化学因素

① 一些化学物质能够专一修饰 DNA 链上的碱基或通过影响 DNA 复制而改变碱基序列，例如亚硝酸盐能使 C 脱氨突变成 U，经过复制就可使 DNA 上的 G-C 变成 A-T 对；羟胺能使 T 突变成 C，结果是 A-T 改成 C-G 对；黄曲霉素 B 也能专一攻击 DNA 上的碱基导致序列的变化，这些都是诱发突变的化学物质或致癌剂。

② 碱基类似物、修饰剂对 DNA 的损伤：人工可以合成一些碱基类似物用作促突变剂或抗癌药物，如 5-溴尿嘧啶（5-BU）、5-氟尿嘧啶（5-FU）、2-氨基腺嘌呤（2-AP）等。由于其结构与正常的碱基相似，进入细胞能替代正常的碱基掺入到 DNA 链中而干扰 DNA 的正常复制合成，例如 5-BU 结构与胸腺嘧啶十分相近，在酮式结构时与 A 配对，却又更容易成为烯醇式结构与 G 配对，在 DNA 复制时导致 A-T 转换为 G-C。

三、DNA 损伤的修复机制

（一）错配修复

错配修复是指 DNA 分子在复制的过程中，由碱基的插入/缺失而引起碱基错配时，而采用的一种修复方式。DNA 分子在复制时虽按碱基互补配对原则进行，但碱基配对偶尔也会发生错配的情况。一旦 DNA 分子中出现碱基错配，细胞就会启动错配修复系统来修复，进而减少突变的发生。这种修复方式主要是依靠细胞中的 Dam 甲基化酶，它能在母链 GATC 序列上使腺苷酸 N6 位甲基化。在 DNA 分子复制时，复制叉只要通过复制的起始位点，在

DNA 合成前的数分钟，母链就会被甲基化。若 DNA 出现碱基错配，该系统就会通过辨别母链和子链（新合成时未被甲基化）来将子链切除，同时以母链作模板，再合成新的子链片段（拓展 13-4）。

拓展 13-4

（二）直接修复

直接修复是指在不需要切掉受损的碱基/核苷酸的条件下，就能使受损的部位恢复至原先形态的一种修复方式。包括两种修复方式：光复活作用和暗修复。

光复活作用是一种非常专一的修复方式，在其修复历程中需光修复酶的参与。这种修复作用只修复因紫外线照射而导致 DNA 双螺旋结构上出现的嘧啶二聚体。首先是光修复酶与损伤部位结合，在可见光的作用下，酶被激活而行使修复功能，修复完成后再把酶释放。这种修复方式对植物体而言特别重要。光修复酶广泛存在于低等单细胞生物或植物体中，而高等生物由于缺乏光修复酶，所以采用暗修复的方式，就是先把链上有嘧啶二聚体形成的部分切除掉，之后再进行修复合成。

光修复酶已在细菌、酵母菌、原生动物、藻类、蛙、鸟类、哺乳动物中的有袋类和高等哺乳类及人类的淋巴细胞和皮肤成纤维细胞中发现。在可见光（波长 300 ~ 600nm）照射下由光修复酶识别并作用于二聚体，利用光所提供的能量使环丁酰环打开而完成修复过程。光修复机制主要存在于低等生物中，如图 13-17 所示。

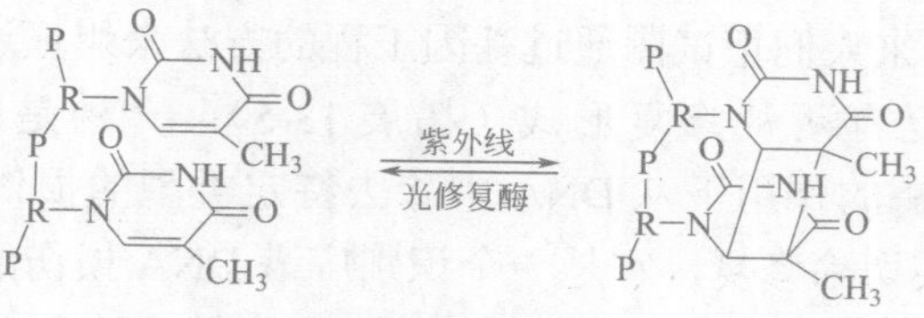

图 13-17 胸腺嘧啶二聚体的形成

暗修复是指照射过紫外线的细胞的 DNA，不需要可见光的反应而修复，使细胞的增殖能力恢复的过程。暗修复的机制有去除修复和重组修复。去除修复是经过一系列酶的作用将由紫外线照射作用所生成的嘧啶二聚体从 DNA 上除去，产生的缝隙通过修补合成而得到填补，从而变为完整的 DNA 的修复。重组修复是受损伤的 DNA 在复制后通过重组来进行的修复，由射线和化学物质所造成损伤的修复也与此有关。

（三）切除修复

切除修复是细胞内最重要的修复机制，最初在大肠杆菌中发现，因为不需要光照射，故也称暗修复，其过程包括 3 个阶段，如图 13-18 所示。

1. 内切

有一种紫外线特异的内切核酸酶，能识别紫外线照射产生的二聚体部位，并在远离损伤部的两端若干个核苷酸处各作一切口，将含损伤部位的一段 DNA 切掉。

2. 修复

原核生物由 DNA 聚合酶 I 负责修复，从 3'-OH 开始，按碱基配对原则，以另一条完好的链为模板进行修复。真核生物由 DNA 聚合酶 δ 和 ε 进行修复。

3. 连接

最后由 DNA 连接酶将新合成的片段与原来的 DNA 链连接封口。

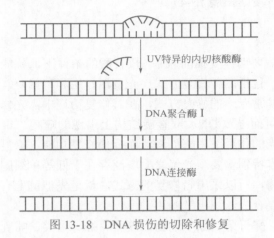

图 13-18　DNA 损伤的切除和修复

切除修复是 DNA 损伤修复中比较普遍的机制。人类有一种遗传性疾病——着色性干皮病（XP），它与修复机制的缺陷有关，XP 病人对阳光或紫外线极度敏感，易出现皮肤变干、真皮萎缩、角化、眼睑结疤、角膜溃疡，并有可能患皮肤癌。此病是由于缺乏紫外线特异的内切核酸酶，因此，近年来人们正试图通过基因工程的方法来纠正这种遗传性缺陷。

切除修复有两种修复形式（拓展 13-5）：一种是碱基切除修复，它是在 DNA 糖基化酶的作用下从 DNA 中除去特定类型的损伤或者不合适的碱基。另一种是核苷酸切除修复，它是一个识别广谱 DNA 损伤的系统，这些损伤被一个多功能的酶复合物除去，产生一个能被 DNA 聚合酶和 DNA 连接酶修复的缺口。

（四）重组修复

重组修复是在 DNA 复制完成之后，再进行修复的一种方式。即当受到损伤的 DNA 未被修复时，仍能继续进行复制，只是在复制的过程中，遇到损伤部位时先越过，在下一个相应正确的位置上，再重新合成引物和 DNA 链。这样在新合成的链中留下一个对应于损伤部位的缺口，此时这个缺口就由 DNA 重组来填补。即从同源的 DNA 母链上，把相对应的核苷酸序列片段，移到子链缺口处，再由连接酶连接，而在母链上产生的空缺就用再合成的序列来弥补。如果 DNA 分子的损伤面较大，就可能还来不及完成修复就已进行复制，此时损伤部位因无模板指引，复制出来的新子链会出现缺口，重组修复从 DNA 分子的半保留复制开始，在大肠杆菌中已经证实这一 DNA 损伤诱导产生了重组蛋白，在重组蛋白的作用下母链和子链发生重组，重组后原来母链中的缺口可以通过 DNA 聚合酶的作用，以对侧子链为模板合成单链 DNA 片段来填补，最后也同样地在连接酶的作用下以磷酸二酯键连接新旧链而完成修复过程，重组修复的过程如图 13-19 所示。损伤链尽管一直存在，但随着复制的进行，其所占比例将越来越低，其作用也将被逐渐"稀释"掉。重组修复也是啮齿动物主要的修复方式。重组修复与切除修复的最大区别在于前者不需立即从亲代的 DNA 分子中去除受损伤的部分，却能保证 DNA 复制继续进行。

重组修复的主要步骤如下：

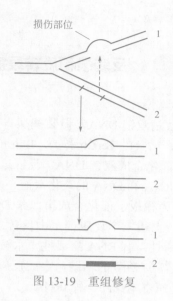

图 13-19　重组修复

（1）复制

含有 TT 或其他结构损伤的 DNA 仍然可以正常地进行复制，但当复制到损伤部位时，子代 DNA 链中与损伤部位相对应的位置出现切口，新合成的子链比未损伤的 DNA 链要短。

（2）重组

完整的母链与有缺口的子链重组，缺口由母链来的核苷酸片段弥补。

（3）再合成

重组后母链中的缺口通过 DNA 多聚酶的作用合成核酸片段，然后由连接酶使新片段与旧链连接，至此重组修复完成。

重组修复并没有从亲代 DNA 中去除二聚体。当第二次复制时，留在母链中的二聚体仍使复制不能正常进行，复制经过损伤部位时所产生的切口，仍旧要用同样的重组过程来弥补，随着 DNA 复制的继续，若干代以后，虽然二聚体始终没有除去，但损伤的 DNA 链逐渐被"稀释"，最后无损于正常生理功能，损伤也就得到了修复。

（五）SOS 修复

在细胞中，不管是 DNA 受到损伤还是复制受到抑制，都能引起一系列复杂的诱导效应。这种效应可使细胞在紧急的情况下求得生存，被称为应急反应（SOS）。当 DNA 损伤广泛到难以继续复制时，诱发出一系列复杂的反应来修复损伤，有多种蛋白参与了这一反应。这种修复反应特异性低，对碱基的识别、选择能力差。通过 SOS 修复，如能继续复制，则细胞可以存活，但 DNA 保留的错误会较多，引起较广泛、较长期的突变。参与 SOS 修复机制的基因，一般情况下都是不活跃、不表达的，只有在紧急情况下才被整体激活。SOS 主要由 Rec A（辅蛋白酶）和 Lex A（基因的阻遏物）进行调控。Rec A 是最初的发动因子，只要有 DNA 链和 ATP 就能被激活，进而使 Lex A 的酶活性被激活。被激活的 Lex A 会自行解体，从而让许多的基因得到表达。用细菌为研究材料的实验还证明，不少能诱发 SOS 修复机制的化学药物，都是哺乳类动物的致癌剂。对 SOS 修复与突变、癌变的关系进行研究，是肿瘤学的热点课题之一。除此之外，它还可能会诱发突变，由于新的基因产生是通过突变途径而获得的，所以其在生物进化中可能也具有重要意义。

第四节　反转录和反转录病毒

高等生物的遗传物质大多数是双链 DNA，但某些病毒的基因组是 RNA 而不是 DNA，这类病毒称为 RNA 病毒。1970 年，H. Temin 和 D. Baltimore 分别从 RNA 病毒中发现了一种酶，能以单链 RNA 为模板催化合成双链 DNA。反应过程是先以单链 RNA 为模板，催化合成一条单链 DNA，产生含 RNA 和 DNA 的杂化双链。杂化双链中的 RNA 被 RNA 酶水解后，再以新合成的单链 DNA 为模板，催化合成第二条 DNA 链。催化此反应的酶称为反转录酶，在感染病毒的细胞内，上述三个反应都是由反转录酶催化的，即该酶具有三种活性：① RNA 指导 DNA 的聚合活性；② RNA 酶活性（水解杂化链上的 RNA）；③ DNA 指导 DNA 的聚合活性。酶的作用需要 Zn^{2+} 的辅助，合成反应也是从 $5'$ 端向 $3'$ 端延伸。合成过程中所用的引物，现在认为是病毒本身的一种 tRNA。

反转录是依赖 RNA 的 DNA 合成作用，在此过程中，遗传信息的流动方向是 RNA → DNA，与转录（DNA → RNA）过程遗传信息的流动方向相反，故称为反转录。反转录现象的发现补充和丰富了中心法则，Temin 和 Baltimore 也因此获得了诺贝尔奖。

反转录病毒（retrovirus），属于 RNA 病毒，它们的遗传信息保存在 RNA 上，此类病毒多具有反转录酶。病毒感染活细胞后，在某些情况下病毒基因组通过基因重组方式，掺入宿主细胞基因组，并随宿主细胞复制和表达，这种重组方式称为整合。病毒基因的整合可能是病毒致癌的重要方式。反转录病毒需先经反转录作用生成双链 DNA，才能进行整合。反转录病毒 DNA 的整合是复制病毒 RNA 的必经阶段。反转录病毒的基因组整合在宿主染色体上的位点是随机的。每个受感染的细胞一般有 1～10 份前病毒（宿主细胞内的病毒基因组 DNA）拷贝。只有当受感染细胞处于细胞分裂期间，反转录病毒 DNA 基因组才能接触到宿主细胞的遗传物质，故反转录病毒只能在分裂中的细胞内复制。

反转录病毒的生活周期包括两个阶段：在第一阶段中，病毒 RNA 基因组反转录成 DNA 前病毒，再整合至宿主基因组中；在第二阶段中，已整合至宿主基因组的前病毒 DNA，通过宿主细胞的 RNA 聚合酶转录生成相应的 mRNA，以此作为病毒的 RNA 基因组，或作为模板合成相应的蛋白质，将病毒的 RNA 基因组包装成新的病毒颗粒，以出芽方式离开宿主细胞，如图 13-20 所示。

反转录病毒包括以下几类亚科：

（1）RNA 肿瘤病毒亚科

禽类：劳斯肉瘤病毒（RSV），劳斯相关病毒（RAV），其他鸡肉瘤病毒，禽白血病病毒（ALV）。哺乳类：鼠肉瘤病毒（MSV），鼠白血病病毒（MLV），鼠内源性病毒，猪肉瘤病毒，牛白血病病毒，猪白血病病毒，鼠乳腺瘤病毒。灵长类：灵长类肉瘤病毒，猴白血病病毒，狒 C 型肿瘤病毒，Mason-Pfizer 猴病毒（MPMV）。人：人类嗜 T 细胞病毒Ⅰ型，Ⅱ型，Ⅴ型（HTLV-Ⅰ，Ⅱ，Ⅴ）。

（2）慢病毒亚科

人类免疫缺陷病毒（HIV），绵羊脱髓鞘性脑白质炎病毒（visnavirus），绵羊肺腺瘤病毒（maedi virus），马传染性贫血病毒（EIAV）。

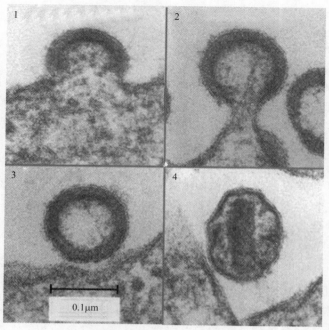

图 13-20　反转录病毒（HIV）从被感染的细胞出芽

（照片摘自《基因 X》）1—出芽起始；2—芽孢延伸；3—病毒释放；4—病毒成熟

（3）泡沫病毒亚科

灵长类泡沫病毒，猫、牛、人泡沫病毒（foamy virus）。

对反转录病毒的研究，不仅丰富和拓宽了病毒学和病毒致癌理论，而且也为分子生物学提供了重要的研究方法。反转录酶作为一种重要的工具酶广泛应用于基因工程操作中。如在 cDNA 克隆中，用反转录酶催化 dNTP 在 RNA 模板指引下聚合生成 RNA/DNA 杂化双链，用酶或碱把杂化双链上的 RNA 除去，剩下的 DNA 单链再作为第二链合成的模板。在体外以 DNA 聚合酶Ⅰ或其大片段（Klenow 片段）催化 dNTP 聚合即可合成的双链 DNA，称为 cDNA，c 是互补的意思，这样合成的 cDNA 就是编码蛋白质的基因，如图 13-21 所示。

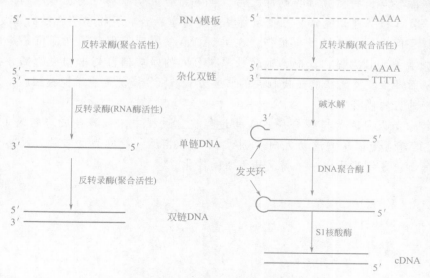

图 13-21　由反转录酶催化的 cDNA 的合成

本章小结

　　DNA 复制是半保留复制方式，复制过程分为复制的起始、延长和终止三个阶段。复制的起始就是要解开双链和生成引物。原核生物从一个起始点开始复制，而真核生物染色体 DNA 有多个复制起始点，其中相邻两个起始点之间的 DNA 片段称为复制子（replicon）。复制时双链打开后分开成两股，分别作为新链合成的模板，形成 Y 字形的复制叉结构。原核生物的复制从一个起始点开始，同时向两个方向进行，称为双向复制。复制起始的解链需要多种蛋白质参与。由拓扑异构酶松弛超螺旋，解旋酶解开 DNA 双链，形成单链。SSB 结合到单链上使其稳定。随后，引发体引导引物酶到达适当的位置合成十几个到几十个核苷酸的 RNA 引物。引物的合成方向也是 5′→3′方向。DNA 的聚合就是在引物的 3′-OH 上进行的。

　　DNA 链的复制延长是在 DNA 聚合酶催化下，以解开的单链为模板，以四种 dNTP 为原料，进行的聚合延伸过程。即新进入的 dNTP 与引物 3′-OH 形成磷酸二酯键，以 5′→3′方向延长子链。其中一条链是前导链，顺着解链方向生成的子链，其复制是连续进行的，得到一条连续的子链。另一条链为随从链，其复制方向与解链方向相反，需等解开足够长度的模板链才能继续复制，得到的子链由不连续的片段所组成，称为冈崎片段。原核生物的冈崎片段为一千至两千个核苷酸，真核生物约为数百个核苷酸。一些简单低等生物或染色体以外的 DNA 复制方式比较特殊，如滚环复制。

　　DNA 的复制终止包括：真核生物复制中，随从链的不连续片段（冈崎片段）的连接，端粒的合成，并在染色体 DNA 线性末端处停止。原核生物环状 DNA 的双向复制，复制片段在复制终止点汇合。

　　DNA 的损伤修复有五种主要方式。错配修复是对 DNA 复制过程中碱基的插入／缺失而引起碱基错配时采用的一种修复方式。直接修复是在不需要切掉受损的碱基／核苷酸的条件下，直接恢复受损结构的修复方式。如光复活作用和暗修复。切除修复需要许多酶参与，将受损部位切除之后，再重新合成切除部位的正确序列，有：碱基切除修复和核苷酸切除修复。重组修复是通过重新合成引物和 DNA 链的修复方式，即：双链 DNA 中的一条链发生损伤，在进行 DNA 复制时，由于损伤部位不能成为模板来合成互补的 DNA 链，此时，通过从原来 DNA 的对应部位切出相应的部分将缺口填满，从而产生完整无损的子代 DNA 的修复方式。SOS 修复是为了挽救细胞，对较大范围损伤的应急修复方式。

　　反转录是以 RNA 为模板合成 DNA 的过程。此过程中，核酸合成与转录（DNA 到 RNA）过程与遗传信息的流动方向（RNA 到 DNA）相反，故称为反转录。反转录过程是 RNA 病毒的复制形式之一，需反转录酶的催化。

思考题

1. 什么是半保留复制？什么是半不连续复制？
2. 试述原核生物 DNA 复制的基本过程。
3. 为什么在 DNA 复制时需要一段核苷酸引物？
4. 参与 DNA 复制的物质有哪些？各有何作用？
5. 试述原核生物 DNA 聚合酶的分类及作用。
6. 真核生物 DNA 复制与原核生物 DNA 复制相比，有哪些异同？
7. 什么是 DNA 损伤？DNA 损伤有哪些后果？
8. 为什么端粒酶在真核细胞的 DNA 复制中起重要作用？
9. 试述 DNA 损伤的常见类型。DNA 损伤的修复机制有哪几种？

第十四章

RNA 的生物合成

本章导读

　　RNA 是生物体内最重要的大分子之一，它与 DNA、蛋白质一起构成了生命的基本框架。RNA 是通过 DNA 转录而来，转录是以 DNA 为模板合成 RNA 的过程。原核生物与真核生物的转录类似，但也有所区别，其中原核生物 RNA 由同一个聚合酶催化合成，而真核生物则有 3 种类型的 RNA 聚合酶。原核生物和真核生物的转录过程都分为起始、延伸和终止三个阶段。但真核生物的转录起始和终止较原核生物更为复杂。本章主要介绍 RNA 生物合成过程中所涉及的各种酶类的特点、原核生物与真核生物转录的差异、转录后加工过程，以及 RNA 酶的催化作用。

　　储存于 DNA 中的遗传信息如何才能得以表现？这就需要转录（transcription）和翻译这两个过程。转录是遗传信息从 DNA 流向 RNA 的过程。在转录过程中，以 DNA 的一条链作为模板链，以 ATP、CTP、GTP 和 UTP 四种核苷三磷酸为原料，在 RNA 聚合酶催化下合成 RNA 分子的过程。RNA 合成以碱基配对方式进行，所产生的 RNA 链与 DNA 模板链互补。细胞内的各类 RNA，包括参与翻译过程的 mRNA、rRNA、tRNA，以及具有特殊功能的小 RNA，都是以 DNA 为模板，在 RNA 聚合酶的催化下合成的。最初转录的 RNA 产物通常需要经过一系列断裂、拼接、修饰等加工过程才能成为成熟的 RNA 分子。RNA 所携带的遗传信息可以用于指导 RNA 或 DNA 的合成，前一个过程即是 RNA 复制，后一过程是反转录。由于 RNA 既能携带遗传信息又具有催化的功能，故 RNA 的生物合成在生命活动中起着至关重要的作用。

第一节　DNA 指导的 RNA 合成

　　DNA 指导 RNA 的合成，称为转录。RNA 链的转录起始于 DNA 模板的一个特定位点，并在另一位点处终止，此转录区域称为转录单位。每次只转录 DNA 分子上的一段序列，相当于一个或几个基因的长度。一个转录单位可以是一个基因，也可以是多个基因。基因是遗传物质的最小功能单位，相当于 DNA 的一个片段。基因的转录具有选择性，随着细胞的种类不同，生长发育的不同阶段以及细胞内外条件的改变将选择转录不同的基因。转录的起始是由 DNA 的启动子控制的，而控制终止的部位则称为终止子。转录是通过 DNA 指导的 RNA 聚合酶来实现的。实验证明，DNA 两条链中仅有一条链可用于转录；或者某些区域以这条链转录，另一些区域以另一条链转录，而对应的链只复制，无转录功能。那条转录的 DNA 链被称为模板链，而那条互补的不能转录的 DNA 链称编码链，如图 14-1 所示。转录生成的 RNA 链一般还需要进一步加工，才能成为有生物活性的（成熟的）RNA。

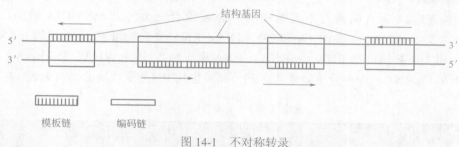

图 14-1　不对称转录

箭头代表转录产物生成方向

一、RNA 聚合酶

　　从原核细胞大肠杆菌中只分离得到一种 RNA 聚合酶，它催化细胞中 3 种 RNA 的合成。从真核细胞中已分离得到多种 RNA 聚合酶：RNA 聚合酶Ⅰ、RNA 聚合酶Ⅱ及 RNA 聚合酶Ⅲ，它们分别催化 rRNA、mRNA、5S rRNA 和 tRNA 的合成。线粒体和叶绿体中的 RNA 聚合酶各自催化线粒体和叶绿体中的 RNA 转录合成。原核细胞和真核细胞的 RNA 聚合酶虽然结构有所不同，但有相似的催化特性，转录过程也基本相同。

　　大肠杆菌 RNA 聚合酶全酶的分子量约为 46 万，由 5 个亚基（$\alpha_2\beta\beta'\sigma$）组成，还含有两个 Zn 原子，它们与 β' 亚基相连接。如图 14-2 所示。没有 σ 亚基的酶（$\alpha_2\beta\beta'$）称为核心酶，σ 亚基的功能是帮助核心酶识别转录起始位点，而核心酶的功能是催化聚合反应，因此没有 σ 亚基的核心酶只能使已开始合成的 RNA 链延长，但不具有起始合成 RNA 的能力，必须加入 σ 亚基才表现出全部聚合酶的活性。这就是说，在开始合成 RNA 链时必须有 σ 亚基参与作用，因此称 σ 亚基为起始因子。此外，在全酶制剂中还存在一种分子量较小的成分，称为 ρ 亚基，而核心酶则没有。大肠杆菌 RNA 聚合酶全酶的结构示意图如图 14-2，各亚基的大小和功能列于表 14-1 中。

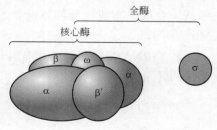

图 14-2　大肠杆菌 RNA 聚合酶全酶

表 14-1　大肠杆菌 RNA 聚合酶中各亚基的大小和功能

亚基	分子量	比例	功能
β′	160 000	1	与模板 DNA 结合
β	150 000	1	起始和催化部位
σ	70 000	1	起始作用
α	30 000	2	未知
ρ	9 000	1	终止作用

　　真核生物的基因组远比原核生物更大，其 RNA 聚合酶也更为复杂。真核生物 RNA 聚合酶主要有三类，分子量都在 500 000 左右，通常有 8 ～ 14 个亚基，并且含有 Zn^{2+}。利用 α- 鹅膏蕈碱的抑制作用可将三类真核生物 RNA 聚合酶区分开来：RNA 聚合酶 I 对 α- 鹅膏蕈碱不敏感，RNA 聚合酶 II 可被低浓度 α- 鹅膏蕈碱所抑制，RNA 聚合酶 III 只被高浓度 α- 鹅膏蕈碱所抑制。

　　真核生物 RNA 聚合酶具有不同的功能，RNA 聚合酶 I 转录 45S rRNA 前体，经转录后加工产生 5.8S rRNA、18S rRNA 和 28S rRNA；RNA 聚合酶 II 转录所有的 mRNA 前体（hnRNA）和大多数核内小 RNA（snRNA）；RNA 聚合酶 III 转录 tRNA、5S rRNA 和不同的胞质小 RNA（scRNA）等小分子转录物。三种真核生物 RNA 聚合酶的比较见表 14-2。

表 14-2　真核生物 RNA 聚合酶的种类和性质

酶	细胞内定位	转录产物	相对活性	对抑制物的敏感性
RNA 聚合酶 I	核仁	rRNA	50% ～ 70%	对 α- 鹅膏蕈碱不敏感
RNA 聚合酶 II	核质	hnRNA 和 snRNA	20% ～ 40%	对 α- 鹅膏蕈碱敏感
RNA 聚合酶 III	核质	tRNA	约 10%	对 α- 鹅膏蕈碱中等敏感

　　真核生物 RNA 聚合酶中没有细菌中 σ 亚基的对应物，所以不能识别和结合到启动子上，而需要在启动子上由转录因子和 RNA 聚合酶组装成活性转录物才能起始转录，且在转录过程中，各种因子的作用比原核生物复杂得多。

　　RNA 聚合酶以 DNA 双链为模板，结合到转录起始位点后，可自行解链和解旋；随着转录的前进，前面不断产生新的解链区，后面转录完的模板又恢复成原来的双螺旋，从总体来看，转录过程并不存在解旋困难。

　　RNA 聚合酶催化的聚合反应有几个特点：①要求模板方向是 3′→ 5′；②不需要引物，可从头合成；③新链延伸方向是 5′→ 3′；④底物是 4 种核苷三磷酸；⑤反应需要 Mg^{2+} 或 Mn^{2+} 参与。

　　除了 RNA 聚合酶外，还有其他蛋白因子参与转录过程。下面分别介绍原核生物和真核生物的转录过程。

二、转录过程

　　转录过程可分为起始、延伸和终止 3 个阶段。

（一）起始

RNA 的转录是从 DNA 模板上特定部位开始的，该特定部位又称为启动子，指 RNA 聚合酶识别、结合和开始转录的一段 DNA 序列，RNA 聚合酶起始转录需要的辅助因子称为转录因子，其作用是识别 RNA 聚合酶，或 DNA 顺势作用位点，或识别其他因子。

不同的启动子都存在保守的共同序列，包括 RNA 聚合酶识别位点、结合位点以及转录起始位点。

在转录起点上游大约 −10 处，有一个 6bp 的保守序列 TATAAT，称 Pribnow 框，或称为 −10 序列（图 14-3）。此段序列出现在 −4 到 −13 之间，实际位置在不同启动子中略有变动，每个位点的保守性在 45% ～ 100%。Pribnow 框决定转录方向，RNA 聚合酶在此部位与 DNA 结合形成稳定的复合物，Pribnow 框中 DNA 序列在转录方向上解开，形成开放型起始结构，它是 RNA 聚合酶牢固的结合位点，是启动子的关键部位。

只含 −10 序列的 DNA 不能转录，在 −10 序列上游还有一个保守序列，其中心约在 −35 位置，称为 −35 序列，此序列为 RNA 聚合酶的识别区域，它是原核 RNA 聚合酶全酶依赖 σ 因子的初始识别位点。因此，−35 序列对 RNA 聚合酶全酶有很高的亲和性，−35 序列的核苷酸结构，在很大程度上决定了启动子的强度，RNA 聚合酶易识别强的启动子。

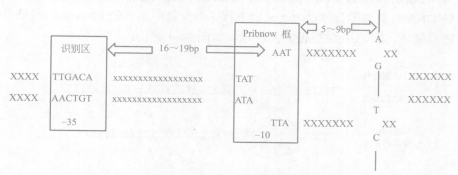

图 14-3　启动子共有序列的功能

σ 因子能直接与启动子的 −35 和 −10 序列相互作用，两个位点正好位于双螺旋 DNA 的同一侧，它们之间距离的改变将影响 σ 因子的作用力而改变转录起始效率。启动子的序列是多种多样的，两个保守位点是最常见的结构，不同的 σ 因子可以识别不同的启动子序列。表 14-3 总结了不同原核生物 σ 因子识别不同类型启动子的序列。

表 14-3　大肠杆菌不同 σ 因子识别不同类型启动子的序列

因子	−35 序列	−10 序列
σ^{70}	TTGACA	TATAAT
σ^{32}	CCCTTGAA	CCCGATNT
σ^{54}	CTGGNA	TTGCA
σ^{F}	CTAAA	GCCGATAA

转录起始的过程是首先由 RNA 聚合酶的 σ 因子识别启动子特殊碱基顺序，导致 RNA 聚合酶全酶与 Pribnow 框紧密结合，并局部打开 DNA 双螺旋，形成长度为 12 ～ 17bp 的 DNA 单链区。以其中一条解开的单链为模板，在转录起点部位按碱基互补原则，结合第一

个核苷三磷酸，并由聚合酶的 β 亚基催化第一个磷酸二酯键的生成，形成与 DNA-RNA 聚合酶结合在一起的起始延伸复合物，开始转录。转录的起始过程不需要引物，这是 RNA 聚合酶催化合成 RNA 的重要特征，这一点与 DNA 聚合酶催化的 DNA 合成显著不同。

真核生物启动子有三类（拓展 14-1），分别由 RNA 聚合酶 I、II 和 III 进行转录。真核生物的启动子由转录因子而不是 RNA 聚合酶识别，多种转录因子和 RNA 聚合酶在起点上形成前起始复合物而促进转录。启动子由一些短的保守序列组成，他们被适当种类的辅助因子识别。

拓展 14-1

（二）延伸

模板上转录起始点第一位的碱基一般是嘧啶，RNA 新链 5′ 端第一个掺入的核苷酸则多为嘌呤核苷三磷酸，当与模板碱基互补的第二个核苷三磷酸的 5′ 磷酸基与第一个核苷酸的 3′ 羟基形成 3′，5′- 磷酸二酯键并释放出焦磷酸时，则开始了 RNA 链的延伸。随着 RNA 聚合酶沿模板 3′→5′ 方向挪动，DNA 双链不断解开，与模板碱基互补的核苷三磷酸不断掺入，新生的 RNA 链就不断延伸。当新生 RNA 链延长到 10 ~ 20 个核苷酸后，σ 亚基从全酶上脱落，核心酶继续催化链的延伸。

新生 RNA 链与模板 DNA 链形成的 RNA-DNA 杂交双链不稳定，核心酶移动过后留下的两条单链 DNA 有更强的复性能力，从而取代了杂交链中新生的 RNA 链，双链 DNA 模板恢复原来的双螺旋，RNA 新生链便游离出来，如图 14-4 所示。

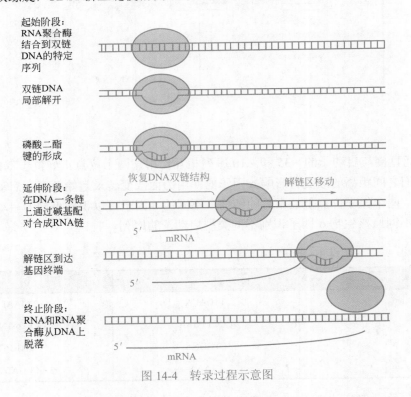

图 14-4　转录过程示意图

（三）终止

转录在特定位点终止，DNA 模板上含有终止信号，称终止子。现已证明，所有原核生物的终止子在终止位点之前均有一个二重对称序列，之后有一个富含 AT 的序列跟随。由于终止子结构不同，终止有两种不同的机制：①不需终止蛋白 ρ 因子帮助的终止；②需要 ρ 因子帮助的终止。如图 14-5 所示。

　　不需 ρ 因子帮助的终止，其终止子的二重对称结构中富含 G、C，之后有寡聚 A 序列。由二重对称结构转录生成的 RNA 链有自身互补性，能形成发夹结构。发夹结构的 RNA 链被迫从模板上翻出，促使 RNA 聚合酶构象发生变化。模板的寡聚 A 序列转录产生的寡聚 U，可能提供一种信号，使 RNA 聚合酶脱离模板，并释放 RNA 链，一条 RNA 链的转录即告终止。

　　需 ρ 因子帮助的终止，其终止子的二重对称结构中不富含 G、C，之后也无寡聚 A 序列。RNA 聚合酶转录到达终止部位时，对应于终止子的二重对称序列转录产生的 RNA 链形成发夹结构，使转录暂停，但 RNA 聚合酶不能自动脱离模板。ρ 因子与暂停的 RNA 聚合酶结合，引起酶构象改变，致使其脱离模板，释放 RNA 链，完成转录，ρ 因子发挥作用需要 ATP 供能。

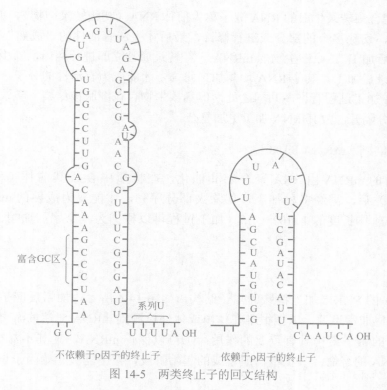

图 14-5　两类终止子的回文结构

（四）原核生物与真核生物转录比较

　　原核生物与真核生物转录的基本原理很相似，但仍有不同，各具特色，主要有下列几点差别：

　　① 原核生物只有一种 RNA 聚合酶，能转录各类基因（rRNA、mRNA 和 tRNA 基因）；而所有真核生物都具有 3 种 RNA 聚合酶，分别转录不同类型的基因。

　　② 原核生物 mRNA 转录后不需加工，直接作为模板，进行翻译；而真核生物转录后需要加工。所谓加工是指：首先在原始转录物的 5′ 末端加帽，在 3′ 端的核苷酸去掉一部

分，而加上一段多聚腺苷酸［poly（A）］尾巴；其次是从原始转录物上切除间隔顺序或内含子；最后，保存的片段被连接在一起，形成最终成熟的 mRNA 分子，带有帽和多聚腺苷酸尾巴。

③ 原核生物中 mRNA 只能存活几分钟或几小时，而真核生物中的各种类型的 mRNA 能较长时期生存在细胞质中，少则几天至几周，多则几个月。

④ 在原核生物中转录与翻译可同时进行，是偶联的；在真核生物中转录是在细胞核内进行的，而翻译仅能在 mRNA 完成后，转移到细胞质中才能进行，两者不是偶联的。

⑤ 几乎所有真核生物中的 mRNA 都是单基因的，即它们仅编码一个多肽，它们在合成蛋白质时也只有一个起始点，翻译成一个多肽；而在原核生物中，许多（不是所有的）mRNA 是多基因的，即它们编码多个蛋白质，而在合成蛋白质时有几个起始点和终止点，各自独立地翻译成不同的多肽，但也有一些例外。

三、转录后加工

由 RNA 聚合酶转录生成的 RNA 分子称为前体 RNA（初级转录产物），前体 RNA 在专一酶的作用下，切除多余的部分或进行修饰，最后才生成有活性的"成熟"RNA，这个过程称为"转录后加工"。原核生物的 mRNA 一经转录通常立即进行翻译，除少数例外，一般不需要进行转录后加工，其他 RNA 均需加工修饰，才能成为有活性的分子。原核生物与真核生物的 RNA 加工过程有许多共同之处，但真核生物存在细胞核结构，转录和翻译在时间和空间上都被分隔开，故其 RNA 加工更加复杂。

（一）真核生物 mRNA 的加工

真核生物的 mRNA 由 RNA 聚合酶 Ⅱ 催化，在核质中合成其前体（称为核不均一RNA，hnRNA）后，需经多种加工，切除大部分序列，才能变为成熟的 mRNA，成熟的mRNA 只有其前体长度的 1/10 ～ 1/5。加工过程可以概括为八个字：加帽、加尾、剪接、修饰。

1. 加帽

在 hnRNA 的 5′末端加上特殊的帽子结构，如图 14-6 所示。加帽反应是由腺苷酸转移酶完成的，反应非常迅速，以至很难在体内或体外检测到 mRNA 5′端的游离三磷酸基团的存在。mRNA 的帽子结构具有重要的作用：①可以保护 mRNA，使其不易被核酸酶降解，从而延长 mRNA 的寿命；②在蛋白质合成的起始阶段，帽子能被起始因子识别，从而促进蛋白质的合成。

2. 加尾

成熟 mRNA 的 3′末端都有长 20 ～ 200 个核苷酸的多聚腺苷酸［poly（A）］尾，如图 14-7 所示，这是由［poly（A）］合成酶在 hnRNA 链的 3′末端附近的特殊位点，即AAUAAA（称为加尾信号），结合并切除 3′末端多余序列后，利用 ATP 为底物，通过聚合反应逐个加上去的。加尾并非加在转录终止的 3′末端，而是在转录产物的 3′末端，由一个特异性酶识别切点上游方向 13 ～ 20 个碱基的加尾识别信号 AAUAAA 以及切点下游的保守序列 GUGUGUG，把切点下游的一段切除，然后再由［poly（A）］聚合酶催化，加上

[poly（A）] 尾巴，如果这一识别信号发生突变，则切除作用和多聚腺苷酸化作用均显著降低。加尾反应在核内完成，加尾后的 mRNA 可穿过核膜进入细胞质。

mRNA [poly（A）] 尾的功能是：①可能有助于 mRNA 从细胞核到细胞质转运；②避免在细胞中受到核酶降解，增强 mRNA 的稳定性。

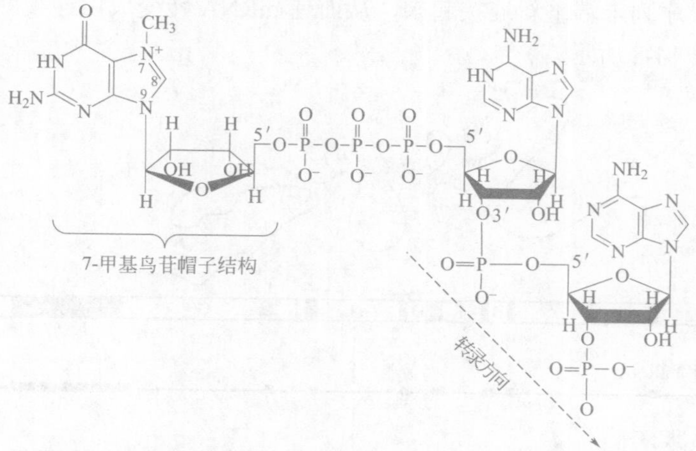

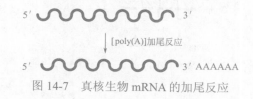

7-甲基鸟苷帽子结构

转录方向

图 14-6　真核生物 mRNA 5′端的 7- 甲基鸟苷帽子结构

5′ ～～～～～ 3′

[poly(A)]加尾反应

5′ ～～～～～ 3′ AAAAAA

图 14-7　真核生物 mRNA 的加尾反应

3. 剪接

原核细胞中编码蛋白质的结构基因内部是连续的，即基因内部没有不编码序列；但真核细胞的蛋白质基因内部却是不连续的，其中有编码意义（在成熟 mRNA 中将被保留下来）的序列叫外显子。没有编码意义（在成熟 mRNA 中不再出现）的序列叫内含子。例如血红蛋白 β 链的基因内部，有两个内含子，它们将 β 链基因分隔成三个外显子，经过剪接，除去内含子序列，把外显子部分按顺序连接起来，使 mRNA 转变为由连续的外显子组成的序列。

RNA 剪接是真核细胞基因表达中非常重要的一个生物过程，通过 RNA 剪接可以产生许多具有功能的、带有编码信息的 mRNA，它对生物的发育及进化至关重要。所以 RNA 剪接识别是正确理解基因表达过程的重要一步，而剪接识别的关键是剪接位点的判定。研究发现，在外显子和内含子的 3′末端边界总是 AG 序列，5′末端边界总是 GT 序列，这个 AG/GT 保守序列称为剪接信号，剪接就发生在这里。

RNA 剪接可以有多种方式（拓展 14-2）。剪接的方式因内含子的结构及剪接所需的剪接因子而定。此外，RNA 剪接还分为分子内剪接以及分子间剪接。

剪接体剪接内含子经常存在于真核生物的蛋白质编码基因中。在内含子里，需要有 5′剪接位点、3′剪接位点及剪接分支位点来方便剪接。剪接是由剪接体来催化，它是由五个不同的核内小 RNA 以及不下于一百个蛋白质所组成的大型

拓展 14-2

核糖核酸蛋白质复合物，称为核小核糖核蛋白颗粒（snRNP）。snRNP 的 RNA 会与内含子进行杂交反应，并且参与剪接的催化反应。剪接开始时，snRNP 识别 hnRNA 中的剪接信号，snRNP 中的 RNA 可以与保守的剪接信号序列形成局部配对区，然后，snRNP 起剪接酶作用，把剪接点上的两个磷酸酯键切断，相应于内含子部位的插入顺序脱离出 hnRNA，而相应于外显子部位的两段序列末端重新连接起来，从而使 mRNA 转变成由连续的外显子组成的序列，剪接过程如图 14-8 所示。

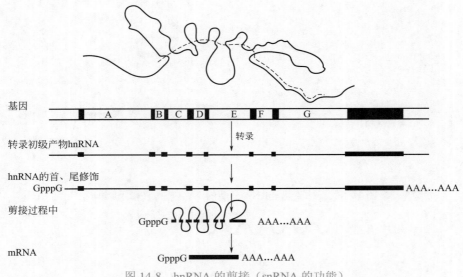

图 14-8　hnRNA 的剪接（snRNA 的功能）

4. 修饰

除 4 种主要的核苷酸外，RNA 分子中还常含有其他碱基或核苷，称为稀有组分，其中主要有次黄嘌呤、$5'$- 甲基胞嘧啶、二氢尿嘧啶、假尿嘧啶核苷及 6- 甲基腺嘌呤（m^6A）等。这些稀有组分是在 RNA 转录合成后，由特定核苷酸修饰酶对特定部位的正常核苷酸进行专一修饰时产生的。

RNA 修饰包含以下几种类型：①甲基化，例如在 tRNA 甲基转移酶的催化下，某些嘌呤生成甲基嘌呤。②还原反应，某些尿嘧啶还原为二氢尿嘧啶（D）。③核苷内的转位反应，如尿嘧啶核苷转位为假尿嘧啶核苷。④脱氨反应，某些腺苷酸脱氨成为次黄嘌呤，次黄嘌呤是较常见于 tRNA 中的稀有碱基之一。⑤ $3'$ 末端加上 CCA-OH，在核苷酸转移酶的作用下，在 $3'$ 末端删去个别碱基后，换上 tRNA 统一的 CCA- OH 末端，完成茎环结构。

（二）rRNA 前体的加工

原核细胞和真核细胞的 rRNA 都是由较长的前体生成的，这种前体也称为"前核糖体 RNA"。原核生物的 16S 和 23S rRNA 是从分子量约为 22 万的 30S rRNA 前体产生的。

30S rRNA 前体先在特定碱基处甲基化，然后断裂产生 17S 和 25S rRNA 中间产物。中间产物再通过核酸酶的作用除去一些核苷酸残基，生成原核生物特有的 16S 和 23S rRNA。5S rRNA 是从 30S rRNA 前体的 $3'$ 端分离得来的，如图 14-9 所示。

在真核生物中，一个大 45S rRNA 前体经过一系列步骤生成 18S 和 28S rRNA。45S

rRNA 前体的加工在核仁中进行。45S rRNA 前体约 14 000 个核苷酸残基，加工的第一步是其中 100 多个核苷酸残基被甲基化，其中多数残基的甲基化部位是其核糖部分的 2′—OH。甲基化的 45S rRNA 前体再进行一系列的酶促分解后产生真核生物核糖体特有的 18S、28S 和 5.8S rRNA，如图 14-10 所示。真核生物 5S rRNA 的生成要通过另外的途径。

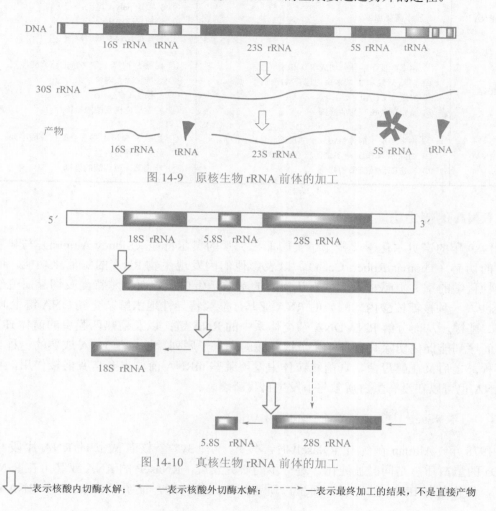

图 14-9　原核生物 rRNA 前体的加工

图 14-10　真核生物 rRNA 前体的加工

⇩—表示核酸内切酶水解；⟵—表示核酸外切酶水解；- - - -▶—表示最终加工的结果，不是直接产物

（三）tRNA 前体的加工

tRNA 也从较长的前体产生，细胞内有数十种 tRNA，各种 tRNA 的前体结构和加工方式不尽相同。一般在加工过程中除去前体 5′和 3′端多余的核苷酸。有时，tRNA 前体酶解可产生两个或更多个不同的 tRNA。

除了去掉先导序列和尾部的序列外，tRNA 前体还要进行两种其他类型的加工：有些 tRNA 还需添加 3′端的 1 个 CCA 三核苷酸序列，它是蛋白质合成时 tRNA 与氨基酸结合的部位；另一些 tRNA 前体在转录时已具有 3′末端序列，不需要进行这种类型的加工。

另外，tRNA 上有些碱基还需要进行特征性修饰，包括甲基化、脱氨和还原作用等。以上简要介绍了原核生物与真核生物各种 RNA 前体的加工修饰，现将上述内容归纳于表 14-4。

表 14-4 原核与真核生物 RNA 转录后加工的主要内容

RNA 种类	原核生物	真核生物
mRNA	一般不需要加工	① 5′端加帽子结构； ② 3′端加 polyA 尾巴； ③ 经剪接除去内含子； ④ 特定部位核苷酸的修饰
tRNA	① 由多顺反子前体剪切成单一 tRNA 前体； ② 切除 5′端和 3′端多余的核苷酸序列； ③ 3′端加 CCA-OH 结构； ④ 特定部位核苷酸的修饰	① 切除 5′端和 3′端多余的核苷酸序列； ② 经剪接除去内含子； ③ 3′端加 CCA-OH 结构； ④ 特定部位核苷酸的修饰
rRNA	① 由多顺反子前体剪切成单顺反子前体； ② 切除 5′端和 3′端多余的核苷酸序列； ③ 特定部位核苷酸的修饰	① 切除 5′端和 3′端多余的核苷酸序列； ② 经剪接除去内含子； ③ 特定部位核苷酸的修饰

四、RNA 的催化功能

1989 年的诺贝尔化学奖授予了美国耶鲁大学的奥尔特曼（Sidney Altman）与科罗拉多大学的切赫（Thomas Robert Cech），以表彰他们因发现生物 RNA 的酶催化功能，而对人类生物科学的重大贡献。人们一直认为酶的本质是蛋白质，而奥尔特曼及切赫研究组证明 RNaseP（一种核糖核酸内切酶）的 RNA 亚基，能够特异性地水解杂交到 DNA 链上的 RNA 磷酸二酯键，从而分解 RNA/DNA 杂交体系中的 RNA 链；以及嗜热四膜虫的前体 rRNA 中的居间序列能催化切除其自身 413 个核苷酸的内含子序列，这也是 RNA 成熟的一种自我剪接过程。之后又在酵母菌、真菌线粒体中发现某些 mRNA 前体也有自我剪接作用，噬菌体 T4 RNA 也可以在没有蛋白质参与下发生自我断裂。

（一）RNaseP 中的 RNA 亚基的催化功能

1978 年，Altman 在纯化 RNaseP 时，发现一种 377 个核苷酸长的 RNA 片段与一种 14kDa 的蛋白质总是同时被纯化，进一步的研究发现，RNaseP 的 RNA 亚基可在高 Mg^{2+} 浓度下，催化前体 tRNA 的剪切，而蛋白质亚基则无此功能，证明了 RNaseP 中 RNA 的催化功能。

RNaseP 是一种核酸内切酶，在 tRNA 加工时，用以切除 tRNA 前体 5′端附加序列。大肠杆菌的 RNaseP 可裂解 60 余种不同的前体 tRNA，切点位于特定的磷酸二酯键上。现已在大肠杆菌、枯草杆菌等原核生物及某些真核生物细胞中发现 RNaseP 的存在及其 RNA 亚基在前体 tRNA 剪接中的生物催化功能。

Altman 等的研究进一步发现：随 3′端、5′端不同核苷酸数的缺失，RNA 亚基的催化活性亦随之而降低，乃至失活。这说明 RNA 亚基分子折叠所形成的特定结构可能是其催化活性的重要保证。另外，蛋白质亚基部分也很重要，如大肠杆菌的 4.5S RNA 前体加工中，如果有蛋白质亚基存在，则剪接速度可加快几百倍。tRNA 前体结构也可影响 RNaseP 的剪切效率，如对 3′端带 CCA 序列的前体 tRNA 比对 3′端 CCA 序列缺失的前体 tRNA 的剪切效率更高。

（二）四膜虫 rRNA 前体的自我剪接

1981 年 Cech 发现原生动物嗜热四膜虫（*Tetrahymena thermophila*）的大核 26S rRNA 基因的内含子中有一个 413 个核苷酸长度的居间序列（IVS），可在前体 rRNA 加工过程中，自我催化切除，将 5′外显子与 3′外显子连接成成熟的 rRNA 分子。在离体条件下，四膜虫大核 rRNA 前体可在没有蛋白质存在下，由 Mg^{2+} 和鸟苷或 5′鸟苷酸作辅助因子，完全催化剪接过程。

通过重组 DNA 技术克隆四膜虫 rRNA 基因中的 413bp 及其两侧的 DNA 片段，在体外证实了剪接过程中没有蛋白质参与，即前体 rRNA 可在非酶蛋白质存在条件下进行自我剪接。

四膜虫 rRNA 前体的自我催化剪接过程包括两步转磷酸酯反应。反应不需要外源 ATP 或 GTP 提供能量。首先，在 Mg^{2+} 存在下，鸟苷或 5′鸟苷酸的 3′-OH 亲核攻击 IVS 的 5′剪接位点，使鸟苷或鸟苷酸的 3′-OH 与 IVS 的 5′磷酸共价连接，之后，5′外显子中 3′端的羟基亲核攻击 IVS 的 3′剪接位点，经转磷酸酯反应使 5′外显子通过 UpU 共价相连，得到成熟的 rRNA。切除的 IVS 3′端鸟苷的 OH 攻击 IVS 5′端邻近的磷酸二酯键，使 IVS 5′端的 15 个核苷酸片段缺失，而形成一个由 3′，5′磷酸二酯键相连的环状分子。如图 14-11。

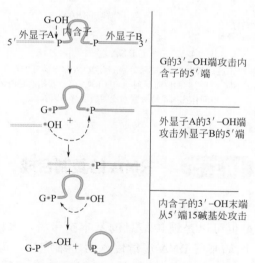

图 14-11 四膜虫 rRNA 前体的自我催化剪接过程
G—鸟苷或 5′鸟苷酸

对大量真核生物 RNA 前体的剪接方式进行研究的结果表明，有许多 RNA 前体的剪接并不需要酶蛋白质参与，而由 IVS 自我催化完成。现在，又相继发现植物病毒 RNA、大肠杆菌 T4 噬菌体 mRNA 的自我催化剪接作用。RNA 催化功能的发现使人们对生物催化反应、酶的本质以及 RNA 功能多样性的研究进入了一个新天地。

RNA 催化功能的发现使它在理论界的贡献有两个：①说明 RNA 也具有催化功能，这就意味着经典生物催化剂概念的扩大，所以有的学者将其命名为 ribozyme（核酶）；②对原始生命的起源问题提出了进一步的解释，似乎应该是先有 RNA，后有核糖核蛋白体复合物，进一步发展产生出原始的生命形态——类病毒和病毒。

五、RNA 的稳定性

mRNA 是不稳定的分子，其不稳定性主要是由于核糖核酸酶的作用所致。核糖核酸酶是切割连接核糖核酸的磷酸二酯键的酶，这些分子是多种多样的，许多不同的蛋白质结构域进化出各种不同类型的核糖核酸酶活性。各种核糖核酸酶的攻击模式是不同的，他们专门针对各种不同的 RNA 底物。在细胞中，这些 RNA 降解酶具有多种功能。mRNA 的快速衰变可允许细胞所合成的蛋白质谱快速调整，可通过调节基因转录速率来实现。不同序列的 mRNA 对核酸酶的作用展现出程度各异的敏感性，其半衰期（图 14-12）相差甚至可达 100 倍以上。

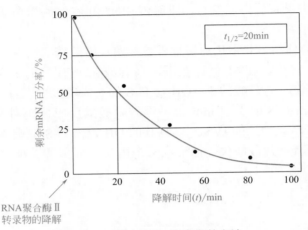

图 14-12　测定 RNA 半衰期的方法

在 pol Ⅱ 基因的温度敏感性突变株中，通过药物或温度改变，就可使 RNA 聚合酶 Ⅱ 的转录基本关闭。专一性 mRNA 水平就可由 Northern 印迹或 RT-PCR 测定不同下降时期的值而得到。一旦 RNA 降解起始，它通常非常快速，以至于这个过程中的中间体都很难检测到（此图摘自《基因 X》）

第二节　RNA 的复制合成

在有些生物中，RNA 也可以是遗传信息的基本携带者，并能够通过复制而合成出与自身相同的 RNA 分子。比如某些 RNA 病毒侵入宿主细胞后，借助 RNA 复制酶进行病毒 RNA 的复制，RNA 复制酶以病毒 RNA 为模板，在镁离子和四种核苷三磷酸存在下合成出与模板性质相同的 RNA。如用复制产物去感染细胞，能产生正常的 RNA 病毒，由此可见，包括病毒外壳蛋白以及各种有关酶的全部遗传信息均被储存在被复制的 RNA 中。噬菌体 Qβ 的 RNA 复制可说明这个过程及其特点。

复制酶的模板特异性很高，它只识别病毒自身的 RNA，对宿主细胞和其他无关的 RNA 均无反应。噬菌体 Qβ 中 RNA 占 30%，其余为蛋白质，其 RNA 是由约 4 500 个核苷酸组成的一条单链分子，具有 mRNA 功能（正链），可以编码成熟蛋白、外壳蛋白和复制酶 β 亚基，其 RNA 复制是依靠 RNA 复制酶来完成的。

Qβ RNA 复制酶有 4 个亚基，噬菌体 Qβ 本身只编码 β 亚基，其余的 α、γ 和 δ 亚基则来自寄主。现已清楚，α 亚基是核糖体 S_1 蛋白，γ 和 δ 亚基是蛋白合成系统中的延伸因子 T_U

和 T_s。所以，当 Qβ 噬菌体侵入大肠杆菌细胞后，其自身的 RNA 即为 mRNA，可直接进行与病毒繁殖相关的蛋白质合成。通常将具有 mRNA 功能的病毒 RNA 称为正链，而它的互补链称为负链。通过正链 RNA 首先合成复制酶 β 亚基，然后与宿主细胞内的 3 种亚基装配成有活性的完整 RNA 复制酶，装配好的复制酶识别并结合到正链 RNA 的 3′末端，以正链 RNA 为模板合成负链 RNA，合成一直进行到另一末端，负链 RNA 便从模板上释放。RNA 复制酶又结合到新合成的负链 RNA 的 3′末端，以负链 RNA 为模板合成正链 RNA，正链可作为模板指导合成病毒蛋白，病毒蛋白和正链 RNA 再包装成新的噬菌体 Qβ（图 14-13）。

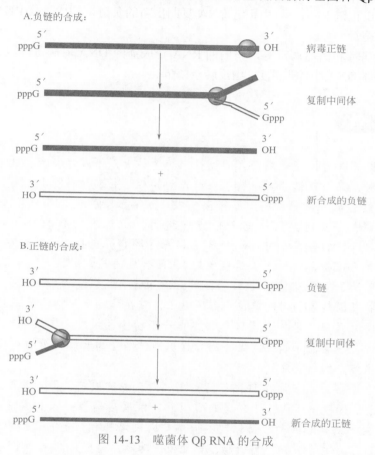

图 14-13　噬菌体 Qβ RNA 的合成

概括起来，由于病毒粒子所含 RNA（正链或负链等）情况不同，RNA 病毒的 RNA 合成可分为下列几种不同类型：

（1）病毒含有正链 RNA

进入细胞后先合成复制酶以及有关蛋白，然后在复制酶的作用下进行病毒 RNA 的复制，最后由病毒 RNA 和蛋白质装配成病毒颗粒。噬菌体 Qβ 和人肠道病毒等都是这种类型的代表。肠道病毒是一类小 RNA 病毒，包括脊髓灰质炎病毒、柯萨奇病毒、埃可病毒及新型肠道病毒等众多血清型。它们的 RNA 结构类似，在感染宿主细胞后，病毒 RNA 与宿主核糖体结合形成长的多肽链，在宿主蛋白酶的作用下形成 6 个蛋白质，其中包括 1 个复制酶，4 个外壳蛋白和 1 个蛋白酶。在形成复制酶后，病毒 RNA 开始复制。

（2）病毒含负链 RNA 和复制酶

流感病毒、副流感病毒、狂犬病毒和腮腺炎病毒等囊膜病毒属于这一范畴。这些病毒体中含有 RNA 复制酶，它们进入寄主细胞后，借助病毒带入的复制酶合成正链 RNA，通过正链 RNA 翻译出病毒结构蛋白和酶，并以正链 RNA 为模板，合成子代病毒的负链 RNA。

（3）病毒含双链 RNA 和复制酶

如呼肠孤病毒等。双链 RNA（dsRNA）病毒因其核酸为互补的双链 RNA 而得名。dsRNA 病毒有两个特点：一是病毒基因组多为 10～12 个节段的双链 RNA 分子；二是病毒具有单层或者多层衣壳，而没有包膜。病毒的双链 RNA 在病毒自身依赖 RNA 聚合酶作用下转录出 mRNA，然后再翻译成早期蛋白或晚期蛋白。双链 RNA 在复制时，必须先以其原负链为模板复制出正链 RNA，再由正链 RNA 复制出新的负链，构成子代 RNA。

（4）反转录病毒

包括白血病病毒和肉瘤病毒等，它们的 RNA 合成需经 DNA 前病毒阶段（即病毒 DNA 整合到宿主染色体 DNA 中的形式），由反转录酶催化。

 本章小结

　　转录是以 DNA 为模板合成 RNA 的过程。转录具有以下基本特点：①具有不对称性，即转录时，只以双链 DNA 中的一条链作为模板进行转录；②具有连续性，转录时，从头连续合成一段 RNA 链（不需要引物），各条 RNA 链之间无需再进行连接；③单向性，RNA 合成时，只能向一个方向进行，所依赖的模板 DNA 链的方向为 $3' \rightarrow 5'$，而 RNA 链的合成方向为 $5' \rightarrow 3'$；④转录不需要引物，并有特定的起点和终点。转录产物可以是单顺反子（真核生物），即合成的 RNA 中只含一个基因的信息；也可以是多顺反子（原核生物），即合成的 RNA 中含有几个基因信息。

　　原核生物基因转录的功能单位称为操纵子，它在结构上包括调节基因、启动子、操作基因、多顺反子（结构基因区）和终止子等功能区组成。启动子和终止子是最重要的转录元件。启动子是 RNA 聚合酶特异识别、结合和开始转录的一段 DNA 序列。终止子是转录终止的 DNA 序列。

　　转录过程需要一些基本条件，包括：① RNA 合成的原料，即 4 种脱氧核糖核苷酸，ATP、GTP、CTP 和 UTP；②合成的模板，转录反应需要一条 DNA 链为模板，且不同的 RNA 聚合酶对 DNA 两股链以及不同的 DNA 段落都有一定的选择性；③ RNA 聚合酶，可启动 RNA 的合成，不需引物，也无校读功能，需要 Mg^{2+} 或 Mn^{2+} 离子激活。

　　RNA 合成是以碱基互补配对为原则，即 A 与 U，G 与 C 配对。合成是按 $5' \rightarrow 3'$ 方向连续进行，多种调节转录的蛋白因子参与转录过程。

　　原核生物的转录起始包括 2 个步骤：①识别，σ 因子在 DNA 双链上寻找启动子，随后全酶与 DNA 分子结合，形成松弛复合物；②起始，RNA 聚合酶全酶促使局部双链解开，形成第一个 $3',5'$-磷酸二酯键。转录的延长：σ 因子从全酶上脱离，核心酶继续沿 DNA 链移动，连续聚合 RNA。转录的终止：新 RNA 链脱落，DNA 双链恢复，核心酶脱落后与 σ 因子结合。

　　真核生物的转录过程与原核生物的基本相同，但有多种转录因子参与。转录起始时，首先 TBP 结合于 TATA 框，然后 TFⅡA、TFⅡB、TFⅡF、TFⅡE、polⅡ、TFⅡH 等依次结合在启动子处形成闭合复合物；TFⅡH 作用于起始子位置开始解旋形成开放复合物。延伸反应开始后，TF ⅡE、TF ⅡH 释放；加入的延长因子与 RNA 聚合酶、TF ⅡF 形成延伸复合物，使 RNA 聚合酶的延长效率大大提高。终止时，RNA 聚合反应终止，RNA 聚合酶脱磷酸化，并重新进入下一个循环，准备下一次转录的起始。

转录产物的加工。原核生物 mRNA 大多不需要加工，一经转录即可直接进行翻译。也有少数多顺反子 mRNA 需通过核酸内切酶切成较小的单位，然后再进行翻译。原核生物 rRNA 的加工主要是特定碱基的甲基化（16S rRNA 约含 10 个甲基化修饰，23S rRNA 约含 20 个甲基化修饰）以及前体 rRNA 经过 RNase Ⅲ、RNaseP 和 RNaseF 的切割释放出 16S、23S 和 5S 前体分子，最后切割下来的分子再经过核酸外切酶修整而形成成熟的 rRNA。原核生物 tRNA 基因的转录单元大多数为多个，同种 tRNA 或不同种 tRNA 的多拷贝组成一个转录单位，转录在一条 RNA 中。

真核生物结构基因通常为断裂基因，其编码区被非编码区打断。转录时外显子和内含子都能被转录，形成前体 RNA。通过选择性剪接，内含子被切除而外显子被连接在一起形成成熟的 mRNA。此外还需要 5′端加帽和 3′端加尾。

思考题

1. σ 因子和 ρ 因子在转录过程中有何作用？
2. 原核生物与真核生物的启动子有什么不同？
3. 何谓转录？比较原核生物和真核生物的转录过程。
4. 何谓转录后加工？比较原核生物和真核生物的转录后加工过程。
5. RNA 的剪接对真核生物的进化起了什么作用？
6. RNA 功能的多样性体现在哪些方面？
7. RNA 的复制与 DNA 的复制有何异同？
8. 病毒 RNA 复制的主要方式有哪几种？

第十五章
蛋白质的生物合成

本章导读

　　蛋白质是生命活动的结构与功能基础，细胞内合成的各种蛋白质在维持细胞活动中发挥关键作用。本章主要介绍细胞内蛋白质的生物合成体系和生物合成的过程，其中重点介绍了遗传密码的特点、合成过程中各种 RNA 的作用以及合成过程的三个主要阶段，并介绍肽链合成后的加工和输送。重点内容包括：合成体系主要成分的模板 mRNA、核糖体大小亚基、各种携带氨基酸的 tRNA 及其功能作用；合成的主要步骤——翻译起始、肽链延伸、翻译终止三个阶段；肽链合成后的加工、修饰，并定向输送到特定细胞部位。

　　根据遗传信息流动的"中心法则"，DNA 基因中存储的遗传信息通过转录，将遗传信息传递给 mRNA，再以 mRNA 为模板，将 4 种核苷酸或相应的碱基（A、G、C、U）的排列顺序，以遗传密码的转换规则，转变为蛋白质中氨基酸的排列顺序，完成蛋白质的生物合成，即翻译。翻译过程在细胞的核糖体上进行，原核生物的翻译过程与转录直接衔接，即染色体 DNA 转录生成 mRNA 后可直接与核糖体结合，完成翻译过程。真核生物转录生成的 mRNA 则需要运输出细胞核，在细胞质与核糖体中结合，翻译为多肽，并进一步通过多肽加工修饰后转变为功能性蛋白质，完成细胞内的定位，行使特定的功能。

　　蛋白质生物合成（翻译）机制十分复杂，能量消耗巨大。蛋白质生物合成消耗的能量占到细胞内所有生物合成总能耗的 90%，表明蛋白质生物合成在细胞生命过程中至关重要。翻译过程通常划分为起始、延伸、终止三个阶段，涉及细胞内多种 RNA 和数百种蛋白质。

第一节　蛋白质生物合成体系

　　蛋白质的生物合成是三类 RNA 协调配合，共同作用的结果：DNA 经转录生成 mRNA，从而使 DNA 储存的遗传信息转化成可翻译的 mRNA；mRNA 在核糖体上指导肽链合成；tRNA 在其中起转运载体的作用。

一、翻译模板 mRNA 与遗传密码

原核生物与真核生物基因结构不同，其转录生成的 mRNA 也有不同特点。遗传学中将编码一条多肽链的遗传单位称为顺反子（cistron）。原核生物的结构基因常串联成一个转录单位，生成的 mRNA 往往能编码几个功能相关的蛋白质，为多顺反子 mRNA。例如大肠杆菌（*E. coli*）中乳糖操纵子的结构基因转录生成的 mRNA 含有三种酶（β- 半乳糖苷酶，通透酶及半乳糖苷转乙酰基酶）的编码序列，翻译后产生三种蛋白质。而真核生物 mRNA 是单顺反子（即只编码产生单个蛋白质），转录后需要加工修饰，才能成为成熟的 mRNA，构成翻译的模板。储存在 DNA 中的遗传信息正是通过转录成 mRNA，再经过翻译，转换为蛋白质的。如图 15-1 所示。

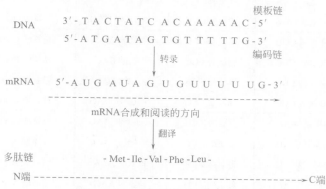

图 15-1　遗传信息的传递

翻译总是从 mRNA 分子的 5′ 端开始，按 5′ → 3′ 方向以三个核苷酸为一组即遗传密码子的形式阅读，每个遗传密码编码一个特定的氨基酸

（一）遗传密码及其破译

任何一种天然多肽都有其特定的氨基酸序列。有机界拥有 $10^{10} \sim 10^{11}$ 种不同的蛋白质，而构成它们的单体却只有 22 种氨基酸。氨基酸在多肽中的不同排列次序是蛋白质多样性的基础。目前已知多肽上氨基酸的排列次序最终是由 DNA 上核苷酸的排列次序决定的，而直接决定多肽上氨基酸次序的却是信使 RNA（mRNA）。不论 DNA 还是 mRNA，基本上都由 4 种核苷酸构成，这 4 种核苷酸如何编制成遗传密码，遗传密码又如何被翻译成 22 种氨基酸组成的多肽，这都是蛋白质生物合成中遗传密码的翻译问题。

用数学方法推算，如果 RNA 分子中每两个相邻的碱基决定一个氨基酸在肽链中的位置，那么 4^2=16，即 4 种碱基只能组成 16 组二联体，不能满足 22 种氨基酸编码的需要；如果每三个相邻碱基为一个氨基酸编码，则 4^3=64，四种碱基可组合成 64 组三联体，可以满足 22 种氨基酸编码的需要且有剩余，所以，这种编码方式可能性最大。应用生物化学和遗传学实验证实了是三个碱基编码一个氨基酸，称之为三联体密码或密码子，并已通过大量实验破译了 64 组密码子的含义。

第一个三联体密码是 1961 年由美国科学家 Nirenberg 等破译成功的。他们采用核糖体结合技术（拓展 15-1），用大肠杆菌无细胞蛋白质合成体系（其中含

拓展 15-1

有核糖体、tRNA、酶及蛋白因子等），向体系中加入 20 种放射性标记的氨基酸和人工合成的 polyU 模板，经保温后，发现新合成的是多聚苯丙氨酸。这一实验结果表明，苯丙氨酸的密码子是 UUU。接着他们又用同样的方法破译了 CCC 是脯氨酸密码子，AAA 是赖氨酸密码子。之后，Nirenberg 及其他学者用重复顺序的多核苷酸为模板，以及用核糖体结合技术进行破译密码的工作，终于在不到 4 年的时间内完全弄清了 64 组密码子的含义，并编制了遗传密码字典，列于表 15-1 中。

表 15-1　遗传密码表

密码子第一位 (5′末端碱基)	密码子第二位				密码子第三位 (3′末端碱基)
	U	C	A	G	
U	苯丙氨酸 UUU	丝氨酸 UCU	酪氨酸 UAU	半胱氨酸 UGU	U
	苯丙氨酸 UUC	丝氨酸 UCC	酪氨酸 UAC	半胱氨酸 UGC	C
	亮氨酸 UUA	丝氨酸 UCA	终止密码 UAA	终止密码 UGA	A
	亮氨酸 UUG	丝氨酸 UCG	终止密码 UAG	色氨酸 UGG	G
C	亮氨酸 CUU	脯氨酸 CCU	组氨酸 CAU	精氨酸 CGU	U
	亮氨酸 CUC	脯氨酸 CCC	组氨酸 CAC	精氨酸 CGC	C
	亮氨酸 CUA	脯氨酸 CCA	谷氨酰胺 CAA	精氨酸 CGA	A
	亮氨酸 CUG	脯氨酸 CCG	谷氨酰胺 CAG	精氨酸 CGG	G
A	异亮氨酸 AUU	苏氨酸 ACU	天冬酰胺 AAU	丝氨酸 AGU	U
	异亮氨酸 AUC	苏氨酸 ACC	天冬酰胺 AAC	丝氨酸 AGC	C
	异亮氨酸 AUA	苏氨酸 ACA	赖氨酸 AAA	精氨酸 AGA	A
	甲硫氨酸 AUG	苏氨酸 ACG	赖氨酸 AAG	精氨酸 AGG	G
G	缬氨酸 GUU	丙氨酸 GCU	天冬氨酸 GAU	甘氨酸 GGU	U
	缬氨酸 GUC	丙氨酸 GCC	天冬氨酸 GAC	甘氨酸 GGC	C
	缬氨酸 GUA	丙氨酸 GCA	谷氨酸 GAA	甘氨酸 GGA	A
	缬氨酸 GUG	丙氨酸 GCG	谷氨酸 GAG	甘氨酸 GGG	G

（二）遗传密码的特点

1. 遗传密码的连续性

编码蛋白质中氨基酸序列的三联体密码具有连续的特点，即密码子之间不重叠、不间断、无标点。假设 mRNA 上的核苷酸顺序为 ABCDEFGHI…密码不重叠的意思是在阅读密码时应读为 ABC、DEF、GHI 等，每三个碱基编码一个氨基酸，碱基的使用不发生重复，同时两个相邻密码子之间无空位，好比文章无标点。要正确阅读密码，需从一个正确的起点开始，一个碱基不漏地读下去，直至碰到终止信号为止。若中间插入或缺失一个或两个碱基（非 3 的倍数），就会使这以后的读码发生错误，称为移码。由移码引起的突变称移码突变（frameshift mutation）。当然，如果仅仅是密码子中的碱基被其他碱基替换，虽未产生移码，但也可能导致密码子变成编码另一种氨基酸的密码子，从而使多肽链的氨基酸种类和序列发生改变，这称为错义突变。移码突变和错义突变都可导致多肽链氨基酸序列的改变和蛋白质原有功能的丧失（拓展 15-2）。

拓展 15-2

此外，有些基因转录后存在一种对 mRNA 外显子的加工过程，通过插入、缺失或置换特定碱基，导致 mRNA 发生移码、错义突变等。此时，由于在 mRNA 中插入、缺失或替换核苷酸而改变 DNA 模板来源的遗传信息，翻译出多种氨基酸序列不同的蛋白质。这种基因表达的调节方式称为 mRNA 编辑（mRNA editing）（拓展 15-3）。有些基因的转录产物必须经过编辑才能有效地起始翻译，或产生特定大小或特定功能的蛋白质。RNA 编辑的结果不仅扩大了遗传信息，而且使生物更好地适应生存环境。

拓展 15-3

2. 密码的通用性

所谓密码的通用性（universal）是指各种高等和低等生物（包括病毒、细菌及真核生物等）在很大程度上可共用一套密码。较早时，实验发现，将家兔网织红细胞中的 mRNA 加入到大肠杆菌无细胞蛋白质合成体系中，结果能合成出正常的家兔血红蛋白，这说明家兔 mRNA 上的遗传密码可以被大肠杆菌的 tRNA 正确阅读，也就是家兔的密码含义与大肠杆菌的密码含义是相同的。之后的大量实验证明，遗传密码在各类生物中是通用的。但近年来发现这个结论并不完全适用于真核生物的线粒体遗传体系，这种例外情况可能代表了一种较原始的密码系统，如表 15-2 所示。

表 15-2　某些生物线粒体遗传密码的例外情况

通用密码	正常编码	人、牛线粒体中的编码	酵母线粒体中的编码
UGA	终止	色氨酸	色氨酸
AUA	异亮氨酸	甲硫氨酸	异亮氨酸
CUA	亮氨酸	亮氨酸	苏氨酸
AGA	精氨酸	终止	
AGG	精氨酸	终止	

3. 密码子的简并性

从密码字典可以看出，大多数的氨基酸都有两种以上的不同密码子，称为同义密码。一种氨基酸有多种同义密码的现象称为密码简并性（degeneracy）。密码简并性对保持生物物种的遗传稳定性有重要意义。当外界因素引起某个密码子突变为另一种同义密码时，翻译的结果仍然是结构相同的同一种蛋白质，生物性状也就没有变化。

4. 密码子的摆动性

tRNA 上的反密码子与 mRNA 上的密码子碱基反向互补配对识别。已经证明，密码子的第一、第二位碱基与反密码子的配对是标准的 A-U、G-C 配对，而密码子的第三位碱基与反密码子的配对不那么严格，称摆动配对。如反密码子第一位碱基（与密码子第三位碱基配对）是 G，它除了可与 C 配对外还可与 U 配对；若反密码子第一位出现 I（次黄嘌呤核苷酸），则它可与 U、C、A 配对。克里克将密码子第三位碱基的这种特性称为密码子的摆动性。摆动性大大提高了 tRNA 阅读 mRNA 密码子的能力，如酵母精氨酸 tRNA 的反密码子为 5′-ICG-3′，可阅读 5′-CGU-3′、5′-CGC-3′、5′-CGA-3′几组密码子。

64组密码子中有两种特殊的密码子：一种是密码子 AUG，它既是甲硫氨酸的密码子，又是肽链合成的起始密码子；另一种是终止密码子 UAG、UAA、UGA，这三组密码子不编码任何氨基酸，指示肽链合成的终止位点。翻译时从 mRNA 上位于 5′端的起始密码开始向 3′端的终止密码解读，相应合成的多肽链是从 N 端向 C 端延伸。

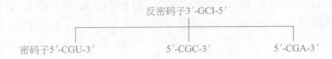

二、核糖体是肽链合成的场所

细胞内蛋白质的生物合成是在核糖体上进行的。原核生物和真核生物的核糖体都是一个致密的核糖核蛋白颗粒，由大小两个亚基构成，它们含有不同的 rRNA 和蛋白质组分。核糖体蛋白质种类繁多，每种蛋白质各有功能，有些就是参与翻译的酶和蛋白质因子，但大部分核糖体蛋白的功能尚不明确。不同细胞核糖体的组分见表 15-3。

表 15-3　原核生物与真核生物核糖体组分的比较

核糖体	亚基种类	rRNA 的大小（核苷酸数量 /nt）	蛋白质的数量 / 个
细菌 70S（分子量 2 500×10³，其中 RNA 含量为 66%）	50S	23S（2 904） 5S（120）	31
	30S	16S（1 542）	21
哺乳动物 80S（分子量为 4 200×10³，其中 RNA 含量为 60%）	60S	28S（4 718） 5.8S（160） 5S（120）	49
	40S	18S（1 874）	33

核糖体有一系列与蛋白质合成有关的结合位点与催化位点，如图 15-2 所示。主要位点有：①与 mRNA 的结合位点；②与新掺入的氨酰 tRNA 的结合位点——氨酰基位点，又称 A 位；③与延伸中的肽酰 tRNA 的结合位点——肽酰基位点，又称 P 位；④肽酰转移后与即将释放的 tRNA 的结合位点——E 位（原核生物核糖体有此位点，真核生物无）；⑤与肽酰 tRNA 从 A 位点转移到 P 位点有关的转移酶（即延伸因子 EFG）的结合位点；⑥肽酰转移酶的催化位点。此外还有与蛋白质合成有关的其他起始因子、延伸因子、终止因子的结合位点。

核糖体中 rRNA 是起主要作用的结构成分，其主要功能是：①具有肽酰转移酶的活性；②为 tRNA 提供结合位点；③为多种蛋白质合成因子提供结合位点；④参与在蛋白质合成起始时同 mRNA 的选择性结合以及在肽链延伸中与 mRNA 的结合。

核糖体的大亚基具有转肽酶活性，可使附着于 P 位上的肽酰 -tRNA 转移到进入 A 位的新的 tRNA 所带的氨基酸上，使两者缩合成肽键。

三、tRNA 与氨基酸的活化转运

蛋白质生物合成是信息传递与转化过程，如何依据 mRNA 模板的核苷酸序列信息，合成蛋白质中氨基酸的特定序列呢？诺贝尔奖获得者 Francis Crick 曾设想应当有一种小分子

RNA 在肽链合成中作为中间介导者，称为接合体（adaptor），这就是 tRNA。现在知道各种 tRNA 具有大致相似的二级结构和三级结构：三叶草形二级结构（由三个主要的环结构即 D 环、TψC 环、反密码环，以及一个氨基酸接受臂组成）和倒 L 形三级结构。tRNA 在蛋白质合成中起了重要的接合体作用：tRNA 分子反密码环上的反密码子与 mRNA 上相应的密码子相识别配对，其 3′ 端氨基酸臂 CCA 末端羟基 "携带" 特定氨基酸（连接有氨基酸的tRNA 称为氨基酰 -tRNA）。这种密码子 - 反密码子 - 氨基酸之间的一一对应关系，使氨基酸按 mRNA 信息的指导 "对号入座"，保证了核酸信息转化为蛋白质中氨基酸排列顺序的准确性。现在知道一种氨基酸可以与 2～6 种 tRNA 特异地结合，已发现的 tRNA 有 40～50 种。

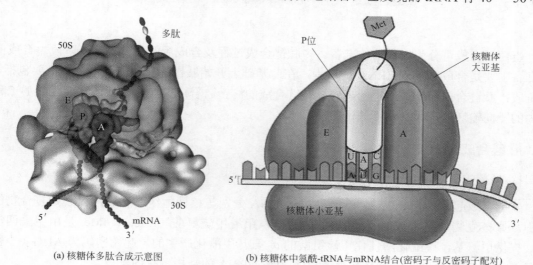

(a) 核糖体多肽合成示意图　　(b) 核糖体中氨基酰-tRNA与mRNA结合(密码子与反密码子配对)

图 15-2　核糖体中主要活性部位示意图

A—氨基部位；E—排出位；P—肽基部位

氨基酸在掺入蛋白质之前，首先要在氨基酰 -tRNA 合成酶的催化下进行活化，活化了的氨基酸与 tRNA 形成氨基酰 -tRNA，活化所需能量由 ATP 提供。活化反应分两步进行：

（1）氨基酸 -AMP- 酶复合物的形成

在该酶催化下，由 ATP 供能将专一的氨基酸活化，生成氨基酰 -AMP。反应生成的氨基酰 -AMP 中间产物不从酶分子上脱离，而是以非共价键结合于酶的活性中心。

$$ATP+氨基酸 \xrightarrow{\text{酶，}Mg^{2+}} 氨基酸\text{-}AMP\text{-}酶+PPi$$

（2）氨基酸从氨基酸 -AMP- 酶复合物转移到相应的 tRNA 上

酶将活化的氨基酸转移到专一的 tRNA 分子上，形成氨基酰 -tRNA。

$$氨基酸\text{–}AMP\text{–}酶+tRNA \longrightarrow 氨基酰\text{-}tRNA+AMP+酶$$

其中氨基酰是以高能酯键的形式与 tRNA 的 3′ 末端腺嘌呤核苷酸的 2′ - 羟基或 3′ - 羟基相连，如图 15-3 所示。两步反应的总反应式为：

$$AA+tRNA+ATP \xrightarrow{\text{氨基酰-tRNA合成酶}} AA\text{–}tRNA+AMP+PPi$$

氨基酸一旦与 tRNA 结合成氨基酰 -tRNA，那么进一步的去向就由 tRNA 来决定了。tRNA 凭借自身的反密码子与 mRNA 上的密码子相识别，而把所携带的氨基酸定位在肽链的一定位置上。

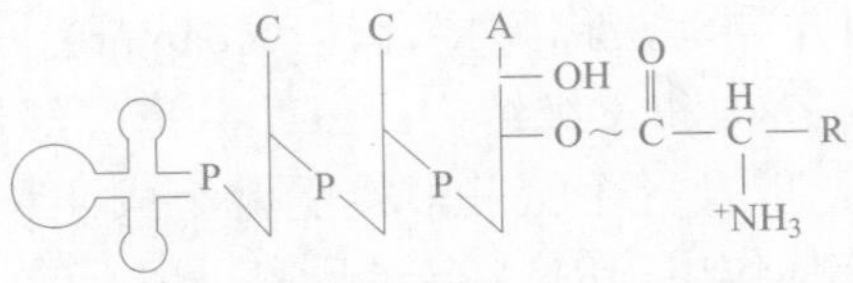

图 15-3　氨基酰 -tRNA 的结构

第二节　蛋白质的生物合成过程

蛋白质合成可分为合成前的准备、多肽链合成过程及合成后的加工等几个阶段。合成前的准备主要是合成氨基酰 -tRNA 的过程，在此基础上开始肽链的合成。肽链合成主要包括 3 个阶段：肽链合成起始、肽链的延伸、肽链合成的终止。合成的肽链最后还需要经过加工和胞内的靶向输送，成为有功能的蛋白质。

一、肽链合成起始

1. 原核生物翻译起始

肽链合成起始是指 mRNA 和起始氨酰 -tRNA 分别与核糖体结合形成翻译起始复合物的过程。原核生物肽链合成的起始氨基酸都是 N- 甲酰甲硫氨酸（fMet），fMet 是由甲酰四氢叶酸提供甲酰基，甲酰化酶催化甲硫氨酸的 α- 氨基甲酰化产生的。起始密码为 AUG（少数情况下也为 GUG）。图 15-4 为 N- 甲酰甲硫氨酰 -tRNA 的结构示意图。

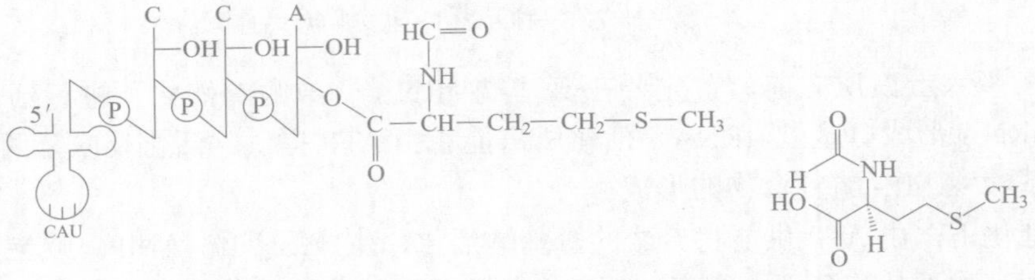

图 15-4　N- 甲酰甲硫氨酰 - tRNA 的结构（右：N- 甲酰甲硫氨酸）

参与起始过程的多种蛋白质因子称为起始因子（initiation factor，IF）。先形成 30S 起始复合物，再形成 70S 起始复合物。30S 起始复合物的形成过程中有核糖体 30S 小亚基、mRNA、N- 甲酰甲硫氨酰 -tRNA，起始因子 IF_1、IF_2、IF_3 及能源物质 GTP 参加，其中 IF_3 参与 mRNA 与 30S 小亚基结合的过程，IF_1 和 IF_2 促进起始 tRNA 结合到 30S-mRNA 亚基复合物上。

起始复合物的形成过程如下：

① mRNA 与核糖体 30S 小亚基结合，先形成 30S-mRNA 复合物。mRNA 的 5′端起始密码前方约 10 个核苷酸处有一段富含嘌呤的序列（称为 Shine-Dalgarno 序列，简称 SD 序列）（拓展 15-4），它是 mRNA 与核糖体的结合部位，因为这段 SD 序列与核糖体上 16S rRNA 的 3′端一段富含嘧啶的序列互补，二者互补结合，可保证肽链合成起始时，mRNA 上的起始密码子 AUG 定位于小亚基的恰当位置

拓展 15-4

上。SD 序列又称为核糖体结合位点（ribosome binding site，RBS）。另外 mRNA 上 SD 序列到起始密码之间的序列可被核糖体小亚基蛋白 rps-1 识别结合（图 15-5）。上述 mRNA-rRNA 以及 mRNA- 蛋白质之间相互作用使 mRNA 的起始密码 AUG 在核糖体上精确定位，启动翻译。

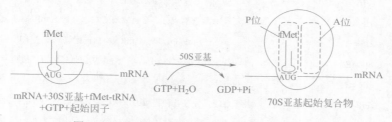

图 15-5　原核生物 mRNA 与核糖体小亚基 16S rRNA 结合位点

② fMet-tRNA 进入核糖体的肽酰位（P 位），通过其反密码子识别结合对应于小亚基 P 位的 mRNA 起始密码 AUG，促进 mRNA 的精确就位。而此时（起始时）核糖体的 A 位被 IF-1 占据，不能与任何氨基酰 -tRNA 结合。这样，30S-mRNA-fMet-tRNA 起始复合物就形成了。

③ 30S 起始复合物再与 50S 大亚基结合。上述含核糖体小亚基的起始复合物再与大亚基结合，同时 IF-2 结合的 GTP 水解供能，促进 3 种 IF 释放，形成了有翻译功能的 70S 起始复合物。如图 15-6 所示。

图 15-6　肽链合成的起始（起始复合物的形成）

此时，70S 起始复合物上有两个 tRNA 结合部位：氨基酰 -tRNA 结合位（A 位）；肽酰 -tRNA 结合位（P 位）。N- 甲酰甲硫氨酰 -tRNA 处于 P 位，空着的 A 位准备接受另一个氨基酰 -tRNA。

2. 真核生物翻译的起始

真核生物翻译的起始过程与原核生物相似但涉及的起始因子更多，也更为复杂，主要不同之处有：①真核生物的起始氨基酸是甲硫氨酸，而原核生物是甲酰甲硫氨酸；②真核生物的起始因子种类多，至少有 9 种真核起始因子（eIF），原核生物相对较少（通常是 3 个）；③真核生物的核糖体大小是 80S（40S 和 60S），原核生物的是 70S（30S 和 50S）。真核生物蛋白质合成起始过程如下：

（1）起始氨基酰 -tRNA 与核糖体小亚基结合

起始 Met-tRNAᵢ 与结合了 GTP 的 eIF-2 共同结合于小亚基 P 位的起始位点。

（2）mRNA 在小亚基的准确就位

真核生物的 mRNA 不含类似原核生物的 SD 序列，但具有 5′端帽子结构和 3′端 polyA 尾结构，其在小亚基的就位与原核不同，涉及多种蛋白质因子。其中，帽子结合蛋白复合物（eIF-4F）可与 mRNA 5′帽子结合，polyA 结合蛋白（PAB）可结合 mRNA 3′polyA 尾。通过消耗 ATP 的类似"扫描"机制，从 mRNA 的 5′端起扫描 mRNA，直到遇到起始密码子

AUG，与甲硫氨酰 -tRNA 的反密码子配对，从而在小亚基上准确定位。

（3）核糖体大小亚基结合

上述 mRNA 就位后的复合物迅速与 60S 大亚基结合，形成翻译起始复合物，并在 eIF-5 作用下，由 GTP 水解提供能量，促进各种 eIF 从核糖体上解离释放。

真核生物和原核生物各种起始因子的功能列于表 15-4。其中 eIF-2 对起始复合物的形成起关键作用，是真核生物肽链合成调节的重要环节和多种药物或活性物质作用的重要靶点，受到广泛重视。

表 15-4　真核生物和原核生物各种起始因子的功能

类别	起始因子	功能
原核生物	IF-1	占据 A 位防止结合其他 tRNA
	IF-2	促进起始 tRNA 与小亚基结合
	IF-3	促进大小亚基分离，提高 P 位对结合起始 tRNA 的敏感性
真核生物	eIF-2	促进起始 Met-tRNA$_i$ 与 40S 小亚基结合
	eIF-2B	鸟苷酸交换因子（GEF），将 eIF-2 上的 GDP 交换成 GTP
	eIF-3	最先与 40S 小亚基结合，促进大小亚基分离
	eIF-4A	eIF-4F 复合物成分，有解旋酶活性，有利于 mRNA 扫描
	eIF-4B	结合 mRNA，促进 mRNA 扫描定位起始 AUG
	eIF-4E	eIF-4F 复合物成分，结合 mRNA 的 5′端帽子结构
	eIF-4G	eIF-4F 复合物成分，连接 eIF-4E、eIF-3 和 PABP 等组分
	eIF-5	水解 GTP，促进各种起始因子从核糖体释放，进而结合大亚基
	eIF -6	促进核蛋白体分离成大小亚基

二、肽链的延伸

肽链的延伸是指肽链从 N 端到 C 端的合成过程中，根据 mRNA 的密码顺序，依次添加氨基酸，延伸肽链，直到合成终止的过程。肽链的延伸具体包括氨基酰 -tRNA 的进位、转肽和核糖体移位三个步骤，反复循环，因此称为核糖体循环（ribosome cycle），每次循环增加一个氨基酸。

1. 进位

新进入的氨基酰 -tRNA 的反密码子必须与处于核糖体 A 位点内的 mRNA 密码子反向互补。这步反应需 GTP 供能，并有两个延伸因子（elongation factor, EF）Tu 和 Ts 参与。进位过程速度很快，只有与密码子配对正确的氨酰 -tRNA 才会被保留在 A 位，随后核糖体会迅速移动到下一个密码子位置，而配对错误的会快速解离。这也是保证蛋白质合成高保真性的另一机制。肽链的延伸过程如图 15-7 所示。

真核生物肽链延长与原核生物的类似，只是反应体系和延长因子有所不同。

2. 转肽

转肽是转肽酶催化的肽键形成过程。处于 A 位的氨基酰 -tRNA 上的 α- 氨基与 P 位甲酰

甲硫氨酰 -tRNA 上的 α- 羧基间反应生成肽键，如图 15-8 所示。

转肽反应由 50S 亚基上的转肽酶催化完成，转肽所需能量由氨酰 -tRNA 本身的高能酯键水解提供。转肽后，A 位上的 tRNA 携带的是 1 个二肽酰基，P 位上的 tRNA 成为空载，空载 tRNA 随后从核糖体上脱离。

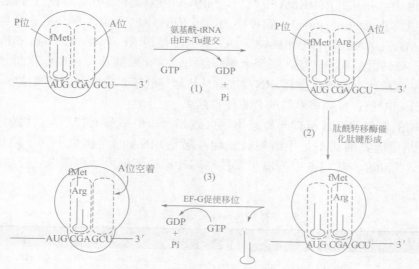

图 15-7 肽链的延伸过程

（1）进位；（2）转肽；（3）移位

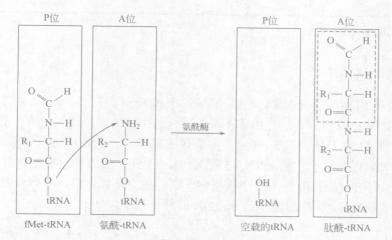

图 15-8 转肽

3. 移位

转肽后，核糖体沿 mRNA 5′ → 3′ 方向移动一个密码子的距离。结果，原来在 A 位上的二肽酰 -tRNA 移到 P 位，A 位则空出，准备接受下一个氨基酰 -tRNA 的进位。移位有延伸因子 G（也称移位酶）参与，并需要 GTP 供能。

以上三个步骤（进位、转肽、移位）重复进行，每重复一次，肽链上就增加一个氨基酸，直到 mRNA 上的终止密码出现在核糖体的 A 位时停止。

三、肽链合成的终止

肽链的合成过程同时也是核糖体沿 mRNA $5' \rightarrow 3'$ 方向移动，并翻译 mRNA 上密码子的过程。当核糖体移动到终止密码时，没有相应于终止密码的氨基酰 -tRNA 可以进入 A 位，肽链合成便停止，并从肽酰 -tRNA 中释出，mRNA、核糖体大小亚基各自分离，这个过程称为肽链合成终止（termination）。三种终止因子 RF_1、RF_2 及 RF_3 参与终止步骤：RF_1 识别终止密码 UAG、UAA；RF_2 识别 UAA、UGA；RF_3 促进 RF_1、RF_2 的识别。RF_1、RF_2 结合到核糖体后，使转肽酶构象转变，表现水解酶活力，催化肽酰基与 tRNA 间的酯键水解，合成的肽链便从核糖体上释放。空载 tRNA 接着从核糖体脱落，核糖体便解离成 50S 和 30S 两个亚基，离开 mRNA，一条多肽链的合成便告结束。

真核生物的蛋白质合成机理与原核生物大致相同，但细节上有差别。例如真核生物中起始氨基酸是甲硫氨酸而不是甲酰甲硫氨酸；起始 tRNA 的结构也不同于原核的 tRNA；另外，核糖体为 80S。表 15-5 中列出了真核细胞与原核细胞内参与蛋白质合成的蛋白因子的差别。

表 15-5　原核和真核细胞蛋白质合成因子差别

合成过程	原核细胞所需因子	真核细胞所需因子
起始	fMet-tRNA、IF_1、IF_2、IF_3、GTP	Met-tRNA$_i$、eIF_1、eIF_2、eIF_3、eIF_4、eIF_5、CBP_s[①]、ATP、GTP
延伸	EF-Tu、EF-Ts、GTP、EF-G	$EF_{1\alpha}$、$EF_{1\beta\gamma}$、EF_2、GTP
终止	RF_1、RF_2、RF_3 因子	eRF、GTP

① CBP_s 为帽子结合蛋白。

四、多核糖体的结构

实验发现细胞内一条 mRNA 可以结合多个核糖体，呈念珠状，称为多聚核糖体（polysome），如图 15-9 所示。这是由于在蛋白质合成中核糖体总是首先结合于 mRNA 的 $5'$ 端，从起始密码 AUG 开始，沿 $5' \rightarrow 3'$ 方向翻译密码子，合成多肽链，当移动一段距离后，第二个核糖体又可以和已空出的 mRNA $5'$ 端结合，沿 $5' \rightarrow 3'$ 方向进行翻译。真核生物细胞一条 mRNA 上可同时结合 10～100 个核糖体，它们独立发挥作用，各自合成一条完整的多肽链。因此，多核糖体结构大大提高了 mRNA 的翻译效率。

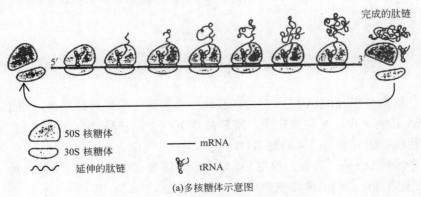

(a)多核糖体示意图

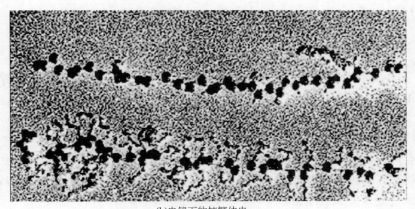

(b)电镜下的核糖体串

图 15-9　多核糖体结构示意图

第三节　肽链合成后的加工和输送

肽链合成后多数还要经过加工处理才能转变为有生物活性的蛋白质分子，包括多肽链折叠为天然的三维结构，对肽链一级结构的加工及对空间结构的修饰。概括起来有以下几种情况。

一、一级结构的加工修饰

（一）N 端甲酰基及多余氨基酸的切除

按蛋白质合成机理来说，细胞中的蛋白质 N 端的第一个氨基酸总是甲酰甲硫氨酸（原核）或甲硫氨酸（真核），但事实上成熟的蛋白质第一位氨基酸绝大多数不是这两种氨基酸。这是由于脱甲酰基酶除去了 N 端的甲酰基，氨肽酶切除了 N 端的一个或几个多余的氨基酸。此过程不一定等肽链合成终止才发生，而通常是在肽链延伸至约 40 个氨基酸长度时就开始了。

（二）蛋白质内部某些氨基酸的修饰

氨基酸被修饰的方式是多样的，例如胶原蛋白中的一些脯氨酸、赖氨酸被羟化，成为羟脯氨酸和羟赖氨酸；组蛋白中某些氨基酸被乙酰化；细胞色素 C 中有些氨基酸被甲基化；糖蛋白中有些氨基酸被糖基化。被修饰的部位通常是：丝氨酸或苏氨酸侧链上的羟基；天冬氨酸、谷氨酸侧链上的羧基；天冬酰胺侧链上的酰胺基；精氨酸、赖氨酸侧链上的氨基；以及半胱氨酸侧链上的巯基等。这些修饰作用都是在专一的修饰酶催化下完成的。

（三）切除非必需肽段

有些酶、激素等需经此加工，如一些消化酶（胃蛋白酶、胰蛋白酶等），最初合成的产物是无活性的酶原，需在一定条件下水解去除一段肽才能转变为有活性的酶；又如胰岛素，初级翻译产物为前胰岛素原，经过两次切除，即首先切除 N 端的信号肽顺序变为胰岛素原，再切除中间部位的多余顺序 C 肽，才转变成有生物活性的胰岛素分子。

（四）二硫键的形成

蛋白质分子中常含有多个二硫键，这是特定部位的两个半胱氨酸侧链上的巯基在专一氧化酶作用下形成的。

二、空间结构的修饰

多肽链合成以后，除了对一级结构进行加工修饰以外，还需要对空间结构加工修饰。常见的空间结构加工修饰方式有：亚基聚合形成寡聚体，与非蛋白质分子连接形成带辅基的功能蛋白，与脂链连接形成膜脂蛋白等。

（一）亚基的聚合

若干个具有独立三级结构的多肽链通过非共价键聚合在一起形成寡聚体（oligomer），构成蛋白质的四级结构。多肽链聚合形成寡聚体后功能会发生变化。天然形成的寡聚体具有生物学活性，如正常活性的人血红蛋白是一个四聚体，由 2 个 α 亚基和 2 个 β 亚基构成，行使运输氧和二氧化碳的功能。亚基之间通过非共价键连接，它们之间存在相互作用，并受到机体内环境的影响而发生亚基的聚合和解聚，从而改变蛋白质的功能状态和携氧功能，构成一种调节机制。亚基的聚合具有普遍性，很多蛋白质都存在，是蛋白质的一种重要结构与功能调节方式。

（二）辅基的连接

蛋白质分为单纯蛋白和结合蛋白。结合蛋白中除了蛋白质成分以外，还有非蛋白质的成分。这些非蛋白质的成分通常是一些小分子。常见的如含维生素的辅基或辅酶、小分子有机化合物、各种糖链、脂链等。辅基与蛋白质连接后会影响蛋白质的结构与功能，形成具有特定作用的功能蛋白质。由于不同辅基具有不同的理化性质和作用，它们与蛋白质结合，为蛋白质提供了多种功能搭配，赋予蛋白质灵活多样的功能选择。

（三）疏水脂链的连接

膜蛋白是一类分布于细胞膜上的特定功能蛋白，具有物质运输、信息识别、信号传递、屏障保护等功能。有些膜蛋白通过与特定脂肪酸链或多异戊二烯链结合，定位于特定的膜区，如脂筏（lipid raft），形成特定的膜脂蛋白，发挥信号识别、信息传递等功能。

三、多肽链的折叠及天然构象的形成

多肽链合成后需要折叠成天然空间构象才能成为有功能的蛋白质。最初认为多肽链可以在不需其他任何物质帮助下，仅通过正常一级结构序列就能形成天然空间结构，即 20 世纪 60 年代 Anfinsen 提出的"自组装热力学假说"。该假说认为"多肽链的氨基酸序列包含了形成其热力学上稳定的天然构象所必需的全部信息"。后来研究发现，对于分子较大的蛋白，在体内折叠需要有其他辅助因子的参与，并伴随有 ATP 的水解供能。1978 年，Lasky 提出"分子伴侣"概念。所谓分子伴侣是指能够结合和稳定另外一种蛋白质的不稳定构象，并能通过有控制的结合和释放，促进新生多肽链的折叠、多聚体的装配或降解及细胞器蛋白的跨膜运输的一类蛋白质。因此，蛋白质折叠不仅仅是依靠自身结构形成的热力学自组装过程，而且也是一个依赖分子伴侣的"辅助性组装过程"（拓展 15-5）。已经知道的分子伴侣主要有：热激蛋白（heat shock protein，HSP）、蛋白质二硫键异构酶（protein disulfide isomerase，PDI）、肽 - 脯氨酸顺反异构酶（peptidyl-prolyl cis-*trans* isomerase，PPI）等。蛋白质折叠机制以及分子伴侣的研究具有重要的理论和应用价值，它对阐明蛋白质特定三维空间结构形成的规律、稳定性和与其生物活性的关系，以及对辅助基因工程技术获得的重要蛋白质或酶恢复天然构象形成具有重要作用。

拓展 15-5

四、蛋白质合成后的靶向输送

蛋白质在核糖体上合成后，经过复杂的机制，定向送往细胞的各个部位去发挥它们的生理功能，这一过程称蛋白质的靶向输送。所有靶向输送蛋白的 N 端均存在特殊的氨基酸序列，依赖该序列引导蛋白质到特定的细胞结构部位，这类序列被称为信号序列（signal sequence）。不同的靶向输送部位具有不同的信号序列，常见的靶向输送蛋白的信号序列见表 15-6。

表 15-6　靶向输送蛋白的信号序列

靶向输送蛋白	信号序列及名称
分泌蛋白	N 端信号肽
内质网腔蛋白	N 端信号肽，C 端 -Lys-Asp-Glu-Leu-COO⁻（KDEL 序列）
线粒体蛋白	20 ～ 35 氨基酸残基的 N 端信号序列
核蛋白	核定位序列
过氧化酶体蛋白	C 端 -Ser-Lys-Leu-（SKL 序列）
溶酶体蛋白	Man-6-P（甘露糖 -6- 磷酸）

原核细胞中没有细胞核和内质网等众多细胞器，新合成的蛋白质可有三个去路：①留在胞质中；②用于组装质膜；③分泌到胞外。

真核细胞的结构要复杂得多，新合成的蛋白质则有更多的去路，除了原核细胞的那些部位外，还分别到细胞核、线粒体、叶绿体、内质网和溶酶体等细胞器中。现已清楚，进入线粒体、叶绿体、细胞核等细胞器及留在胞质中的蛋白质是在胞质中游离的核糖体上合成的；进入溶酶体、分泌到胞外的蛋白质及组建内质网、高尔基体、质膜的蛋白质是由与内质网结合的核糖体合成的。以下以分泌蛋白、线粒体蛋白、细胞核蛋白为例简要介绍靶向输送过程。

（一）分泌蛋白的靶向输送

分泌蛋白、膜蛋白及溶酶体蛋白合成后的靶向输送类似，它们是由其自身 N 端特定氨基酸序列（信号序列）决定的。合成出的多肽链 N 端含有特殊的氨基酸序列，可被信号肽识别颗粒（signal recognition particle, SRP）识别。SRP 是由一个含 300 个核苷酸残基的7S-RNA 和 6 个多肽亚基组成的复合体，具有 GTP 酶活性。SRP 结合肽链连同合成它的核糖体一起带到内质网膜上，与内质网膜上的 SRP 受体结合，形成跨内质网膜的蛋白质通道。合成的多肽链经该通道进入内质网腔，信号肽被切除。随后，蛋白质再分别被包装进入分泌小泡转移或融合到其他部位，分泌出细胞。

在内质网及随之进入的高尔基体中，这些多肽链被特定的酶专一识别，进行各种特异的修饰。经专一修饰产生的信息使这些蛋白质被送往不同的部位，例如实验已证明，在肽链特定位点接上甘露糖 -6- 磷酸，是这些蛋白质最终被送往溶酶体的标志。细胞内不同部位核糖体合成蛋白的去向如图 15-10 所示。

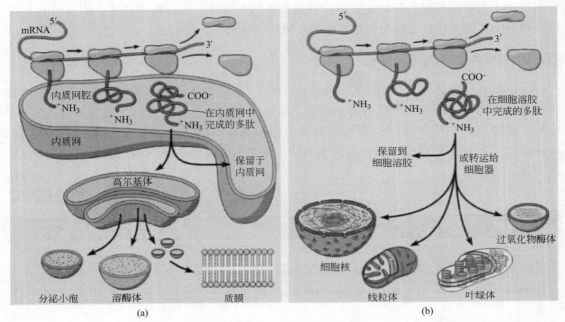

图 15-10　细胞内糙面内质网上核糖体（a）和胞质内游离核糖体（b）合成的蛋白质的去向

进入线粒体、叶绿体、过氧化酶体及细胞核的蛋白质的靶向输送也是由其 N 端特殊的氨基酸序列决定的。

（二）线粒体蛋白的靶向输送

绝大部分线粒体蛋白是由核基因组编码，在胞质的游离核糖体上合成后释放、靶向输送到线粒体中的。线粒体蛋白 N 端都有相应的信号序列，常为 20 ～ 35 氨基酸残基组成的保守序列，富含丝氨酸、苏氨酸及碱性氨基酸残基。其靶向输送过程如图 15-11 所示。即先与分子伴侣 HSP-70 结合，以未折叠的方式转运至线粒体外膜，与外膜上的受体复合物结合，再经跨内、外膜蛋白通道（由线粒体外膜转运体 Tom 和内膜转运体 Tim 共同组成）进入线粒体。进入过程由 HSP-70 水解 ATP 及利用跨内膜电化学梯度提供能量。最后，蛋白酶水解切除信号序列，并在分子伴侣协助下折叠形成成熟的线粒体蛋白。

（三）细胞核蛋白的靶向输送

许多细胞核蛋白在胞质合成后输入核内发挥作用。在细胞质中合成的核定位蛋白一般通过镶嵌在双层核膜上的核孔复合体（nuclear pore complex，NPC）进入细胞核，而核定位序列（nuclear localization signal，NLS）在该过程中发挥了重要的作用。NLS 为 4 ～ 8 个氨基酸的短序列，富含带正电的赖氨酸、精氨酸及脯氨酸，不同蛋白的 NLS 序列不同，未发现共有序列。与一般蛋白的信号肽不同，核定位蛋白的 NLS 几乎可以位于蛋白质序列的任何部位，而且一般情况下不被切除，因为其参与了蛋白质行使功能的过程。细胞核蛋白的靶向输送如图 15-12 所示。输送过程：①蛋白质前体（有 NSL）结合核输入因子 α、β 二聚体，形成复合物，并导向核孔；②小 GTP 酶 Ran 水解 GTP，复合物跨核孔转位进入核基质；③复合物解体，核输入因子转位出核孔，核蛋白定位至核内。

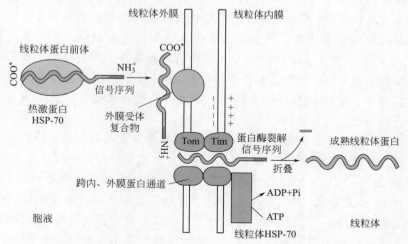

图 15-11　真核线粒体蛋白的靶向输送机制

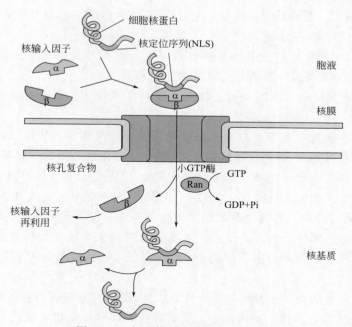

图 15-12　细胞核蛋白的靶向输送机制

本章小结

　　蛋白质的生物合成也称翻译，它依据遗传信息流动的"中心法则"，按照遗传密码的转换规则，将模板 mRNA 的核苷酸序列转变为蛋白质中氨基酸的排列顺序。翻译过程在细胞的核糖体上进行，原核蛋白质和真核蛋白质的翻译大同小异。翻译过程中，mRNA 是翻译的模板，tRNA 是携带氨基酸的运输工具，核糖体大小亚基是翻译的场所。翻译时，通过 mRNA 中三联体密码子与 tRNA 反密码子互补结合，将相应氨基酸带入核糖体中，依次结合形成多肽链。多肽链合成后还需经过加工修饰以及定向输送，才能运到细胞的特定部位成为功能蛋白。

　　翻译模板 mRNA 的核苷酸序列通过密码子转换为蛋白质的氨基酸序列。遗传密码具有通用性、连续性、简并性、摆动性。各种生物（包括病毒、细菌及真核生物等）共用一套密码。目前已知的密码子共有 64 种，包括：起始密码 AUG（同时也是甲硫氨酸的密码），终止密码 UAG、UAA、UGA，各种氨基酸的密码。翻译起始于 mRNA 5′ 端的起始密码子，终止于 3′ 端的终止密码子，相应合成的多肽链是从 N 端到 C 端。

　　核糖体是蛋白质生物合成的场所，它由大小两个亚基构成，含有多种 rRNA 和蛋白质组分。核糖体的大亚基具有转肽酶活性，可使 P 位上的肽酰基转移到新进入 A 位的氨酰-tRNA 上，形成肽键。核糖体中 rRNA 可以结合 tRNA 和多种蛋白质合成因子，并在蛋白质合成时与 mRNA 选择性结合。

　　tRNA 在蛋白质合成过程中携带特定氨基酸，通过其反密码环上的反密码子与 mRNA 上的密码子互补，从而将特定氨基酸带入核糖体合成肽链，通过密码子 - 反密码子 - 氨基酸之间的一一对应关系，确保核酸信息准确转化为蛋白质中氨基酸排列顺序。

　　蛋白质的合成过程复杂，分为 3 个阶段，即合成的起始、肽链的延伸及合成的终止。肽链合成起始是 mRNA、起始氨酰 -tRNA、核糖体结合形成起始复合物的过程。原核生物肽链合成的起始氨基酸是甲酰甲硫氨酸（fMet）。多种起始因子参与起始过程。起始反应中，先由核糖体 30S 小亚基，mRNA，N- 甲酰甲硫氨酰 -tRNA，起始因子 IF$_1$、IF$_2$、IF$_3$ 及 GTP 等，形成 30S 起始复合物，再结合 50S 大亚基，逐渐形成最终的 70S 起始复合物。真核生物与此类似，主要不同有：①真核生物的起始氨基酸是甲硫氨酸；②真核生物的起始因子种类更多；③真核生物的核糖体大小是 80S（40S 和 60S）。

　　肽链的延伸是指肽链从 N 端到 C 端的合成过程，根据 mRNA 的密码顺序，依次添加氨基酸，延伸肽链，直到合成终止。肽链延伸具体步骤包括氨基酰 -tRNA 的进位、转肽和核糖体移位，反复循环，每次循环增加一个氨基酸，使肽链逐步延长。

　　肽链合成的终止。当核糖体移动到终止密码时，终止因子（RF$_1$、RF$_2$）识别终止密码，结合到核糖体上，使转肽酶构象转变并显现水解酶活力，催化肽酰基与 tRNA 间的酯键水解，合成的肽链便从核糖体上释放。空载 tRNA 随后从核糖体脱落，核糖体解离成 50S 和 30S 两个亚基，离开 mRNA，一条多肽链的合成便告结束。

　　肽链合成后的加工包括一级结构和空间结构的加工修饰。一级结构的加工修饰包括：肽链 N 端的甲酰基及多余氨基酸的切除、肽链内部某些氨基酸的修饰（如某些氨基酸的羟化、乙酰化等）、切除非必需肽段（如信号肽的切除）、二硫键的形成等。空间结构的加工修饰常见的方式有：亚基聚合形成寡聚体、与小分子连接形成带辅基的功能蛋白、与脂链连接形成膜脂蛋白等。

最后，合成的肽链经过复杂的靶向输送机制，定向送往细胞的各个部位去发挥它们的生理功能。如分泌蛋白、膜蛋白及溶酶体定位的蛋白，其自身 N 端特定信号序列可被信号肽识别颗粒（SRP）识别，并与内质网膜上的 SRP 受体结合，经过跨内质网膜的蛋白通道，进入内质网腔。随后，被包装进入分泌小泡转移或融合到其他部位，分泌出细胞。其他部位的定位蛋白，如线粒体、叶绿体、过氧化酶体及细胞核的蛋白质等，它们的靶向输送也存在类似定位信号和靶向输送机制。

思考题

1. 蛋白质的生物合成有哪些物质参与？各起什么作用？
2. 简述氨基酰 -tRNA 合成酶在氨基酸活化中的作用。
3. 原核生物与真核生物的蛋白质合成有何异同？
4. 简述多肽链合成中的起始、延伸及终止过程。
5. 简述蛋白质合成中 IF$_1$、IF$_2$、IF$_3$、EF-Tu、EF-G 等蛋白质因子的作用。
6. 简述蛋白质合成后的加工修饰有哪些方式。

参考文献

1. James D. Watson, Tania A. Baker, Stephen P. Bell, et al. Molecular Biology of the Gene. Sixth Edition. Pearson Education, Inc. 2008.

2. Maniatis T. Molecular cloning. Cold Spring Harbor, New York：Cold Spring Harbar Laboratory, 1984.

3. 黄留玉. PCR 最新技术原理、方法及应用. 2 版. 北京：化学工业出版社, 2011.

4. 沈同, 王镜岩. 生物化学（上册）. 北京：高等教育出版社, 1990.

5. 刘志国. 新编生物化学. 北京：中国轻工业出版社, 2003.

6. D. R. 韦斯特海德, J. H. 帕里什, R. M. 特怀曼. 生物信息学. 王明怡, 杨益, 吴平, 等译校. 北京：科学出版社, 2004.

7. 张阳德. 生物信息学. 北京：科学出版社, 2005.

8. 王禄山, 高培基. 生物信息学应用技术. 北京：化学工业出版社, 2008.

9. 夏其昌, 曾嵘, 等. 蛋白质化学与蛋白质组学. 北京：科学出版社, 2004.

10. 利布莱尔. 蛋白质组学导论. 张继仁, 译. 北京：科学出版社, 2005.

11. 杨金水. 基因组学. 北京：高等教育出版社, 2002.

12. 刘仲敏, 林兴兵, 杨玉生. 现代应用生物技术. 北京：化学工业出版社, 2004.

13. 阎隆飞, 孙之荣. 蛋白质分子结构. 北京：清华大学出版社, 1999.

14. 林菊生. 现代细胞分子生物学技术. 北京：科学出版社, 2004.

15. Robert F. Weaver. 分子生物学. 5 版. 郑用琏, 等译. 北京：科学出版社, 2013.

16. 刘祥林, 聂刘旺. 基因工程. 北京：科学出版社, 2005.

17. 查锡良, 药立波. 生物化学与分子生物学. 北京：人民卫生出版社, 2013.

18. 姚文兵. 生物化学. 7 版. 北京：人民卫生出版社, 2011.

19. 刘国琴, 张曼夫. 生物化学. 2 版. 北京：中国农业大学出版社, 2011.

20. 杨荣武. 生物化学. 北京：科学出版社, 2013.

21. 李晓华. 生物化学. 3 版. 北京：化学工业出版社, 2015.

22. 吴梧桐. 生物化学. 3 版. 北京：中国医药科技出版社, 2015.

23. 张洪渊, 万海青. 生物化学. 3 版. 北京：化学工业出版社, 2014.

24. 郭蔼光. 基础生物化学. 北京：高等教育出版社, 2001.

25. 于自然. 现代生物化学. 北京：化学工业出版社, 2001.

26. 刘志国. 基因工程原理与技术. 3 版. 北京：化学工业出版社, 2016.